SAP HANA® 2.0
An Introduction
공식 가이드북

Denys van Kempen 지음 | 셀파소프트 옮김

공식 가이드북

1판 1쇄 발행 2020년 11월 24일
1판 2쇄 발행 2022년 10월 20일
지은이 Denys van Kempen
옮긴이 셀파소프트
펴낸이 셀파소프트 박기범, 서강교
책임편집 셀파소프트 변환민
출판신고 제 2020-000079호

표지디자인 셀파소프트
편집디자인 달그락 출판사
인쇄 마일드 컴퍼니

주소 서울특별시 금천구 벚꽃로 278, 813호(가산, SJ테크노빌)

값 48,000원
ISBN 979-11-972438-0-6

SAP HANA® 2.0 An Introduction

독자에게

어떤 일을 시작할 때 첫 발걸음 떼기가 가장 어렵다고 한다.

수영장에 입장해 처음 몸을 담그거나 첫 공연을 위해 무대에 올라갈 때 사람들은 낯설음에서 오는 중압감에 짓눌려 머뭇거리기 마련이다.

물론 눈 딱 감고 과감히 입수할 수도 있지만 그랬다가는 온몸의 털이 쭈뼛 서는 서늘한 경험을 하고 말 것이다.

SAP HANA와의 첫 번째 걸음이 이와 같다.

자칫 '지능형 기업, 인메모리 플랫폼, 차세대 애플리케이션, 실시간 분석'이라는 생경한 용어, 이와 관련된 갖가지 제품 그리고 다양한 도구의 파도에 휩쓸려 허우적댈 지도 모른다. 그렇다면 이 모든 것이 조화를 이루고, 당신이 사업장에서 맡은 특정한 역할에 의미를 부여하게 하려면 어떻게 해야 할까?

이 책은 SAP HANA와 동행하려는 이들에게 풍성한 정보와 도구 그리고 무제한적인 지원을 약속한다.

관리자, 개발자, 데이터 사이언티스트, 보안 설계자, 데이터 통합 설계자, 데이터 설계자, 데이터 센터 설계자 그리고 단순히 물에 발만 담가보고 싶은 사람에게까지도 이 약속은 유효하다.

이 지면을 통해 SAP PRESS 도서를 구매하고 읽은 모든 이에게 감사의 뜻을 전하고 싶다. 이제 당신은 'SAP HANA 2.0 An Introduction'에 대해 어떤 생각을 하며, 어떻게 평가를 하고 있는가?

필자에게 자유롭게 연락해 어떤 칭찬이나 비평도 아낌없이 해주길 바란다.

당신의 제안은 우리가 다음 책을 만드는 데 있어 가장 훌륭한 길잡이 역할을 하게 될 것이다.

SAP PRESS 편집장 Megan Fuerst드림

1995년, 나는 대학을 갓 졸업하고 처음 입사했던 회사에서 엔터프라이즈용 데이터베이스를 3개월간 교육받고 곧바로 고객 기술 지원에 투입되었다. 데이터베이스 기본 지식이나 경험이 부족했던 내게 데이터베이스 트러블슈팅은 나를 무척 힘들게 했었다. 내 기억에 당시 우리 팀에서 사용했던 이슈 처리용 데이터베이스의 용량은 수백 MB정도에 메모리는 100MB 안팎이었던 것 같다.

이런 얘기를 하면 직원들에게 '라떼는' 세대가 되어 버리기도 하지만, 실제로 최근 빅데이터 시스템은 너무 많이 커져서 상전벽해를 실감하지 않을 수 없다. 데이터의 양은 기하급수적으로 증가하여 테라바이트를 넘어 페타바이트까지 확장되고 있으며, 기업에서 사용하는 서버의 메모리는 이제 1TB를 가볍게 넘기고 있다. 심지어 우리가 가정에서 사용하는 노트북의 메모리조차 8GB는 기본 장착이 되었고, 이는 27년전 내가 근무했던 회사에서 운영했던 업무용 서버 메모리의 수십 배가 넘는다.

작년 SAP HANA를 처음 접했을 때에만 해도 기존의 RDBMS와 크게 다르지 않을 것 같다는 선입견이 있었다. 하지만 아키텍처와 기능들을 들여다 보면서, 내 생각이 틀렸다는 것을 알아차리는 데에는 그리 오랜 시간이 걸리지 않았고, 전체적인 개념을 파악하기 위해 다양한 자료를 찾아 보아야 했다. 그리고 우리 회사의 컨설턴트들도 SAP HANA의 성능 모니터링 제품을 설계하면서 조금씩 SAP HANA와 친해지기 시작했다.

SAP HANA는 이미 알려져 있듯이, 모든 데이터를 메모리에 올려 두고 처리를 하는 인메모리 데이터베이스이다. 여기에 기존 데이터베이스와 차별적인 요소들인 쓰레드 기반의 SQL 처리, 컬럼형 테이블, 스케일아웃 등과 같이 고성능, 대용량을 위한 기술들이 대거 통합되어 있다.

이러한 SAP HANA의 기술에 대해서는 유튜브 공개 강좌나 여러 전문 서적들을 찾을 수 있지만, 아쉽게도 시중에 한글로 된 자료들이 거의 없었다. 그러던 차에 마침 회사 내부에서 SAP에서 출간한 SAP HANA 2.0 An Introduction이라는 원서를 번역해 보면 어떻겠냐는 의견들이 나왔고, 우리는 곧바로 이 작업에 착수했다.

국내 데이터베이스 성능관리 제품을 주도하는 셀파소프트의 우수한 컨설턴트들이 SAP HANA에 쌓은 경험을 기반으로 이 소개서를 공동 번역하여 출간하였다. 이 책에는 SAP HANA와 관련된 많은 도구와 약어들이 나와서 다소 어렵게 느껴질 수 있으나, SAP HANA의 개요를 파악하고, 관리와 보안에 대한 방안 및 개발을 위한 기본 정보를 습득하는 데에는 이만한 지침서가 없다. 이제 SAP HANA를 시작하는 많은 분들에게 이 책이 좋은 길잡이가 되기를 기대한다.

(주)셀파소프트 대표이사 박기범

옮긴이 머리말

요즘 웬만한 기업에서는 대부분 ERP(전사적자원관리) 시스템을 도입하고 있다. ERP는 기업 내 모든 자원의 흐름을 한 눈에 살피고 업무를 프로세스 기반으로 최적화하는 시스템으로, 기업 정보화의 핵심이라 할 수 있다.

이 ERP 소프트웨어 분야에서 독일의 SAP가 전 세계 시장을 이끄는 중이다. 국내에서도 삼성전자, 현대기아차(뒤에서는 현대자동차, 현대자동차 그룹으로 나옴), 한국전력, SKT, KT 등 많은 대기업이 SAP 소프트웨어를 기반으로 ERP 시스템을 운영하고 있다.

그런데 SAP ERP 사용기업들에게 큰 고민거리가 생겨났다. SAP가 2025년부터 기존 ERP 제품의 유지관리 서비스를 중단하겠다고 발표한 것이다. 최근에(2020년 2월) 다시 SAP Business Suite 7 / ECC6에 대한 주요 유지보수를 2025년에서 2027년 말까지 제공하고, 익스텐디드 옵션으로 2030년 말까지 연장할 수 있다고 발표했지만 익스텐디드 옵션의 경우 추가 비용이 발생한다. 따라서 2030년 이후에 SAP를 계속 이용하고 싶으면 2015년 출시한 인메모리 기반의 차세대 ERP인 SAP S/4HANA로 마이그레이션 해야 한다.

문제는 SAP S/4HANA에서는 오라클 데이터베이스나 타사 제품을 지원하지 않는다는 점이다. 기존 ERP가 다양한 데이터베이스(DB)와 운영체제(OS)를 지원한 반면에 SAP S/4HANA는 오직 리눅스 OS와 인메모리 데이터베이스인 SAP HANA DB만 지원한다. 현재 구 버전 ERP의 경우 약 80% 이상이 오라클 데이터베이스에서 구동되는 것으로 알려져 있다.

이와 함께 SAP S/4HANA는 인텔 x86 아키텍처 기반의 서버 메모리를 활용하기 때문에 U2L(Unix to Linux) 수요에도 영향을 미칠 것으로 보인다. 아직 2030년까지는 10년의 시간이 남았지만, 기업 IT인프라의 구조적인 변화가 필요하다는 점을 고려하면 준비작업이 필요하다.

물론 SAP S/4HANA로 업그레이드를 하지 않더라도 리미니스트리트나 스피니커서포트와 같은 제3자 유지보수 서비스 업체의 도움을 받을 수도 있고, 오라클 데이터베이스를 유지한 채 아예 타 ERP로 전환하는 방법도 있을 수는 있다. 다만, SAP ERP를 사용하는 국내 다수 대기업은 SAP S/4HANA로의 전환을 적극 검토하고 있고, 이미 진행 중인 기업들도 있는 것으로 전해지고 있다.

현대자동차를 비롯해 CJ, 롯데, SK 등 기존 SAP ERP 고객은 S/4HANA로의 전환을 확정한 것으로 알려져 있고, SAP ERP 국내 1호 고객인 삼성전자는 삼성SDS를 통해 S/4HANA 전환 프로젝트를 진행 중이다.

현대자동차그룹 역시 오라클 데이터베이스를 걷어내고 S/4HANA 도입을 추진하고 있으며, CJ그룹의 경우 CJ제일제당이 먼저 S/4HANA로 전환했다.

한편 기업들의 클라우드 전환 역시 ERP 선택에 영향을 줄 것으로 보인다. 현재 SAP와 오라클 모두 클라우드 제품을 내놓고 경쟁하고 있는데, SAP는 2018년에 S/4HANA의 클라우드 버전을 국내에 출시했다. S/4HANA는 자체 인프라는 물론 아마존웹서비스(AWS)나 마이크로소프트(MS), 구글 등 퍼블릭 클라우드 인프라에서 구동할 수 있다.

이런 시점에서 이 책은 SAP HANA DB를 처음 접하는 사람뿐만 아니라 SAP HANA DB로의 전환을 계획하고 있는 사람들 모두에게 'SAP HANA란 무엇인가?'에 대한 답을 줄 수 있는 책이라고 자신있게 말할 수 있다.

물론 이 책의 내용이 쉽다고 말할 순 없다. 오히려 관련 분야에 종사하고 있는 역자조차도 이해하기 어려운 부분(다양한 용어 및 개념들)들이 차고 넘쳤다. 하지만 SAP HANA의 방대한 정보를 이 책보다 간결하고 포괄적으로 소개하는 책은 없다고 단언할 수 있다.

이 책이 읽기에 쉽지 않은 점을 고려하여 독자들의 쉬운 이해를 최우선 과제로 삼아, 최대한의 의역으로 독자들이 부드럽게 읽어나가는 데 막힘이 없도록 하였다. 또한, 한국 독자들에게 익숙하지 않은 예시, 사례, 어려운 용어에는 가급적 〈역자_주〉를 달아 보다 쉽게 이해할 수 있게 했다. 영어 단어 그대로 기억하는 것이 좋겠다고 판단되는 용어들은 최대한 원어 발음 그대로 표기하였고, 제품명 등은 영어 원문 그대로 두었다. 한글과 영어 간의 선택 문제, 저자의 문장과 의도 등 어떤 선택도 쉬운 선택은 단 하나도 없었기에 기술 서적에 대한 번역을 하는 선배들이 겪었을 고충을 충분히 체험할 수 있었다. 아무쪼록 우리들의 이번 번역이 SAP HANA의 방대한 정보와 어려운 개념들을 쉽게 이해할 수 있도록 독자들을 도와주는 목적을 조금이라도 달성한다면 저자와 독자들 앞에서 조금이나마 덜 부끄러울 수 있을 것 같다.

2020년 11월 (주)셀파소프트 기술본부장 변환민

목차

Chapter 03 _ 관리   96

Chapter 04 _ 개발   146

Chapter 05 _ 고급 분석   212

Chapter 06 _ 보안   248

Chapter 07 _ 데이터 통합   286

Chapter 09 _ 데이터 센터 아키텍처   340

머리말

Welcome to this introduction to SAP HANA

SAP HANA는 2010년 인메모리 컴퓨팅 엔진으로 첫 출시된 이후 SAP의 주력제품으로서 빠르게 진화해왔다. 실제로 SAP HANA는 시장 조사 기관인 가트너가 하이브리드 트랜잭션 분석처리(hybrid transaction/analytical processing: HTAP)라고 정의하거나, 그 경쟁사인 포레스터가 트랜스리티컬(translytical)〈역자_주: transaction과 analytical의 합성어〉이라고 정의한 완전히 새로운 제품 카테고리를 만들었다. 당시 SAP의 최고기술경영자(Chief Technology Officer: CTO)였던 Vishal Sikka가 이 새로운 기술에 대해 회사 설립자의 이름을 따서 "HAsso's New Architecture"(HANA)라고 부르기로 결정하기 전에는, 차세대 데이터베이스라는 의미로 NewDB와 하이브리드 데이터베이스(HDB)라고 부르기도 했었다(1단원에서 설명). 이후 불과 몇 년 사이에, SAP HANA 데이터베이스는 자체 빌트인 애플리케이션 서버, 텍스트 분석, 애플리케이션과 비즈니스 기능, 예측 분석, 빅데이터와 사물인터넷(Internet of Things: IoT) 커넥터, 공간처리, 그래프 데이터베이스 등이 내장된 완벽한 인메모리 플랫폼으로 진화했다.

SAP는 스스로를 더 이상 'cloud company powered by HANA'로 소개하지는 않는다. 하지만, 인메모리 플랫폼은 여전히 제품의 핵심이며, SAP의 슬로건은 "인텔리전트 엔터프라이즈가 주도하는 경험 회사 (experience company powered by the intelligent enterprise)"로 진화했다. SAP S/4HANA에서 SAP HANA Database Management Suite와 SAP 클라우드 플랫폼까지 모두 SAP HANA에 의해 구동되고 있다. 이러한 인메모리 컴퓨팅의 대중화를 위해, SAP HANA는 현재 SAP HANA Cloud Services로 클라우드에서 실행되도록 최적화가 진행 중이다.

누가 이 책을 읽어야 하는가?

지난 10년 간의 혁신 속에서 많은 특징, 기능, 약어, 에디션, 제품명, 기술, 용어가 생성됐다. 이런 비약적인 혁신으로, SAP 직원들조차 SAP HANA Enterprise Cloud(HEC)와 이전의 HANA Cloud Platform(HCP)을 구분하는 데 어려움을 느끼기도 했다. 예를 들자면, 1개의 SAP HANA 서비스라도 그것을 2개의 환경에서 운영하며, 그에 대한 플랫폼은 트리거 기반 리플리케이션, 로그 기반 리플리케이션, 추출/변환/적재(Extract Transform Load: ETL)등으로 3개의 리플리케이션 기술을 제공한다. SAP HANA 스마트 데이터 스트리밍(SDS, SAP HANA에서 스트리밍 분석), SAP HANA 스마트 데이터 액세스(SDA, 연합[federation]기술을 사용), ETL용 SAP HANA 스마트 데이터 품질(SDQ)과 함께 제공되는 SAP HANA 스마트 데이터 통합(SDI), SAP HANA 다이내믹 티어링 등의 기술을 모두 사용할 수 있다. 하지만 이런 스마트한 기술을 어떻게 인텔리전트 엔터프라이즈에 접목할 수 있을 것인가? SAP HANA의 확장 애플리케이션 서비스인 구버전 모델(SAP HANA XS)과 어드밴스드 모델(SAP HANA XS Advanced)의 차이점은 무엇일까? 핵심 데이터 서비스(Core Data Service: CDS)는 무엇인가? SAP HANA용 CDS일까, 또는 ABAP용 CDS일까? 이 둘은 서로 다른 특징이 있지만, 어떤 것을 선택하든지 SAP Cloud Application Programming Model에서 사용할 때는 'Core Data and Services'를 참고할 수 있다.

기술한 내용이 어렵게 들릴 수도 있다. 하지만 SAP HANA 기술과 관련 제품명, 약어, 마케팅 용어를 이해하고 싶다면 이 책이 당신에게 도움이 되리라 믿는다. 이 책을 다 읽을 때 즈음이면 미지의 단락들이 완전히 명확해져 있는 것을 보게 될 것이다. 코드 레벨까지 내려가서 이야기하진 않겠지만, 박스를 열어 뒤집고 적절히 잘 흔들어서 분해하듯이 SAP HANA에 대해 속속들이 알려 줄 것이다.

이 책은 어떻게 구성되어 있는가?

이 주제를 처음 접하는 독자들에게는 1단원의 핵심 기능과 비즈니스 주요 이점, 2단원의 기술 개요가 도움이 될 것이다. 3단원에서 9단원까지는 다양한 SAP HANA 페르소나를 소개한다.
마지막 단원에는 교육과 지원을 위한 여러 옵션으로 이 책이 마무리될 것이다.

페르소나

소프트웨어 제품 관리자는 사람들마다 그 제품을 이용하는 다양한 방식을 나타내기 위해 '페르소나'〈역자_주: 어떤 제품 혹은 서비스를 사용할 만한 목표 인구 집단 안에 있는 다양한 사용자 유형들을 대표하는 가상의 인물〉를 만든다. 예를 들면 관리자는 성능 모니터링, 백업 생성, 새로운 유저를 프로비저닝하는 등의 작업을 담당한다. 개발자는 통합 개발환경(integrated development environment: IDE)에서 코드를 작성한다. 비록 데브옵스(이 책에서 모든 용어와 개념을 다룰 것이다) 같은 경우에 중복될 수 있지만, 각각의 페르소나마다 직무 역할, 책임, 통상적으로 사용하는 도구들은 상당히 다르다. 소규모 조직에서는 데이터 통합 설계자 페르소나와 관리자 페르소나가 같은 사람일 수도 있으며, 맡겨진 작업에 따라 여러 역할을 수행할 수 있다. 더 큰 조직에서는 보안 설계자와 데이터 센터 운영은 엄격히 책임을 정의하고 구분해 개별 건물에서 근무하는 별도의 팀으로 작업할 수 있다.

SAP HANA 플랫폼은 포괄적이다. 플랫폼의 설명서는 10,000 페이지(클라우드 에디션은 제외)가 훨씬 넘는다. 일반적으로 역할이 뚜렷이 구별되기 때문에, 페르소나를 사용하는 것은 기능과 책임을 분리하는 데 도움이 된다. 게다가 페르소나는 소프트웨어 산업의 끊임없는 변화로부터 보호해 주는 역할도 한다. 이 책이 온라인 서점에서 팔릴 때면, 새로운 기능이 추가될 수 있고 제품명이 바뀌었을 수도 있으며 오래된 컴포넌트들은 더 이상 지원되지 않을 수도 있다. 그러나 개발자와 관리자의 역할은 쉽게 바뀌지 않을 것이다. 그렇다면 우리는 어떤 페르소나에 관심을 기울이고 어떤 페르소나 역할을 수행하게 될까?

단원 개요

이 책은 다음과 같이 구성된다.

■ 1단원: 도입

SAP HANA 프로젝트에서 특별한 기술적 개입을 하지 않지만, 전체 책임자로 높은 위치에 있는 프로젝트 매니저부터 시작하자. 1단원은 비즈니스에 관한 내용이기 때문에, 간단하게 요점만 신속히 다룰 것이다. SAP HANA가 무엇인지, SAP HANA의 핵심 기능(애플리케이션 개발, 고급 분석 처리, 데이터 관리, 데이터베이스 관리 포함)과 SAP HANA의 주요 이점은 무엇인지를 설명하겠다. 고객의 이야기를 들여다볼 것이고, 사례를 활용해 산업 애널리스트들의 의견에 귀를 기울일 것이다. 비즈니스를 할 때 앞으로의 방향과 거래의 다른 측면에 대해 알고 싶은 것처럼, 여기서는 로드맵, 라이선싱, 유지보수에 대해 다룰 것이다.

■ 2단원: 기술 개요

2단원에서는 기술 개요를 제공하는데 양이 조금 많을 수도 있다. 이 단원에서는 인메모리 데이터베이스의 개념, 시스템 아키텍처(서비스와 프로세스, 메모리와 지속성, 분산 시스템, 데이터 티어링), 에디션, 배포 옵션(온프레미스, 클라우드, 하이브리드)을 다룬다. 이 단원이 가장 중요한 파트이고, SAP HANA를 처음 접한 사람이라면 제품명과 기술들로 인해 다소 당황할 수도 있다. 충고하자면, 처음에는 빠르게 한 번 읽고 지나가라. 약어가 나올 때마다 멈출 필요가 없다. 그러면서 페르소나를 알아 가고, 필요하면 나중에 그 해당 단원으로 돌아가서 다시 읽어 보길 바란다. SAP HANA 아키텍처의 상세한 그림과 발전 모습을 통해, 모든 컴포넌트가 어떻게 정확히 들어맞는지를 이해할 수 있을 것이다. 특별한 기술적 역할이 없더라도 여러 SAP HANA 페르소나와 작업에 대해 의사소통하고 관계를 유지할 필요가 있는데, 이 단원에서 명확한 기반을 제공할 것이다.

■ 3단원: 관리

3단원에서는 첫 번째 페르소나인 SAP HANA 관리자를 만날 수 있다. 관리자 역할이 어떻게 정의되고 어떤 도구를 사용할 수 있는지를 설명한다. 그리고 명령줄 인터페이스(command Line interfaces: CLI)와 GUI, 그리고 워크벤치, 스튜디오, 콕핏과 같은 브라우저 기반의 툴 사용법에 대해 설명이 나온다. 그러면서 시스템 파라미터 구성, 성능 분석과 리소스 관리 문제 해결법, 백업과 복구 수행에 대해 다룰 것이다. 그리고 나서 플랫폼 라이프사이클 관리 도구와 애플리케이션 라이프사이클 관리 도구를 사용해 컴포넌트와 애플리케이션의 설치와 업데이트 방법을 설명할 것이다. 그런 다음 데이터베이스, 애플리케이션 서버와 플랫폼 전반에 걸쳐 관리 방법을 살펴보도록 하겠다.

■ 4단원: 개발

시스템이 가동되면, 개발자 페르소나에 대해 관심을 돌릴 수 있다. SAP HANA 개발자 페르소나에는 2개의 프로파일이 있는데 '정보 모델링 프로파일'과 '애플리케이션 개발 프로파일'이다. 정보 모델러와 애플리케이션 개발자 모두 관계형 데이터베이스 관점에서 SAP HANA, SQL과 SQLScript(비즈니스 로직을 코딩하기 위한 언어 확장)를 잘 이해할 필요가 있을 것이다. SAP HANA 확장 애플리케이션 서비스(SAP HANA XS)를 설치할 때 SAP HANA Deployment Infrastructure(HDI)가 함께 구성되며, 이 HDI는 디자인 타임 산출물을 컨테이너형 런타임 오브젝트로 변환할 수 있는 애플리케이션 개발 플랫폼 역할을 한다. 이 말이 추상적으로 들린다 해도 걱정할 필요는 없다. 이 책은 ABAP Management Database Procedures(AMDP), OData, Information Access(InA), CDS, JSON 다큐먼트 스토어, 서비스로서의 SAP HANA, 엔터프라이즈 SAP 클라우드 플랫폼에서 이런 작업이 어떻게 이루어지는지에 대해 설명하고 있다. 흔히 언급되는 ODBC, JDBC뿐만 아니라 Python, Node.js, .NET 등을 포함하는 유용한 클라이언트 인터페이스에 대한 설명을 포함할 것이다. SAP HANA Interactive Education(SHINE) 데모 모델과 SAP HANA 익스프레스 에디션으로 이 단원은 끝이 난다.

■ 5단원: 고급 분석

5단원은 고급 분석에 관한 것이다. 고급(advanced)이란 표현을 쓴 이유는 SAP HANA 모델러가 이미 표준 비즈니스 분석에 대해서는 알고 있기 때문이다. 이 고급 분석 페르소나는 요즘 데이터 사이언티스트로 불린다. 이 단원에서는 머신 러닝과 예측 분석을 포함해 Application Function Library(AFL), Business Function Library(BFL), Predictive Analysis Library(PAL), External Machine Learning Library(EML), Automated Predictive Library(APL)를 다룰 것이다. SAP

HANA가 R 및 TensorFlow와 통합하는 방식이 설명된다. 복합 이벤트 처리(complex event processing: CEP)를 위해 SAP HANA에 내장된 그래프 데이터베이스, 시계열 데이터, 텍스트 분석, 텍스트 검색과 텍스트 마이닝, 스트리밍 분석 등을 이용한 공간 처리(spatial processing)에 관련한 설명을 할 것이다. 고급 분석 처리 기술은 플랫폼과 통합돼 있으며, 비즈니스 트랜잭션을 직접 이용할 뿐만 아니라, SAP HANA에 연결된 외부 소스의 정형 및 비정형 데이터를 이용할 수도 있다. 이러한 처리 기술은 서로 보완하며, 각 부분의 개별 기능이 합쳐져서 전체를 구성한다.

■ 6단원: 보안

6단원에서는 보안 설계자에 대해 설명하게 되지만, 이 역할은 SAP HANA에만 국한되지 않고, SAP NetWeaver같은 플랫폼과 그 플랫폼에서 실행되는 애플리케이션의 보안에도 관련이 있다. 보안 설계자에게는 개발자나 다른 페르소나가 안심하고 사용할 수 있도록, 안전하고 규격이 준수된 플랫폼을 설계할 책임이 있다. 이 단원에서는 Lightweight Directory Access Protocol(LDAP), Security Assertion Markup Language(SAML), JSON web tokens(JWTs), 싱글 사인온(SSO), 커버로스(Kerberos)를 통한 유저 관리, role과 권한, 인증에 대해 다룬다. 전송 데이터와 저장 데이터의 암호화, 인증서, 루트 키, 공개 키 인프라 (public key infrastructures: PKIs), 파일시스템 내 보안저장소(secure store in the file system: SSFS)를 설명할 것이다. 감사(auditing) 인프라를 살펴보고 데이터 마스킹과 데이터 익명화 같은 SAP HANA 특정 기능도 다루게 된다.

■ 7단원: 데이터 통합

데이터 통합 설계자의 역할은 데이터 통합 프로세스를 디자인하고, SAP HANA를 다른 데이터 소스에 연결시키는 방법을 설계하는 것이다. 보안 설계자와 마찬가지로 데이터 통합 설계자의 책임은 더 광범위한 역할의 일부인 경우가 많다. 데이터 통합은 SAP HANA 솔루션 설계자 또는 엔터프라이즈 설계자에게 중요한 역할을 차지한다. 7단원에서는 SAP HANA Data Management Suite, 엔터프라이즈 정보 관리(enterprise information management: EIM)와 ETL, 데이터 통합과 데이터의 품질, SAP HANA 스마트 데이터 액세스(SDA)와의 연합(federation), 원격 또는 모바일에서의 데이터 동기화를 다룬다. 또한, 이 단원에서는 다양한 리플리케이션 기술과 SAP HANA가 빅데이터 및 사물인터넷(IoT)과 연결하고 데이터를 주고받는 방법을 설명한다.

■ 8단원: 데이터 아키텍처

데이터 아키텍처에 있어서 가장 중요한 두 가지는 데이터 티어링과 데이터 분산이다. 데이터 티어링은 온도에 비유할 수 있는데, 자주 액세스하는 hot 데이터, 그다음으로 warm 데이터, 거의 액세스되지 않는 cold 데이터 등이 있다. 데이터 분산은 멀티호스트 및 스케일아웃 시스템과 특별한 연관성을 갖는다. 데이터 티어링과 데이터 분산은 연결돼 있으며, 데이터 설계자의 역할은 최고의 설계를 제공하는 것이다. 만약 용량 또는 가용성(데이터 센터 설계자의 역할)을 위해 스케일아웃해야 하는 경우가 생긴다면, 데이터 배치를 올바르게 설계해야 한다. 데이터 파티션은 적절하게 분배돼야 하고, 테이블은 논리적으로 연결돼야 하며, 동시에 조회되는 경우가 많기 때문에 최상의 성능을 얻기 위해서는 테이블들이 물리적으로 가까이 있어야 한다.

■ 9단원: 데이터 센터 아키텍처

데이터 센터 설계자는 SAP HANA를 기업 IT 인프라(SAP 용어에서 흔히 부르는 'landscape' 라고도 함)에 적용할 책임이 있다. 물론 이 업무에는 보안, 데이터 통합, 데이터 아키텍처도 포함되므로 다른 부서와 밀접한 협력이 필요할 것이다. 9단원에서는 사이징, 기술적 배포, 가상화, 맞춤형 데이터 센터 통합(tailored data center integration: TDI)에 관해 들여다 볼 것이다. 데이터 센터 설계자는 영구 메모리(persistent memory)와 같은 최신 하드웨어 혁신에 익숙해야 한다. 따라서 다른 플랫폼 아키텍처, 운영체제와 하이퍼스케일러라고 알려진 서비스로서의 인프라(infrastructure-as-a-service:IaaS) 공급자에 대해 설명하고, 마이그레이션과 마이그레이션 서비스, 네트워크 관리와 랜드스케이프 관리를 다룰 것이다. 비즈니스 연속성 또는 고가용성과 재해 복구는 데이터 센터 설계자에게 중요한 관심사이다. 이와 함께 SAP HANA 시스템 리플리케이션을 통한 read-enabled, 핫-스탠바이 시스템을 자세히 알아본다.

■ 10단원: 교육과 지원

교육과 지원에 사용할 수 있는 다양한 옵션에 대한 내용으로 이 책을 마무리할 것이다. SAP Education에서 제공하는 과정과 openSAP와 같은 무료 또는 저가의 옵션, SAP Developer Center의 튜토리얼, 유튜브에 있는 SAP HANA Academy의 실습 비디오에 대해 알아보겠다. 더불어 SAP HANA 지원과 관련된 중요한 서비스를 살펴보고, 라이선스 취득 방법, 기술 자료 문서 검색 방법, 인시던트 보고서(기술 지원 티켓) 작성 방법 등의 주제를 다루도록 하겠다. 이 단원을 마무리할 때에는 SAP Community라는 가상의 공간이나 실제 컨퍼런스, 미팅에서 만난 동료들과 함께 할 수 있는 기회를 제공할 것이다.

텍스트박스

조금 더 매끄럽고 효과적으로 이해를 돕기 위해서 기술 배경, 코드 조각(code snippets), 추가 정보를 위한 레퍼런스, 관련 SAP Note, 권장 튜토리얼과 같은 특정한 주제에 집중할 수 있는 텍스트박스를 만들었다. 텍스트박스 종류는 다음과 같다.

기술적 배경

이 텍스트박스에서 관련 문단의 주제에 대한 배경과 상황 정보를 제시한다. 이 책은 입문서이지만 다뤄야 할 내용이 많다. 하지만 지면이 한정돼 있으므로 독자가 이미 주제에 익숙하다는 가정하에 대부분 직진으로 서술할 것이다. 관련 문단에서 익숙하지 않은 용어가 나왔을 때는 이 텍스트박스를 먼저 읽는 것도 좋은 방법이다.

또한, 이 텍스트박스는 기술적 관점, 잘 알려지지 않은 전망, 비슷한 주제에 관한 내용이 제공된다.

코드 클리닉

이 텍스트박스에서는 주제를 설명하기 위한 다음과 같은 코드 조각을 다룬다.

SELECT "Hello World!" FROM DUMMY;

더 알아보기

이 텍스트박스에서 SAP Help Portal의 SAP HANA 플랫폼에 대한 공식 문서를 참고할 수 있으며, https://help.sap.com/hana에서 공개적으로 (자유롭게) 읽고 다운로드할 수 있다.

또한, 이 텍스트박스에서는 SAP Community에 대한 참고가 제공된다.

SAP Note

기술 자료 문서와 SAP Note는 중요한 정보 출처이다. 공식 릴리스 노트는 설명서의 정오표처럼 SAP Note로 게재된다. FAQ, 사용 방법, 기타 관련 정보를 포함한 많은 노트가 SAP Support에서 작성됐다. SAP 기술에 대해 처음 배운다면, SAP Note를 학습하는 것에 조금 두려움을 느낄 수도 있고, 압도적인 양의 참고 문헌 순환고리 속에서 숨이 막힐 수도 있겠다. 그러나 SAP Support의 안내 답변이 도움이 될 것이다. 이 책에서는 가장 관련성이 높은 리소스만 언급할 것이고, SAP Note에서 추가 레퍼런스는 별도로 참고하길 바란다. SAP One Support Launchpad의 기술 자료 문서에 액세스하려면 지원 계정(S-user)이 필요하다.

튜토리얼

새로운 내용을 배우고 싶을 때 실전 연습을 능가할 만한 것은 없다. 이 텍스트박스에서는 실습을 위한

SAP Developer Community의 유용한 튜토리얼에 대한 자료를 추가로 볼 수 있다. 덧붙여서 Tutorial Navigator를 사용하면 다른 항목을 더 많이 찾을 수 있을 것이다.

감사와 헌정

내 기억이 틀리지 않았다면 2010년 여름 SAP HANA와 만났다. SAP BusinessObjects 데모 팀의 동료와 함께 우리는 축구 대회인 Experience SAP WorldCup(부부젤라를 기억하는지?)을 끝냈고, 덴마크 오르후스(Aarhus)의 Kaløvig Sailing Centre에서 다음 프로젝트인 SAP 505 World Sailing Championship을 위해 합류했다(Hasso Plattner가 같이 참가함). 우리는 최신의 애플 아이패드(기업 모빌리티가 그 해, 대유행이었음) 몇 가지를 가져왔고, SAP BusinessObjects Explorer용 SAP Business Warehouse Accelerator를 대체하기 위해, 새로 나온 SAP HANA 어플라이언스에서 개발하라는 요청을 받았다. 당시는 내 입지가 명확하지 않았던 때이기도 해서 거기서 그때 성공했는지는 솔직히 기억이 잘 나지 않는다. 그러나 곧 우리는 성공했고, 분석가들은 "powered by HANA"라고 표현하기 시작했다.

Experience SAP

전직 SAP 공동 CEO였던 Jim Hagemann Snabe는 http://s-prs.co/v488400 영상에서, SAP Crystal Report(2010년)에서 작성된 아름답고 고전적인 보고서를 통해, 인메모리 컴퓨팅을 사용해 어떻게 더 나은 의사 결정을 내릴 수 있는지를 잘 설명하고 있다.

얼마 후, 우리 팀은 혁신 마케팅 부서에서 제품 및 혁신팀으로 바뀌었고, SAP HANA에 대한 기술 지원, 구현, 선택적 지원을 제공할 수 있는 새로운 방법을 고안해야 했다. Khan 아카데미의 모토인 "누구나, 어디서나 월드클래스의 무료 교육"에 자극을 받아, 우리는 교육 비디오를 만들기 시작했다. SAP Technology 유튜브 채널에 처음 게재하고, 나중에 자체 발행한 SAP HANA Academy 비디오는 800만 번 이상 조회됐다.

나에게 이 책을 쓴다는 것은, SAP HANA 플랫폼에 대한 방대한 양의 정보를 간결하고 포괄적인 소개로 농축하려는 도전과 함께, 노력을 계속하는 기회가 됐다. 이 책을 통해 SAP HANA의 멋진 세계로 들어와서 즐기는 데 도움이 되면 좋겠고, 특히 이 책이 출판되기까지 도와준 SAP PRESS와 Megan Fuerst 편집장에게 감사한다.

Experience SAP와 SAP HANA Academy의 동료인 Julie Blaufuss, Joe King, Jamie Wiseman,

Tahir Hussain Babar, Philip Mugglestone, Alexis Guinebertiere에게 특별한 감사를 표한다. 이런저런 형태로 SAP HANA가 여전히 대학교의 프로토타입이었을 때부터 팀으로서 함께 해왔고, 그것은 대단한 영광이었다. 파트너인 Karin, Carmen, Laetitia, Sebastian에게도 감사한다. 그대들의 지지와 도움이 있어서 이 책을 편안히 쓸 수 있었음에 감사한다.

오늘날, 다른 무엇보다도 소프트웨어는 우리가 사는 세상을 구체화한다. 개발자 없이는 소프트웨어도 없을 것이므로 이 책을 과거와 현재의 SAP HANA 개발팀과 프로젝트 매니저에게 헌정하고 싶다.

진심을 담아
Denys van Kempen

Chapter 1
도 입

우리는 기본적으로 근본적인 시스템의 기초를 정의했다.
HANA란 근본적으로 데이터를 중복으로 저장하지
않는 것으로부터 시작된다.

- Hasso Plattner 박사

HANA는 모든 사람을 위한 것이다.

- Gerrit Kazmaier

Chapter 1
도 입

이 단원에서 우리는 당신을 최고 정보 관리자(Chief Information Officer: CIO)로 여기도록 하겠다. 당신은 이 책을 단숨에 읽기에는 너무 바쁜 사람이라서 세세한 항목까지는 볼 수 없고, 요약된 내용만을 보고 싶어 할 것이다. 따라서 이 책에서 가장 짧은 1단원이 당신에게 매우 유용하리라는 점을 강조한다. 이 단원에서는 SAP HANA에 대한 실제 정의에 대해 알아볼 것이다. 핵심 기능, 주요 이점, 활용 사례, 고객 스토리, 미래의 전망을 살펴볼 텐데, 이 단원은 언제 끝났는지도 모르게 금방 끝나게 된다.

1단원에서 주제를 살펴보고, 책과 조금 익숙해진 후에는 다음과 같은 약간의 무례한 질문을 하게 될 것이다. "SAP HANA가 무엇인가? SAP HANA가 가진 장점이 무엇인가? SAP HANA를 어떻게 사용하지?" 이러한 질문에 대답하고 앞으로 나올 내용을 제대로 파악하기 위해, 로드맵을 살펴보고 산업 애널리스트의 의견에 귀를 기울일 것이다. 그리고 나서 몇 가지 배포 옵션을 설명하고 릴리스와 유지보수 전략을 고려해 볼 것이다.

1.1 SAP HANA란 무엇인가?

"SAP HANA란 무엇인가?"라는 간단한 질문은 IT 전문가가 SAP HANA 시스템 랜드스케이프의 설치를 계획할 때 주로 사용하는 SAP HANA Master Guide에서 확인할 수 있다.

"SAP HANA는 온프레미스 또는 클라우드로 배포할 수 있는 최신의 인메모리 데이터베이스이며 플랫폼이다."

저 문장에서 '최신의 인메모리 데이터베이스'를 생각해 보자. SAP HANA가 기존 디스크 기반의 데이터베이스 아키텍처에 대비되고 있기 때문에, 저 문장에서 "SAP HANA"와 "인메모리"는 같은 말이라고 생각하면 된다. HANA라는 약어가 비록 "**HA**sso's **N**ew **A**rchitecture" 또는 "**H**igh performance **AN**alytical **A**ppliance"를 대표하기도 하지만, 요즘 SAP HANA의 제품명은 더 이상 약어를 무엇으로 고정해서 생각해야 할지에 의미를 두고 있지 않다. 대부분 "SAP HANA"는 단지 "인메모리"의 대명사일 뿐이다.

위 문장의 마지막 부분 "데이터베이스이며 플랫폼"은 SAP HANA가 데이터베이스이자 플랫폼이라는 것을 의미한다. SAP HANA는 단일 시스템에서 트랜잭션과 분석을 모두 처리한다. 즉 온라인 트랜잭션 처리(online transactional processing: OLTP)와 온라인 분석 처리(online analytical processing: OLAP)를 동시에 수행한다. OLTP와 OLAP에서 "온라인"이란, 펀치 카드가 밤새 시스템을 업데이트하는 것이 아닌, 실시간으로 일어나는 거래를 표현하는 용어로, 한때는 참신한 단어였다. 그러나 분석을 위해 데이터를 정보 저장 시스템에서 다차원 큐브로 가져오려면, 여전히 특별한 처리가 필요하다. SAP HANA는 단일 데이터(single data copy)만 존재하는 단일 데이터베이스 시스템이기 때문에, 이런 특별한 처리가 필요하지 않다.

SAP HANA는 다양한 기술이 데이터베이스 서버와 통합돼 있기 때문에 플랫폼이라고도 할 수 있다. SAP HANA 시스템을 시작하면, 애플리케이션 서버도 시작된다. 이 기능은 내장돼 있으며 단일 데이터를 처리하고 유지하는 '인-데이터베이스(in-database)'의 개념을 발전시킨다. 애플리케이션 서버는 런타임과 개발환경을 모두 제공하며, SAP HANA 확장 애플리케이션 서비스(SAP HANA XS)라고 한다. 데이터베이스와 애플리케이션 서버 외에도, 플랫폼은 그래프 엔진과 공간 엔진도 포함하는데, 이 또한 내장돼 있고 트랜잭션과 분석에서 사용되는 동일한 SQL 인터페이스를 통해 액세스할 수 있다. 또 다른 고급 분석 기능은 예측 분석과 비즈니스 함수의 실행, 비정형 데이터의 처리에 관한 것이다. SAP HANA를 외부 환경과 연결하려면(또는 외부 세계를 SAP HANA와 연결), 통합 서비스에 의존할 수 있다. 이런 서비스는 빅데이터의 데이터 소스, IoT 장치, external R과 머신 러닝 엔진과의 연결을 제공하고, 또한 데이터 리플리케이션, 데이터 품질, 데이터 관리에 대한 요구도 해결한다.

결론적으로, SAP HANA는 온프레미스와 클라우드에 모두 배포 가능하다(주로 '어디에서나 실행 가능한(run anywhere)'으로 표현). "온프레미스"라는 단어는 자사 데이터 센터 시스템에서 실행하는 것을 말하는 것이다. 이 경우에 인증된 하드웨어를 사용하고 인증된 엔지니어에 의존해서 플랫폼을 설치하고 운영해야 한다. 클라우드에 배포한다는 것은 다른 곳에서 SAP HANA를 실행한다는 것을 말한다. 다양한 옵션(퍼블릭/프라이빗 클라우드, 매니지드 서비스, 종량제)을 사용할 수 있으며, 최신 제품은 SAP HANA Cloud Services이다.

더 알아보기

SAP HANA Master Guide와 SAP HANA용 Feature Scope Description(기능 범위 설명)에 대해서,
SAP Help Portal에 있는 SAP HANA 플랫폼 에디션 문서를 보면 된다.

SAP HANA Master Guide는 SAP가 온프레미스 설치의 시작점으로 추천하는 가이드이다. SAP HANA
용 Feature Scope Description은 각 서비스(데이터베이스, 통합, 애플리케이션)와 포함된 모든 옵션에 대
한 최신 가이드이자 문서이다.

앞에서 언급한 SAP HANA의 특징(데이터베이스이자 플랫폼, 인메모리, 온프레미스와 클라우드)을
일반적으로 그림 1.1에서 표현하고 있다.

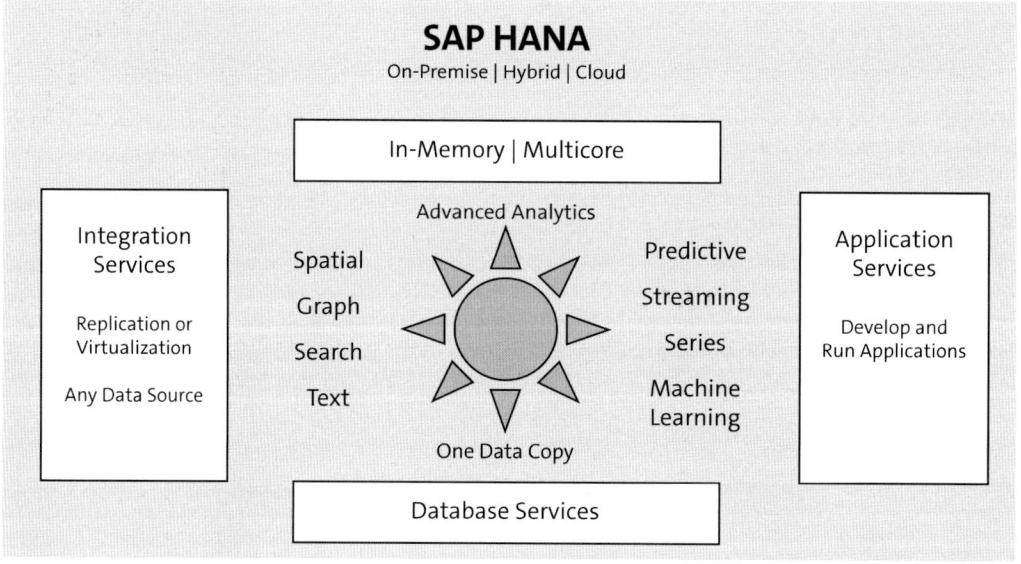

그림 1.1 Characteristics of SAP HANA

시간이 흐르면서 다른 그림도 존재해 왔고, 이 책을 읽을 때쯤이면 이 버전의 그림이 변경될 수도 있
지만, 주요한 요소는 그대로 남아 있을 것이다. 그림에서 다음 사항을 알 수 있다.

- SAP HANA는 비즈니스 데이터 플랫폼이다.
- SAP HANA는 온프레미스, 클라우드, 하이브리드 배포가 가능하다.
- OLTP와 OLAP을 모두 결합한 인메모리 단일 데이터로 존재한다.

- 핵심 데이터베이스 서비스들은 다양한 유형의 분석 처리 기술들로 이루어져 있다.
- 프로비저닝을 위해 데이터 통합과 데이터 품질 서비스를 이용해 SAP HANA를 모든 데이터 소스에 연결할 수 있다.
- 커스텀 애플리케이션, SAP 애플리케이션, 3rd 파티 애플리케이션은 애플리케이션 서비스를 통해 플랫폼에 액세스할 수 있다.
- SAP HANA는 인메모리 컴퓨팅과 실시간 분석을 제공한다.

1.2 핵심 기능

"SAP HANA란 무엇인가?"라는 질문에 대한 간결한 답을 정의했기 때문에, 애플리케이션 개발, 분석 처리, 데이터 관리, 데이터베이스 관리의 4가지 각도에서 주제를 간단히 살펴보도록 하자.

1.2.1 애플리케이션 개발

컴퓨터 사이언스 역사의 초기, 메인프레임과 더미터미널 이후로 1980년대는 데스크톱이라는 개인용 컴퓨터 시대였다. 소프트웨어 아키텍처에서, 2-tier 모델인 클라이언트(프레젠테이션)와 서버(데이터 스토리지)는 각자 애플리케이션(비즈니스) 로직의 일부를 실행하는 구조이다. 1990년대의 인터넷 기술은 3-tier 모델을 가져왔다. 이제 애플리케이션은 더 이상 클라이언트를 필요로 하지 않으며 브라우저만 있으면 된다. 약간의 JavaScript를 제외하고, 모든 로직은 웹 애플리케이션 서버로 옮겨졌다. 다양한 이유로 데이터 티어에서도 같은 현상이 발생했고, 중간 영역에 중추 역할을 둠으로써 데이터베이스는 단순한 데이터 스토어 또는 데이터 덤프로 격하됐다.

모든 데이터가 지하실 보관소에 있다고 가정해 보자. 각 사업장에서 업무를 처리하기 위해 점원은 지하실에서 일하는 소년으로부터 정보를 요구할 것이고, 그 지하실 소년은 데이터가 가득 담겨 있는 상자를 찾아 위층으로 끌고 가야 한다. 점원은 한두 가지 데이터를 골라낸 다음(나머지는 무시한 채) 변경을 가하고, 그 불쌍한 소년을 다시 지하실로 내려보내, 기록을 안전하게 보관소에 반납한다. 이 예는 3-tier 데이터 처리에 있어서 최악의 경우인데, 느리고 비효율적이기 때문이다. 디스크의 스토리지는 데이터 액세스를 느리게 한다. 이 문제를 완화하기 위해, 개발자는 캐싱과 프로세싱을 통해 가능한 한 많은 양의 데이터를 중간 티어(SELECT *)에 실어 놓으려 애써 왔다. 그러나 이런 접근법은 엔드 유저가 응답 시간에 만족할 수는 있었지만, 많은 자원 낭비로 귀결됐다.

그림 1.2는 SAP HANA의 멀티티어 아키텍처를 보여준다.

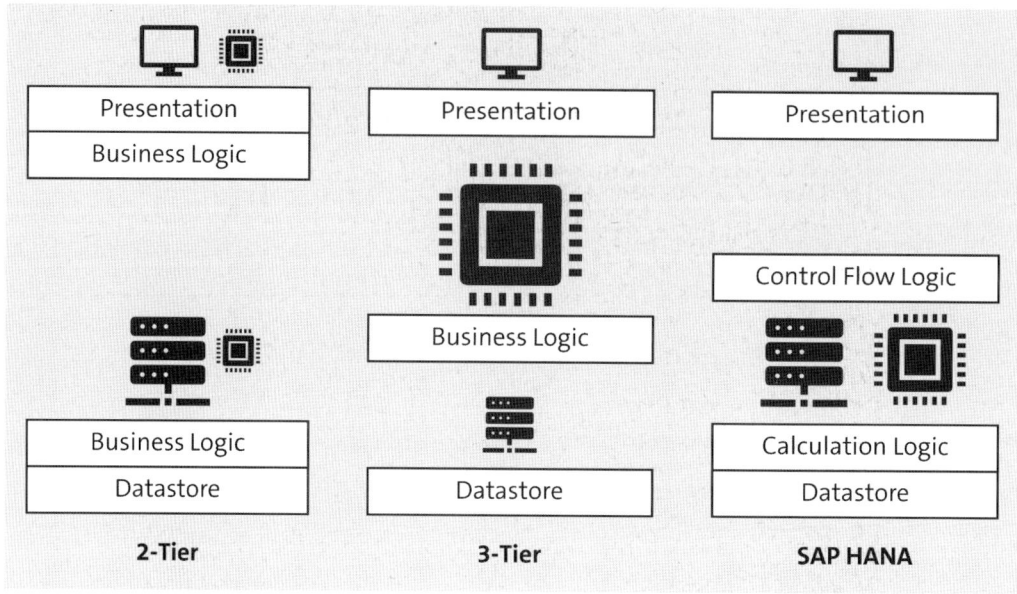

그림 1.2 Multitier Architecture

SAP HANA 플랫폼에서 코드 푸시다운(pushdown)은 가능한 한, 데이터베이스 내부에서 비즈니스 규칙이 처리되도록 강제한다. 결과적으로 SAP HANA는 점원을 상자 옆에 바짝 배치(in-database processing)할 뿐만 아니라, 상자를 점원 내부에 밀어 넣는다(in-memory database). 즉, 계산(비즈니스) 로직이 데이터 티어에서 수행될 뿐만 아니라, 이제는 전체 데이터 티어가 메모리 내에 저장된다. 이런 방식으로 데이터와 처리 로직이 처리 장치와 밀접하게 위치하게 되면, 응답 시간은 몇 배 더 빨라질 수 있게 된다.

1.2.2 고급 분석 처리

고급 분석 처리는 데이터베이스에 부가적인 기능을 추가한다. 조금 더 전통적인 아키텍처에서, 이러한 기술은 보통 애플리케이션 서버 티어 또는 다른 시스템에 존재했다. SAP HANA를 사용하면 이러한 기술은 모두 단일 플랫폼으로 통합된다. 예를 들면, SAP HANA에 포함되어 있는 공간 엔진을 통해, 지리 공간 처리를 인메모리에서 수행할 수 있으며, 고급 분석을 위한 지리 공간 데이터와의 트랜잭션을 보강할 수 있다. 별도의 공간 데이터베이스를 운영할 필요가 없으며, 이 데이터베이스를 분석 환경(또는 정보 저장 시스템일 수 있음)과 통합할 필요가 없다. 이 공간 엔진은 내장 및 통합돼 있으며 인메모리에서 실행된다. 인메모리 데이터베이스를 사용하면 처리 과정에서 느린 디스크 액세스가 제거될 뿐만 아니라, 플랫폼에서 이용 가능한 대규모 멀티코어 병렬 처리(massively parallel multicore processing: MPP) 컴퓨팅 자원의 혜택을 누릴 수 있다.

그래프 처리에서도 동일하게 적용된다. 그래프 처리에서 데이터는 노드에 존재하고, 관계는 엣지로 형성된다(노드, 엣지, 기타 특정한 그래프 기술은 5단원에서 설명). 이것이 페이스북, 아마존이나 넷플릭스에서 누구와 친구를 맺고 무엇을 사고 다음에 무슨 영화를 볼지 제안하는 방식이다. SAP HANA 플랫폼에서는 그래프 처리를 인메모리에서 수행할 수 있으며, 비즈니스 트랜잭션과 연결할 수 있다. 또한 그래프를 공간 처리 및 비즈니스 트랜잭션과 결합할 수 있으며, 그 반대도 가능하다. 예측 분석(Predictive analytics)은 알고리즘을 사용해 미래에 관한 훈련된 추측을 가능하게 한다. 이처럼 미래지향적으로 들리는 예측 분석은 컴퓨터 시대의 초기로 거슬러 올라가며, 데이터 마이닝과 다른 분야의 모든 종류의 통계 기법을 포함한다. 오늘날 이 기술은 의료, 마케팅, 물류, 소셜 네트워킹, 금융 서비스 등 모든 곳에서 사용되는 머신 러닝과 인공지능(AI) 분야에서 다시 각광을 받고 있다. SAP HANA 플랫폼에는 Predictive Analysis Library(PAL)가 번들로 제공되며, 단독으로 또는 공간 및 그래프 처리와 결합해 폭넓은 예측 알고리즘을 실행할 수 있다. 이런 알고리즘은 데이터베이스 저장 프로시저로 만들어진 애플리케이션 함수로 실행되는데, 저장 프로시저는 복잡한 계산을 처리하기에 적합한 프로그래밍 언어에 속한다. 예측 분석에 사용된 애플리케이션 함수 외에도, SAP HANA는 감가상각, 예측, 순현재 가치(net present value)뿐만 아니라 SAP 비즈니스 애플리케이션에서 많이 사용되는 기타 다양한 비즈니스 함수도 지원한다. 머신 러닝 TensorFlow 함수를 실행하기 위해, 동일한 애플리케이션 함수 기술도 구현했다.

플랫폼에 통합된 또 다른 기술은 이벤트 스트림 처리로, 일반적 용어로는 복합 이벤트 처리(complex event processing: CEP)라고도 한다. SAP HANA에서는 이 기능을 'SAP HANA 스트리밍 애널리틱스'라고 부르며, 예를 들면 IoT 장치에서 생성된 데이터를 관리하는 데 사용된다. 시리즈 데이터를 처리하여 시계열 분석과 예측으로 사용할 수도 있다. 정형 및 비정형 데이터에 대한 텍스트 검색, 분석, 마이닝을 위해 텍스트 분석(text analytics) 처리가 플랫폼에 포함된다.

5단원에서 조금 더 자세하게 이러한 기술들이 다뤄질 것이나, 현재로서는 전체 기술이 그 부분의 합보다 얼마나 큰지 알아주었으면 한다. SAP HANA 플랫폼에서 이러한 분석 처리 기술로 비즈니스 데이터를 보강할 수 있고, 여러 기술을 결합하여 이벤트 스트림을 공간 데이터에 매칭하거나 그래프 처리를 예측 분석에 매칭시킬 수도 있다. 이런 모든 기술이 멀티코어 컴퓨팅 플랫폼의 "인메모리"에서 실행되기 때문에 별도의 환경을 관리할 필요가 없다.

1.2.3 데이터 관리

빅데이터는 어떤가? 빅데이터의 규모는 계속 커진다는 사실을 알고 있다. 메모리에 페타바이트까지 저장할 수 있을 때에는 이미 데이터 규모도 엑사바이트, 제타바이트, 요타바이트 등 계속해서 성장할 것이다. 그래서 SAP HANA의 목표는 모든 데이터를 인메모리에 저장하는 것이 아니라, 연결성(connectivity)과 지능형 처리(intelligent processing)를 제공하는 것이다. 데이터 가상화 서비스를 사용하면, 너무 크거나(데이터 레이크) 수명이 짧은(데이터 스트림) 데이터 등 인메모리에 저장하기 어려운 데이터 소스를 플랫폼에 연결할 수 있다. SAP HANA 스마트 데이터 액세스(SAP HANA smart data access: SDA)를 사용하면, 데이터베이스 내에 가상 테이블을 생성하고 메타데이터를 사용하여, 실제 데이터는 원격에 저장된 상태로 로컬 데이터베이스 오브젝트와 조인할 수 있다.

일부분의 데이터를 리플리케이션해야 한다면, SAP HANA 플랫폼에서 데이터 통합을 촉진하고 데이터 품질을 향상시킬 수 있는 엔터프라이즈 정보 관리(enterprise information management: EIM) 기술을 사용할 수 있다. 데이터 프로비저닝(유저와 애플리케이션이 데이터를 사용할 수 있게 만드는 전반적인 처리)은 적절한 관리와 보호가 필요하며 이를 위해서, 어떤 소스에서든 플랫폼으로 데이터를 가져오는 다양한 리플리케이션 기술을 사용할 수 있다. SAP 데이터 소스의 경우, SAP Landscape Transformation Replication Server를 사용할 수 있다. 데이터 소스에서 추가 처리(예를 들면 다양한 데이터 소스를 병합하거나 추출, 변환, 적재[ETL]하는 작업)가 필요하다면, SAP HANA 스마트 데이터 통합(SAP HANA smart data integration: SDI)을 이용할 수 있다. 또 다른 옵션은 SAP Replication Server이며, 데이터베이스 로그 레벨에서 리플리케이션을 수행한다. 이 옵션은 대용량에서도 우수한 성능을 제공한다. 데이터 리플리케이션과 통합은 7단원의 주제이다.

1.2.4 데이터베이스 관리

이제 핵심 데이터베이스 관리 계층을 주목해 보자. 데이터베이스로서의 SAP HANA는 로우(및 오브젝트)와 컬럼형 스토리지를 모두 가지고 있다. 즉, SAP HANA는 하이브리드 데이터베이스이다. 높은 압축률을 가진 컬럼 스토어 테이블에 중복 데이터 구조(집계)를 제거하고, 과거 비즈니스 데이터를 제외하게 되면, 전체 엔터프라이즈 데이터 집합을 인메모리에 담을 수 있다. SAP HANA는 이 기능을 낮은 비용에 효율적으로 구현하기 위해, 다양한 데이터 티어링 기술(영구 스토리지[persistent storage], 네이티브 스토리지 익스텐션[native storage extensions], 확장 스토리지[extended storage])를 사용해, 자주 액세스하는 'hot 데이터'를 'warm 데이터'와 심지어 'cold 데이터'에서 분리하고, 가장 관련성이 높은 데이터만 인메모리에 보관한다. 이 주제는 2단원에서 다룰 예정이다.

SAP HANA는 인메모리 데이터베이스의 성능을 강화하는 최신 프로세서 아키텍처 위에서 실행된다. 예를 들면, 최신 인증의 Intel Xeon Platinum 8280 프로세서(Cascade lake)에는 28 코어가 포함돼 있고 최대 32 프로세서 구성이 지원된다. 896 프로세서 코어는 엄청난 MPP를 가능하게 하며, NUMA(non-uniform memory access)와 SIMD(single instruction multiple data) 지원은 MPP를 강화하는 데 도움을 준다.

용어들이 익숙하지 않아 불편할 수 있다. 9단원에서 가상화와 클라우드를 빠르게 지원하는 멀티테넌시와 같은 개념과 함께 하드웨어 주제를 다룰 것이다. SAP HANA 플랫폼은 온프레미스 배포를 위해, 다양한 하드웨어와 소프트웨어 기술 중에서 선택할 수 있다. 또한 SAP HANA는 클라우드 배포의 경우(또는 하이브리드 방식)에 다양한 인프라 서비스 공급자를 지원한다. 고가용성과 재해 복구 능력은 필수적인 비즈니스 연속성을 제공하며, 이는 9단원에서 다루어질 것이다.

1.3 주요 이점

SAP가 SAP HANA를 어떻게 정의하고 있는가를 살펴보았고, 특징들을 알아보았으니 이제 주요 이점에 대해 알아보자. 기술적으로 SAP HANA가 정의되고 표현된 방식은 시간이 지나도 거의 변하지 않았다. 확실히, 각 릴리스마다 다양하고 새로운 특징과 향상된 기능이 추가됨에 따라, 플랫폼은 성숙해지고 있다(필수적인 수정, 교정과 더불어 상업적으로 더 민감한 주제). 예를 들어 오늘날, SAP HANA 시스템 리플리케이션에서 제공하는 고가용성과 재해 복구 지원을 생각해 볼 때, 이 기능은 기술적 관점에서 초기에 구현된 방식과 비교하면, 거의 몰라볼 정도이다. 그러나 상업적 관점에서 볼 때, 비즈니스 연속성을 제공하는 유익한 특성으로서의 시스템 리플리케이션은 변하지 않았다.

SAP HANA가 어떻게 판매되는지는 또 다른 이야기이다. 비즈니스 이익은 당시의 관심을 반영한다. 장기적으로 성공하려면 대세를 따라야 한다. 빅데이터가 오늘날의 화두로 떠오를 때, 이 분야의 기능이 주목받게 됐다. 그다음 IoT가 '우와~'하고 깜짝 등장했을 때, SAP HANA가 무대 위에 올랐다. 2019년의 유행어는 AI와 머신 러닝이며 의심할 필요 없이, 이 책을 끝내는 시점에 또 새로운 시류의 단어가 나올 것이다. 이 분야는 끊임없이 변화하고 있다. 이런 맥락에서, solution briefs<역자_주: SAP 웹사이트에서 게재하고 있는 자료>와 기타 마케팅 자료에서 현재 강조하고 있는 주요한 비즈니스 이점을 간략하게 살펴볼 것이다.

1.3.1 복잡성 감소

2010년 이후로 SAP의 광고 캠페인은 "Run Better"에서 "Run Simple"과 "Run Live"를 거쳐 "the Best Run"으로, 그리고 최근에는 "Intelligent Enterprise"로 변화해 왔다. 복잡성 감소는 이런 캠페인 모두에 있어서 되풀이되는 테마였다. 2단원에서 기술적인 면을 더 살펴볼 것이다. 그러나 처음부터 SAP HANA는 엔터프라이즈 랜드스케이프를 단순화하기 위해 설계됐다. 한편으로 현재 가능한 하드웨어 기술, 멀티코어 프로세서, 대용량 메모리 구성을 활용하고, 다른 한편에서는 원시(raw) 데이터만을 유지함으로써, 모든 엔터프라이즈 데이터는 메모리에 저장될 수 있다. 비즈니스 인텔리전스(business intelligence: BI)와 분석을 위해서, 트랜잭션 데이터를 엔터프라이즈 데이터 웨어하우스(enterprise data warehouse: EDW)로 리플리케이션하는 ETL 기술이 필요하지만, 단일 데이터를 사용하면, 여러 개의 시스템으로 구성된 복잡한 IT 인프라를 유지할 필요가 없다. 2단원에서 SAP HANA 시스템 사이징을 논의할 때, 집계와 기타 불필요한 데이터 구조를 제거하면 획기적으로 데이터 볼륨을 줄일 수 있다는 것을 알 수 있을 것이다. 메모리에 압축된 데이터는 이제 주기적인 데이터 리플리케이션을 통한 과거 데이터가 아니라, 실시간 분석이 가능한 원시 트랜잭션 데이터이며 즉시 연산이 가능해졌다.

앞에서 언급한 바와 같이, OLTP와 OLAP을 결합한 실시간 분석은 SAP HANA 데이터베이스의 특징적인 기능이다. 단일 데이터가 있는 단일 데이터베이스는 하나 이상의 데이터 웨어하우스와 ETL 팩토리가 서로 결합된 트랜잭션 시스템에 비해 심플한 IT 랜드스케이프를 제공한다. SAP HANA를 플랫폼으로 간주하면 랜드스케이프 복잡성이 더욱 감소한다. "powered by HANA"로 개발된 애플리케이션 서비스는 더 이상 기존의 3-티어 스택이 필요하지 않다. 비즈니스 로직 처리는 이제, 별도 시스템에서 전용 파이프라인을 통해 데이터베이스와 데이터를 주고받는 것이 아니라, 데이터베이스 내에서 주로 이루어진다. 비즈니스 규칙을 처리하기 위해 SAP HANA는 SQLScript로 쓰인 데이터베이스 저장 프로시저(데이터베이스 프로그래밍 언어와 유사하며, 절차적 SQL 언어 확장)를 사용하고, 또한 애플리케이션 함수와 비즈니스 함수를 사용한다. 이러한 함수는 조금 더 낮은 수준의 프로그래밍 언어로 작성돼 있고 복잡한데다 크리티컬한 알고리즘을 성능에 포함하고 있으며, 데이터베이스 커널에 동적으로 연결된다. 5단원에서 이런 기능들을 다룰 예정이다.

SAP HANA 플랫폼은 애플리케이션 서비스와 애플리케이션 개발환경을 제공하며, 애플리케이션을 만들고 실행하는 것 외에도 몇 가지 유형의 분석 처리 엔진을 제공한다(1.2.2섹션 참고). 일반적으로 이런 엔진은 별도의 하드웨어나 추가적인 시스템 관리 작업이 필요하다. 하지만, SAP HANA를 사용하면 예측 분석과 스트리밍 분석뿐만 아니라 공간, 그래프, 시리즈, 텍스트 처리 엔진까지 모두 플랫폼에 통합할 수 있다. "통합"이란 기술이 내장돼 있다는 것을 의미한다. 스트리밍 분석을 제외한 엔진들은 플랫폼에 포함돼 제공되므로 제거할 수 없다.

이런 모든 고급 분석 처리 기술(표준 분석은 핵심 데이터베이스 기능)은 인메모리 처리의 이점을 갖는다. 이 기술은 데이터 리플리케이션이 필요 없으며, 운영 비즈니스 트랜잭션을 주고받기 위해 서비스들을 연결할 필요도 없이 데이터를 처리한다. 앞에서 언급했었지만 다시금 강조하자면, 이런 기술들은 상호 보완적이다. 예를 들면 공간 데이터로 IoT 스트리밍 데이터를 보강하고, 이를 예측 분석의 입력으로 사용할 수 있다. 아니면 텍스트 분석을 예측 분석과 그래프 엔진에 결합할 수도 있다.

복잡성이 줄어든 결과로 표준 비즈니스 이익 조건인 총소유 비용(total cost of ownership: TCO)이 감소한다. 비록 최신 프로세서 기술과 대용량 메모리 구성을 사용하는 것이 저렴하지는 않지만, 많은 하드웨어와 클라우드 인프라 파트너는 인증된 SAP HANA 구성으로 경쟁하고 있다. 이것은 확실히 흥미로운 제안이며 충분한 선택권을 제공한다. 다른 예로, 여러 시스템으로 구성된 전통적인 BI 환경에서는 상당한 양의 하드웨어를 요구한다(실제 훨씬 더 많은 상용 시스템을 발견하겠지만). 어쨌든 IT 관점에서 전통적인 BI 시스템 환경을 운영하고 유지보수하기 위해 필요한 요인을 보면, 모든 ETL 장비는 정보 저장 시스템으로부터 EDW, 데이터 마트, BI 등의 시스템으로 데이터가 문제없이 흘러가도록 처리해야 하며, 전체 구조는 각각 다를 것이다. 이러한 이유로 단순화(또는 복잡성 감소)는 전반적 비용 감소를 가능하게 하는 동시에 SAP HANA의 주요한 비즈니스 장점으로 알려져 있다.

1.3.2 Run Anywhere

낮은 TCO 다음으로 CIO가 바라는 두 번째 항목은 민첩성, 즉 변화하는 환경에 신속하게 대처하는 것이다. SAP HANA의 경우 이러한 요구사항은 배포 옵션으로 충족된다. 데이터 센터 아키텍처와 관련된 9단원에서 SAP HANA 하드웨어 디렉토리를 설명하겠지만, 미리 밝혀두자면 우리에게 익숙한 13개 하드웨어 파트너로부터 1000개 이상의 인증된 구성이 가능하다. 클라우드 배포를 위해 인증된 서비스로서의 인프라(infrastructure-as-a-Service:IaaS) 플랫폼은 모든 주요 글로벌 벤더와 일부 지역 벤더에서 제공된다. 사전 구성된 하드웨어와 소프트웨어가 함께 작동하도록 설계된 SAP HANA를 어플라이언스(하드웨어와 소프트웨어가 함께 설치된 형태)로서 배포할 수 있다. 또는 인증된 구성과 인증된 엔지니어에 의존하는 맞춤형 데이터 센터 통합(tailored data center integration: TDI)처럼, 사용자가 직접 고르는 접근 방식을 택할 수도 있다. 클라우드에서는 퍼블릭 또는 프라이빗 클라우드에서 완전한 매니지드 서비스를 이용할 수 있다. 또 다른 방법은 사용자 라이선스 사용(bring your own license: BYOL)을 선택해 시스템 관리를 직접 챙기는 것이다.

온프레미스와 클라우드의 조합이 가능한 하이브리드 배포와 함께 다양한 배포 옵션이 그림 1.3에 나와 있다. 예를 들어 데이터 센터에서 이미 많은 SAP HANA 시스템을 운영 중일 수 있지만, 새로운 개념 증명(proof of concept: PoC)을 위해, 더 많은 하드웨어에 투자하는 자본 지출(capital expenditure: CapEx)은 피하고 싶을 것이다. 대신에 서비스로서의 SAP HANA(SAP HANA-"as-a-service")를 활용해서 실제 사용량에 대해서만 비용을 지불할 수도 있다. 2019년의 SAPPHIRE NOW에서 발표된 SAP HANA Cloud Services와 함께, 하이브리드 배포의 이점에 많은 관심을 기울일 것으로 기대한다.

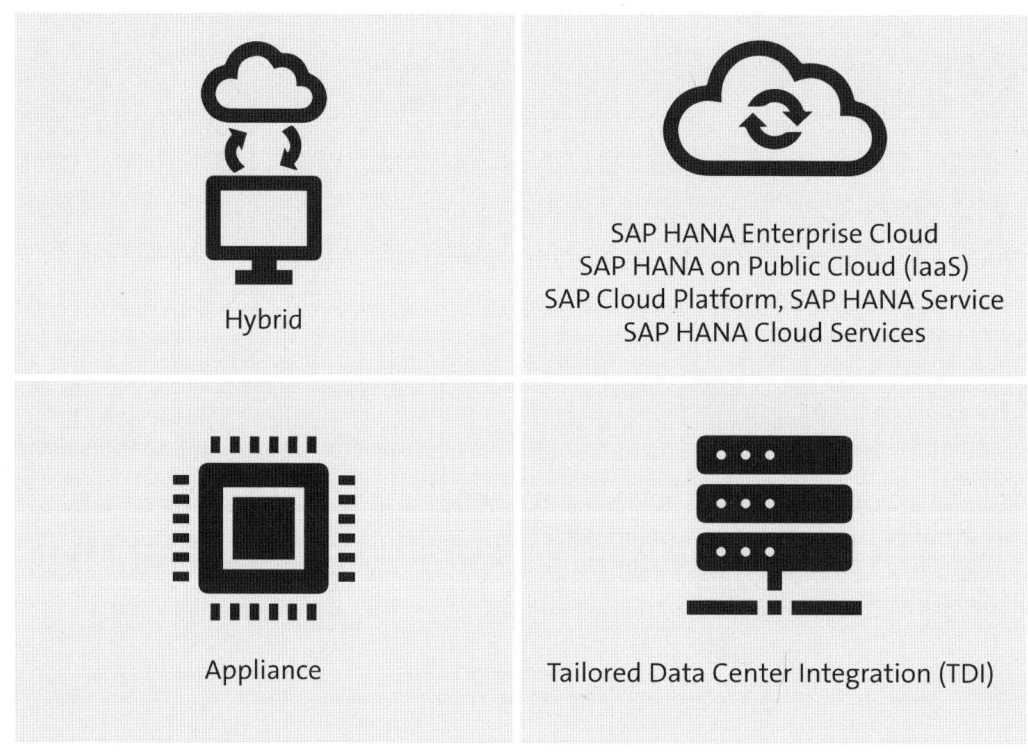

그림 1.3 SAP HANA Deployment Options

1.3.3 실제 결과

SAP HANA가 가져온 실제 결과는 많은 고객 사례 연구와 여러 SAP 출판물에서 다루는 주제였다. 2010년 플로리다주 올랜도의 SAPPHIRE NOW에서 제품 출시 기조연설을 시작으로, 다양한 SAP 컨퍼런스에서 성과가 발표됐다. 2019년 SAPPHIRE NOW에서의 기조연설은 Hasso Plattner가 SAP HANA의 인메모리 혁명을 요약하며, "Experience the Intelligent Enterprise(지능형 기업을 경험하라)"로 시작했다. 프레젠테이션에서는 2006년 포츠담 대학교의 Hasso Plattner Institute에서 고민했던 최초의 계획과 아이디어를 담고 있는 화이트보드 사진들을 보여 주었다. 또한 "Foundation of the Intelligent Enterprise(지능형 기업의 기초)"라는 표현과 함께 SAP HANA 의 여러 인상적인 숫자들이 제시되었다.

- 50,000개 이상의 고객 라이선스
- 72 테라바이트, 스케일아웃 고객사 중 최대
- 48 테라바이트, 단일 노드 고객사 중 최대
- 1억 건 이상의 트랜잭션이 한 고객사에서 매일 처리됨
- 7 페타바이트의 SAP HANA 제품 라이선스

팩트와 수치에 관심이 있다면, 매년 나오는 SAP 연례 보고서나 SAP 기업 현황표(http://s-prs.co/v488401) 및 유사한 간행물의 참고를 권장한다. 예를 들어 2019년 4월호에는 30,000명 이상의 고객을 보유한 SAP HANA가 어떻게 실시간 컴퓨팅을 위한 시장을 선도하는 플랫폼이 됐는지를 언급하고 있다. 새로운 릴리스인 웨비나와 로드맵 프레젠테이션은 또한 일반적으로 "State of the Union(연두교서)"으로 시작하며, 고객 라이선스와 배포 횟수 측면에서 성과를 나열한다. 실시간 결과를 원한다면 주기적으로 SAP 웹사이트에서 최신 정보를 확인하길 바란다.

더 알아보기

그림 1.4는 Hasso Plattner가 연설하는 사진이다. 기조 연설 재생은 http://s-prs.co/v488402를 참고하면 된다.

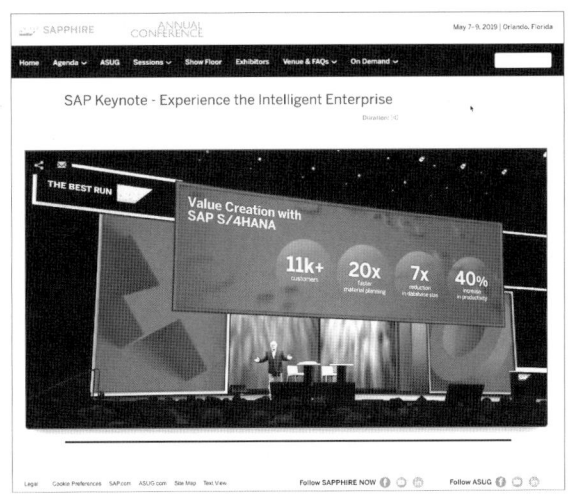

그림 1.4 SAPPHIRE NOW 2019 Keynote

1.4 고객 스토리와 활용 사례

SAP는 SAP 웹사이트에 고객 스토리에 대한 스뫼르고스보르드(smorgasbord)〈역자_주: 스웨덴어, 여러 음식을 한꺼번에 차려놓고 원하는 만큼 덜어 먹는 스웨덴의 전통적 식사법〉를 제공하고 있다. 고객 스토리가 너무 많기 때문에 SAP HANA Finder(http://s-prs.co/v488403, 그림 1.5)로 적합한 자료를 찾을 수 있다. 애플리케이션 플랫폼, 비즈니스 인텔리전스, 데이터 웨어하우징, 기업 성과 관리, HR, 생산, 마케팅, 예측 분석, 영업, 서비스, 공급망 관리에 관한 스토리를 발견할 수 있을 것이다. 특히 소비자 제품, 의료, 첨단 기술, 전문 서비스, 공공시설 등 산업 전반에 관한 자료가 많다. 규모에 상관없이 회사에 관한 스토리를 찾을 수 있을 것이다. 형식은 다운받거나 공유할 수 있는 추천 동영상이나 PDF 레퍼런스 형태이다.

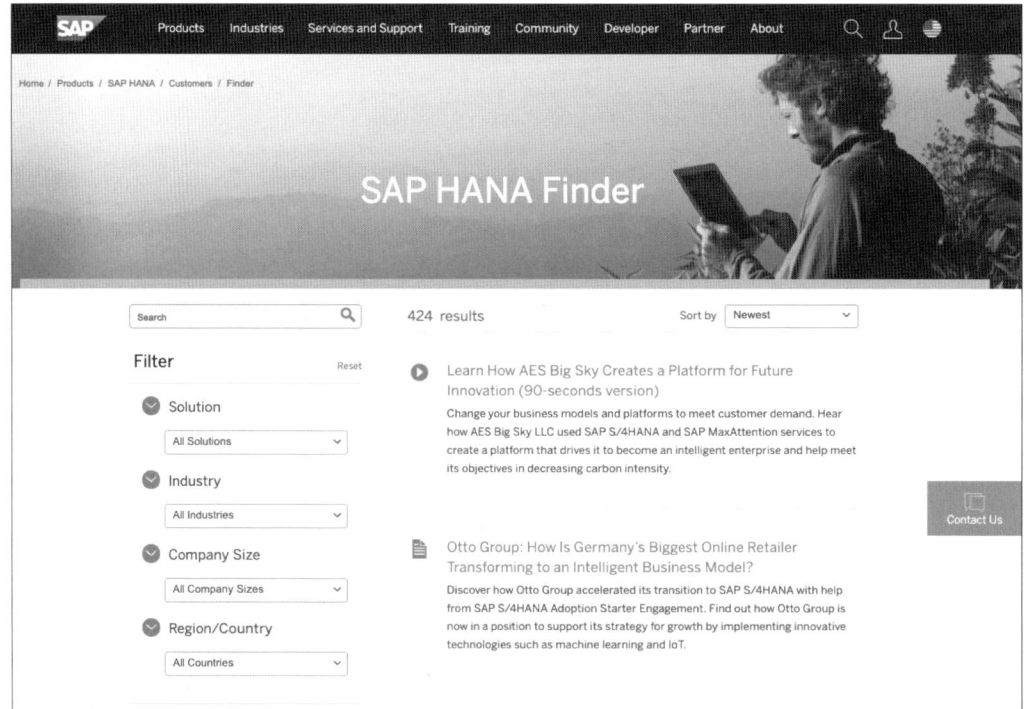

그림 1.5 SAP HANA Customer Stories

생생한 레퍼런스를 위해서라면 종종 고객들이 자신들의 스토리를 주고받는 SAP 이벤트에 방문할 수도 있다. 이러한 이벤트는 동료들과 의견을 교환하고, 그들의 경험을 통해 배울 수 있는 좋은 장소이다. 게다가 고객 대 고객(회원 대 회원) 스토리의 경우, 현지의 SAP 유저 그룹과 접촉하면 또 다른 관점을 접하고 배울 점을 발견할 수 있다. 유저 그룹에 대한 세부 사항은 10단원에서 다루겠다.

SAP HANA 활용 사례에 대한 맵(http://s-prs.co/v488404)에는 주요 기능이 나열된 5가지 전형적인 활용 사례와 SAP HANA를 구축하여 얻을 수 있는 비즈니스 이점에 대해 설명하고 있다. 예를 들면, Exploit Analytics in Insight-Driven Applications(통찰력 기반 애플리케이션의 활용 분석) 사례는 "비즈니스 실적을 위해 모든 데이터에서 보다 깊은 통찰력을 찾고 있는가?"라는 질문에 대한 답을 하고 있다. SAP HANA의 고급 분석 기능의 다양한 면이 여러 고객 스토리와 함께 설명돼 있다.

SAP HANA 활용 사례와 고객 스토리를 게재하는 회사는 SAP만이 아니다. SAP HANA와 기타 SAP 제품에 대한 사례 연구는 IBM, 아마존 웹 서비스(AWS), 마이크로소프트 애저, 액센츄어, 딜로이트 등의 웹사이트에서 어느 정도 찾을 수도 있다. 물론 이 회사들에서 발행하는 간행물에서는 SAP 파트너의 역할은 강조되지만, SAP HANA에 중점을 두지 않는다. 그러나 다른 관점을 배우는 것은 항상 유익하다.

1.5 산업 애널리스트

소프트웨어 벤더와 산업 애널리스트는 공생 관계이다. 각 벤더는 가트너(Gartner)의 매직 쿼드런트(Magic Quadrant)나 포레스터 웨이브(Forrester Wave)에서 최고의 위치를 차지하려고 하며, 그 위치에 오른 벤더는 확실히 유명하다. 산업 애널리스트는 중요한 역할을 수행한다. 시장에 대한 조사를 하고, 시장 트렌드를 살펴보기 위해 산업 애널리스트에게 의존하게 된다. 어떤 소프트웨어 벤더를 선택할지, 어떤 제품이나 서비스를 선택할지에 대해 조언을 구할 것이다. 산업 애널리스트에게 제품의 포트폴리오와 비즈니스 전략을 잘 이해시키기 위해, 소프트웨어 벤더가 브리핑을 하기도 한다. 또한 업계에서 후원하는 분석 연구소도 찾을 수 있다. 상업적인 이익 외에도, 애널리스트 업무의 품질은 대개 최고 수준이므로 산업을 이해하고 미래의 방향을 예상하려면 그들의 연구를 면밀히 관찰할 것을 권장한다.

1.5.1 가트너와 매직 쿼드런트

그렇다면 SAP HANA는 매직 쿼드런트에서 어디에 있는가? 답은 어떤 매직 쿼드런트에 대해 이야기하고 있는가에 따라 다르다. SAP는 분석용 데이터 관리 솔루션(Data Management Solutions for Analytics)과 운영 데이터베이스 관리 시스템(Operational Database Management Systems) 쿼드런트의 리더지만, 분석과 비즈니스 인텔리전스 플랫폼(Analytics and Business Intelligence Platform)이나 데이터 사이언스와 머신 러닝 플랫폼(Data Science and Machine Leaning Platforms)에 있어서는 점수가 낮다. 가트너는 특정 제품이 아닌 벤더만을 대상으로 위치를 정하고 있음을 감안해야 한다. 예를 들어 운영 데이터베이스 관리 시스템 카테고리에는 SAP HANA뿐만 아니라 SAP Adaptive Server Enterprise(SAP ASE)가 포함되는데, SAP HANA 플랫폼의 위치는 물론이고 SAP HANA 데이터베이스의 정확한 위치를 맞춰 파악하기 어렵기 때문이다. 플랫폼은 트랜잭션과 분석을 동시에 수행하며, 적어도 BI와 데이터 사이언스 플랫폼의 특징 중 일부를 가지고 있다.

가트너는 2013년 회사의 또 다른 유명 제품인 가트너 하이프 사이클(hype cycle)로 하이브리드 트랜잭션/분석처리(hybrid transaction/analytical processing: HTAP)라는 용어를 만들었다. 하이프 사이클은 기술이 성숙기에 이르는 과정까지 겪어야 할 여러 단계를 배치한다. "기술 촉발(Technology Trigger)"로 시작해서 "부풀려진 기대의 정점(Peak of Inflated expectations)"까지 치솟았다가 "환멸 단계(trough of Disillusionment)"까지 추락하고, "계몽 단계(Slope of Enlightenment)"로 기어올라서 "생산성 안정 단계(Plateau of productivity)"로 끝을 맺는다. 빅데이터, 클라우드 컴퓨팅, 블록체인, AI, IoT 등에서도 가트너 하이프 사이클이 존재했다. 가트너에게 HTAP는 하나의 아키텍처이지만, 제품이나 시장은 아니다. 그래서 HTAP에 대한 매직 쿼드런트는 없다. 다른 분석 회사들은 하이브리드 운영/분석 처리(Hybrid Operational/Analytical Processing: HOAP)와 트랜스리틱스〈역자_주: transaction과 analytics의 합성어〉 데이터베이스라는 용어를 사용한다는 것을 유의하길 바란다. 시간이 지나면 어떤 용어가 살아남는지 말해줄 것이다.

> **더 알아보기**
>
> 가트너는 1979년에 설립된 글로벌 연구기관이자 자문회사로서 기술 연구와 가트너 매직 쿼드런트로 잘 알려져 있지만, 다른 많은 기능들도 다루고 있다. 자세한 정보를 더 알고 싶으면 https://gartner.com/을 방문하면 된다.
>
> 가트너 매직 쿼드런트에서 SAP 제품에 대한 희소식은 대개 SAP News Center에서 찾을 수 있다. SAP HANA 태그 또는 Gartner를 검색해보길 바란다.

1.5.2 포레스터 웨이브와 IDC MarketScapes

포레스터는 또 다른 유명 산업 분석 회사로, 가트너에 비해 규모는 작으나 비슷한 서비스를 제공한다. 포레스터는 매년 고객의 기술 구매 결정을 돕기 위해 "포레스터 웨이브"를 발간한다. 벤더는 도전자, 경쟁자, 강력한 성과자 또는 리더로 리스트가 매겨지며, 시장 지위, 전략, 현 제품으로 구성된 3차원으로 매핑된다. 여러 가지 다양한 리스트가 존재하지만, SAP HANA는 트랜스리티컬(translytical)

데이터베이스 카테고리와 밀접한 관련이 있다.

International Data Corporation(IDC)도 산업 애널리스트들 사이에서 널리 알려진 이름이다. IDC의 주 관심사는 정보 기술 부문이고, 시장을 조사해 MarketScapes를 발간한다. 또한 수많은 다른 소규모 기업들은 일반적으로 자신들의 틈새시장에서 산업 애널리스트에게 드러나지 않은 자신의 가치를 알리기 위해 노력한다.

1.6 로드맵

SAP는 "로드맵"에 모든 제품의 미래 방향성에 대한 정보를 게재한다. 로드맵은 프레젠테이션 형식으로 혁신, 제품 방향, 비전이 실려 있다. 로드맵은 일반적으로 웨비나, 비즈니스 컨퍼런스 또는 요청한 고객 사이트에서 소개된다. 이 프레젠테이션은 항상 정보가 '변경될 수 있으며 어떠한 이유로든 사전 통지 없이 SAP에 의해 변경될 수 있다'는 법적 면책 진술서를 표기하고 있다. 이 필수 사항은 향후 계획이 사실로 오인되는 것을 방지하기 위해서 미국 비즈니스 법률에 의해 의무화돼 있기 때문이다. 따라서 혹시 발생할지 모르는 법률적 문제를 피하기 위해서, 로드맵에서 제시하고 있는 정보는 SAP가 공개적으로 제시하거나 발표한 내용과 일치한다. SAP 웹사이트에서 SAP HANA 로드맵을 참조하고 최신 동향을 위해 구독하면 도움이 될 것이다.

로드맵은 4가지 섹션으로 나뉜다.

- **최근 혁신**: 최신 릴리스의 주요 내용 포함
- **계획된 혁신**: 향후 릴리스의 새로운 기능 나열
- **제품 방향**: 계획된 새로운 기능에 대한 가이드(또는 로드맵 표현을 빌리자면 "솔루션 혁신을 위해 [고객 요구사항에서 영감을 받은] 고수준 개발 계획의 장기적인 전망")

■ **제품 비전**: 포괄적 설명(고수준 및 장기적인 비즈니스 전망)

SAP HANA의 경우, '최근 혁신'과 '계획된 혁신'은 데이터베이스 관리, 데이터 관리, 애플리케이션 개발, 분석 인텔리전스와 같은 주제 영역에 실려 있다. 조직은 대략 특징과 기능 면에서 관리자, 통합자, 개발자, 데이터 사이언티스트/고급 분석가 페르소나로 분류되거나, 관리자를 겸한 보안 설계자, 데이터 설계자, 데이터 센터 설계자로 분류된다. '최근 혁신'은 2018년의 SAP HANA 서포트 패키지 스택(support package stack: SPS) 03 릴리스와 2019년의 SAP HANA SPS 04 릴리스를 포함한다.

2단원에서 최신 릴리스에 도입된 새로운 기능을 살펴볼 때 이런 개발 과정을 상세히 다룰 것이다. '제품 방향'과 '제품 비전' 섹션은 비즈니스 이점 측면에서 더 많이 표현되며, "solution briefs"와 기타 보조 자료와 같이 세밀하게 작성된 마케팅 자료와도 관계가 있다. 여기에 성공 요인(행동, 혁신, 가속화, 달성)이 장점(신뢰, 인텔리전스, 단순화, 규정 준수)과 함께 나열된다.

SAP HANA 로드맵의 테마는 다음과 같다.

■ **실시간 인텔리전스로 행동하라.**
단일 데이터 참조, 실시간 트랜잭션 분석, 멀티모델 인메모리 처리, 모든 데이터 소스에 대한 연결성

■ **신뢰로 혁신하라.**
규정 준수 및 신뢰를 강화하고 비즈니스 콘텐츠에서 SAP 전문 기술을 습득하며, 다른 한편으로는 기존 기술과 개방형 표준을 활용해 새로운 혁신을 위한 장벽을 제거한다.

■ **단순화를 촉진하라.**
단순화된 앱 개발과 관리를 통해 모든 데이터를 지원하고 모든 워크로드를 실행하며, 이를 규모에 맞게 관리함과 아울러 빠른 속도로 연결하고 안전한 액세스를 보장하며, TCO를 절감한다. 다른 각도에서 보면 하나의 데이터집합, 모든 워크로드, 하나의 플랫폼이 더 단순한 아키텍처와 IT 랜드스케이프에 보다 빠른 결과와 비용절감 효과를 가져온다.

■ **클라우드 자유를 달성하라.**
하이브리드와 멀티클라우드 데이터 플랫폼

SAP가 단일 개발 조직을 만들었던 2013년 초반에 기간 업무(line of business: LoB) 애플리케이

션 개발을 위해 클라우드 퍼스트(cloud-first) 방식을 채택할 것이라고 발표했다. 이후 2018년 4월에 SAP HANA 2.0 SPS 03이 출시되면서 기술 스택에 영향을 주었는데, SAP HANA 플랫폼에 "클라우드 퍼스트"를 정식 모델에 적용하기로 한 시기였다. 그 이후로 새로운 기능들은 SAP HANA 클라우드 에디션에, 전체는 SAP 클라우드 플랫폼/SAP HANA 서비스에 먼저 공개됐다. 이런 새로운 릴리스는 정기적으로(증가하면서) 출시된다. SAP HANA 온프레미스의 경우 1년에 1번씩 SPS 릴리스가 출시되며, 각 릴리스마다 새로운 기능이 번들로 제공된다(2단원에서 SAP HANA 클라우드 에디션 설명). 클라우드 퍼스트 방식이 SAP HANA 플랫폼의 향후 개발에 얼마나 영향을 미치는지에 대해서, 최신 SAP HANA 로드맵에서 파악하기란 쉽지 않다. 이 로드맵이 면책 조항과 기타 법적 제약 사항으로 묶여 있는 경우가 가끔 있기 때문이다. 먼저 SAPPHIRE NOW 2019 컨퍼런스에서 발표된 내용을 검토해 보자.

더 알아보기

SAP 로드맵과 로드맵 웨비나와 같은 추가 자료에 대한 자세한 내용은 sap.com/roadmaps을 참고하면 된다. 검색 도구는 SAP HANA, SAP HANA 스마트 데이터 통합(SDI), SAP Landscape Management 등과 같은 관련 제품의 로드맵을 찾는 데 도움이 된다.

solution briefs와 "보조자료(collateral)"로 알려진 기타 마케팅 자료는 SAP 웹사이트에 Products 아래 게재돼 있다.

그림 1.6은 새로운 SAP HANA Cloud Services를 보여주는데, 인메모리 컴퓨팅의 성능을 클라우드로 가져오는 것을 목표로 한다. 앞으로 가장 큰 과제는 데이터 볼륨의 폭발적 증가(2025년까지 175 제타바이트)를 어떻게 관리할 것인가 하는 것이다. SAP HANA Cloud Services를 사용하면 발생 원천과 관계없이, SAP HANA가 모든 실시간 데이터에 대한 단일 관문 역할을 수행하므로 놀라운 인텔리전스를 경험할 수 있다.

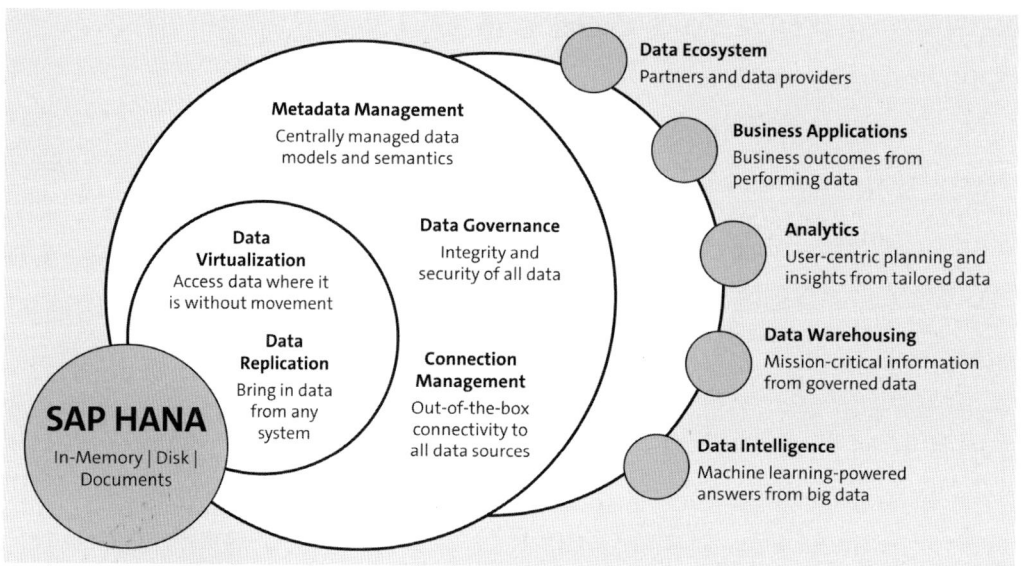

그림 1.6 SAP HANA Cloud Services

더 알아보기

SAP HANA Cloud Services는 현재 계속 개발 중이다. 가장 최근 정보를 보려면, http://s-prs.co/v488405를 방문하면 된다.

1.7 라이선스와 유지보수

1단원은 도입이기 때문에 라이선스와 유지보수 문제를 반드시 이야기해야만 완성될 것이다. SAP HANA는 다양한 버전으로 제공되고, 이러한 버전이 가격 책정에 미치는 영향은 종량제 모델에 따른 클라우드 기반 서비스, 하드웨어 파트너가 제공하는 온프레미스 어플라이언스, 맞춤형 데이터 센터 구현 중 어느 것을 선택할지에 달려 있다. 물론 더 큰 솔루션 제품의 일부로 SAP HANA를 구매할 수도 있다. SAP 스토어에서 SAP HANA 익스프레스 에디션을 직접 구매하고 SAP 클라우드 플랫폼용 서비스를 구독할 수도 있지만, 경우에 따라 SAP에 문의해 자세한 내용을 확인해야 한다.

1.7.1 라이선스

온프레미스 설치 혹은 퍼블릭 클라우드 배포 시에 사용자 라이선스 사용(BYOL)을 위한 SAP HANA 라이선스는 SAP Support 웹사이트에서 셀프서비스 라이선스 키 애플리케이션을 이용해 간단한 서명 파일로 획득할 수 있다. 대부분의 기능은 플랫폼에서 같이 제공되며 기술 활성화를 위해 추가 라이선스가 필요하지 않다. 그러나 앞에서 언급했듯이, 효율적인 사용을 위해 여러 가지 에디션과 라이선스 옵션을 선택할 수 있다.

- **SAP HANA 스탠더드 에디션**

  대부분의 데이터베이스, 통합, 애플리케이션 서비스 기능 포함

- **SAP HANA 엔터프라이즈 에디션**

  SAP HANA 스탠더드 에디션을 확장한 것으로 공간, 그래프, 텍스트 처리와 같은 고급 분석 처리 서비스와 예측 분석과 스트리밍 분석, 그리고 빅데이터 통합과 리플리케이션 기술을 포함

- **SAP HANA 익스프레스 에디션**

  개발자를 위한 무료 라이선스를 가진 특별 버전이다. SAP HANA 엔터프라이즈 에디션의 모든 기능을 포함하지만 고가용성과 재해 복구(시스템 리플리케이션), 멀티티어 스토리지(SAP HANA 다이내믹 티어링)와 복잡한 서버 환경이 필요한 엔터프라이즈 기능은 제외된다.

- **SAP HANA 런타임 에디션**

  SAP 애플리케이션을 사용하기 위한 특별 버전

이 모든 에디션은 온프레미스 또는 클라우드에 배포될 수 있으며, 다양한 옵션을 원하는 대로 사용할 수 있다. 2단원에서 에디션과 옵션을 다루고, 4단원에서 SAP HANA 익스프레스 에디션을 상세하게 설명할 것이다.

> **더 알아보기**
>
> SAP HANA와 관련이 없는 SAP 라이선스에 대한 일반 정보는 SAP Licensing Guide를 참고할 수 있다. 라이선스 키와 라이선스 키 애플리케이션 액세스에 대한 자세한 내용은 http://s-ps.co/v488406을 방문하면 된다.

1.7.2 소프트웨어 유지보수

지속적인 혁신을 제공하는 것은 처음부터 SAP HANA에게 중요한 주제였다. 그러나 초기 속도(2주마다 마이너 리비전 및 6개월마다 메이저 리비전)는 너무 야심적이었고, 일부 고객들은 자신의 운영환경에서 이런 속도로 업데이트를 적용하는 것이 어렵다는 것을 알게 됐다. 따라서 마지막 SAP HANA 1.0 릴리스 직전, 유지보수 주기와 릴리스 주기 연장을 발표했다. 메이저 릴리스(1.0, 2.0)의 마지막 SPS에 대한 지원은 5년이 연장됐고, 마이너 SPS 릴리스에 대한 지원은 2년이 연장됐다. 온

프레미스 버전의 새로운 릴리스는 매년 예정돼 있다. 출시 일정의 이러한 변화는 SAP에서 혁신의 속도가 느려졌다는 것을 의미하지는 않는다. SAP HANA는 클라우드 퍼스트 제공 정책을 따르고 있기 때문에 새로운 기능이 SAP 클라우드 플랫폼/SAP HANA 서비스에 먼저 출시되고 있다. 이러한 클라우드 에디션 릴리스는 리비전(40, 41, 42)과 SPS 릴리스(03, 04) 대신에 "year.week" (2019.01)로 라벨을 붙여 표시한다.

더 알아보기

소프트웨어 유지보수에 관한 일반 정보는 SAP Support Portal에 게재돼 있다. 세부 정보는 http://s-ps.co/v488407의 제품 가용성 매트릭스(Product Availability Matrix: PAM)에서 제공하며, 이 매트릭스에서 특정 제품에 대한 고객 버전(release to customer: RTC)과 공식 출시(GA) 날짜에 맞는 세부 정보를 찾을 수 있다. SPS는 릴리스 정보와 업그레이드 경로를 담고 있는 SAP Note의 링크와 함께 열거된다. 문서와 소프트웨어 다운로드 센터에 대한 링크도 포함돼 있다.

SAP HANA를 온프레미스나 클라우드 중 어디에 배포할지는 비즈니스 요구사항, 예산, 가용 리소스에 따라 달라진다. 엄격한 통제와 유연성 중에 무엇이 중요한가? 무엇이 원가를 더 절감시키는가? 성능, 확장성, 적응성, 시스템 유지보수 노력은 반드시 고려해야 할 사항이다. 이런 요구사항은 비즈니스 사례마다 다르며, 종종 다양한 요구사항이 수반된다. SAP HANA는 클라우드 배포를 위해 다수의 클라우드 인프라 공급자를 지원하고, 퍼블릭 클라우드와 프라이빗 클라우드를 모두 지원하며, 여러 하드웨어 파트너에게 인증된 온프레미스 구성을 제안하고 있다. 따라서 하이브리드 배포를 통한 믹스 앤 매치(mix-and-match) 접근 방식이 최상의 결과를 제공할 수도 있다.

가장 적절한 시스템 랜드스케이프를 정의하려면 그림 1.7의 배포에 관한 모범 원칙을 참고한다.

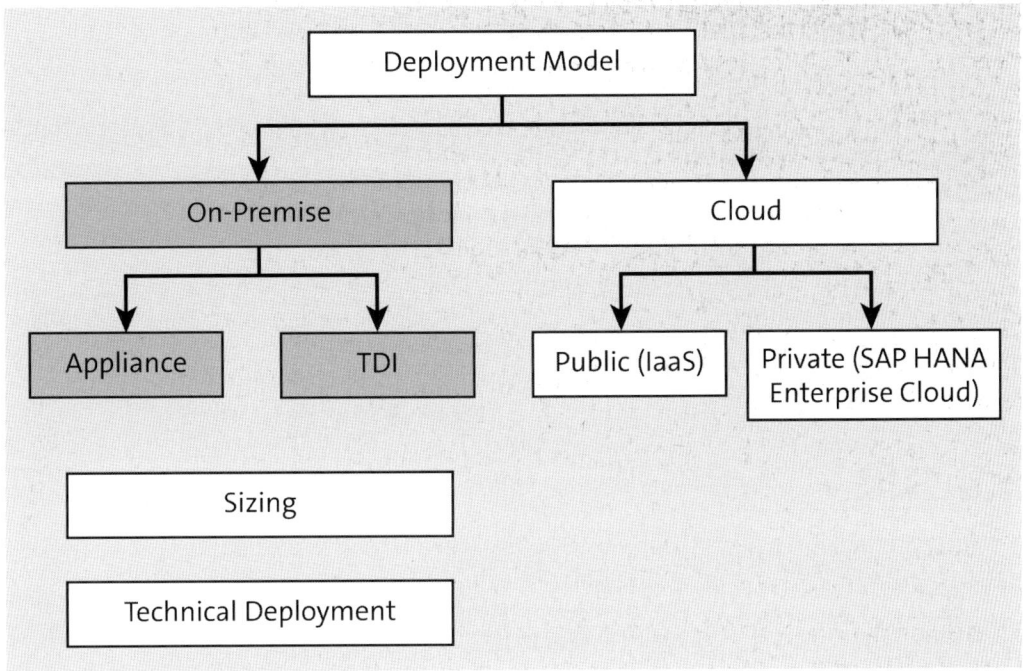

그림 1.7 SAP HANA Deployment Best Practices

온프레미스와 클라우드 배포 중에서 고민이 된다면, 다른 비즈니스 시나리오가 있다. 예를 들면 다음 시나리오 중 하나가 적용되는 경우 어플라이언스가 권장된다.

- 특정 산업별 보안, 프라이버시 또는 통제 요건(은행업)을 준수해야 한다.
- 온프레미스의 가장 빠른 구현을 원한다.
- 기업 데이터 센터에서 즉시 실행 가능한 포괄적인 패키지 제품이 필요하다.

SAP HANA 매니지드 서비스는 다음의 경우에서 권장된다.

- 운영과 유지보수를 위해 자격을 갖춘 인력이 부족하며 이 분야에 투자하고 싶지 않다.
- 하드웨어와 소프트웨어 라이선스에 높은 초기 투자를 피하고 싶다.
- 탄력적으로 SAP HANA 인스턴스를 확장할 수 있는 기능이 필요하다.
- 하드웨어 설치 공간을 줄이고 싶다.

더 알아보기

SAP HANA 제품 웹사이트에서 Implement - Deployment를 키워드로 다양한 배포 옵션을 살펴볼 수 있다. 이 섹션에서는 Landscape Definition Guide for SAP HANA - Best Practices for a Successful Deployment(2019) 링크를 찾을 수 있을 것이다.

SAP 릴리스와 유지보수 전략에 대한 정보와 PAM 링크를 보려면 SAP Support Portal 홈에서 Maintenance를 키워드로 검색하면 된다.

http://s-ps.co/v4884068을 방문해 SAP의 "Release and Maintenance Strategy" 문서를 확인하길 바란다.

1.8 요약

이 단원에서는 먼저 SAP HANA를 정의하고 데이터베이스 자체로서 주요 특성을 알아보는 가운데 데이터 관리와 분석 처리 및 애플리케이션 개발의 도구로서 SAP HANA의 특성을 살펴봤다. 이어서 주요 이점, TCO, 다양한 비즈니스 사례, 실제 결과, 고객 스토리를 다뤘다. 솔루션에 대한 간편한 요약 자료를 위해 관련 solution briefs에 대해 언급했고, 경쟁력 분석을 위해서 산업 애널리스트들이 발표한 자료를 설명했다. 그리고 투자자본수익률(Return On Investment: ROI) 연구를 위해서는 SAP의 릴리스 전략, 라이선스, 유지보수와 로드맵에 대해 설명했다.

다음 단원에서는 기술 개요를 학습하기 위해 역할을 변경해, 비즈니스 복장을 벗고 학생복으로 갈아입을 것이다. 학생의 입장에서 인메모리 데이터베이스 개념, 시스템 아키텍처, 에디션, 릴리스, 배포 옵션에 대해 하나씩 배워나가길 바란다.

Chapter 2
기 술 개 요

우리는 향후 2년에 일어날 변화를 항상 과대평가 하지만,
향후 10년 내에 일어날 변화는 과소평가 한다.
- J.C.R Licklider

진정한 예술가는 작품을 출하한다.
- Steve Jobs

Chapter 2
기 술 개 요

새로운 릴리스가 출시될 때마다 도입된 혁신을 살펴보면, 시간이 흐르면서 다양한 테마들이 사용돼 왔음을 알 수 있다. SAP HANA는 2010년에 실시간 분석을 가능하게 하는 "고성능 분석 어플라이언스(high performance analytic appliance)"로 시작했다. 그 후 "실시간 데이터 플랫폼"으로 곧 진화했다. 텍스트 분석, 비즈니스와 애플리케이션 기능, 공간과 그래프 엔진, 애플리케이션 서비스와 네이티브 개발환경은 이런 변화를 설명할 수 있는 혁신의 일부이다.

2014년 당시 화두는 빅데이터와 사물인터넷(IoT)이었고, "모든 애플리케이션을 위한 플랫폼"은 그 해 릴리스의 테마였으며, SAP는 SAP HANA 스마트 데이터 통합(SDI), SAP HANA 스마트 데이터 품질(SAP HANA smart data quality: SDQ), SAP HANA 스마트 데이터 스트리밍(SAP HANA smart data streaming: SDS)과 SAP HANA 다이내믹 티어링을 추가했다.

데이터 센터를 위한 준비된 상태를 강조하기 위해, 다음 릴리스의 테마는 "신뢰하는 미션 크리티컬 애플리케이션 실행"이었다. 이제 데이터 센터에 개방된 SAP HANA는 더 이상 어플라이언스에 제한되지 않고, 프로세서 아키텍처와 운영체제에서 선택의 폭을 넓히고 점점 더 늘어나는 하드웨어 파트너의 수많은 인증된 구성을 선택할 수 있게 됐다. 가상화와 클라우드 퍼스트 배포를 추가함으로써, 개방성과 유연성에 대한 SAP의 의지는 확고했다.

후속 릴리스에서는 "Run Simple" 기업 전략과 함께 "무엇이 새로운가?"라는 테마를 중심으로 "현대적 애플리케이션 혁신, 통찰력 가속화, IT 단순화"에 집중했다. SAP HANA 2.0은 "디지털 변환을 위한 차세대 플랫폼"으로 소개됐고, SAP HANA 최신 릴리스에서는 "인텔리전스, 민첩성, 효율성"이 강조된 "인텔리전트 엔터프라이즈를 위한 비즈니스 데이터 플랫폼"으로 소개됐다.

기업 메시지와 마케팅 요구사항에 맞춰, 각 릴리스마다 수백 또는 수천 개의 특징과 기능이 추가 및 변경이 되며, 이러한 목록을 하나의 테마로 구성하는 것은 SAP HANA 제품 관리의 당면 과제이다.

이 단원에서는 SAP HANA의 상자를 열고 안에 무엇이 있는지 살펴볼 것이다. 이를 통해 인메모리 데이터베이스 개념에 대한 높은 수준의 개요를 제공하고, 제품의 짧은 릴리스 이력을 살펴보며, SAP HANA 데이터베이스와 플랫폼의 시스템 아키텍처에 대한 개요를 알아볼 것이다. 이와 더불어 유용한 에디션과 옵션을 알아보고 그 기능, 특징, 역량을 조사할 것이다. 이 단원은 SAP 클라우드 플랫폼/SAP HANA 서비스와 클라우드 배포 옵션으로 끝을 맺는다. 이 단원의 압도적인 새로운 기술에 압박감이 들더라도 침착하게 계속 공부하기를 권장한다. 다음 단원부터 나오는 SAP HANA 페르소나와 친숙해지면, 모든 부품이 서로 잘 맞춰지기 시작할 것이다.

2.1 인메모리 데이터베이스 개념

모든 컴퓨팅이 메모리에서 발생한다. 시스템 전원을 켜면 운영체제가 디스크에서 로딩되고 시스템이 기동되며, 프로그램은 스토리지 또는 네트워크에서 들어오는 데이터를 입출력(I/O)으로 하여 메모리에서 데이터를 처리한다. 컴퓨터를 끄면 모든 데이터는 디스크로 다시 저장된다. 그렇다면 '인메모리 컴퓨팅'과 '메모리에서 컴퓨팅'은 어떤 차이가 있는가? 이 질문에 답하려면 짧게라도 몇 가지 데이터베이스 역사를 간략히 검토하고, 시간이 흐르는 동안 하드웨어 가격 대비 성능 비율도 고려하면서 데이터베이스 산업에서 하드 디스크 드라이브의 느린 속도를 경감하기 위한 수많은 해결책을 조사해 여러 기술을 조합함으로써 얻을 수 있는 시너지를 밝혀내야 한다.

2.1.1 간략한 데이터베이스 역사

1974년 IBM의 System R 연구 프로젝트는 관계형 데이터베이스 관리 시스템(RDBMS)에 대한 역사의 출발점으로 간주된다. System R은 모든 데이터가 튜플로 표현되고 관계로 묶이고 SQL로 작동되는 Codd의 관계형 모델을 기반으로 했다. System R은 향후에 DB2로 진화할 모든 중요한 요소를 포함하고 있었다. 컴퓨터 사이언스 배경과 스토리는 예전부터 책과 인터넷에서 많이 언급된 내용이기 때문에, 이 책에서는 기본적인 3가지 내용에 대해서만 간략히 설명하겠다.

하드웨어 가격 대비 성능 비율

1970년에 메가바이트 당 메모리 가격은 대략 US $100,000였고, 1990년대에는 US $100로 내려갔으며, 오늘날 SIMM과 DIMM이 가격을 약 1센트(1GB당 약 US $10)로 끌어내렸다. 메모리 가격은 데이터베이스가 처음 만들어졌을 때 엄청나게 비쌌지만, 시간이 지나면서 점차 저렴해졌다. 개념적으로 엔터프라이즈 ERP 시스템을 인메모리에 저장한다는 것은 2010년경에 와서야 가능해졌다.

하드웨어 액세스 시간

메모리 액세스 시간은 나노세컨드(10^{-9})로 표현된다. 1990년에는 디스크 검색에 20밀리세컨드(10^{-3})가 걸린 반면에, 메인 메모리 기준 검색 시간은 200나노세컨드였다. 즉, 0.02대 0.0000002로 100,000배 느린 것이다. 2020년 기준에서는 10,000배 정도 차이가 난다. 인간적 척도로 계산하면, 1 CPU 사이클(0.4 나노세컨드)이 1초와 같다고 가정한다면, 메인 메모리 액세스는 4분이 걸리지만 디스크의 I/O는 1개월~9개월이 걸린다.

물론 SSD(solid state drive)는 이보다 훨씬 빠르다. 시퀀셜 리드(sequential read)는 더 빠르며 디스크 I/O는 스토리지 컨트롤러, 운영체제, 데이터베이스 등에 캐싱할 수 있다. 그러나 모든 것을 감안하더라도 메모리를 디스크와 비교할 때 액세스 시간의 큰 격차는 여전히 남아 있다. 그것은 너무 느리다! 또한 프로세서가 실제로 일을 시작하기 전에 데이터를 메모리에 로딩하는 데 많은 시간이 걸렸기 때문에 데이터베이스 설계자는 이 문제를 경감하기 위해 오랜 시간 동안 여러 차선책을 고민했다.

느린 디스크를 위한 차선책

처음 수십 년 동안, 데이터베이스는 트랜잭션 시스템으로만 사용됐다. 레코드를 메모리에 로딩한 후 변경하고 다시 스토리지로 내려썼다. 메모리는 휘발성(파워가 꺼지면 데이터가 날아감)을 띠고 있으며, 디스크에서 읽는 작업은 아주 느리다. 더 나쁜 상황은 테이블 데이터가 특별한 순서 없이 무작위로 저장된다는 것이다. 어떤 특정 레코드가 필요한 경우, 그 레코드를 찾을 때까지 모든 로우(row)를 검색해야 한다. 이런 고약한 상황은 테이블 컬럼의 중복 형태인 인덱스로 로우를 정렬함으로써 해결되었다. 인덱스는 더 많은 디스크 공간에 대한 비용을 지불해야 하지만 더 빠른 응답 시간을 제공하며, 이는 디스크가 가장 저렴한 리소스이기 때문에 허용되는 이야기이다. 오늘날에는 성능 오버헤드를 무시해도 좋다. 테이블 삽입, 수정, 삭제는 내부적으로 인덱스 유지관리 작업을 유발할 것이다. 어쨌든, 과거에는 하드웨어가 이를 따라가는 데 어려움을 겪었고 테이블에서 생성할 수 있는 인덱스의 수는 엄격히 제한됐다.

다음 이슈는 계산에 관한 것이다. 집계나 평균값을 원하면, 모든 로우를 검색해야 하며, 이는 시간과 리소스를 필요로 했고 비용이 많이 든다. 그렇다면 해결 방안은? 시간 단위나 지리적 단위를 기준으로 집계 결과를 저장했다. 부작용은 어떠한가? 집계된 데이터는 현재 시간이 아니라 과거의 어떤 순간을 나타내는데, 예를 들어 매일 밤에 돌리는 배치 작업을 통해 정기적으로 업데이트해야 했다. 다시 말하자면, 집계 없이는 애초에 총액과 평균을 낼 수 없었고, 이는 초기의 데이터베이스에는 너무 비싼 작업이었다.

엔터프라이즈 시스템에서 집계를 계산하고 쿼리하려면 많은 양의 컴퓨팅 리소스가 필요했고 트랜잭션 처리에 영향을 주었기 때문에, 집계는 상당한 비용이 들었다. 해결 방안을 생각해 보자. 분석을 위해 다른 시스템에 집계를 저장하고 추출, 변환, 적재(ETL)와 같은 여러 표준 작업을 수행해 필요한 형태로 데이터를 조작했다. ETL은 정보 저장 시스템에서 원하는 데이터가 무엇인지, 어떻게 데이터를 모델링하고 싶은지, 그리고 데이터를 다른 데이터 소스와 어떻게 연결하는지에 대해 정의한다. 소프트웨어 산업 전체가 이런 요구사항을 수용하도록 성장했다.

1980년대에 메모리, 프로세서, 스토리지의 가격은 이런 진화를 가능하게 하는 수준까지 내려갔다. 이러한 시스템에 많은 데이터를 저장할 수 있고 우리는 이를 데이터 웨어하우스라고 부른다. 이 시기에 대부분의 성공한 비즈니스 인텔리전스(BI) 기업은 더 큰 소프트웨어 기업에 인수됐다. 이에 따른 부작용이 발생했는데, 데이터 중복, 리포팅 시간 지연, 복잡성이 가중됐다는 점이다. 데이터 웨어하우스는 이미 트랜잭션 데이터의 복사본으로, 종종 각 기능이나 지역별로 존재하는 데이터 마트에서 다시 중복되어 데이터 사일로(data silo)를 형성했다. 특히 클라이언트/서버의 시대에 이런 중복은 꽤 흔한 일이었다. 모든 데이터를 단일 시스템에 저장하는데 필요한 하드웨어는 구할 수 없거나, 있더라도 엄청난 비용이 들었다.

2.1.2 SanssouciDB

2006년경에 포츠담의 Hasso Plattner Institute(HPI)에서 SanssouciDB라는 새로운 인메모리 엔터프라이즈 데이터베이스 시스템의 청사진에 관한 연구가 시작됐다. Sanssouci라는 말은 프랑스어로 '걱정 없는' 이라는 뜻이고 프로이센 프리드리히 대왕의 여름 궁전의 이름을 따서 지어졌다. 데이터베이스 설계자들은 SanssouciDB를 위해 처음부터 다시 시작했다. 모든 데이터를 인메모리로 저장한다면 어떨까? 그렇게 되면 더 이상 별도의 데이터 웨어하우스를 필요로 하진 않을 것이다. 그리고 모든 데이터를 메모리 내에 적재하고 여러 프로세서로 병렬 처리하면(흔히 멀티코어 병렬 처리[MPP]로 알려진), 계산은 "즉시" 수행할 수 있고 집계는 더 이상 필요하지 않다. 연구에 따르면 엔터프라이즈 데이터의 상당 부분은 여러 종류의 집계와 관련된 것으로 나타났다. 중복 데이터를 제거함으로써 데이터베이스 크기가 크게 감소하므로 전체 엔터프라이즈 데이터베이스를 메모리 내에 저장하는 것이 실현 가능해졌다. SAP HANA 데이터베이스 사이징을 다룰 때 이 주제를 다시 언급하겠다.

실시간 계산에 따른 또 다른 중요한 결과는 비즈니스 애플리케이션에서 집계를 생성, 유지 관리, 조작하는 코드가 더 이상 필요하지 않으므로, 복잡성을 줄이고 코드를 단순화했다는 것이다. 이런 이유로 SAP HANA를 위해 특별히 개발된 첫 번째 애플리케이션은 Simple Finance라는 이름으로 출시 됐으며, 어디에서나 복잡성 감소라는 "Run Simple" 캠페인과 연관됐다. 나중에 이러한 애플리케이 션은 SAP S/4HANA와 SAP BW/4HANA와 같은 "4/HANA"로 태그가 지정됐다.

데이터를 로우가 아닌 컬럼형(columnar) 포맷인 인덱스로 저장하게 되면 데이터를 상당히 압축 할 수 있고, 더 나아가 필요한 메모리 공간을 줄일 수 있다. 내장 파티셔닝, 최소한의 컬럼 나열 ("SELECT *"를 회피), 애플리케이션 티어에서 데이터베이스 계층까지 코드 푸시다운, 결합된 컬럼 과 로우 스토어, insert-only principle은 연구 프로젝트에서 도출된 많은 아이디어와 혁신 중 하 나이다.

기술 배경

컬럼형 스토리지는 새로운 것이 아니다. 1995년 사이베이스 IQ가 초기 사례였다. 2010년에 SAP는 사이 베이스를 인수했으며, 사이베이스 IQ의 SAP HANA 다이내믹 티어링 기술이 인메모리 플랫폼에 통합됐 다. 컬럼형 스토리지를 사용하면 압축으로 인해 훨씬 많은 데이터를 저장할 수 있다. 그러나 데이터 변경 에는 문제가 있었는데 이는 데이터를 다시 한번 정렬해야 하기 때문이다. 이런 이유로 컬럼 기반 데이터베 이스는 주로 온라인 분석처리(OLAP) 환경에서 사용됐다. SAP NetWeaver에서 사용되는 검색 엔진인 Text Retrieval and Information Extraction(TREX)도 컬럼형 스토리지를 사용한다. 데이터 변경을 위해 델타 스토어(delta store)가 관리되며, 나중에 영구적인 결과를 위해 간격을 두고 메인 저장소에 병합된다.

인메모리 로우 스토어(row store)도 새로운 것이 아니다. 데이터베이스 산업에서 유명한 TimesTen은 1996년에 팔로알토에 있는 휴렛팩커드 연구소에서 개발됐다. 이 데이터베이스는 2005년 오라클에 인수 됐고 여전히 시중에 나와 있다. 같은 해에 SAP는 P*TIME 인메모리 로우 스토어 데이터베이스를 개발한 스타트업 회사인 Transact In Memory를 합병했는데, 이 회사는 2002년에 한국의 서울대학교에서 시작 한 회사이다.

SanssouciDB와 이후 SAP HANA를 꽤나 독특하게 만든 것은 새로운 엔터프라이즈 데이터베이스 시스템 을 위해 인메모리 로우 스토어와 컬럼형 스토리지의 결합이었다. 퍼시스턴스 계층과 클라이언트 인터페이 스를 위해 SAP MaxDB의 기술이 활용됐다. 우리가 언급했던 다른 제품처럼 SAP MaxDB도 이 시기에, 베 를린 공과대학교의 데이터베이스 연구 개발 프로젝트에서 시작됐다.

SAP에서 새로운 인메모리 컴퓨팅 엔진에 대한 개발은 2009년에 시작됐고, 제품은 2010년 올랜도에서 개최된 연례 SAPPHIRE NOW 컨퍼런스에서 Hasso Plattner와 SAP CTO인 Vishal Sikka에 의해 출시됐다. 다음 섹션에서 시스템 아키텍처를 설명하고 다양한 에디션과 옵션에 대해 언급한 후에, 2010년으로 돌아가서 SAP HANA가 인메모리 컴퓨팅 엔진에서 어떻게 완벽한 실시간 엔터프라이즈 데이터 플랫폼과 인텔리전트 엔터프라이즈의 기반으로 진화했는지를 간략하게 살펴볼 것이다.

더 알아보기

인메모리 데이터베이스의 기원이 궁금한 사람들을 위해, Hasso Plattner와 Alexander Zeier가 저술한 In-Memory Data Management, Technology and Applications(2012년, 재판) 책과 Hasso Plattner의 openHPI 6주 과정인 "In-Memory Data Management"를 추천한다.

그림 2.1에서는 1시간 과정인 openSAP의 "Introduction to SAP HANA by Dr. Vishal Sikka"를 소개하고 있으며, SAP HANA와 그 기술(병렬 처리, 로우 스토어와 컬럼 스토어, 압축, 파티셔닝, 티어링)에 대한 간략한 정보를 습득할 수 있다.

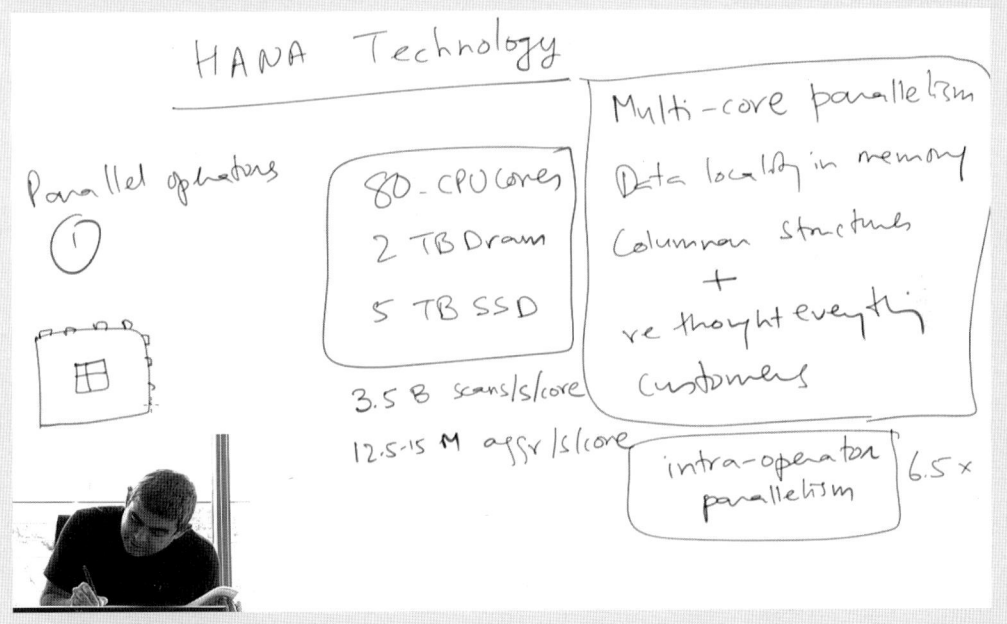

그림 2.1 openSAP Course: "Introduction to SAP HANA by Dr. Vishal Sikka"

2.2 시스템 아키텍처 개요

가장 중요한 인메모리 개념을 다루었으므로, 이 개념이 구체적으로 SAP HANA에 어떻게 적용되는 지를 살펴볼 것이다. 이 섹션에서는 구현 시나리오 서비스와 프로세스, 메모리와 지속성, 싱글호스 트와 분산 시스템, 데이터베이스와 애플리케이션 서버, 데이터 티어링까지 알아볼 것이다.

2.2.1 구현 시나리오

그림 2.2에서 보듯이 SAP HANA는 여러 가지 방법으로 구현할 수 있다. 초기에 인기 있는 활용 사 례는 "데이터 마트로서의 SAP HANA"였는데 사이드카 시나리오로도 알려져 있다. 여기서 주요 목 표는 비즈니스 분석과 리포팅 속도를 높이는 것이었다. 다양한 리플리케이션 기술을 사용해 트랜잭 션 소스 시스템에서 SAP HANA 데이터베이스로 관련 데이터를 복사할 수 있다(데이터 통합 설계자 의 책임은 7단원 참고). 여기서 모델러(4단원에서 다룸)는 SAP BusinessObjects와 같은 BI 도구에 서 사용할 information view를 설계할 것이다.

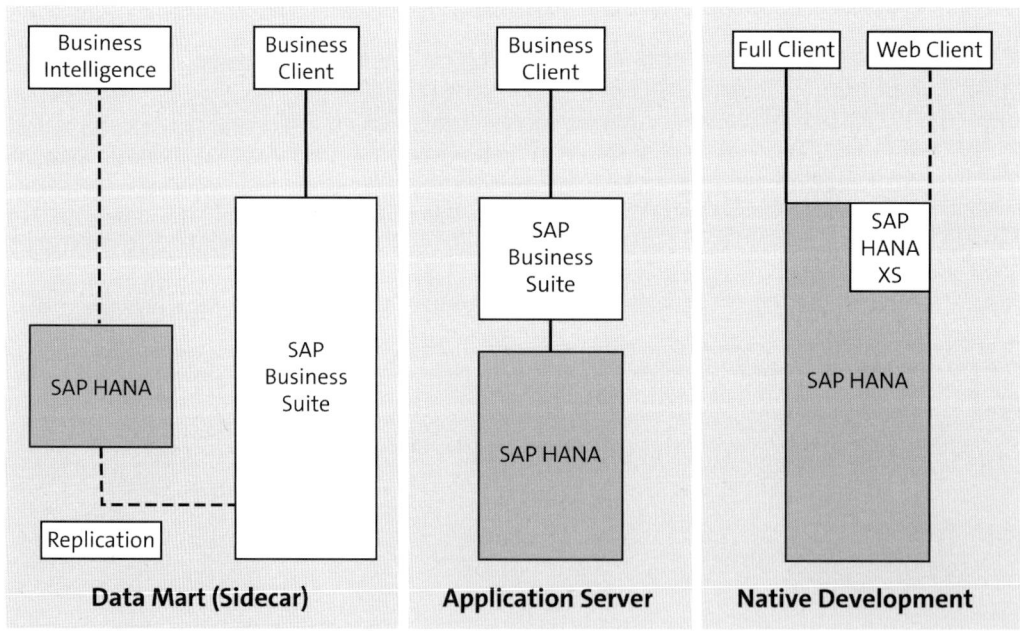

그림 2.2 SAP HANA Implementation Scenarios

SAP Adaptive Server Enterprise(SAP ASE) 데이터베이스의 경우, 이 아키텍처에는 SAP ASE를 위해 SAP HANA accelerator라는 별도 제품까지 만들었다. 하지만 이러한 구현에서는 OLTP와

OLAP이 결합되고, 여러 고급 분석 처리 기능을 가진 단일 데이터의 이점을 활용하지 못할 것이다. 실제로 이 아키텍처는 SAP Business Warehouse(SAP BW)에서 사용된 SAP Business Warehouse Accelerator(SAP HANA의 전신 중의 하나)의 방식과 어느 정도 유사하다. 어쨌든 이 아키텍처의 장점은 리스크는 작고 이득은 많다는 것이다. SAP HANA를 데이터 마트로 사용하면 운영 시스템의 중단이나 간섭 없이 그대로 유지가 가능하다. 반면에 BI는 분석을 위한 응답 시간이 훨씬 단축될 수 있다. 대부분의 분석과 리포팅 작업이 데이터 마트에서 수행되면서 정보 저장 시스템은 자신의 작업에 더 잘 집중할 수 있을 것이다.

두 번째 구현 시나리오는 애플리케이션 서버용 데이터베이스로서 SAP HANA이다. SAP HANA가 출시되기 전에 SAP NetWeaver 애플리케이션 서버는 다른 데이터베이스(AnyDB)에 연결됐다. SAP HANA가 출시된 후, SAP 개발팀은 모든 비즈니스 애플리케이션이 인메모리 플랫폼에서 수행 가능하도록 쉬지 않고 작업했다. 이러한 애플리케이션은 이제 첫 단계에서 "powered by HANA"가 됐고, 수많은 재설계를 거쳐서 단일 데이터, 애플리케이션과 비즈니스 기능, 코드 푸시다운, 그리고 이 섹션에서 설명하게 될 여러 이점을 활용할 수 있게 됐다. 결국 "powered by HANA"는 "4/HANA" 표기법으로 대체됐고, SAP S/4HANA와 SAP BW/4HANA가 가장 잘 알려진 사례가 됐다.

세 번째 주요 구현 시나리오는 원래 인메모리 프로토타입 설계의 일부분이 아니었지만, 논리적으로 확장됐다. 지금 만약 단일 데이터와 분석 역량을 충분히 가지고 있다면, 모든 처리 능력을 잘 활용할 수 있도록 플랫폼에 경량 애플리케이션 서버를 붙이면 어떨까? 인메모리 플랫폼에서 소위 "네이티브 (native)" 개발로 불리는 이 주장은 데이터 티어에서의 처리를 극대화시키려 한다. 네이티브 개발은 SAP HANA 확장 애플리케이션 서비스(SAP HANA XS) 아키텍처를 사용한다(4단원 4.4섹션 참고).

2.2.2 서비스와 프로세스

그림 2.3은 SAP HANA의 주요 웹 인터페이스인 SAP HANA 콕핏 내의 Manage Services 화면을 보여준다(전체 개요는 3단원 3.1.2섹션 참고). 이 화면에서 운영체제 프로세스뿐만 아니라 SAP HANA 플랫폼의 서비스를 볼 수 있다. 어떤 프로세스는 선택적으로 기동 되지만, 그 외는 항상 실행 중이다.

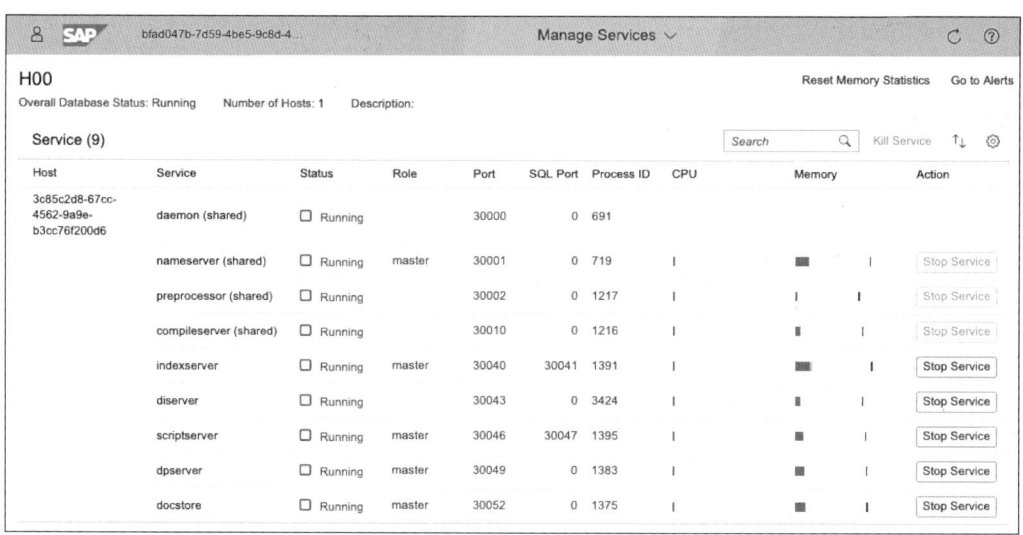

그림 2.3 SAP HANA Cockpit: Manage Services

이들 서비스에 대해 더 자세히 알아보자.

■ daemon

SAP HANA는 daemon 프로세스로 시작한다. daemon은 처음 시작하는 프로세스로 Running 상태에 있지 않은 모든 서비스를 자동으로 재시작하는 감시자 역할을 한다.

기술 배경

유닉스나 리눅스 시스템 관리에 소소한 지식을 가진 사람이라면 누구나 마이크로소프트 윈도우 플랫폼의 서비스와 동등한 daemon 프로세스에 친숙할 것이다. daemon은 백그라운드 프로세스로 사용자가 로그온할 필요는 없다(양방향 프로세스일 수 있음). 그러나 윈도우와는 달리 daemon은 항상 특정한 유저 계정의 환경에서 실행된다. SAP HANA의 경우, 이 유저는 소프트웨어 오너와 운영체제 어드민 계정인 〈sid〉adm으로 이름이 지정된다. 시스템 식별자(system identifier: SID)는 ABC와 H00같은 영숫자 조합의 식별자로 구성되며, 이는 SAP NetWeaver 시스템에서도 사용된다.

■ nameserver

두 번째로 시작되는 서비스는 nameserver 프로세스이다. 이 프로세스는 토폴로지〈역자_주: 노드 간의 물리적 배치〉를 추적한다. 즉, 어떤 서비스가 어떤 호스트, TCP 포트, role로 수행 중인지 또는 리소스 사용량을 포함한 서비스 상태는 어떤지 등을 추적한다(그림 2.3 참고).

nameserver는 테이블 데이터가 어디에 존재하는지, 분산 시스템(멀티호스트와 스케일아웃 환경에서 사용되는 용어)과 특히 관련이 있는 수많은 파티션을 어디에서 찾을 것인지도 알고 있다. 분산 시스템의 경우, nameserver는 멀티호스트, 스케일아웃 환경에서 한 호스트가 응답이 없으면, 스탠바이 인스턴스를 기동하고 자동 페일오버(host auto-failover)가 되는 동안 데이터의 재분배를 조율한다.

nameserver는 어떻게든 시스템 데이터베이스가 데이터베이스 엔진 역할로서 작동할 수 있도록 관리한다. 시스템 데이터베이스는 항상 테넌트 데이터베이스 시스템에 함께 존재하며, 테넌트 데이터베이스와 기타 프로세스에 대한 텔레메트릭스〈역자_주: 각종 대상물에 대한 정보를 원거리에서 실시간으로 획득·분석하고 상태를 관리하거나 제어하는 기술로 Tele(원거리), Metry(계측학), Electronics(전자학)의 합성어〉와 메타데이터를 저장한다. 이에 관한 내용은 2.4.1섹션에서 다룬다.

또한, nameserver는 고가용성과 재해 복구 구성 측면에서 시스템 리플리케이션을 관리한다(9단원 9.9섹션 참고).

■ indexserver

실제 데이터베이스 로우 스토어 및 컬럼 스토어 엔진은 indexserver 프로세스의 역할 내에서 실행된다. 초기 SAP HANA 시스템은 단일 컨테이너 데이터베이스 모드였으며, indexserver가 바로 데이터베이스였다. 현재의 테넌트 데이터베이스 아키텍처에서 각 indexserver는 개별 테넌트 데이터베이스에 해당한다. 데이터베이스에 접속할 때 호스트 네임과 포트 번호를 제공해야 하기 때문에, 테넌트 데이터베이스의 indexserver 프로세스가 수신하는 SQL 포트가 무엇인지 아는 것이 중요하다. 운영 중인 시스템에서 indexserver 프로세스는 항상 많은 리소스(CPU와 메모리)를 소모한다.

기술 배경

indexserver 프로세스의 실제 이름은 SAP NetWeaver의 TREX 엔진으로 거슬러 올라가는데, 여기에서 daemon과 nameserver 프로세스도 만날 수 있다. TREX는 일반 테이블이 아닌 컬럼형 스토리지(인덱스)를 사용하는데, 그래서 indexserver라는 이름이 붙여졌다.

■ compileserver와 preprocessor

compileserver 프로세스는 공유 프로세스로, SQLScript 함수나 저장 프로시저 같은 고수준의 프로그래밍 코드를 기계 수준의 코드로 컴파일한다. 이 서비스는 모든 테넌트 사이에 공유된다.

preprocessor 프로세스도 공유 프로세스이며, 텍스트 분석(검색, 분석, 마이닝) 서비스를 제공하는 프로세스이다. daemon, preprocessor, nameserver, indexserver, compileserver 프로세스는 모든 SAP HANA 시스템에 항상 포함돼 있다. 과거 SAP HANA 시스템에서 발견할 수 있는 statisticsserver, xsengine, webdispatcher 프로세스는 현재, 시스템과 테넌트 데이터베이스 프로세스에 대부분 임베딩돼 있다.

■ scriptserver와 diserver

그림 2.3을 보면, 시스템 구성에 따라 SAP HANA 콕핏에서 scriptserver나 diserver와 같은 여러 프로세스를 발견할 수 있다. scriptserver는 Application Function Library(AFL)와 Business Function Library(BFL)를 실행한다. Predictive Analytics Library(PAL)나 External Machine Learning Library(EML)를 사용하려면, 먼저 테넌트 데이터베이스의 scriptserver를 활성화시킬 필요가 있다.

diserver는 디자인 타임의 산출물을 런타임 오브젝트로 변환하는 기능을 가진 SAP HANA Deployment Infrastructure(HDI)를 제공한다. 이 서비스와 프로세스는 어드밴스드 모델(SAP HANA XS Advanced) 아키텍처와 관련이 있다. SAP HANA XS Advanced 런타임을 설치하면 xscontroller, xsuaaserver와, 오케스트레이터(orchestrator, 7.2섹션 참고) 역할을 위한 1개 이상의 xsexecagent 프로세스를 찾을 수 있고, 유저 계정과 인증(UAA, User Account and Authentication) 서비스와 배포된 다른 런타임도 볼 수 있다.

■ docstore

JSON 다큐먼트를 저장하고 관리하는 역할을 한다. 예를 들면, JSON 다큐먼트를 필터링, 집계, SAP HANA의 컬럼 혹은 로우 스토어 테이블과 조인 등의 기능을 제공한다.

■ dpserver, streamingserver, esserver

dpserver는 SAP HANA 스마트 데이터 통합(SDI)을 설치할 때 추가된다. SDI에는 ETL 타입의 데이터 프로비저닝 기술이 적용돼 있다. SAP HANA 스트리밍 애널리틱스는 streamingserver를 추가하고, SAP HANA 다이내믹 티어링은 esserver(ES는 Extended Storage를 의미)를 추가한다. 이러한 서비스는 2.4.1섹션에서 설명할 여러 기능을 담당한다.

■ computeserver

최신 SAP HANA 2.0 SPS 04 릴리스에서 computeserver가 새로 등장했으며, 탄력적으로 수행되는 컴퓨팅 노드 서버이다. 이는 indexserver 프로세스와 유사하지만, 항상 기동되어 있는 서버가 아니므로 읽기 전용 쿼리와 프로시저를 실행하는 데만 사용된다.

4, 5, 7, 9 단원에서 SAP HANA XS Advanced, HDI, AFL, 프로비저닝, 확장 스토리지와 같은 주제를 조금 더 자세히 설명할 것이다.

2.2.3 메모리와 지속성

지속성은 스토리지와 디스크보다 조금 더 포괄적인 단어이다. 데이터가 퍼시스턴스 계층에 쓰일 때, 이 데이터는 하드 디스크 드라이버(HDD)나 SSD(USB드라이버와 모바일 장치에도 있는 플래시 스토리지 유형)에 저장될 수 있다. 따라서 지속성은 데이터베이스가 셧다운될 때 휘발성인 데이터를 안전하게 저장하는 것을 말하며, 전원이 나가면 데이터가 사라지는 휘발성의 DRAM(dynamic random access memory)과 대조적이다.

최근에는 두 가지의 장점을 모두 결합해 SAP HANA도 영구 메모리(persistent memory)를 지원하고 있다. 이 메모리는 새로운 유형의 비휘발성 메모리(non-volatile memory: NVM)이며, 기존 DRAM 및 NVRAM(플래시, ROM, BIOS) 유형과 다르고, Intel Optane으로 상용화되었다. 영구 메모리를 통해 SAP HANA는 대용량 (또는 덜 비싼) 메모리 구성을 지원하고, 시스템 부팅 시간을 크게 단축할 수 있게 됐다. 컬럼형 테이블의 주요 영역은 영구 메모리에 저장되며, 오직 델타 스토어만 RAM에 유지된다. Intel Optane 영구 메모리는 9단원 9.5.1섹션에서 다룰 것이다.

모든 데이터베이스 시스템은 하드웨어 장애와 주요 재난 상황을 포함해, 다양한 유형의 예기치 않은 다운타임으로부터 보호돼야 한다. 인메모리 플랫폼으로서 SAP HANA도 예외가 아니며, 다른 RDBMS 유형에서 데이터를 유지하는 데 사용되는 메커니즘과 동일한 것을 찾을 수 있다. 커밋된 트랜잭션은 리두 로그 버퍼에서 리두 로그 볼륨의 리두 로그 파일로 플러시되고, 데이터 버퍼도 정기적으로 디스크에 계속 내려쓴다.

SAP HANA 관리자에게 메모리 사이징과 모니터링은 데이터와 로그 볼륨 관리보다 훨씬 매력적인 작업이지만, 인메모리 데이터베이스라 할지라도 디스크에 충분한 공간이 있는지 항상 확인해야 한다. 3단원과 9단원에서 이 내용을 자세히 다룰 것이다.

지속성과 메모리에 관한 개념 및 구성은 SAP HANA Administration Guide에 설명돼 있다.

- "Memory Usage in the SAP HANA Database"
- "Persistent Data Storage in the SAP HANA Database"

추가 정보는 다음의 SAP Note에서 볼 수 있다.

- SAP Note 1999997 – FAQ : SAP HANA Memory
- SAP Note 2400005 – FAQ : SAP HANA Persistence
- SAP Note 2700084 – FAQ : SAP HANA Persistent Memory

2.2.4 싱글호스트와 분산 시스템

비즈니스 연속성은 모든 엔터프라이즈 데이터베이스에서 필수적이다. 일부 시스템의 경우 허용되는 다운타임은 제로여야 한다. 이런 고가용성 요구를 지원하거나 단일 시스템에 지원되는 최대(또는 가장 경제적인) 하드웨어 구성을 넘어서기 위해서, 시스템을 스케일아웃할 수 있다. SAP HANA의 경우 이러한 멀티호스트 스케일아웃 환경을 분산 시스템이라고 하고, 이는 고가용성과 더 나은 성능을 제공한다.

모든 비즈니스 애플리케이션(powered by SAP HANA)이 스케일아웃 시스템에서 지원되는 것은 아니다. 만약 데이터 분산이 고려되지 않은 경우라면, 시스템 성능은 실제로 저하될 것이다. 광섬유 네트워크의 덕택으로, 노드 간의 네트워크 대기시간은 디스크 I/O와 같은 마이크로세컨드가 아닌 나노세컨드로 표시될 수 있다. 자주 조인되는 마스터 테이블과 디테일 테이블이 같은 호스트에 있지 않으면, 결과적으로 성능이 저하된다. 이런 이유로 데이터 분산은 SAP HANA 데이터 설계자의 중요한 작업이며, 테이블 리플리케이션과 파티셔닝 같은 여러 기술을 사용할 수 있다. 또한 데이터 분산 도구와 위저드는 구성을 용이하게 하고 운영을 자동화할 수 있다.

클러스터는 일반적으로 숙련된 엔지니어가 필요할 정도로 복잡하지만, SAP HANA 분산 시스템은 비교적 쉽게 생성, 구성, 모니터링, 관리할 수 있다. 시스템 관리 관점에서 싱글호스트 시스템과 멀티호스트 시스템은 크게 다르지 않으며, 관리에 특별한 도구가 필요하지 않다.

8단원 8.5섹션과 9단원의 9.9섹션에서 재해 복구를 위한 시스템 리플리케이션(9단원 9.10섹션)을 포함해, 데이터 분산과 고가용성에 대해 자세히 설명할 것이다.

기술 배경

멀티노드 시스템 즉, 스케일아웃에 대한 업계의 공통적인 용어는 클러스터이다. SAP HANA 스케일아웃 시스템을 클러스터가 아닌 분산 시스템으로 부르는 이유는 SAP NetWeaver 용어를 재사용했기 때문이다.

SAP NetWeaver 시스템은 여러 인스턴스로 구성된다. 중앙 서비스(central services: SCS)와 데이터베이스와 프라이머리 애플리케이션 서버(PAS)가 그것이다. 이들이 모여 SAP 비즈니스 애플리케이션을 처리하는 애플리케이션 서버를 형성한다. 이런 서비스를 단일(대형!) 시스템에서 실행하거나 여러 서버에 로드를 분산시킬 수 있다. 후자의 경우 분산 시스템을 만든다. SAP NetWeaver 분산 시스템은 고가용성을 제공하지 않으며, 각 서버는 여전히 단일 장애점(single point-of-failure: SPOF)이 될 수 있으므로 클러스터에 속하지 않는 것이다. 고가용성을 위해서는 하드웨어나 소프트웨어(운영체제) 벤더의 클러스터 기술을 사용해야 한다.

TREX 검색 엔진 컴포넌트를 SAP NetWeaver 시스템에 설치할 때, 로드 밸런싱이나 고가용성을 위해 싱글호스트나 멀티호스트에 설치할 수 있다. 멀티호스트에 TREX를 설치하면 SAP NetWeaver 시스템의 컴포넌트는 사실상 이제 클러스터가 된다. 그러나 SAP 용어에서 이러한 구분은 하지 않으며 SAP NetWeaver 시스템을 여전히 분산 시스템이라고 한다.

분산 시스템에 대한 이러한 해석은 SAP HANA에서도 계속됐다. SAP HANA 문서에서는 스케일아웃 시스템을 일관되게 멀티호스트, 분산 시스템으로 언급하지만, 때로는 하드웨어와 소프트웨어 파트너의 블로그나 문서에서 분산 시스템을 언급할 때 멀티노드 SAP HANA 시스템 또는 SAP HANA 클러스터라는 용어를 볼 수 있다. 이러한 구분은 중요한데, SAP NetWeaver를 설치할 때 벤더에서 제공하는 하드웨어와 소프트웨어를 사용해 클러스터를 생성할 수 있고, 동시에 SAP HANA 시스템 리플리케이션을 사용할 수 있다. 바꿔 말하면, 고가용성과 재해 복구 서비스를 위해 SAP HANA를 분산 시스템이자 클러스터로 동시에 운영이 가능한 것이다.

2.2.5 데이터베이스와 애플리케이션 서버

초기 릴리스 이후 약 2년 만에, 작고 가벼운 애플리케이션 서버가 SAP HANA의 인메모리 컴퓨팅 엔진 어플라이언스에 추가됐다. 이것을 'SAP HANA 확장 애플리케이션 서비스(SAP HANA XS)'라고 하며, 검색 애플리케이션을 위해 유저 인터페이스(UI)를 만드는 개발 키트의 일부로 활용됐다.

인메모리 플랫폼에 애플리케이션 서버와 네이티브(즉, 내장된) 개발환경을 추가하는 아이디어는 의미가 있었고, 빠르게 인기를 끌었다. 결국 최고의 성능을 위해서 가능한 한 데이터에 가깝게 접근해야 한다.

비록 우리가 1단원에서 소개했던 전통적 3-tier 아키텍처(아래에 데이터 계층, 가운데에 비즈니스 로직, 맨 위가 프레젠테이션)는 클라이언트/서버 모델(대부분의 로직이 프레젠테이션 계층에 상주)과 비교해 크게 개선된 것이었지만, 3-tier 아키텍처는 만족할 만한 결과를 가져오지 못했다. 특히 SAP NetWeaver와 같은 데이터베이스 독립적 구현의 경우, 애플리케이션 프로그래머가 무심코 작성한 "select *"에 의해 모든 데이터는 네트워크를 거쳐 애플리케이션 서버 티어로 보내져야 한다. 이 때문에 데이터베이스(AnyDB)는 단순한 데이터 스토어 역할만 하는 심각한 부작용이 발생하고 만다. 따라서, 이런 유형의 프로그램은 최적의 성능을 얻지 못했다. 데이터베이스에 연결된 애플리케이션 서버 환경에서는 데이터베이스 중심의 데이터 처리를 위해 프로그래머에게 '코드 푸시다운' 방식을 권장함으로써 훨씬 더 나은 성능을 얻을 수 있었다.

초기 SAP HANA XS 릴리스 3년 후에 새로운 애플리케이션 서버가 출시됐는데, SAP HANA XS Advanced가 그것이다. 혼동하지 않기 위해서 첫 번째 버전은 이제 구버전 모델 SAP HANA XS라고 부른다. 두 번째 버전인 SAP HANA XS Advanced는 많은 이점을 제공했으며 SAP Cloud Platform과 통합됐다. 예를 들어 SAP HANA XS 애플리케이션을 로컬 온프레미스 환경에서 개발하고, 스케일아웃을 위해 이 애플리케이션을 SAP Cloud Platform에 배포할 수 있는 것과 같이, 클라우드 유연성의 이점과 매력적인 클라우드 컴퓨팅 능력을 활용할 수 있다.

SAP HANA 2.0에서는 두 가지 방식 모두 가능하지만, SAP HANA XS Advanced가 디폴트 프레임워크이다. SAP는 구버전 모델인 SAP HANA XS에서 SAP HANA XS Advanced로 대부분의 웹 기반 작업 도구를 마이그레이션 했으며, 고객과 파트너에게 마이그레이션 보조 도구와 마이그레이션 가이드를 활용해 새로운 버전으로 이전할 것을 강력히 권고하고 있다. SAP HANA 플랫폼을 위한 네이티브 개발에 대해서는 4단원 4.4섹션에서 다룰 것이다.

더 알아보기

SAP HANA XS Advanced 프레임워크에서 SAP HANA용 네이티브 애플리케이션 개발 방법에 대한 자세한 정보는 SAP Help Portal의 Developer Information Map에 나와 있다. 이 가이드는 개발자의 여정, 안내서, 작업이나 시나리오별 올바른 문서를 찾는데 도움이 된다.

SAP Note

SAP HANA XS Advanced에 관한 추가 정보는 SAP Note 2596466-FAQ: SAP HANA XS Advanced 에서 볼 수 있다.

2.2.6 데이터 티어링

데이터 에이징으로도 알려진 데이터 티어링은 오직 hot 데이터만 메모리에 저장하는 기술이다. 비즈니스 데이터는 자신만의 라이프사이클을 가지며, 빈도에 따라 종종 온도에 비유된다. 좌석 예약, 주식 시세, 매출 수치와 같은 hot 데이터는 자주 변경되고 액세스된다. 요청이 잦고 즉각적인 응답 시간이 중요하다. 그러므로 hot 데이터는 인메모리 스토리지에 적재할 완벽한 후보이다. 시간이 경과함에 따라 대부분의 비즈니스 데이터는 관련성이 떨어지고, 자주 액세스되지 않으며 더 이상 높은 성능을 요구하지도 않는다. 이것을 warm 데이터라고 한다. 마침내 데이터는 노후화되고 관련성이 없어지며, 규정 준수와 법적 요구를 충족하기 위해 보관이 필요할 뿐이다. cold 데이터는 서서히 바닥으로 가라앉는 빅데이터 레이크처럼 오프라인 스토리지에 적합한 후보이다.

여러 가지 데이터 티어링 솔루션을 사용할 수 있으며, 그중에 SAP HANA 다이내믹 티어링 솔루션은 SAP HANA 플랫폼에 디스크 기반 확장 저장소(disk-based extended store)를 붙여서 warm 데이터를 내리고, SAP HANA 인메모리 리소스에는 오직 hot 데이터만 유지한다. 내부적으로 SAP HANA 다이내믹 티어링은 SAP IQ의 컬럼형 저장소 데이터베이스 기술을 사용하는데, SAP HANA 플랫폼 도구를 사용할 때는 이를 거의 인식하지 못한다. 파티션 테이블을 생성해 가장 최근의 데이터는 메모리에, 오래된 데이터는 디스크에 저장하기 때문에 이것을 "다이내믹 티어링"이라고 한다. 스크립트나 Data Distribution Optimizer(DDO)와 같은 도구로 데이터 티어링 분산을 자동화할 수 있다. 최근에 SAP HANA 네이티브 스토리지 익스텐션은 일반적 용도로, 빌트인 warm 데이터 스토어로 소개됐다.

SAP HANA 다이내믹 티어링과는 다르게 SAP HANA 네이티브 스토리지 익스텐션은 SAP HANA 에 포함되어 있으며 모든 애플리케이션과도 연동된다. 데이터 티어링은 8단원 8.4섹션에서 조금 더 자세하게 다룰 것이다.

2.3 에디션

시간이 지나면서 SAP HANA에 대한 에디션과 옵션이 다양해졌다. 부분적으로 이러한 구분은 기술적인 것(예: 플랫폼 에디션 vs 클라우드 에디션)과, 라이선스에 관한 것(예: 스탠더드 vs 엔터프라이즈 에디션)으로 나뉜다.

이 섹션에서는 SAP HANA의 다양한 에디션에 대해 이야기할 것이다.

2.3.1 SAP HANA 플랫폼 에디션

제품의 관점에서 보면, 유일한 단일 에디션이다. 즉, SAP HANA 플랫폼 에디션은 Product Availability Matrix(PAM)에 릴리스 1.0과 릴리스 2.0에 대한 엔트리가 있으며, 각 버전은 서로 다른 코드라인을 대표하고 있다. 모든 SAP HANA 온프레미스 설치는 SAP HANA 플랫폼 에디션 릴리스와 동일하다.

2.3.2 SAP HANA 익스프레스 에디션

SAP HANA 익스프레스 에디션은 SAP HANA 플랫폼 에디션의 특별 버전이고, 32GB이상 128GB까지 확장 가능한 무료 개발자 라이선스를 가진 에디션으로 도입됐다. 기술적으로 SAP HANA 익스프레스 에디션은 플랫폼 에디션과 동일하지만(즉, 별도의 코드라인은 아님), 익스프레스 에디션은 SAP HANA가 일반적으로 필요한 64GB보다 작은 8GB 구성으로 데이터베이스 서버에서만 실행될 수 있도록 조정됐다. 멀티호스트, 스케일아웃, 분산 시스템과 같이 더 복잡한 환경을 필요로 하는 엔터프라이즈 기능, 멀티티어 데이터 스토리지를 위한 다이내믹 티어링과 시스템 리플리케이션 등의 기능이 제공되지 않는다. 이런 기능은 추가 서버가 필요하다.

이것을 제외하면, SAP HANA 익스프레스 에디션은 완벽한 SAP HANA 시스템이다. SAP HANA 익스프레스 에디션에 대한 지원은 SAP Developer Center인 SAP Community로부터 제공받고, 여기에서 소프트웨어를 다운받을 수도 있다. SAP HANA 익스프레스 에디션에 대한 자세한 내용은 4단원 4.12섹션에서 다룰 것이다.

2.3.3 SAP HANA 클라우드 에디션

SAP HANA 클라우드 에디션은 Cloud Foundry 환경을 위한 SAP 클라우드 플랫폼/SAP HANA 서비스에 해당한다. 2.00.040 (SPS 04) 버전은 클라우드 퍼스트 정책에서 출시된 최초의 SAP HANA 버전이며, 릴리스 노트에는 연도 및 버전(2018.26.00부터 시작)과 "cloud edition (CE)"태그가 표시됐다. 그런데 이 라벨은 다른 곳에서는 거의 사용되지 않는데, 왜냐하면 Neo 환경에서 호스팅되는 SAP 클라우드 플랫폼/SAP HANA 서비스와 클라우드 인프라에서 호스팅되는 일반 플랫폼 에디션이 유사하기 때문이다. 다시 말해, 기술적으로 각각 다른 환경에서 호스팅되는 두 개의 SAP HANA 버전이 존재하지만, 상업적으로 이들 버전은 동일한 "서비스"를 제공한다. 4단원과 4.9섹션에서 자세한 내용을 볼 수 있다.

2.3.4 라이선스, 옵션, 기능 범위 설명

상업적으로 SAP HANA의 여러 가지 라이선스 옵션을 사용할 수 있다(그림 2.4 참조).

- **런타임**

  애플리케이션(powered by HANA)에 대한 라이선스이다. 런타임 라이선스는 SAP 애플리케이션에 대한 기능을 제한한다. 즉, 이 라이선스를 사용하여 자신의 (웹) 애플리케이션을 개발하고 호스팅할 수는 없다.

- **스탠더드**

  옵션으로써 제공되는 기능이나 SAP HANA 엔터프라이즈 에디션에 포함된 기능은 제외한 모든 기능을 포함한다. 핵심 데이터베이스, 통합, 애플리케이션 서비스를 제공한다. 그리고 SAP Operational Process Intelligence(웹 애플리케이션 제품), SAP Enterprise Architecture Designer(SAP EA Designer), SAP HANA Data Warehousing Foundation, SAP HANA 다이내믹 티어링과 SAP ASE용 SAP HANA 액셀러레이터와 같은 제품도 제공한다.

- **엔터프라이즈**

  스탠더드 에디션에 상업적으로 중요한 기능이 추가된다. 그래프와 공간 데이터에 대한 고급 분석 처리 기술, 텍스트 검색, 텍스트 분석과 텍스트 마이닝, 예측 분석, R 통합, 스트리밍 분석, 엔터프라이즈 정보 관리(SDI와 SDQ) 등이다.

이런 에디션은 active/active read-enabled 시스템 리플리케이션 옵션에 의해 완벽에 가깝게 보완된다(9단원 9.10.3섹션 참고).

SAP HANA 콕핏이나 SAP HANA용 SAP Web IDE 같은 여러 애플리케이션은 스탠더드 에디션에 포함되지만, 명시적으로 표시되지 않는다. 이는 시리즈 및 계층 구조와 같은 "고급 분석 처리"로 설명되는 기술의 경우에도 마찬가지라는 것을 유의하자.

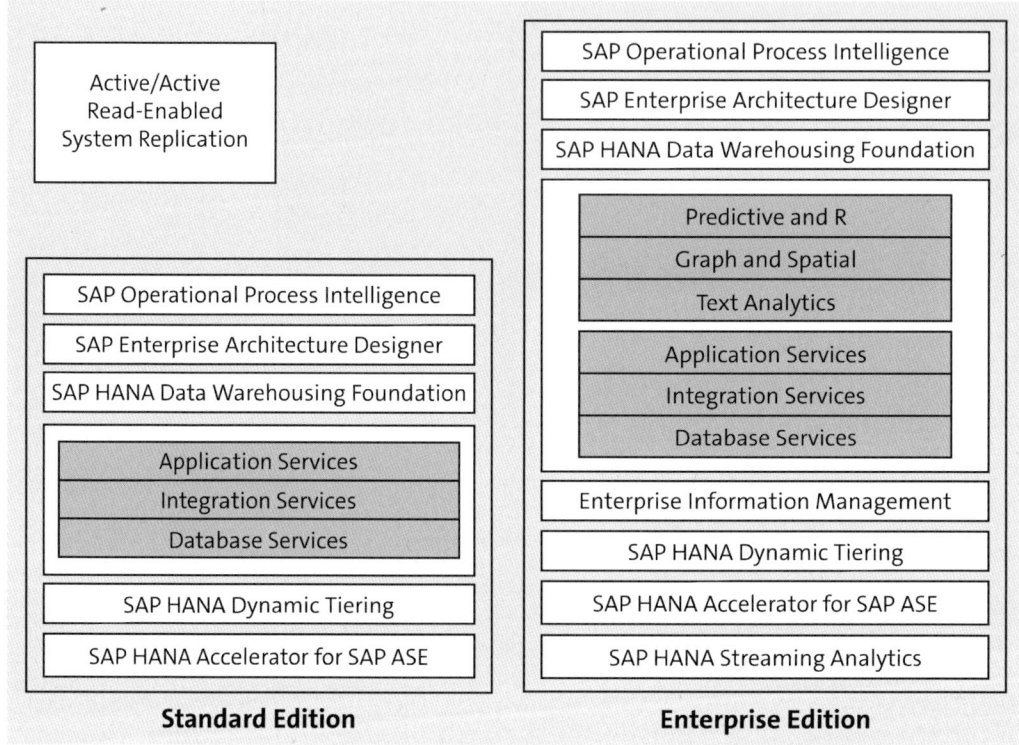

그림 2.4 SAP HANA Editions and Options

EIM, SAP HANA 다이내믹 티어링, SAP ASE용 SAP HANA 액셀러레이터, SAP HANA 스트리밍 애널리틱스는 다운로드, 설치, 구성해야 하는 제품이다. 경우에 따라 이런 솔루션을 사용하려면 실제 라이선스가 필요할 것이다. 대부분의 다른 엔터프라이즈 기능은 플랫폼 에디션에 포함돼 있다. 다시 말하면, 스탠더드와 엔터프라이즈(상업적) 에디션은 모두 (기술적으로) 플랫폼 에디션이다. 스탠더드 에디션에는 그래프와 공간 기능, 예측 분석 등이 포함되는데 단, (생산적) 사용에 있어 라이선스가 필요하다. 기술적으로 SAP HANA 라이선스는 메모리 사이즈만 제한하고 있는데, 이 제한 조차도 soft-limit이나 hard-limit으로 정의할 수 있다. active/active read-enabled 시스템 리플리케이션 옵션도 기술적으로 라이선스에 의해 제한되지 않는다.

각 에디션에 포함된 내용은 시간이 경과하면서 변경됐다. 예를 들어 최초의 SAP HANA 엔터프라이즈 에디션은 ETL기반 리플리케이션(SAP Data Services[SAP businessObjects에 포함])과 트리거 기반 리플리케이션(SAP Landscape Transformation Replication Server[SAP NetWeaver에 포함])에 필요한 소프트웨어를 SAP 어플라이언스에 번들로 제공했다. 이 두 제품은 별도의 제품이었고 별도의 설치, 별도의 하드웨어가 필요했다. SAP Replication Server(사이베이스로부터 시작)를 사용하려면 확장 엔터프라이즈 라이선스가 추가로 필요했다.

이후에, '옵션'이라는 용어가 도입됐는데, SAP HANA 다이내믹 티어링, 원격 데이터 동기화, SAP HANA 스마트 데이터 통합(SDI)과 같은 신규 애드온 제품에 대한 라이선스 요구사항을 해결했다(이 제품들은 이전 사이베이스와 SAP BusinessObjects 기술들임). 어쨌든, 옵션에는 텍스트 분석(고급 데이터 처리로 번들) 또는 공간 엔진과 같은 프리미엄 기능으로 간주되는 기능도 포함됐다. 기술적으로, 이런 기능들은 모든 SAP HANA 시스템 (SAP HANA 익스프레스 에디션 포함)에 포함돼 있으며, 제거되거나 비활성화될 수 없기 때문에 선택 사항이 아니다. 공간 옵션은 나중에 공간 에디션이 되었으며, 정확히 동일한 기능을 제공한다.

물론 라이선스는 항상 유동적인 주제가 될 것이다. 최신 내용을 따라가기 위해서 SAP HANA 2.0 부터 문서에 '기능 범위 설명(Feature Scope Description)'이 포함돼 있다. 여기에는 선택한 SPS 릴리스에서 사용할 수 있는 다양한 에디션과 어떤 서비스와 기능이 포함돼 있는지를 찾을 수 있다.

더 알아보기

Feature Scope Description 문서는 SAP Help Portal에서 읽거나 다운로드할 수 있다.
- Feature Scope Description for SAP HANA
- Feature Scope Description for SAP HANA, express edition
- Feature Scope Description for SAP Cloud Platform, SAP HANA Service

---

2.4 새로운 기능: 서포트 패키지 스택(SPS)과 리비전

SAP HANA의 첫 출시 몇 년 전에 SAP의 초대 CTO인 Vishal Sikka는 많은 블로그, 인터뷰, 무대에서 시대를 초월한 소프트웨어(timeless software)에 대한 비전을 공유하며, 비즈니스 운영을 방해하지 않고 고객에게 혁신을 제공하는 데 주력했다. 한때 모두가 동의했던 훌륭한 아이디어와 클라우드 기반 소프트웨어의 공통 기능은 많은 환호를 받으며 여러 버전으로 출시되었지만, 오늘날 거의 사라졌다.

SAP HANA 온프레미스의 경우, 최초에 SPS는 1년에 2회, 리비전(revision)은 2주마다 꾸준히 릴리스 됐다. 미신이든 아니든〈역자_주: 숫자 13을 싫어하므로〉 SPS 12를 출시한 후 SAP는 SAP HANA 1.0 코드 분기에서 혁신을 중단하고 SAP HANA 2.0을 새로 시작하기로 결정했다. 보다 최근인 2019년에 SAP는 이제 혁신은 SAP HANA 클라우드 에디션(공식적으로 'SAP 클라우드 플랫폼/SAP HANA 서비스'라고 이름 붙임) 중심의 클라우드 퍼스트라고 발표했다. 클라우드 에디션의 릴리스 노트를 보면, 업데이트에 연월 식별자(year-month 형식, 더 이상 리비전이나 SPS번호로 표시되지 않음)로 라벨이 지정되어 있으며, SAP HANA는 진정으로 시대를 초월한 소프트웨어가 됐다.

기술 배경

서포트 패키지 스택(SPS)은 SAP NetWeaver에서 소개됐고, 시스템 유지보수를 단순화하고 원가를 절감하여 혁신을 가속화했다. 각 SAP NetWeaver 시스템에는 여러 컴포넌트가 포함되며, 이를 관리하는 작업은 시간이 많이 걸리고 오류가 발생하기 쉬운 작업이었다.

TREX는 여러 SAP 제품에 포함된 SAP Netweaver 컴포넌트의 한 예이다. 이 제품 중 하나는 어플라이언스로 패키징된 SAP BW Accelerator이며, 리비전으로 출시됐는데, 이것은 생산에서 가져온 개념이었다. 리비전/어플라이언스 릴리스 접근 방식은 SAP HANA에도 사용됐지만, SAP HANA 어플라이언스는 여러 컴포넌트로 구성돼 있기 때문에 SAP NetWeaver 시스템과는 약간 다르긴 해도 SPS 개념이 적용된 것을 확인 수 있다.

SAP HANA 1.0 SPS의 릴리스 간격은 1년에 2번이었다. 각 SPS마다 새로운 기능이 활성화됐고 리비전 카운터는 이후 10여년 동안 수정됐다. 예를 들어 SPS 04 (리비전 40) 이후에 오류 수정은 다음 SPS 05가 발표될 때까지 리비전 41, 42, 43처럼 월 2회로 정기적으로 출시됐고, SPS 05가 되면 리비전 카운터를 50으로 수정하여 숫자를 동기화했다. SAP HANA 2.0 SPS 02부터 릴리스 간격이 1년에 1번으로 변경됐다.

2.0 SPS 04 포맷은 길고 특이하므로 릴리스 2.4라고 읽는 경우가 있지만, 공식 SAP 출판물에서는 이런 표현을 사용하지 않는다. 또한 2.0 릴리스에서 1.0 라벨은 이전 릴리스를 소급 적용했음에 유의해야 한다. 예전 자료는 이런 표현을 사용하지 않으므로 단순히 SAP HANA SPS nn으로 참조하면 된다.

2.4.1 SAP HANA 플랫폼 에디션 1.0

전체적으로, 1.0 플랫폼 에디션에서는 12개의 메인 릴리스(SPS)가 발행됐다. 공식 출시는 2011년 6월 SPS 02였다. 첫 번째 SPS는 램프업(ramp-up)용이었다. 마지막 릴리스는 2016년 5월에 출시된 SPS 12였다.

SPS 03: SAP HANA 어플라이언스 소프트웨어

SPS 03 기준으로 더 이상 In-Memory Compute Engine(IMCE) 또는 In-Memory Database (IMDB)로 부르지 않고 공식 이름은 SAP HANA가 됐다. 이 SPS는 플랫폼 구성의 유효성을 확인하기 위해, 라이선스 키와 하드웨어 검사를 도입하였으며 현재까지 사용되고 있다. 문서화에 대한 체계가 잡히면서 Technical Operations Manual(TOM)은 소박하게 50페이지로 시작했지만, 최근의 SAP HANA 2.0 SPS 04 SAP HANA Administration Guide는 2000페이지 이상으로 분량이 늘어났다. 개발 주제에서도 문서화가 진행됐다. 초기의 83페이지 가이드가 최신 릴리스에서는 12개의 개별 가이드로 나누어 제작됐으며, 정보 맵과 방향을 잡는데 도움이 되는 Getting Started Guide가 포함돼 있다. 관심 있는 사용자를 위해 이전 릴리스의 모든 문서는 SAP Help Portal에서 다운로드할 수 있다.

SPS 04: 사이드카와 애플리케이션 서버

2012년 5월 SPS 04 릴리스에서는 통합 설치 프로그램이 도입됐다. 단일 도구로 서버, 스튜디오, 클라이언트를 설치하고 업데이트할 수 있게 됐다. 이런 설치 프로그램은 향후 몇 개의 릴리스를 거치면서 많은 신기능을 통합해, 2015년에 SAP HANA Lifecycle Management(hdblcm)가 됐다. 이 도구는 현재까지 거의 수정 없이 사용되고 있는데, 예를 들어 SAP HANA 1.0 SPS 12 (1.00.12) 또는 최신의 SAP HANA 2.0 SPS 04 (2.0.04) 설치 방식에는 거의 변화가 없다.

관리자를 위해 첫 번째 SAP Note는 하나의 데이터베이스에 다중 컴포넌트(multiple components in one database: MCOD)와 하나의 시스템에 다중 컴포넌트(multiple components in one system: MCOS)에 대한 지원용으로 나왔다. SAP HANA에서 구동되는 SAP BW에 대한 사이징 Note는 모든 SAP 비즈니스 애플리케이션을 "powered by HANA"로 이식하기 위한 당시의 개발 관점을 반영하고 있다. SAP HANA에 대한 더 일반적인 사이징 Note는 SAP HANA의 SAP Business Suite 이후 릴리스에 추가됐으며, 뒤이어 SAP S/4HANA, SAP BW/4HANA를 위한 사이징 Note도 제공됐다.

이런 사이징 Note의 가장 일반적인 적용 사례는 초기 사이드카 구현에서 SAP HANA에 대한 것이었고, 여기서 SAP HANA는 운영 리포팅을 가속화하기 위한 세컨더리 데이터베이스였으며 다음과 같은 세 가지 기술이 사용됐다.

- 로그 기반 리플리케이션을 위해 SAP Replication Server 사용
- ETL용 SAP Data Services 사용
- SAP Landscape Transformation Replication Server 또는 Direct Extractor Connection(DXC)을 이용한 SAP NetWeaver 기반 트리거 리플리케이션 사용

개발자를 위해서, SPS 04는 calculation view를 작성할 수 있는 SQLScript와 함께 애플리케이션 라이프사이클 관리를 위한 리포지토리와 배포 단위를 소개했다. Information Access(InA)용 UI 툴 키트는 검색 애플리케이션을 개발하기 위한 구성 요소를 제공했으며, 직접 배포 단위를 임포트하고 새로운 xsengine 프로세스를 활성화했다. 초기에 R 통합은 SAP HANA 데이터베이스에서 실행하기 위해 R 스크립트를 임베딩했다. 이러한 발전이 SAP HANA가 데이터베이스 어플라이언스에서 본격적인 인메모리 플랫폼으로 성장하도록 이끌었다.

SPS 05: 애플리케이션 함수와 네이티브 개발

SPS 05는 시스템 관리를 위한 몇 가지 개선 사항과 새로운 기능을 도입했다. 이 새로운 기능의 주안점은 다음과 같다.

- SAP HANA용 BACKINT SDK (3rd 파티 백업 도구를 위한 API)
- 데이터볼륨 암호화
- 분리된 네트워크 영역
- 패스워드 블랙리스트
- Plan Visualizer와 같은 성능 모니터링 도구

개발에서는 BFL과 PAL을 위해 AFL이 도입됐다. Full-Text 검색과 퍼지 검색(Fuzzy Search)을 할 때, 이제 데이터베이스 내에서 처리하여 텍스트를 분석할 수 있게 됐다.

플랫폼에 SAP HANA가 추가됐고, InA는 HTML5용 UI개발 툴키트(SAPUI5)로 변경됐다. SAP HANA XS는 서버 사이드 JavaScript 프로그래밍, OData와 분석용 XML(XML for Analysis: XMLA)에 대한 지원을 추가하고, 리포지토리에서 정적 콘텐츠를 서비스하는 웹 서버를 제공했다. 주요 IDE인 SAP HANA 스튜디오에 새로운 개발 퍼스펙티브를 추가하여 웹 애플리케이션 개발환경을 제공했다.

런타임 오브젝트와 디자인 타임의 산출물과 같은 개념이 문서화됐고, 새로운 역할이 추가됐다. 첫 1년 동안, SAP HANA XS 애플리케이션 개발은 사전 승인된 고객과 파트너를 위한 SAP 주도의 프로젝트 솔루션을 강화하는 데만 집중됐다.

SPS 06: 실시간 데이터 플랫폼

SPS 06으로 SAP HANA는 더 이상 어플라이언스에 국한되지 않았다. 출시된 TDI 프로그램을 이용하면, 인증된 엔지니어가 맞춤형 하드웨어에 맞춤형 설치를 통해 인메모리 플랫폼을 데이터 센터에 통합할 수 있게 됐다. 페일오버 그룹으로 묶게 되면, 분산된 멀티호스트 스케일아웃 시스템에서 호스트를 자동 페일오버할 수 있다. 그리고 시스템 리플리케이션을 통해 고가용성을 달성하고 재해 복구 솔루션을 구현할 수 있다. 또한 SPS06과 후속 SPS에서는 데이터 센터 배포를 위해 플랫폼 라이프사이클 관리, 백업과 복구, 보안에 대한 신기능이 소개됐다. 데이터 연합(federation) 기능이 SAP HANA 스마트 데이터 액세스(SDA)에 추가되었으며, 원격 데이터 소스에 가상 테이블을 생성할 수

있어서 리플리케이션의 대안으로 활용할 수 있게 됐다.

개발을 위해 SAP HANA Web-Based Development Workbench가 도입됐고, 점차 모든 윈도우 클라이언트에서부터 웹 지원 도구로 초점이 전환됐다. 새로 등장한 핵심 데이터 서비스(core data service: CDS)는 네이티브 SAP HANA 개발을 위한 미래의 "데이터 딕셔너리" 역할을 수행하였다. CDS를 통해 개발자는 리포지토리에서 관리되는 디자인 타임 데이터베이스 산출물을 정의하고, 실제 런타임 오브젝트를 생성하는데 사용할 수 있었다. 오늘날 최신의 SAP Web IDE 릴리스는 여전히 이러한 개념이 적용돼 있다.

네이티브 개발을 지원하기 위해 많은 기능이 웹 기반 라이프사이클 애플리케이션의 개발 퍼스펙티브에 추가됐으며, Application Function Modeler(AFM)를 사용할 수 있도록 SAP HANA 스튜디오의 모델링 퍼스펙티브에도 새로운 기능이 추가됐다.

SAP HANA Interactive Education(SHINE)이라는 셀프스터디 도구가 추가됐다. SHINE은 ABAP 배경 지식이 있는 개발자에게 익숙한 SAP NetWeaver의 Enterprise Procurement Model(기업 조달 모델: EPM)을 기반으로 개발된 것이다. 4단원의 4.13섹션에서 SHINE을 살펴볼 것이다.

SPS 07: 데이터 센터 서비스 포인트

SPS 07에서는 랜드스케이프 관리, 시스템 관리, 보안 등 데이터 센터에 배포하기 위한 많은 기능이 추가됐다. 이 릴리스에서 SAP는 유지보수 리비전과 데이터 센터 서비스 포인트의 개념을 도입했으나, 이후 수정을 거듭하다가 결국에는 다시 폐기됐다. 새로운 CommonCryptoLib 암호화 라이브러리를 지원하기 위해 SAP logon 티켓을 사용한 인증이 추가됐으며, 파일시스템의 보안 저장소(secure store in the file system: SSFS)의 마스터 키를 수정하는 도구도 추가됐다. 모니터링 능력을 향상하기 위해 3개의 웹 기반 에디터가 SAP HANA 스튜디오에 추가됐으며, 이후 SAP HANA 콕핏으로 진화됐다. 시스템 리플리케이션 기능이 강화됐으며, SAP Event Stream Process와 같은 더 많은 SDA 소스가 추가됐다.

개발자를 위해 SPS 07은 새로운 PAL 알고리즘(모든 릴리스에서 유지되고 있음)을 추가했고, 텍스트 분석을 개선했으며, 지리 정보 시스템(geographic information system: GIS) 기능을 지원하도록 공간 엔진이 추가됐다. SAP HANA 공간 서비스(SAP HANA spatial services)를 사용하여 이제 지리적 위치, 경로 정보, 형상 데이터를 비즈니스 데이터와 함께 단일 데이터베이스에 저장할 수 있게 됐다.

SPS 08: 모든 애플리케이션을 위한 플랫폼

SPS 08을 시작으로 새로운 출시는 제품 관리 블로그와 Live Expert Series(LES) 웨비나를 통해 대중적 이벤트가 됐다.

SPS 08은 많은 도메인에서 기능이 강화됐지만, 새로운 주요 기능은 거의 없었다. SAP HANA 서버용 운영체제로서 Red Hat Enterprise Linux(RHEL)에 대한 지원이 추가됐다. 모델링, 네이티브 개발, 공간 강화에 있어서 진전이 있었다. 엔터프라이즈 애플리케이션 개발환경을 단순화하기 위해 이번 릴리스와 함께 River Definition Language(RDL)와 Rapid Development Environment(RDE)도 도입했으나, 곧이어 독자 프로젝트는 중지됐고 SAP Web IDE로 전환됐다. SAP Web IDE는 SAP HANA 온프레미스와 엔터프라이즈 SAP HANA 서비스로서의 플랫폼(platform as-a-pervice: PaaS)에 대한 단일 웹 개발환경이다. 참고로 엔터프라이즈 SAP HANA 서비스로서의 플랫폼은 SAP HANA Cloud Platform이다. 이후에 'HANA'가 탈락해 SAP Cloud Platform이 된다.

SPS 09: 스마트 옵션과 클라우드 인에이블드(Cloud-Enabled)

2014년 11월에 출시된 SPS 09는 "모든 애플리케이션에 동일한 플랫폼"이라는 테마 아래에 처음으로 클라우드 인에이블드를 강조하고 애플리케이션 개발, 개방성, 빅데이터, IoT에 중점을 두었다. 이 에디션은 총 8개의 혁신적 옵션을 소개했으며, 각 옵션은 별개의 라이선스가 필요했다.

ETL 형태의 데이터 프로비저닝을 위해, SAP HANA 스마트 데이터 통합(SDI)과 SAP HANA 스마트 데이터 품질(SDQ)을 사용할 수 있게 됐다. SAP HANA 스마트 데이터 스트리밍(SDS, 나중에 SAP HANA 스트리밍 애널리틱스)은 SAP HANA를 IoT와 연결했다. SAP HANA 다이내믹 티어링에서 warm 데이터 스토리지를 위해 확장 스토리지가 SAP HANA와 통합됐다.

클라우드 인에이블드는 멀티테넌트 데이터베이스 컨테이너(mutitenant database container: MDC) 시스템으로 제공됐고, 나중에 테넌트 데이터베이스 시스템이라는 이름이 붙었다. MDC는 단일 시스템에서 여러 개의 분리된 데이터베이스를 생성해 총 소유 비용(total cost of ownership: TCO)을 낮출 수 있도록 했다. 아키텍처에 있어 이러한 변화는 시스템 관리와 보안에 많은 변화를 가져왔지만, 단일 컨테이너 시스템은 SAP HANA 2.0까지 디폴트 데이터베이스 모드로 유지됐다.

또한 클라우드 인에이블드는 2개의 새로운 시스템 관리 도구를 소개했다. SAP HANA 콕핏과 SAP DB Control Center이며, 시스템을 관리하고 랜드스케이프를 모니터링했다(SAP HANA 2.0에서 통합됨). 클라우드 기술이 중앙 무대에 올라오자 SAP HANA 스튜디오와 같은 클라이언트 애플리케이션을 개발하려는 노력은 줄어들었다.

개발과 고급 분석을 위해 시리즈 데이터, 네이티브 그래프 엔진, HERE 지도에 대한 지원이 추가됐고, 각 릴리스에서처럼 SQL, SQLScript, 모델링, 네이티브 개발을 위한 많은 추가 기능 및 변경된 기능이 제공됐다. 데이터 프로비저닝 소스에서 하둡 분산파일 시스템(Hadoop distributed file system: HDFS)을 직접 액세스하거나, MapReduce 개발을 통해서 하둡 통합이 제공됐고, 빅데이터 처리가 가능하게 됐다.

SPS 10: 자신있는 미션 크리티컬 애플리케이션 실행

SPS 10은 정식 출시 이후 5년이 지나 리비전 100이 됐다. 이 릴리스에서는 혁신에 중점을 두어 미션 크리티컬 애플리케이션(델타 백업, 워크로드 관리)을 실행하고 시스템 리플리케이션, 보안, 관리 도구의 개선 사항에 초점을 맞췄다.

이 릴리스의 두 번째 주요 발표 테마는 빅데이터와 IoT였으며, 원격 데이터 동기화 옵션을 소개했다. 이 옵션은 클라이언트 사이드 SAP SQL Anywhere와 함께 엣지 네트워크, 모바일 장치, IoT 데이터에 대한 연결을 제공했다. SAP HANA 스마트 데이터 액세스(SDA)는 Apache Spark에 대한 지원을 제공했다.

SPS 10으로 스케일아웃을 구현할 때, VMware 가상화 지원(클라우드 배포의 중요한 이정표)은 물론 다양한 논리적 파티셔닝 기술을 사용할 수 있게 됐다. 개방을 중요한 목표로 해 이제 점점 더 많은 하드웨어와 소프트웨어 파트너가 모두 SAP HANA 하드웨어 디렉토리에 새롭게 등록되고, IBM Power 아키텍처도 지원됐다. 특히 개발 분야에서 1.00.10은 기존의 특징과 기능을 향상시키고 발전시켰다.

SPS 11: 현대적 애플리케이션을 혁신하고, 통찰력을 가속화하고, IT를 단순화하라

2015년 11월에 출시된 SPS 11의 테마는 현대적 애플리케이션을 혁신하고, 통찰력을 가속화하고, IT를 단순화하는 것이었다. 현대적 애플리케이션의 경우, 새로운 런타임 환경이 추가됐다. 즉, 마이크로서비스 아키텍처를 사용하는 SAP HANA XS Advanced가 그것이다. GitHub 통합이 도입돼 기존의 "구버전" SAP HANA XS 구현을 중단했으며, 이는 2.00.02에서 더 이상 사용되지 않았다. 새로운 PAL 알고리즘과 개방형 공간 정보 컨소시엄(Open Geospatial Consortium: OGC) 인증이 추가됐고 텍스트 분석, 개발 도구, 데이터 모델링 기능이 향상됐다.

하둡 데이터 분석을 빠르게 하기 위해, SAP "HANA" Vora에 대한 새로운 커넥터가 포함됐다. SAP Vora는 Apache Spark와 하둡에 인메모리 쿼리 엔진을 제공함으로써, 엔터프라이즈 데이터와 하둡 데이터를 결합해 비즈니스 컨텍스트를 분석할 수 있게 됐다. "HANA"라는 부분은 나중에 이름에서 빠지는데, 제품은 SAP Data Hub로 합쳐졌다.

IT 환경을 단순화하기 위해 (당시 "Run Simple" 캠페인 반영) 지속적인 로그 재생 기능을 제공하는 핫-스탠바이 시스템 리플리케이션 호스트가 소개됐다. 또한, SAP Solution Manager(SAP EarlyWatch Alert과 SAP security baseline)와 향후 통합이 소개됐다. 오프라인 관리를 지원하는 SAP HANA 스튜디오의 진단 모드 기능을 콕핏 도구에 추가함으로써 웹 환경에서 사용할 수 있게 되었다. SAP HANA 스튜디오와 동격 기능인 SAP HANA 콕핏은 도구 영역에서 중요한 드라이버였으며, 이 두 개의 온라인 및 오프라인 도구는 이후 통합됐다.

SPS 12: 성숙한 엔터프라이즈 솔루션

2016년 5월에 출시된 SPS 12는 중요한 릴리스였고, 현재까지 유지보수 중인 유일한 SAP HANA 1.0 릴리스이다. 이전 릴리스 테마는 유지되고 있었다. IT를 단순화하고 현대적 애플리케이션을 혁신하기 위해 SAP HANA 캡처와 재생, 워크로드 관리, 시스템 리플리케이션 기능 향상이 강조됐다. 새로운 그래프 엔진은 플랫폼에서 그래프 처리를 위한 지원을 추가했으며, 새로운 SAP Web IDE(SAP HANA Web-Based Development Workbench의 후속 제품)는 SAP HANA XS Advanced에 의해 구동됐다. 카탈로그 검색과 SQL 실행을 위한 런타임 도구가 소개됐고, 디자인 타임에서 런타임까지 산출물을 얻기 위해 HDI가 지원됐다.

2016년 SAP TechEd에서 SAP HANA 익스프레스 에디션이 출시됨으로써, 작은 메모리 공간을 가진 랩톱(또는 클라우드 인스턴스에서 가상화)에서도 실행이 가능해졌다. SAP HANA 익스프레스 에디션은 대부분의 엔터프라이즈 기능은 지원하지 않으며, 플랫폼 에디션의 릴리스 주기를 따른다.

2.4.2 SAP HANA 플랫폼 에디션 2.0

2016년 11월에 SAP HANA2.0 플랫폼 에디션은 "디지털 변환을 위한 차세대 플랫폼"을 모토로 출시됐다. 2.00.00 릴리스가 출시되고 곧이어 2017년에 업데이트된 릴리스와 유지보수 전략이 담긴 SPS 01과 02가 연달아 나왔다. 이제는 새 플랫폼 에디션의 릴리스가 1년에 한 번만 발생한다(2번이 아니며, 유지보수는 연장됨). 이 섹션에서는 SAP HANA 2.0 릴리스에 대한 간략한 설명을 제공한다.

SPS 00: 디지털 변환

이번 릴리스 발표에서 SAP HANA 2.0은 기존 플랫폼의 진화로 소개됐다. 지속적인 혁신은 SAP HANA 릴리스의 반복되는 주제였으며, 리비전 2.00.00은 코드 분할로 인해 1.00.12 이후 불과 6개월 만에 나온 다음 SPS 릴리스에 불과하므로(그렇지 않았다면 리비전 번호는 1.00.13이었을 것) 완전히 다른 제품이라고 보기는 어렵다. SPS 00의 기능에 대해 더 자세히 알고 싶으면, 이전에 도입된 기능의 강화 부분을 살펴보는 것이 좋다.

SPS 06에서 이미 도입됐던 시스템 리플리케이션은 핫-스탠바이와 지속적인 로그 전송 기능을 제공했다. 그런데 이제는 active/active read-enabled 모드를 지원하므로, SAP Landscape Management를 통해 고가용성/재해 복구 자동화 기능을 제공한다. SPS 08에서 소개된 데이터 볼륨의 저장 데이터 암호화는 리두 로그(SPS 01 백업에서 소개)에서도 가능하게 됐다. SAP HANA 콕핏은 SAP HANA XS Advanced를 위해 재설계됐으며, 오프라인 콕핏과 SAP DB Control Center의 기능을 통합해 전용 SAP HANA 익스프레스 에디션 인스턴스에 적용했다. 새로운 SAP HANA 콕핏에서 시스템 관리, 모니터링, 백업과 복구, 성능 분석에 대한 많은 신기능이 도입됐다. LDAP(Lightweight Directory Access Protocol)을 이용한 그룹 권한 부여가 새롭게 소개됐으며, 이후 자동화된 유저 프로비저닝을 통해 기능이 강화됐다. SAP BW를 위한 익스텐션 노드도 이때 도입됐다(이 주제는 다음에 다룰 것이다).

개발과 고급 분석을 위해, 신기능과 수정된 기능의 혼합 형태가 많았다. 새로운 기능은 SAP HANA용 에디션인 SAP Enterprise Architecture Designer(SAP EA Designer)이며, SAP PowerDesigner의 핵심 기능을 제공한다. SQL 계층구조(hierarchy) 함수도 이번에 추가된 신기능으로, 현재는 GraphScript와 여러 PAL 알고리즘(분석 인텔리전스와 머신 러닝 용어가 처음으로 참조됨)에 적용돼 있다. 그 외 CDS, SQLScript, SAPUI5, SAP HANA XS Advanced 런타임, 개발 도구, 서비스에 대한 기능이 개선됐다. 구버전 모델인 SAP HANA XS에서 SAP HANA XS Advanced로 마이그레이션하는 새로운 도구와 가이드 등이 제공됐다.

SPS 01: 끊임없는 혁신

SPS 01에서 혁신은 계속된다. 데이터베이스 관리에 있어, 테넌트 데이터베이스가 디폴트(및 유일한) 데이터베이스로 전환된 것이 중요한 변화였다. SAP HANA 콕핏 도구에도 많은 개선 사항이 소개됐으며, 이제 플랫폼 에디션에서 분리되어 자체 서포트 팩(support pack: SP) 릴리스 주기를 가지게 됐다.

보안을 위해 가장 중요한 신기능은 데이터 마스킹이었으며, 민감한 데이터를 보호하기 위해 다른 보안 계층을 추가했다. 데이터 관리를 위해, 이 릴리스에는 SAP Cloud Platform Big Data Service (Altiscale 인수에서 얻은 기술)에 액세스할 수 있는 SAP HANA Spark Controller가 추가됐다. 고급 분석을 위해 NoSQL JSON 다큐먼트 스토어와 머신 러닝 알고리즘이 새롭게 추가됐고, 공간, 그래프, 텍스트 기능이 향상됐다.

개발을 위해, SPS 00 릴리스와는 다르게, 많은 향상된 기능과 개선 사항이 목록에 추가됐다. 특히 주목할 만한 점은 SAP Web IDE에서 새로 제공되는 SAP Fiori 런치패드이며, SAP HANA XS Advanced, HDI 인스턴스 매니저, 제품 설치 프로그램(SAP HANA XS Advanced 설치를 위한 웹 UI)에서 사용됐다.

SPS 02: 마이너 릴리스

SPS 01 이후 3개월 만에 릴리스가 발표됐다는 것은 새로운 기능을 추가하기 위한 개발 시간이 충분하지 않다는 것을 의미했다. 시대의 상징이라 할 수 있는 구글의 TensorFlow 통합이 제공됐고, 트렌드 주제인 AI와 머신 러닝은 이제 SAP HANA 고급 분석에 통합됐다.

이전에 제공된 Python, Node.js, ADO.NET에 이어서, Go(구글에서 제공)가 클라이언트 인터페이스로 추가돼, 일반적으로 사용되는 ODBC와 JDBC를 보완했다. Ruby와 .NET Core는 다음 릴리스인 SPS 03과 SPS 04에 추가됐다. SAP HANA XS Advanced를 위한 희소식은 인스턴스와 서비스를 관리하거나 HDI와 런타임을 업데이트할 수 있는 명령줄 인터페이스(command line interface: CLI)가 소개됐으며, 구버전 모델 애플리케이션인 SAP HANA XS를 마이그레이션하는 보조 기능도 추가됐다. 반대로, 구버전 모델인 SAP HANA XS에게 안타까운 소식은, 리포지토리와 함께 이번 릴리스부터는 더 이상의 공식적 지원이 없다는 것이다. 이 SPS에서는 텍스트, 그래프, 공간 기능에 대해 변경이 조금 이루어졌으며, SAP Web IDE에 더 많은 기능이 추가됐다.

과거에는 새로운 기능이 주로 백엔드에서 먼저 소개됐으며, 해당되는 UI는 한두 릴리스 이후에 따라오곤 했다. SAP HANA 콕핏은 SAP HANA 2.0부터 SP로 표현되는 자체 릴리스 주기를 가지며, 이제는 백엔드와 프론트엔드 기능이 자주 동기화된다. 마이너급인 SPS 02 릴리스에서도 SAP HANA 콕핏 SP 03 릴리스는 메이저급 신기능을 소개했으며, 개발이 중단된 SAP HANA 스튜디오와 동격 기능을 가지게 됐다.

SPS 03: 인텔리전스 엔터프라이즈를 위한 비즈니스 데이터 플랫폼

2018년 4월에 출시된 SPS 03을 통해 SAP가 구상하는 인텔리전스 엔터프라이즈의 새로운 시대가 도래했다. 비즈니스 애플리케이션 제품군이 정상에 섰으며, 인텔리전스 기술(AI, 머신 러닝, IoT 분석 등)을 내장하고, 디지털 플랫폼(powered by HANA)과 SAP 클라우드 플랫폼에 연결됐다.

이 릴리스의 하이라이트 중의 하나는 데이터 익명화로, 개인적이거나 민감한 정보가 포함된 데이터로부터 통계적으로 유효한 정보를 얻는 동시에 개인의 프라이버시를 보호할 수 있다. 클라이언트 사이드 암호화도 중요한 변화이다. 민감한 데이터가 들어 있는 컬럼을 키에 접근할 수 있는 클라이언트에 의해서만 암호화할 수 있으며, 이를 활용해 클라우드 기반 배포 시나리오에 대한 보안 수준을 높일 수 있다.

고가용성과 재해 복구를 위해서 지속적인 개선 작업이 진행됐다. 멀티타겟 시스템 리플리케이션, 서비스 중단 없는 테이크오버, 세컨더리 타임 트래블 기능(9단원 9.10섹션 참고)이 추가돼 논리적 오류와 인적 실수에 대처가 가능해졌다. 시스템 관리 측면에서 테넌트 데이터베이스를 위한 폴백(fallback) 스냅샷, 신속한 데이터베이스 리셋과 시스템 데이터베이스 복원 기능이 추가됐다.

데이터 통합에서는 구글 BigQuery 데이터베이스, 최신 테라데이타, 오라클, SQL Server, DB2 릴리스를 위한 원격 소스를 생성하는 기능이 추가됐다. 블록체인의 통합은 SAP Cloud Platform 서비스에서 제공했다.

모든 릴리스와 마찬가지로, 신기능과 변경된 기능에 대한 긴 목록이 발행됐다. 이 목록에는 SQLScript(MapReduce 연산자와 사용자 정의 라이브러리를 포함), SQL 명령문 지원, SQL 함수, 시스템 뷰를 포함한다. 위 기능들이 PAL에 추가된 알고리즘에서 동일하게 적용됐는데, PAL은 이제 모델 평가, 파라미터 선택 도구, 새로운 GraphScript 확장, 공간 메소드를 지원한다.

네이티브 개발에서는 이제 Python 런타임이 지원되고, CDS, HDI에 새로운 기능이 추가됐다. 특히 SAP Web IDE(Git integration, calculation views, CDS, 플로우그래프, 어노테이션(annotation) 모델러)와 데이터베이스 탐색기(그래프 워크스페이스 뷰어, 테이블 타입, 백그라운드 작업, 코드 분석기, 디버거, 원격 소스)에 많은 새로운 기능이 추가됐다. 공유 비즈니스 권한 부여를 사용하면 SAP HANA에서 분석 권한을 생성할 수 있다. 이 SAP HANA 분석 권한은 SAP S/4HANA, SAP BW, 기타 ABAP 기반 애플리케이션에 사용되는 권한 부여 오브젝트를 바탕으로 한다.

SAP HANA 출시 후 처음으로, 개발 부서와 제품 관리 부서가 1년 내내 한 릴리스를 가지고 일할 수 있게 됐다. 엄밀히 말하면 이는 혁신 속도가 둔화된 것이 아니라, 신기능과 변경 기능 목록이 증가한 것이다. 이제는 1년에 2번이 아닌, 1년에 1번만 변화를 반영하기 때문이다(온프레미스 에디션만 해당). 그 어느 때보다도 "시대를 초월한 소프트웨어(timeless software)"의 개념이 희미해질 때쯤, 클라우드 우선 정책은 다시 그 개념에 주목하도록 만들었다. 중단 없는 혁신은 10년 전과 마찬가지로 유효했으며, 그다음 릴리스부터는 거의 한 달 간격으로 SAP HANA 클라우드 에디션에 신기능이 출시됐다.

SPS 04: 인텔리전스, 민첩성, 효율성

매년 개최하는 SAPPHIRE NOW 컨퍼런스를 불과 몇 주 앞둔 2019년 4월에 SPS 04 릴리스가 출시됐다. 이번 릴리스는 SAP News Center의 뉴스 기사와 SAP HANA를 SAP의 심장과 영혼으로 생각하는 SAP 제품 개발팀으로 인해 평소보다 더 많은 호응을 받았다.

이 릴리스에서 개발의 중점은 다음 3가지 영역으로 이루어져 있다는 것을 알 수 있다.

- **인텔리전스**

  인텔리전스는 이미 언급한 지능형 기술을 참조하고, 하이브리드 트랜잭션 분석 워크로드를 지원한다. 또한, SAP HANA는 데이터베이스 내에서의 고급 분석과 공간, 그래프, 시리즈에 대한 인메모리 처리 그리고 텍스트 데이터와 이벤트 스트리밍을 위한 플랫폼으로서의 역할을 수행한다.

- **효율성**

  이 단일 플랫폼은 낮은 TCO로 IT 랜드스케이프를 단순화하여 효율성을 높인다. 예를 들면, 데이터 에이징을 위해 영구 메모리(Intel Optane DC)와 네이티브 스토리지 익스텐션을 사용하는 것이다.

- **민첩성**

  민첩성은 여러 클라우드 공급자와 온프레미스 랜드스케이프, 그리고 그 조합('하이브리드'로 불림)을 모두 지원하면서 생긴 장점이다. 최근에는 hyper converged infrastructure (HCI)로 확장됐으며, 이를 통해 클라우드 컴퓨팅이 다시 기업 환경으로 돌아올 수 있게 됐다. 새로운 공간 클러스터링 옵션과 데이터 익명화에 대한 추가적인 개선도 제공했다.

위의 되풀이되는 세 가지 주제와는 별개로, 인메모리 컴퓨팅의 민주화가 이제 강조되고 있다. SAP HANA는 모두를 위한 것이기 때문이다.

시스템 관리의 경우, 빠른 재시작 옵션(tmpfs 파일 시스템을 이용하지 않고 영구 메모리 구현을 활용)이 포함됐고, 시스템 속성(INI files), 워크로드 관리와 SQL Plan Stability, 메모리 관리를 위해 새로운 구성 프레임워크가 도입됐다. system-versioned table을 보완하여 이력 데이터의 관리 기능을 확장한 Application-time-period table이 제공됐고, 파티셔닝과 데이터 에이징을 위한 테이블 관리도 변경됐다.

모든 릴리스와 마찬가지로 고가용성을 위해 시스템 리플리케이션이 재개선됐다. 이번에는 테이크오버 핸드셰이크, 폴백 스냅샷, 타임 트래블 확장, 멀티타겟 구성, 세션 복구, 백업과 복구 기능이 개선됐다.

보안을 위해서는 감사(auditing), 데이터 익명화, 클라이언트 사이드 암호화를 위한 기능이 향상됐고, SAP HANA 콕핏과 SAP EA Designer 도구를 위한 여러 신기능도 출시됐다.

이전 릴리스에서는 관련성이 높은 신기능만 언급했었다. 혁신의 범위를 넓히고 많은 신기능에 대한 아이디어를 위해, 개발 관점에서 다양한 기능을 검토해보도록 하자.

SAP HANA SQLScript 참조에는 37개의 신기능과 수정된 기능이 있다. 자동커밋 DDL(data definition language) 제어, 익명의 블록 플랜 캐싱, 새로운 코드 분석기 규칙 및 꼭 숙지해야 할 기능들을 포함한다.

PAL에서도 9개의 알고리즘이 추가됐고, 9개의 알고리즘이 변경됐으며, 아키텍처의 일부 변경도 있었다. 예를 들어 T-분포 확률적 임베딩은 새로운 기능이다. 그뿐만 아니라 다른 새로운 여러 알고리즘을 확인할 수 있다.

그래프 처리를 위해서, SAP HANA는 이제 GraphScript 확장, openCypher 지원, 그래프 워크스페이스 뷰어에 대한 몇 개의 신기능과 수정된 기능이 지원된다.

공간 처리를 위해, SAP HANA 공간 서비스는 이제 12개 이상의 새로운 방법과 "한 치의 오차도 허용하지 않는" 정확한 계산 패러다임을 제공한다. 또 평면 공간 참조 시스템에서 기하학적 표현으로 메모리 공간을 50%까지 감소시키는 이점을 얻게 됐다.

클라이언트 인터페이스의 경우, IPv6와 마이크로소프트 윈도우 서버 2019에 대한 지원이 추가됐다. SQLDBC 드라이버에 대한 새로운 연결 속성과 명령문 특성, hdbsqldbc_cons에 대한 ODBC 트레이스 옵션도 추가됐다. active/active read-enabled 시스템 리플리케이션 환경에서 특정 사이트에 명령문을 라우팅하는 기능이 추가됐다. Node.js와 신규 메소드를 위한 신규 드라이버와 Python을 위한 새로운 커서 클래스 메소드가 지원됐다. prepared statements는 1회 사용만으로 캐싱됐고, 새로운 JDBC 연결 속성, 메소드, API 지원, 트레이스 옵션이 추가됐다. hdbsql 명령줄 도구에 대한 새로운 nochop 옵션, 신규 드라이버 세션 변수, 마이크로소프트 .NET Core용 신규 드라이버, Python과 R을 위한 새로운 머신 러닝, 실수형 타입의 클라이언트 사이드 암호화 지원 등이 추가됐다.

SQL과 시스템 뷰에 관해서는, 45개의 SQL 명령문이 변경됐고, 11개의 새로운 SQL 명령문이 추가됐다. 9개의 SQL 함수는 수정됐고 4개의 새로운 함수는 추가됐는데 ALLOW_PRECISION_LOSS가 그 예이다. 시스템 뷰의 경우 52개가 변경되고, 28개는 추가됐으며 1개는 제거됐다. 또, application-time period table이 지원됐다. 키 순환과 ARIA 256-CBC 블록 알고리즘을 지원하는 클라이언트 사이드 암호화 명령문이 변경됐다. 새로 생성되거나 변경된 뷰는 익명화 뷰를 지원한다. 힌트와 인라인 주석, 부분 롤백, 콜레이션(collation) 사양에 대한 변경도 이뤄졌다.

책의 제한된 페이지수 때문에 SAP Web IDE, HDI, SAP HANA XS Advanced 개발, 텍스트 검색, 계층 함수, EML, SHINE 등의 신기능에 대해 더 자세히 설명할 수 없어 안타깝다. SAP HANA는 감동적인 혁신 여정을 지속하고 있다.

2.5 배포 옵션

SAP HANA는 데이터 센터 내에 온프레미스로 배포되거나, 클라우드에 호스팅될 수 있다. 후자의 경우에는 SAP가 운영하는 SAP HANA Enterprise Cloud를 통해 SAP 클라우드 플랫폼을 PaaS로 이용하거나, 퍼블릭 클라우드에서 서비스로서의 인프라(IaaS)를 이용할 수 있다. 그림 2.5는 다양한 배포 옵션의 개요를 보여준다. 온프레미스로 설치할 때, 사전 설치된 하드웨어와 소프트웨어 어플라이언스를 선택하거나 조금 더 맞춤형 환경을 추구할 수도 있다.

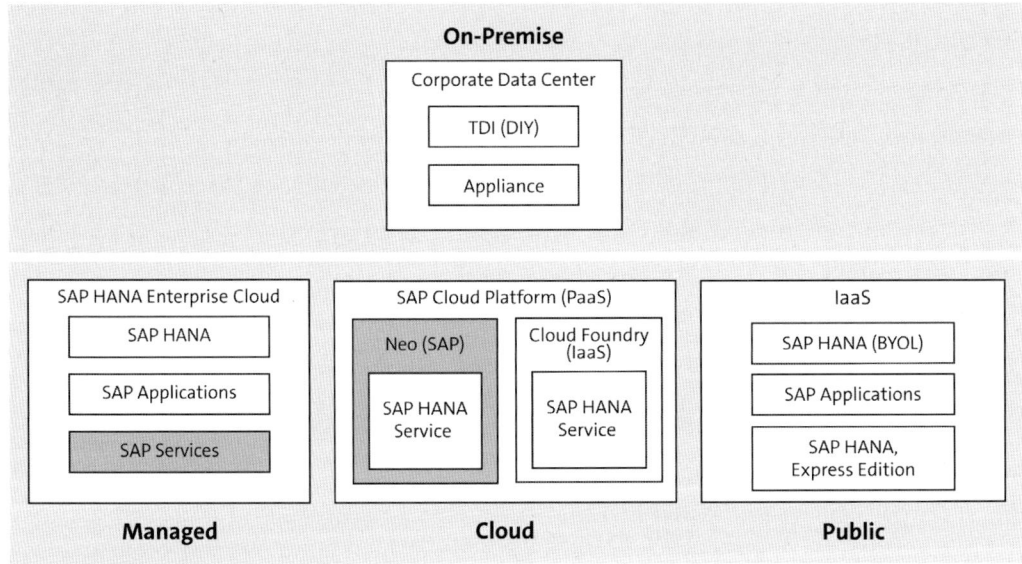

그림 2.5 SAP HANA Deployments

2.5.1 온프레미스

앞서 언급했듯이, SAP HANA는 처음에 오직 어플라이언스만 사용할 수 있었다. 초기에는 선택이 제한됐고, 가능한 어플라이언스는 사이즈가 맞지 않는 티셔츠처럼 제공됐다. 모두 똑같은 사이즈의 옷이 각 고객의 몸에 맞을 수는 없듯이, 새로운 프로그램이 이 문제를 해결하기 위해 도입됐다. 방금 옷에 비유했듯이, 이 프로그램은 맞춤형 데이터 센터 통합(tailored data center integration: TDI)이라고 불리며, 고객은 SAP HANA 하드웨어 디렉토리(http://s-prs.co/v488410)에서 인증된 어플라이언스(Certified Appliances)와 인증된 엔터프라이즈 스토리지(Certified Enterprise Storage)를 찾을 수 있다. 현재 이 디렉토리에는 IaaS 공급자의 클라우드 호스팅 환경을 위한 인증된 IaaS 플랫폼(Certified IaaS Platforms)을 포함해 가능한 많은 구성이 나와 있다.

2.5.2 클라우드 배포

SAP HANA는 여러 클라우드 환경에서도 가능한데, 호스팅 환경뿐만 아니라, 퍼블릭 클라우드와 프라이빗 클라우드에서도 찾을 수 있다.

가장 큰 퍼블릭 클라우드 공급자는 익숙한 이름일 것이다. 아마존 웹서비스 (AWS), 마이크로소프트 애저, 구글 클라우드 플랫폼(GCP), 알리바바 클라우드이며, 대형 하이퍼스케일러로 불린다. 내부 클라우드 또는 기업 클라우드라고 하는 프라이빗 클라우드는 자체 데이터 센터에서 제공하거나, 퍼블릭 클라우드 공급업체로부터 제한된 대상에게만 컴퓨팅 서비스를 제공한다. 두 유형 모두 확장성, 유연성, 셀프서비스와 같은 이점을 제공한다. 즉, IT 부서는 더 이상 필요 없어지고, 유연하고 적응력이 뛰어나며(비용 지출 없이 필요할 때만 사용, 요청에 따라 생성 또는 종료), 짧은 시간에 규모를 확장 및 축소할 수 있으며, 사용한 만큼 지불할 수 있다. 클라우드 공급자에 의해 스뫼르고스보르드(스웨덴어: smorgasbord)와 같은 다양한 서비스가 제공된다 하더라도, 일반적으로 IaaS와 Paas는 차이가 존재한다.

- **Iaas**: 가상 머신, 스토리지, 네트워크, 관련된 서비스(방화벽)를 제공한다.
- **Paas**: 미들웨어를 제공한다(데이터베이스, 애플리케이션 서버, 관련된 서비스).

Iaas와 Paas는 다음과 같은 유사한 이점을 제공한다.

- **확장성**: 짧은 시간에 대규모로 확장 (반대의 경우도 가능)
- **유연성**: IT부서가 필요 없음. 비용 지출 없이 유연하고 적응력이 뛰어남(필요할 때만 사용, 요청에 따라 생성 또는 종료).
- **셀프서비스**: 쓰는 만큼 (종량제)

SAP HANA를 클라우드에서 배포하기 위해서는 제어하고 싶은 정도, 또는 서비스로서의 데이터베이스(database as-a-service: DBaaS)가 필요한 정도에 따라 여러 옵션 중에서 선택해야 할 것이다.

SAP HANA One

SAP HANA One은 SAP HANA 데이터베이스의 호스팅을 위한 최초의 퍼블릭 클라우드 제품이었다. 2012년 초반에 SAP HANA 1.0 릴리스는 AWS 마켓플레이스에서 제공됐고, SAP HANA One

은 개발과 운영 환경 모두에서 사용할 수 있었다. 시간이 경과하면서 다른 클라우드 공급자들도 이 서비스를 그들의 마켓플레이스에 내놓았다. 2016년, SAP는 개발과 무료 평가판용으로 슬림한 SAP HANA 익스프레스 에디션과 SAP Cloud Appliance Library를 소개했다. 오늘날, SAP HANA One 은 더 이상 새로운 고객들에게 제공되지 않는다.

SAP HANA 플랫폼 에디션

SAP HANA 하드웨어 디렉토리에는 인증된 IaaS 플랫폼(Certified IaaS Platforms)이란 제목 아래 9TB(정확히는 TiB)까지 구성(2019년 여름 기준)할 수 있는 SAP HANA 플랫폼 에디션을 찾을 수 있을 것이다. 이러한 구성에는 퍼블릭 클라우드 제품, 사용한 만큼 지불하는 서브스크립션, 사용자 라이선스 사용(bring your own license: BYOL) 모델이 포함된다.
SAP HANA 플랫폼 에디션은 2.3.1섹션에서 설명한 것과 동일한 플랫폼 에디션이다.

SAP HANA 익스프레스 에디션

SAP HANA XS 아키텍처에서 실행되는 네이티브 애플리케이션의 개발을 촉진하기 위해, 주요 하이퍼스케일러가 SAP HANA 익스프레스 에디션을 호스팅하는 것을 볼 수 있을 것이다. 일반적으로 32GB 엔트리 에디션에 대한 라이선스는 무료로 받을 수 있다(클라우드 공급자의 호스팅 비용은 무료 아님). 원하는 경우, 이 에디션에서 추가적인 라이선스를 구입하면 64, 128, 256GB까지 확장할 수 있다. 2.3.2섹션과 4단원 4.12섹션에 자세한 설명이 나온다.

SAP HANA Enterprise Cloud

고객이 SAP HANA와 SAP HANA 기반 애플리케이션을 손쉽게 도입할 수 있도록, SAP는 SAP HANA Enterprise Cloud를 제공하며, 서비스 수준을 보장하고 추가 비즈니스 서비스를 지원하는 개별 매니지드 클라우드 제품이다.

SAP가 클라우드 공급자이기도 하기 때문에, SAP 데이터 센터에서 SAP 비즈니스 애플리케이션에 대한 호스팅 서비스를 이용할 수 있다. 이는 SAP 만큼 SAP 애플리케이션을 많이 호스팅한 경험 있는 회사가 없기 때문에 믿을만한 선택이다.

또는 예를 들어, 퍼블릭 클라우드 공급자인 마이크로소프트 애저를 선택할 수도 있다. 이러한 옵션들은 처음에는 혼란스러울 수 있지만 누가 호스팅하는지에 상관없이, SAP HANA Enterprise Cloud 는 퍼블릭 서비스가 아니라 퍼블릭 클라우드 공급자가 제공하는 개별 매니지드 클라우드 상품이라고 할 수 있다. 따라서 앞서 언급한 다른 클라우드 배포 옵션(BYOL, SAP HANA 익스프레스 에디션,

SAP 클라우드 플랫폼/SAP HANA 서비스)과 다른 종류이다.

SAP 클라우드 플랫폼/SAP HANA 서비스

최종적으로, 대부분의 최신 개발은 서비스로서의 데이터베이스(URL에서 "DbaaS")이며, 블로그와 프레젠테이션에서 HaaS라고도 언급되지만, 공식적으로 'SAP 클라우드 플랫폼/SAP HANA 서비스'라고 한다. 이 서비스는 자동 백업과 가용성 보장 등의 매니지드 데이터베이스이다. SAP 클라우드 플랫폼 콕핏에서 간단히 서비스에 가입하고, 데이터베이스 인스턴스를 시작할 수도 있다. 초기 프로비저닝은 약간의 시간이 걸리지만, 나중에는 1분 내에 인스턴스를 시작하고 중지할 수 있다.

비록 매니지드 서비스라고 불리지만, 여전히 유저 계정 생성과 얼럿 구성과 같은 대부분의 관리 작업은 수행해야 한다. 서비스를 관리하기 위해, SAP HANA 콕핏을 사용한다. 그림 2.6은 시스템 모니터링과 시스템 관리를 위한 System Overview 페이지를 보여준다. 데이터베이스 탐색기도 사용할 수 있다. 2개 도구의 내용은 온프레미스 버전과 거의 동일하다. 즉, 데이터베이스 관리자의 관점에서 SAP HANA 온프레미스를 운영하거나 SAP 클라우드 플랫폼/SAP HANA 서비스를 사용하는 것 사이에는 별 차이가 없다.

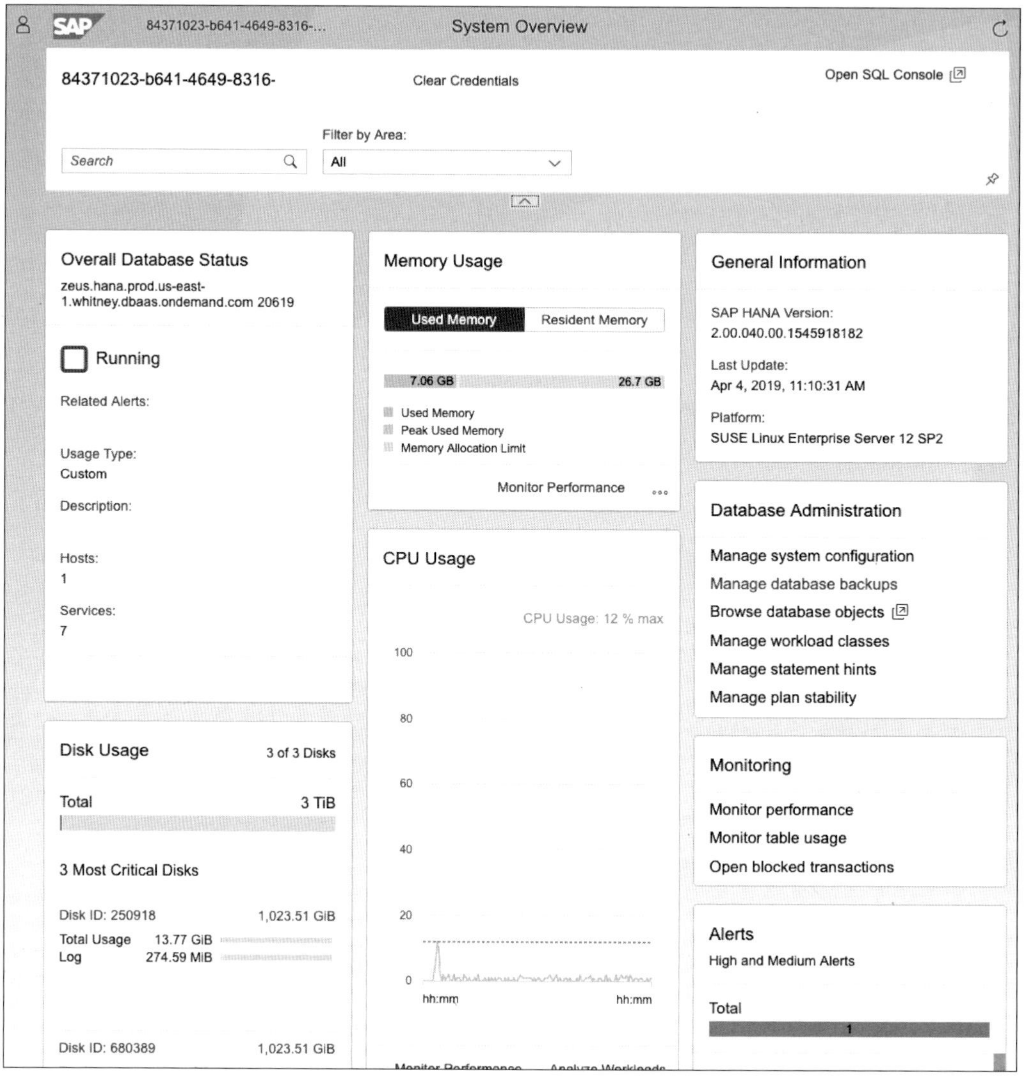

그림 2.6 SAP Cloud Platform, SAP HANA Service: SAP HANA Cockpit

서비스 요금이 청구되는 방식은 서비스 계획, SAP HANA 에디션(스탠더드 또는 엔터프라이즈), SAP HANA가 실행되는 환경(Neo 또는 Cloud Foundry -4단원 4.9.1섹션 참고)에 따라 다르다. 그림 2.7은 SAP 클라우드 플랫폼 콕핏에서 다양한 환경에 하위 계정을 만드는 것을 보여주고 있다.

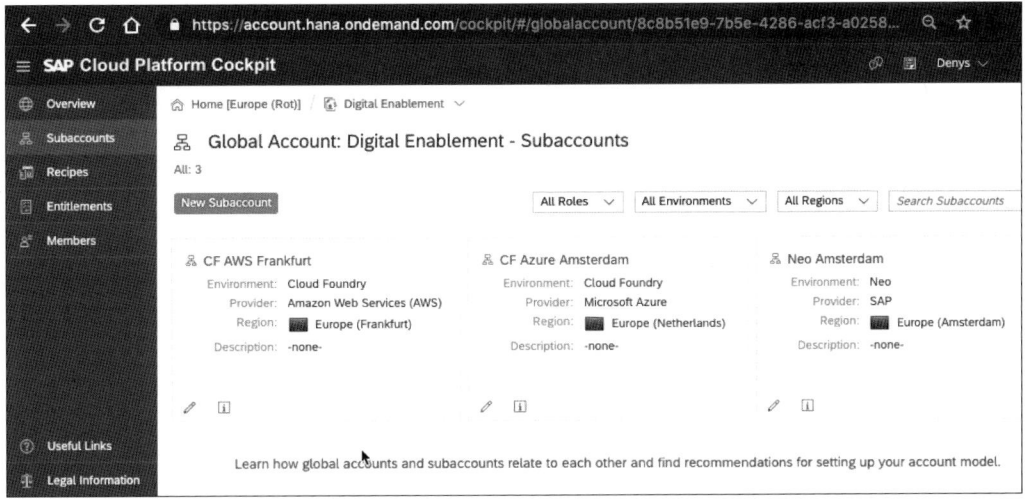

그림 2.7 SAP Cloud Platform Cockpit: Subaccounts

더 알아보기

자세한 내용은 SAP Help Portal에서 SAP Cloud Platform SAP HANA Service를 참고하면 된다.

SAP 클라우드 플랫폼/SAP HANA 서비스는 SAP HANA 플랫폼과는 별개의 고유한 기능 범위 설명 (feature scope description)이 있다. 이 문서에는 Cloud Foundry와 Neo 환경에서 스탠더드와 엔터프라이즈 에디션에는 어떤 기능들이 포함돼 있는지를 나열하고 있다.

튜토리얼

SAP 클라우드 플랫폼/SAP HANA 서비스에 대해 더 알고 싶으면, SAP Developer Center에서 실전 연습 튜토리얼이나 유튜브의 SAP HANA Academy 채널의 튜토리얼 영상을 참고하길 바란다.

■ SAP Developer Center의 Tutorial Navigator
■ SAP HANA Academy: SAP Cloud Platform, SAP HANA service

SAP Cloud Appliance Library

그림 2.8에 보여주듯이, SAP Cloud Appliance Library는 클라우드에 최신 SAP 온프레미스 솔루션을 배포할 수 있는 도구이다. 이 문장에서 "솔루션"은 일반적으로 SAP HANA 데이터베이스 백엔드 시스템과, (윈도우) 클라이언트 프런트엔드 시스템을 사전 구성한 환경("어플라이언스")을 말하며, 경우에 따라 추가 보안(VPN 액세스 포인트)을 위한 배스천 호스트나 점프 호스트를 포함한다.

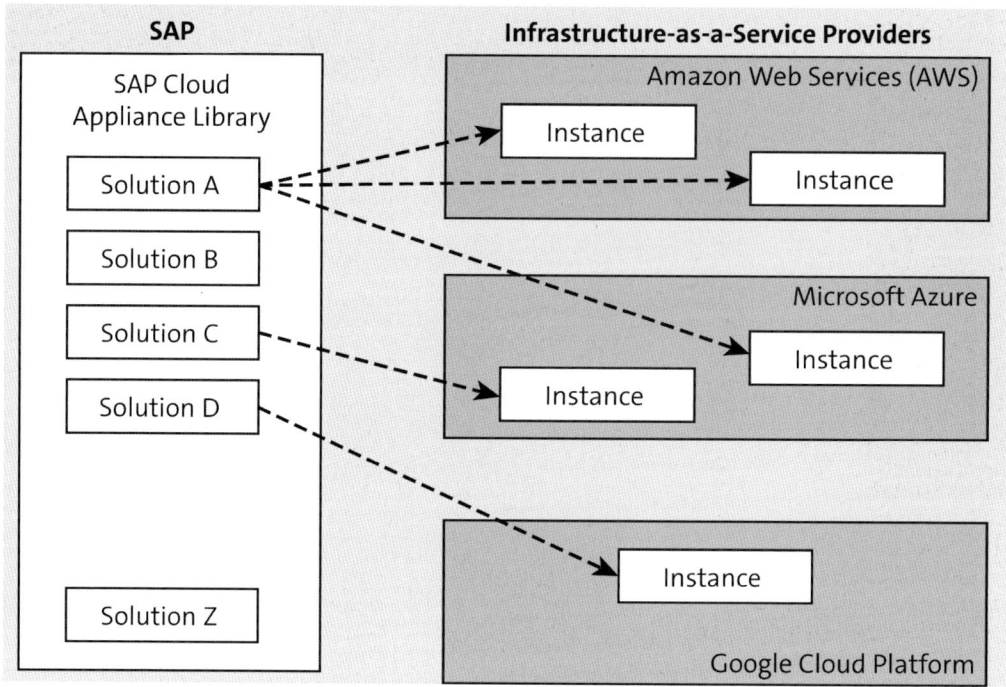

그림 2.8 SAP Cloud Appliance Library

SAP Cloud Appliance Library를 사용하면, 기존 온프레미스 배포 방식과 비교하여 하드웨어와 인 프라 설정, 운영체제와 SAP 소프트웨어 설치, 필수적이고 오래 걸리는 구성 작업, 최종 솔루션 검증 과 같은 여러 단계를 생략함으로써 배치에 필요한 시간을 주(week) 단위에서 분(minute) 단위로 단 축할 수 있다. SAP Cloud Appliance Library에서 해야 할 일은 라이브러리를 클라우드 인프라 공 급자(AWS, 마이크로소프트 애저, GCP 등)에 연결하고 인스턴스를 만드는 것이다. 처음 시작하면 이미지를 복사하고 솔루션을 배포하는데 시간이 걸리지만, 그 이후의 모든 시간은 짧아질 것이다.

물론 SAP Cloud Appliance Library는 몇 주나 걸리는 설치 시간을 단축할 수 있는 솔루션이지 만, SAP HANA 플랫폼 에디션이나 SAP HANA 익스프레스 에디션과 같은 설치가 간편한 기본 솔 루션을 선택할 수도 있다. 만약 openSAP 과정(10단원 10.1.2섹션 참고)에 등록하면 SAP Cloud Appliance Liabary 솔루션이 이미 준비돼 있으므로(따로 설치하는데 수고할 필요가 없이), 개인 교 육 시스템에서 직접 연습하고 실력을 강화할 수 있을 것이다.

그림 2.9는 SAP Cloud Appliance Library에서 사용할 수 있는 다양한 솔루션을 보여준다. 한 번 클릭으로 인스턴스 생성을 시작할 수 있다. 기본 구성 모드에서는 인스턴스명을 지정하고 마스터 패

스워드만 입력하면 된다. 고급 모드에서는 네트워크 구성, 가상 머신 템플릿, 기타 기술적 세부 항목을 변경할 수 있다.

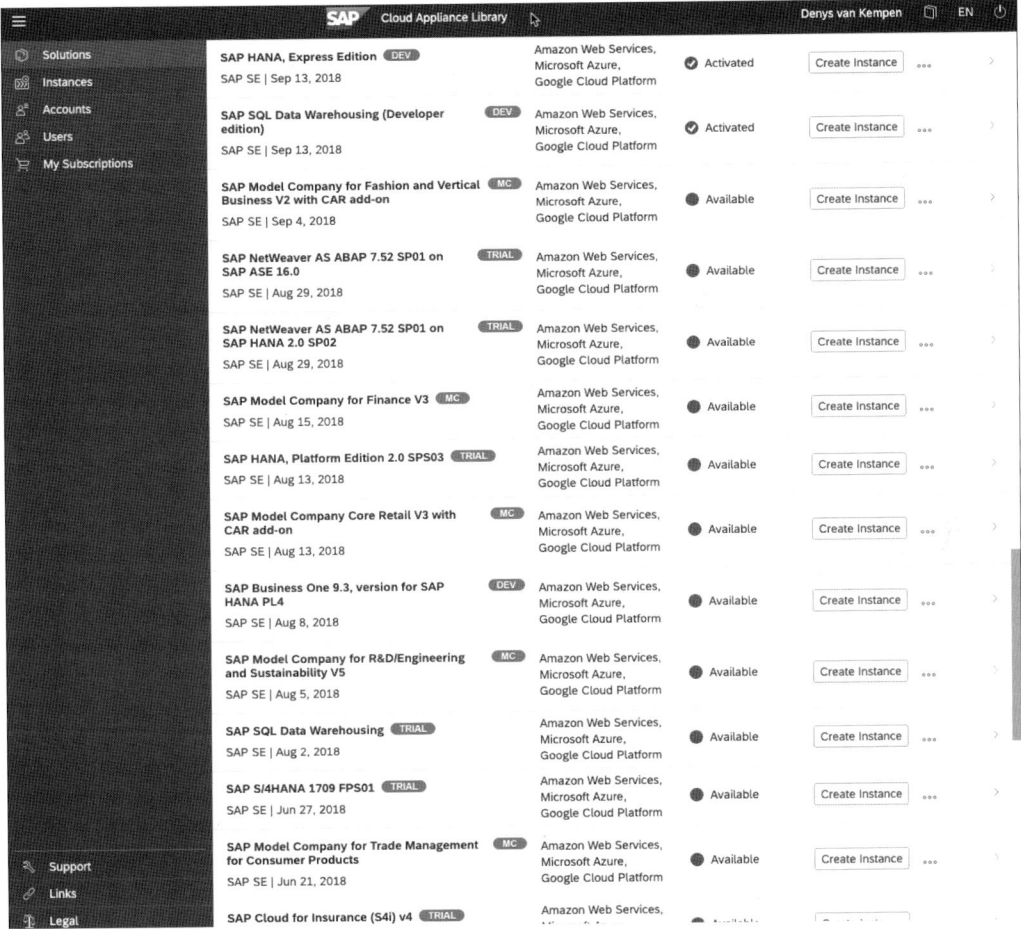

그림 2.9 SAP Cloud Appliance Library: Solutions

더 알아보기

SAP Cloud Appliance Library에 대한 자세한 내용은 SAP Community 페이지의 SAP Community for the Cloud Appliance Library와 SAP Cloud Appliance Library 포털(http://s-prs.co/v488411)을 참고하면 된다.

튜토리얼

SAP Developer Center와 SAP HANA Academy에서 SAP에 가입하고, 계정을 만들고, 솔루션 인스턴스를 생성하는 방법을 알려주는 튜토리얼을 사용할 수 있다.

2.6 요약

개요 단원의 마지막까지 온 것을 축하한다. 지금까지 많은 자료를 다뤘는데, 이제는 자신 있게 이 책의 남은 단원도 살펴볼 수 있을 것이다. 이 단원에서는 데이터베이스의 역사와 인메모리 플랫폼의 기원을 살펴보았다. 시스템 아키텍처, 다양한 프로세스와 서비스, 메모리와 지속성, 스케일아웃 구성, 데이터베이스와 애플리케이션 서버, 데이터 티어링을 다루었다. SAP HANA 에디션과 옵션을 명확히 했으며, 2010년부터 출시된 여러 SPS에서 잠시 멈추어, 지속적인 혁신으로 어떻게 인메모리 플랫폼이 만들어졌는지에 대한 완전한 과정을 알아보았다. 최종적으로 배포 옵션(특히 클라우드)을 알아보고, SAP 클라우드 플랫폼/SAP HANA 서비스를 소개했다.

후속 단원부터는 플랫폼에서 일하는 다양한 페르소나, 예를 들어 관리자, 개발자, 데이터 센터 설계자에 중점을 둘 것이다. 다음 단원은 관리자부터 시작할 것이니 SAP HANA 관리로 화제를 돌려 보자.

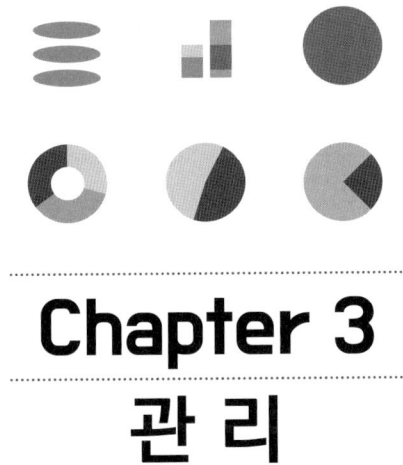

Chapter 3
관 리

한 가지 문제가 발생하면 다른 모든 것이 동시에 잘못될 것이다.
- Peter Drucker

우리는 우리의 건물을 만들고 그 후에는 우리의 건물이 우리를 만든다.
- Winston Churchill

Chapter 3
관 리

"관리하다(administer)"에는 "섬기다(serve)"라는 의미가 있다. 우리는 엔드 유저(SAP에서 더 일반적으로 사용하는 용어로는 비즈니스 유저)를 섬긴다. 즉, 서비스를 제공한다. 비즈니스의 목적은 돈을 버는 것(회사 임무와 비전은 열외로 놓고)이고, 비즈니스 유저는 이 목표를 달성할 수 있도록 바쁘게 노력할 것이다. 비즈니스 프로세스와 반복되는 작업을 자동화해 비즈니스 유저를 지원할 필요가 있고, 비즈니스 유저는 돈을 벌기 위한 새로운 방법을 찾고 자유롭게 혁신하고 생각할 수 있다. 시스템에서 작업이 최적의 형태로 작동하도록 보장하려면, 비즈니스가 기계를 섬기는 것이 아니라 기계가 비즈니스를 섬길 수 있도록 관리자가 필요하다.

이 단원에서는 SAP HANA 관리를 주제로 해 관리자 페르소나의 역할을 설명하고, 관리자가 사용하는 여러 도구를 살펴볼 것이다. 이를 위해 시스템 구성, 리소스 관리, 백업과 복구, 성능 모니터링, 분석, 보안과 같은 일반적인 관리 항목들을 다루도록 하겠다. 또한 SAP HANA 확장 애플리케이션 서비스(SAP HANA XS)와 관련된 관리 활동을 설명하고, 플랫폼과 애플리케이션에 대한 라이프사이클 관리를 살펴볼 것이다. SAP HANA에서 정의하고 있는 관리자 페르소나는 보안 설계자, 데이터 통합 설계자, 데이터 설계자, 데이터 센터 설계자의 역할 모두에 접근할 수 있어야 한다. 후속 단원에서 다양한 페르소나의 역할이 계속 다뤄진다.

3.1 역할과 도구

SAP HANA 관리자 페르소나의 역할과 관리자가 다룰 수 있는 도구에 대해 알아보는 것으로 시작해 보겠다. 이 섹션에서는 직무와 관련된 도구를 간략히 설명한다.

3.1.1 SAP HANA 관리자

시스템 관리자의 책임은 시스템이 유저에게 최대한 좋은 서비스를 제공하도록 하는 것이다. 활용 사례가 다양하듯이 각 시스템도 다양하다. 설명서를 참고해 시스템 파라미터를 설정할 수 있지만, 설명서를 참조할 수 없는 파라미터를 설정해야 할 경우도 많다. 디폴트 값은 가장 일반적인 설정으로 세팅돼 있지만, 특정 상황에 맞게 조정해야 할 수도 있다. 이런 경우, 파라미터에 익숙한 시스템 관리자에게 의존할 것이다. 어떤 파라미터를 안전하게 조정하고 맞춰야 하는지, 어떤 파라미터를 그대로 내버려 두는 것이 가장 좋을지를 판단해야 한다.

초기 시스템 사이징 조정이 적절하다고 가정할 때, 관리자의 임무 중 하나는 시스템 리소스를 관리하는 것이다. 메모리 관리(SAP HANA는 인메모리 데이터베이스이기 때문에)가 중요하지만, 만약 스토리지가 가득 찬 상황이 발생할 때 곤란을 겪을 것이다. 로그 볼륨을 SSD(solid state drives)에 두면 어떤 이점이 있는가? 그리고 어떻게 네이티브 스토리지 익스텐션을 최적으로 구성할 것인가? 무언가 잘못되면 다른 무엇이 실패하는 등의 연쇄반응이 일어날 것이다(머피의 법칙). 데이터베이스 복원 루틴을 충분히 연습했는가? 아니면 이 루틴이 완전히 자동화돼 실패하지 않을 것이라고 믿을 수 있는가?

비즈니스 연속성 문제 외에도, 시스템 관리자는 시스템 성능을 감시할 책임이 있다. 시스템에 액세스할 수는 있지만 응답 시간이 만족스럽지 않다면, 시스템은 그 목적에 잘 부합하지 않는 것이다. 워크로드 관리는 다양한 유형에 따라 시스템 사용을 분리하는 해결책을 제시한다. 장시간 수행되는 작업이 비정형(ad-hoc) 쿼리에 영향을 미치기를 원하지 않는다. 그렇다면 최대 부하를 어떻게 관리할 수 있을까? 이런 이슈를 위해, 승인 제어 기능(admission control feature)은 몇 가지 선택 사항을 제시한다.

앞에서 SAP HANA는 데이터베이스이자 플랫폼이고 애플리케이션 서버 런타임을 포함한다는 것을 알았다. 데이터베이스와 마찬가지로 애플리케이션 서버도 관리가 필요하다. 시스템 리소스, 유저 프로비저닝, 주소 보안 강화, 트러블슈팅 이슈를 관리해야 한다. 서로 다른 기술들이기 때문에 각자 다른 도구를 사용해서 관리할 수 있다. 그러나 필요한 스킬 세트는 상당히 유사하다.

회사의 조직과 SAP HANA 플랫폼 사용 방식에 따라서, 관리자는 시스템 유지보수에 대해 관여할 수도 있다. 서버와 클라이언트를 업데이트하고, 컴포넌트를 추가하고, 전체 시스템 랜드스케이프를 구성하려면 일반적으로 플랫폼 라이프사이클 관리(platform lifecycle management)라고 불리는 작업이 필요하다. 그러나 플랫폼은 애플리케이션(powered by HANA)을 호스팅하기 위한 런타임을 포함하고 있어서, 애플리케이션의 라이프사이클에도 주의를 기울여야 한다. 애플리케이션 라이프사이클 관리에서는 애플리케이션 설치, 구성, 업데이트 작업이 포함되며, 콘텐츠를 개발에서 운영으로 단계적으로 이관하는 것도 다루고 있다.

3.1.2 도구

SAP HANA 2.0의 시스템 관리를 위한 주요 도구는 SAP HANA 콕핏으로, 애플리케이션 라이프사이클 관리 도구와 플랫폼 라이프사이클 관리 도구를 통합한 웹 기반 도구이다. 또 특정 요구사항이 있으면 이를 해결하기 위해 관리자는 다른 도구를 사용할 수도 있다. 이번 섹션에서 이러한 도구에 대해 논의할 것이다.

리눅스 명령줄

SAP HANA 서버는 리눅스에서 실행된다. 따라서 기본 운영체제 관리 기술과 리눅스 관리 도구에 대한 지식이 있으면 확실히 관리자에게 도움이 된다. vi, secure shell, top, man, kill과 같은 리눅스 도구로 액세스하고, 자신이 누구인지 혼란스러울 때 whoami를 이용할 수 있다. SAP HANA 서버를 설치하려면 운영체제에 대한 root 레벨 액세스 권한이 필요하며, 최상의 성능을 위해 파일시스템, 마운트 포인트, 스토리지 서브시스템, 네트워크 인터페이스 구성을 잘 이해해야 한다.

아마도 가장 많이 사용하는 SAP HANA 명령어는 HDB일텐데, 이것은 실제로 로컬 SAP HANA 인스턴스를 시작하고 중지하기 위한 명령을 실행하거나 프로세스 정보(ps로부터)를 나열하는 스크립트이다. 실제 명령의 대부분은 SAP NetWeaver에서 사용하는 프로그램과 동일한 sapcontrol 유틸리티를 사용해 실행된다.

스크린이나 키보드를 SAP HANA 서버에 직접 연결할 수 없으므로, 터미널 프로그램을 사용해 시스템에 연결한다. 리눅스 클라이언트나 macOS를 사용할 때는 Secure Shell(SSH) 프로그램을 사용할 수 있다. 윈도우 플랫폼에서는 그림 3.1과 같이 PowerShell이나 PuTTY와 같은 3rd 파티 프로그램을 사용할 수 있다.

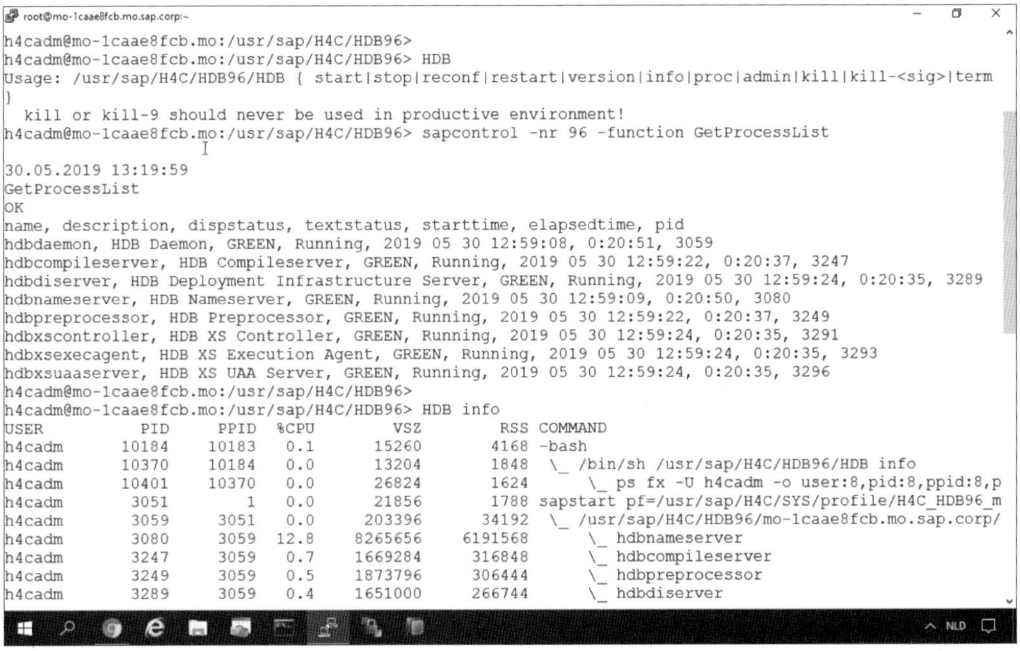

```
h4cadm@mo-1caae8fcb.mo:/usr/sap/H4C/HDB96>
h4cadm@mo-1caae8fcb.mo:/usr/sap/H4C/HDB96> HDB
Usage: /usr/sap/H4C/HDB96/HDB { start|stop|reconf|restart|version|info|proc|admin|kill|kill-<sig>|term
}
  kill or kill-9 should never be used in productive environment!
h4cadm@mo-1caae8fcb.mo:/usr/sap/H4C/HDB96> sapcontrol -nr 96 -function GetProcessList

30.05.2019 13:19:59
GetProcessList
OK
name, description, dispstatus, textstatus, starttime, elapsedtime, pid
hdbdaemon, HDB Daemon, GREEN, Running, 2019 05 30 12:59:08, 0:20:51, 3059
hdbcompileserver, HDB Compileserver, GREEN, Running, 2019 05 30 12:59:22, 0:20:37, 3247
hdbdiserver, HDB Deployment Infrastructure Server, GREEN, Running, 2019 05 30 12:59:24, 0:20:35, 3289
hdbnameserver, HDB Nameserver, GREEN, Running, 2019 05 30 12:59:09, 0:20:50, 3080
hdbpreprocessor, HDB Preprocessor, GREEN, Running, 2019 05 30 12:59:22, 0:20:37, 3249
hdbxscontroller, HDB XS Controller, GREEN, Running, 2019 05 30 12:59:24, 0:20:35, 3291
hdbxsexecagent, HDB XS Execution Agent, GREEN, Running, 2019 05 30 12:59:24, 0:20:35, 3293
hdbxsuaaserver, HDB XS UAA Server, GREEN, Running, 2019 05 30 12:59:24, 0:20:35, 3296
h4cadm@mo-1caae8fcb.mo:/usr/sap/H4C/HDB96>
h4cadm@mo-1caae8fcb.mo:/usr/sap/H4C/HDB96> HDB info
USER        PID    PPID  %CPU     VSZ      RSS COMMAND
h4cadm     10184   10183  0.1    15260    4168 -bash
h4cadm     10370   10184  0.0    13204    1848  \_ /bin/sh /usr/sap/H4C/HDB96/HDB info
h4cadm     10401   10370  0.0    26824    1624      \_ ps fx -U h4cadm -o user:8,pid:8,ppid:8,p
h4cadm      3051       1  0.0    21856    1788 sapstart pf=/usr/sap/H4C/SYS/profile/H4C_HDB96_m
h4cadm      3059    3051  0.0   203396   34192  \_ /usr/sap/H4C/HDB96/mo-1caae8fcb.mo.sap.corp/
h4cadm      3080    3059 12.8  8265656 6191568      \_ hdbnameserver
h4cadm      3247    3059  0.7  1669284  316848      \_ hdbcompileserver
h4cadm      3249    3059  0.5  1873796  306640      \_ hdbpreprocessor
h4cadm      3289    3059  0.4  1651000  266744      \_ hdbdiserver
```

그림 3.1 Running Linux Command Line Tools Using PuTTY

더 알아보기

리눅스를 처음 사용하는 경우 자세한 내용을 알아보려면, SAP Community의 SAP on Linux 주제를 참고하면 된다. 여기에서 관련된 링크, SAP Note와 기술 자료 문서, 최근의 블로그, Q&A 등을 찾을 수 있을 것이다.

SAP HANA는 SUSE Linux Enterprise Server(SLES)와 Red Hat Enterprise Linux(RHEL)에서 실행되며 이는 9단원에서 다룰 것이다. 운영체제에 대한 SAP 소프트웨어 파트너는 우수한 교육 기회와 문서를 제공한다.

자세한 내용은 다음 사이트를 참고하길 바란다.

- http://s-prs.co/v488412
- http://s-prs.co/v488413

SAP HANA 데이터베이스 대화형 터미널

모든 데이터베이스는 SQL을 이해한다. 모든 SAP HANA 서버와 클라이언트는 SQL 명령문을 입력하기 위해 'SAP HANA 데이터베이스 대화형 터미널'(hdbsql)을 가지고 있다. 이것은 명령줄 도구이며 예를 들면, 설치 스크립트를 실행하는 데 사용한다.

대부분의 명령줄 도구(예: vi)와는 달리, hdbsql은 사용자에게 친숙하게 느껴지지 않기 때문에, 도구를 효과적으로 사용하려면, 명령줄 참조 매뉴얼을 가지고 있거나 도움말 메뉴에 익숙해져야 한다. 그러나 스크립트 실행을 자동화하려면(관리 작업, 종종 리눅스 cron 스케줄러와 함께 사용됨), hdbsql이 매우 유용할 수 있다. hdbuserstore는 보조 도구이며, 패스워드(안전하게 저장된 키 안에 있음)를 포함한 접속 문자열을 유저 스토어 파일에 넣는다. hdbsql의 대안은 SAP HANA 스튜디오의 SQL 콘솔과 데이터베이스 탐색기(SAP Web IDE와 SAP HANA 콕핏에 포함돼 있음)이다. 이에 대해서는 나중에 설명하겠다.

> **더 알아보기**
>
> SAP Help Portal의 SAP HANA 플랫폼 문서의 Reference 섹션에서는 hdbsql 명령줄 참조를 찾을 수 없으므로, 대신에 SAP HANA Administration Guide를 참조해야 한다.
>
> SAP HANA 대화형 터미널과 SAP HANA 유저 스토어 모두 SAP MaxDB에서 시작됐고, 많은 플래그와 옵션을 공유하므로, SAP MaxDB 명령줄 도구에 익숙한 사람은 쉽게 학습할 수 있다.

SAP HANA 스튜디오

SAP HANA 스튜디오를 좋아하는 사람이 많다. 이 도구는 오픈 소스 이클립스 통합 개발환경(IDE)을 위한 플러그인이다. 이클립스는 IDE 클라이언트 도구로서 자바 세계에 기원을 두기 때문에, 자바 런타임(Java runtime: JRE)이 필요하며 데이터베이스 서버 연결은 JDBC와 함께 제공된다(4단원 4.10.3섹션 참고).

처음에 SAP HANA 개발의 초점은 개발 도구나 관리 도구와 같은 주변 장치가 아니라, 핵심 인메모리 컴퓨팅 엔진이었다. 이클립스가 Java용 SAP NetWeaver Application Server(SAP NetWeaver AS for Java)에 개발환경을 제공한 이후로, SAP 개발 부서는 SAP HANA에 필요한 기능을 추가하기 위해 또 다른 플러그인을 만들기로 결정했다. 그리고 자바 개발과 관련된 많은 항목과 퍼스펙티브가 hdbstudio 플러그인에 어수선하게 채워졌다. 그러나 개발자 중에서 일반적으로 이클립스 IDE에 친숙한 사람은 쉽게 배울 수 있어서, SAP HANA 스튜디오는 빨리 받아들여지고 널리 사용하는 도구가 됐다. ABAP Development Tools(ADT), SAP Business Warehouse(SAP BW) 모델링, SAP 클라우드 플랫폼 소프트웨어 개발 키트(SDK)와 같은 다른 SAP 개발 도구도 이런 방향을 따라왔고, 이클립스 플러그인으로 제공됐다.

SAP HANA 스튜디오는 설치 미디어 안에 다른 SAP HANA 컴포넌트와 함께 번들로 제공된다. 그러나 플러그인이므로, SAP HANA 도구 웹사이트(http://s-prs.co/v488414)를 이용해 정식 이클립스 설치를 통해 추가할 수도 있다.

그림 3.2는 hdbstudio 화면이며, 왼쪽에는 Systems 뷰를, 오른쪽에는 관리 퍼스펙티브를 보여준다. 개발과 모델링에 대한 여러 퍼스펙티브가 있다.

SAP HANA 스튜디오는 2016년 5월 마지막 SAP HANA 1.0 서포트 패키지 스택(SPS) 12 릴리스를 끝으로 개발이 종료됐다. SAP HANA 스튜디오는 여전히 SAP HANA 2.0 릴리스에 포함돼 있지만, 최신 기능에 해당하는 유저 인터페이스(UI)는 없다. 2017년에 리포지토리, SAP HANA XS(빌트인 애플리케이션 서버의 초기 구현), SAP HANA 스튜디오 같은 관련 도구에 대한 지원 중단 노트가 발표됐다. SAP HANA 스튜디오는 더 이상 최신 SAP HANA 클라우드 에디션(Cloud Foundry 환경을 위한 SAP 클라우드 플랫폼/SAP HANA 서비스)과 함께 사용할 수 없다.

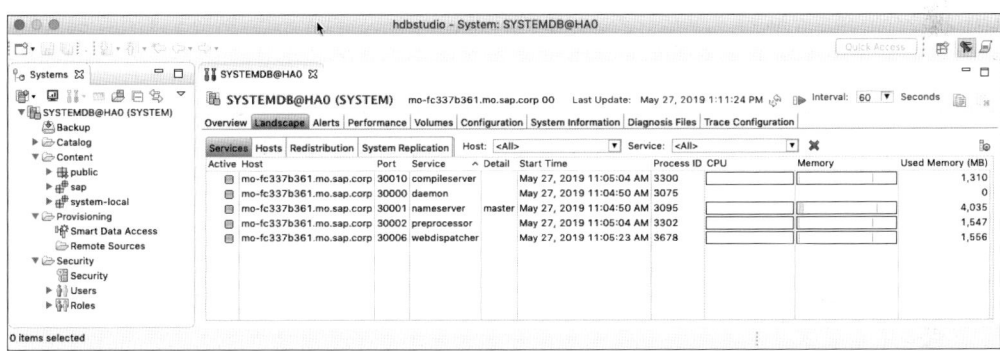

그림 3.2 Systems View and Administration Perspective in hdbstudio

더 알아보기

SAP HANA 스튜디오는 SAP HANA 플랫폼의 관리, 모델링, 개발 안내서에 문서화돼 있으며 SAP Help Portal에서 읽거나 다운로드할 수 있다.

SAP Note

추가 정보를 위해서, 다음의 SAP Note를 참고하길 바란다.
- SAP Note 2073112 – FAQ : SAP HANA Studio
- SAP Note 2465027 – Deprecation of SAP HANA extended application services, classic model

and SAP HANA Repository

■ SAP Note 2693731 – Statement on SAP HANA Studio and SAP Cloud Platform, SAP HANA Service

SAP HANA 콕핏과 데이터베이스 탐색기

SAP HANA 스튜디오는 클라이언트 도구로 따로 설치해야 한다. 웹에서 SAP HANA 관리 도구를 사용하기 위해 SAP HANA 콕핏이 추가됐다. SAP HANA Web-Based Development Workbench가 ABAP Workbench를 따라서 붙인 이름처럼, SAP HANA도 SAP NetWeaver 플랫폼의 DBA Cockpit 도구를 따라서 이름 붙여졌다.

SAP HANA 콕핏의 첫 번째 버전은 이제는 "구버전"이라고 불리는 SAP HANA XS 런타임 환경을 위해 개발됐다. SAP HANA 스튜디오와는 다르게, SAP HANA 콕핏을 사용하기 위해서는 데이터베이스(및 런타임)는 기동되어 실행 중이어야 한다. 데이터베이스가 중지됐거나 응답이 없는 장애 상황일 때에도 시스템 관리 활동을 지원하기 위해 '오프라인 관리용 SAP HANA 콕핏'(SAP HANA cockpit for offline administration)이 추가됐다. 아울러, SAP HANA 시스템에서 실행 중인 SAP 호스트 에이전트에 의해 서비스되는 웹 애플리케이션도 추가됐다. 시스템 랜드스케이프 관리에 대한 지원은 또 다른 SAP HANA XS 애플리케이션인 SAP DB Control Center에서 이뤄졌다.

SAP HANA 2.0에서 SAP HANA 콕핏은 완전히 재설계됐고, 오프라인 콕핏과 SAP DB Control Center의 기능을 통합했으며, 다음 기능을 제공한다.

■ SAP HANA 시스템 랜드스케이프의 모니터링과 관리 (전체 모니터링)

■ 개별 SAP HANA 시스템과 테넌트 데이터베이스의 모니터링과 관리
(리소스와 서비스 관리[시작/중지], 리소스 사용[CPU, 메모리, 디스크], 얼럿, 시스템 속성을 포함)

■ 성능 모니터링과 분석 (과부하 SQL문[expensive statement], 쓰레드, 세션, 차단된 트랜잭션, 힌트, SQL 플랜 캐시, SQL Analyzer를 포함)

■ 시스템 리플리케이션 (구성, 모니터링, 테이크오버, 페일백[failback]을 포함)

■ 데이터베이스 유저와 role 관리

■ 보안 관리 (서버 사이드 암호화 관리, 감사, 패스워드 정책 구성, 인증서 등 중요 설정 모니터링 포함)

- SAP HANA 캡처와 재생

- 워크로드 관리

- 백업과 복구 (백업 구성, 스케줄링, 복구, 데이터베이스 백업본을 포함)

또한 SQL 명령문을 실행하고 데이터베이스 오브젝트를 보기 위해, SAP HANA 콕핏은 다른 웹 애플리케이션인 데이터베이스 탐색기를 링크한다. 데이터베이스 탐색기에는 SQL 프롬프트와 카탈로그 브라우저의 두 가지 뷰가 있으며, 이 기능은 SAP HANA 스튜디오에서도 볼 수 있다. SAP HANA 콕핏은 기술적으로 SAP HANA 런타임 도구인 데이터베이스 탐색기를 SAP HANA용 SAP Web IDE와 공유하며, 앞에서 언급한 SAP HANA Web-Based Development Workbench의 역할을 대체하고 있다. 데이터베이스 관리 도구에 대해 더 자세한 내용은 4단원에 다룰 것이다.

모든 새로운 애플리케이션은 SAP HANA XS 플랫폼이 아닌 SAP HANA XS Advanced 플랫폼에서 실행된다(이 플랫폼 간의 차이는 4단원 4.4섹션에서 다뤄진다). SAP HANA 콕핏은 더 이상 SAP HANA 데이터베이스와 함께 제공하는 배포 단위가 아니라, 완전히 별도의 컴포넌트로 제공된다. SAP HANA 익스프레스 에디션 시스템과 마찬가지로, SAP HANA 콕핏에는 많은 애플리케이션(웹 애플리케이션과 서비스)이 포함된다. 컴포넌트의 개발과 릴리스 주기는 메인 플랫폼과는 별개이다. SAP HANA 콕핏 업데이트에 대한 릴리스는 점점 단축되며, 서포트 팩(SPs)으로 나온다. SAP HANA 플랫폼용 SPS 04가 출시됐을 때 SAP HANA 콕핏은 이미 SP 10이었다. SAP HANA 콕핏을 사용하여 SAP HANA 시스템 버전 1.0 SPS 12 이상을 관리할 수 있으므로, SAP는 최신 기능을 이용하기 위해 항상 최신 SAP HANA 콕핏으로 업그레이드할 것을 권장한다.

더 알아보기

SAP HANA 콕핏에 대한 정보는 SAP Help Portal의 SAP HANA 플랫폼과는 분리돼 있다(SAP HANA Cockpit 영역에서 What's New guide, Installation and Update Guide, Administration Guide를 보고, Database Explorer용 가이드를 참고).

SAP HANA 콕핏에 대한 입문은 openSAP 과정 "Introduction to SAP HANA Administration"에서 제공한다. https://opensap.com/website를 방문하면 된다.

SAP Note

추가 정보는 다음 SAP Note에 있다.

플랫폼 라이프사이클 관리

SAP HANA 서버와 클라이언트를 설치하거나 업데이트하고 SAP HANA 다이내믹 티어링 같은 컴포넌트를 추가하기 위해서, SAP HANA Lifecycle Management 도구인 hdblcm을 사용한다. 명령줄, 그래픽 인터페이스, 웹 인터페이스를 통해 상호 작용할 수 있으며, 모두 동일한 방식으로 작동한다. 기술적으로 hdblcm은 여러 명령줄 도구에 공통 UI를 입힌 래퍼(wrapper) 도구이다. hdblcm으로 어떤 컴포넌트를 설치할 때, 백그라운드에서 hdbinst(설치 수행)와 hdbupd(업데이트 수행)라는 다른 명령줄 도구가 호출된다. 즉, 실제 실행은 항상 명령줄에서 이뤄진다.

명령줄 인터페이스(command line interface: CLI)를 사용하면 스크립팅과 배치 처리가 가능하므로, 설치를 자동화해야 할 때에 적합하다. 예를 들면 SAP HANA 클라이언트의 일회성 설치를 위해 그래픽 설치 프로그램이 편리하지만, 클라우드 기반 환경이라면 웹 버전의 설치 프로그래밍을 사용할 수 있다. 웹 기반 UI를 사용해서 SAP One Support Launchpad의 Software Downloads 영역(10단원 10.2.4섹션 참조)에 연결하고, SAP HANA 시스템에 직접 업데이트를 다운로드할 수도 있다. 플랫폼 라이프사이클 관리 도구는 3.3.1섹션에서 자세히 설명된다.

애플리케이션 라이프사이클 관리

SAP HANA에서 실행하는 애플리케이션(powered by HANA)을 설치하거나 업데이트하기 위해, SAP HANA 애플리케이션 라이프사이클 관리 도구를 사용할 수 있다. 구버전 SAP HANA XS 런타임의 경우, 이런 도구를 ALM(명령줄의 hdbalm)이라고 부르며 배포 단위와 함께 작동한다. SAP HANA XS Advanced 런타임의 경우, MTAR zip 파일 형식으로 멀티타깃 애플리케이션(multitarget applications: MTAs)과 함께 작동한다. SAP HANA XS Advanced의 애플리케이션 라이프사이클 관리 기능은 SAP Web IDE에 통합되어 더 이상 별도의 도구로 사용할 수 없다. 또한, SAP HANA XS의 애플리케이션 라이프사이클 관리는 개발환경에서 테스트와 운영환경으로 콘텐츠를 이관하는 역할을 담당한다. 애플리케이션 라이프사이클 관리의 세부 내용은 3.3섹션에서 다뤄질 것이다.

SAP HANA XS Admin 도구와 SAP HANA XS Advanced 콕핏

구버전 모델인 SAP HANA XS의 애플리케이션 서버 런타임을 관리하기 위해서는 SAP HANA XS Admin 도구를 사용하고, SAP HANA XS Advanced 모델의 애플리케이션 서버 런타임을 관리하기 위해서는 SAP HANA XS Advanced 콕핏을 사용한다. 런타임이 달라서 도구에서 제공하는 기능도 다르지만, 두 도구 모두 인증서와 Secure Sockets Layer(SSL)를 구성하는 메뉴들을 가지고 있다. 이 부분은 3.4섹션에서 다뤄진다.

DBA Cockpit

Basis 관리자는 데이터베이스(SAP 출판물에서는 자주 AnyDB로 표현됨) 관리를 위해 SAP NetWeaver 기반의 DBA Cockpit 도구를 사용할 수 있다. DBA Cockpit을 사용하면 데이터베이스를 중지하고 시작할 수 있으며, 시스템 파라미터를 구성하고, 백업을 스케줄링하며, 작업 모니터링과 성능 이슈에 대한 문제를 해결할 수 있다. SAP HANA에 대한 지원은 초기에 제공됐고, 한동안은 DBA Cockpit이 백업을 스케줄링할 수 있었던 유일한 도구였다. DBA Cockpit은 일반적인 데이터베이스 기능 면에는 훌륭하지만, 특정한 기능 지원은 부족하기 때문에 장점과 동시에 단점을 가지고 있다.

> **더 알아보기**
>
> SAP HANA용 DBA Cockpit은 SAP Help Portal의 SAP NetWeaver 문서에 설명돼 있다.

> **SAP Note**
>
> 추가 정보를 위해서 SAP Note 2222220 – FAQ: SAP HANA DBACOCKPIT을 참고하면 된다.

SAP Solution Manager

SAP Solution Manager는 SAP HANA에 국한되지 않는, SAP 비즈니스 애플리케이션을 위한 애플리케이션 관리 플랫폼이다. 사실상 훨씬 오래되었고 ABAP용 SAP NetWeaver Application Server에서 실행된다. 9단원 9.11.3섹션에서 다뤄질 것이다.

SAP Landscape Management

SAP Landscape Management는 시스템 운영을 자동화하는 데 사용되는 도구이다. 다시 말해, 이 도구는 SAP HANA 전용 도구는 아니지만, SAP HANA 시스템 리플리케이션 (테이크오버) 자동화를 지원한다. SAP Landscape Management는 Java용 SAP NetWeaver AS에서 실행된다. 9단원 9.11.2섹션에서 설명할 것이다.

3.2 시스템 관리

관리자가 사용하는 도구들을 미리 살펴보았으므로 시스템 관리 프로세스에 대해 알아보겠다. 가장 중요한 관리 활동은 시스템 구성, 성능 모니터링과 분석(트러블슈팅), 리소스 관리, 보안, 백업과 복구이다. 이번 섹션에서 하나씩 살펴보도록 하자.

3.2.1 시스템 구성

시스템 속성(system properties)이라고 하는 수백 개의 문서화된 구성 파라미터도 수정될 수 있다. 시스템 속성은 .ini 확장자로 끝나는 파일에 저장되기 때문에, 그 INI(initialization의 첫 부분)가 이름에 사용된다. 시스템 파라미터를 수정하려면 INI ADMIN 시스템 권한이 필요하다. 데이터베이스 엔진(indexserver.ini), 글로벌 세팅(global.ini), 공통 테넌트 데이터베이스 구성(multidb.ini), SAP HANA XS 애플리케이션 런타임(xsengine.ini)과 같은 여러 ini 파일이 존재한다. SAP HANA XS Advanced, 스크립트 서버, 전처리기, SAP HANA 다이내믹 티어링, SAP HANA 스트리밍 애널리틱스 등에 대한 파일들이 다수 존재한다.

시스템 파라미터를 변경하기 위한 인터페이스는 SQL이고, 이를 위해 ALTER SYSTEM ALTER CONFIGURATION 명령문을 사용한다. 변경 사항은 현재의 인스턴스에만 적용되거나 지속성을 위해 파일에 쓰인다. SAP HANA 콕핏과 SAP HANA 스튜디오는 각각 그림 3.3과 그림 3.4에서와 같이 시스템 파라미터를 구성하는 화면을 가지고 있다.

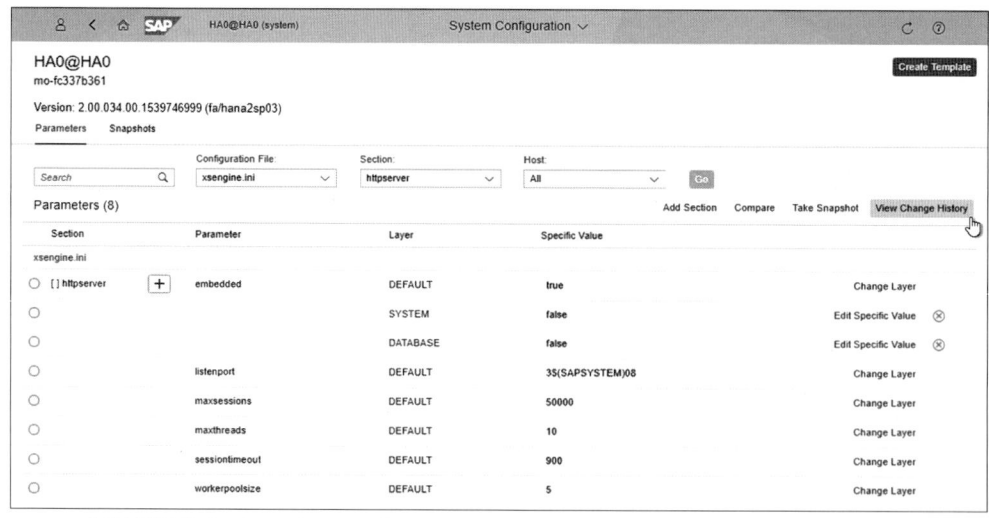

그림 3.3 SAP HANA Cockpit: System Configuration

그림 3.4 SAP HANA Studio: System Configuration

두 에디터 모두에서 파라미터를 보고 변경할 수 있지만, SAP HANA 콕핏을 사용해 구성된 내용을 스냅샷(예를 들면, 초기 설치 직후 기준 설정을 위해)으로 저장하고 다른 데이터베이스와 파라미터를 비교할 수 있으며, 코멘트를 추가하거나 파라미터 변경 이력도 볼 수 있다.

여러 리소스 관리를 위해, SAP HANA 콕핏은 또한 그림 3.5에서 보듯 홈페이지에서 Manage Landscape 기능을 제공하는데, 여기에서 Configuration Templates을 만들기 위한 타일을 찾을 수 있다. 이런 템플릿을 사용하면 특정 환경이나 애플리케이션에 대한 테넌트(또는 시스템) 데이터베이스의 디폴트 구성을 정의할 수 있다. 예를 들면 교육 데이터베이스용 템플릿이나 SAP BW/4HANA 데이터베이스용 템플릿을 만들 수도 있다. 또 다른 예로는 모든 데이터베이스에 적용되는 기업 패스워드 정책이 있을 수 있다.

그림 3.6에서 보이는 Compare Configurations 타일을 사용하면, 시스템 전체 또는 템플릿 스냅샷과 시스템 파라미터를 비교할 수 있다. system configuration 화면에서 특정 데이터베이스에 대해 동일한 기능이 있지만, 여기서는 랜드스케이프 내의 모든 데이터베이스를 더 쉽게 비교할 수 있다.

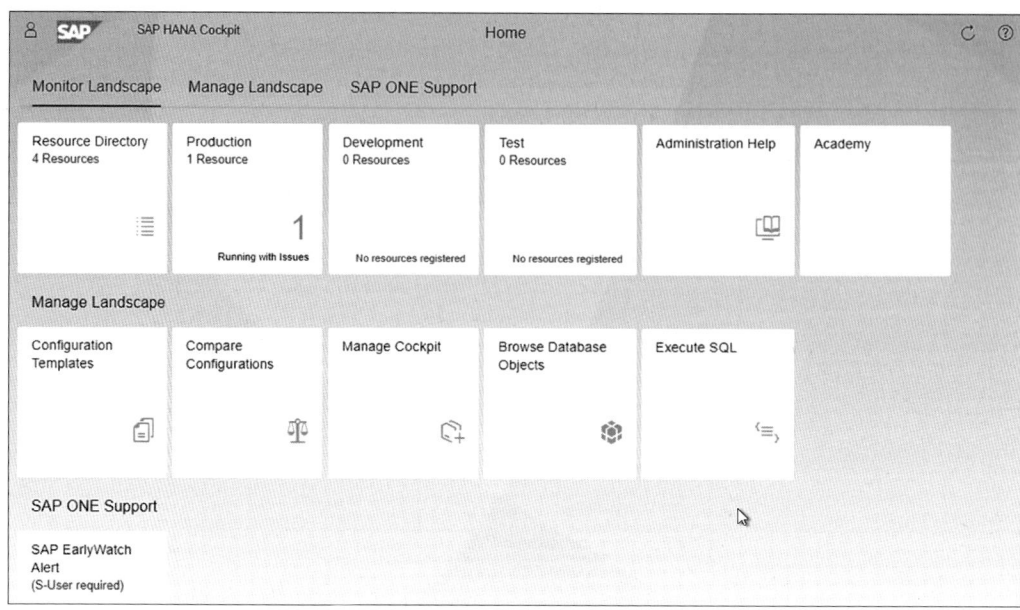

그림 3.5 SAP HANA Cockpit: Manage Landscape

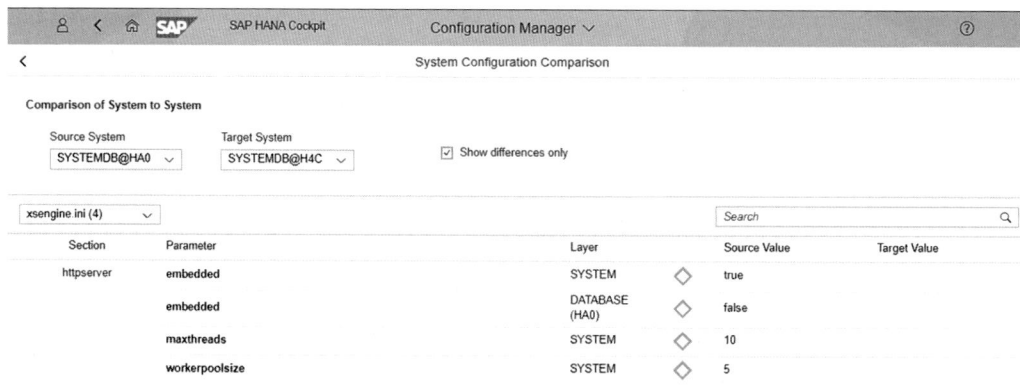

그림 3.6 SAP HANA Cockpit: Configuration Manager

■ SAP Note 2186744 – FAQ : SAP HANA Parameters

■ SAP Note 2600030 – Parameter Recommendations in SAP HANA Environments

3.2.2 성능 모니터링과 분석

시스템 파라미터를 변경하고 싶은 이유 중 하나는 시스템 성능을 최적화하기 위해서이다. SAP HANA 콕핏의 System Overview 페이지는 그림 3.7과 같이 세부 정보를 드릴다운할 수 있는 관련 앱 링크와 함께 핵심 성과 지표(key performance indicators: KPIs)가 표시된다.

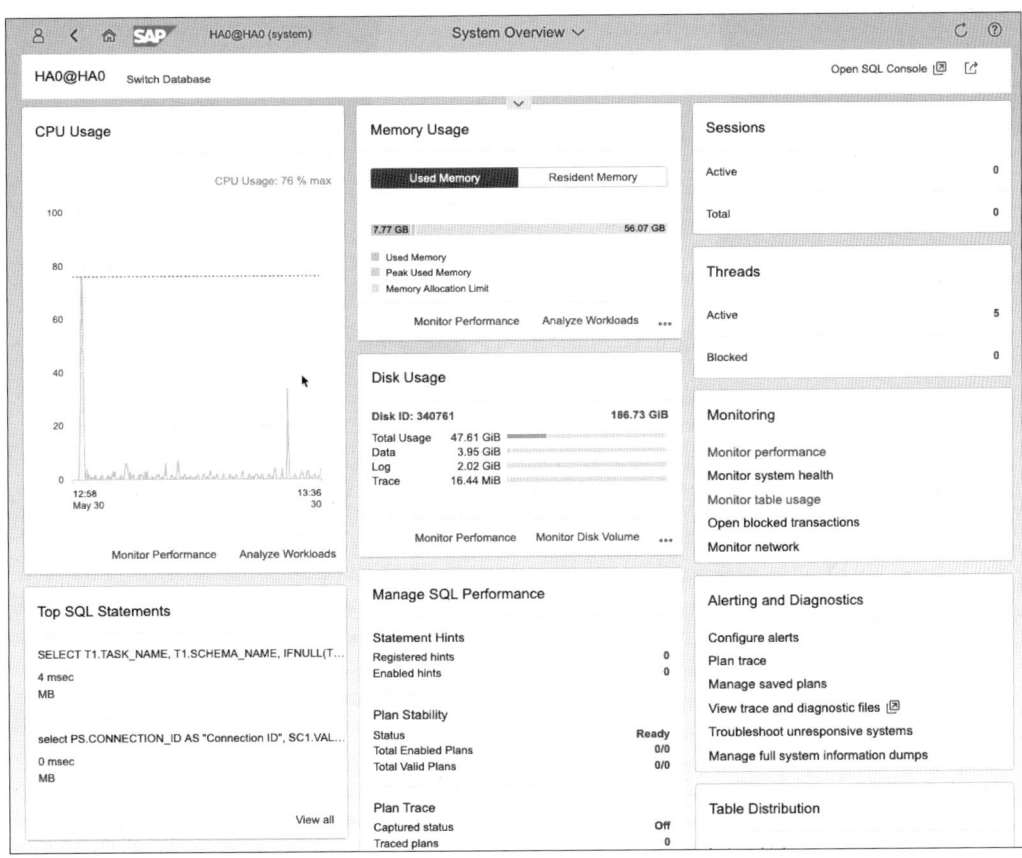

그림 3.7 SAP HANA Cockpit: System Overview

성능 모니터링 도구에는 많은 KPI에 대한 차트와 통계가 표시되므로, 다음과 같은 앱을 활용해 시스템 성능에 대한 이력을 분석할 수 있다.

■ Threads

SQL 명령문의 실행과 같이 SAP HANA 서버에서 실행되는 각 작업은 쓰레드에 의해 수행된다. SAP HANA 콕핏의 Threads 앱을 사용하면 그림 3.8(SYS.M_SERVICE_THREADS 모니터링 뷰에서 제공)과 같이, 시스템에서 액티브 쓰레드에 대한 모든 관련 정보(예: 수행 중인 작업, 해당 서비스, 지속 시간 등)를 확인할 수 있다. Threads 앱에서 추가 분석을 위해 Session 앱과 Blocked Transaction 앱으로 이동할 수 있다.

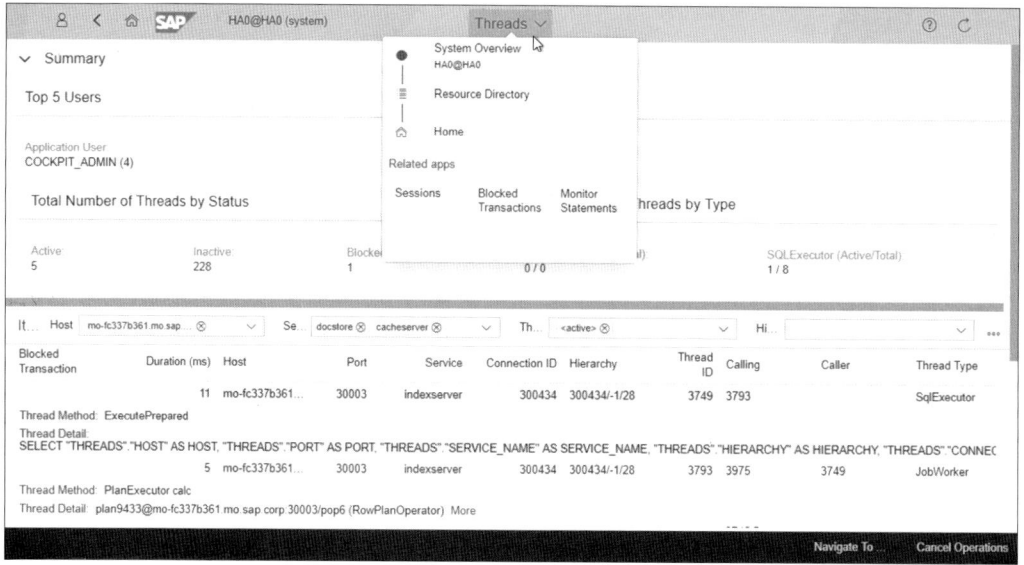

그림 3.8 SAP HANA Cockpit: Threads

■ Sessions

세션은 데이터베이스 연결에 해당한다. Sessions 앱에는 각 세션, 연결 세부 정보, 세션 상태, 트랜잭션 상태 등에 대한 활동을 보여준다. M_CONNECTIONS 시스템 뷰에서 제공되는 약 30개의 다양한 값을 조회할 수 있다.

■ Blocked Transactions

트랜잭션 차단 쓰레드라고 불리는 이 트랜잭션은 레코드, 테이블 또는 메타데이터 락(lock)을 획득해야 하므로 서로 트랜잭션이 완료되기를 기다리고 있다. 데이터는 M_BLOCKED_TRANSACTIONS 시스템 뷰에서 제공된다. 이 앱은 그림 3.8에 나와 있는 Sessions앱, Threads 앱과 동일하게 보인다.

■ Monitor Statements

그림 3.9에서 보이는 Monitor Statements 앱은 현재 액티브 SQL 명령문, SQL 플랜 캐시에 저장된 명령문, 과부하 SQL문으로 식별된 명령문을 각각 별도의 화면으로 표시한다. 특정 SQL 명령문을 선택하면 SQL Analyzer 도구로 이동할 수 있다(그림 3.11 참고).

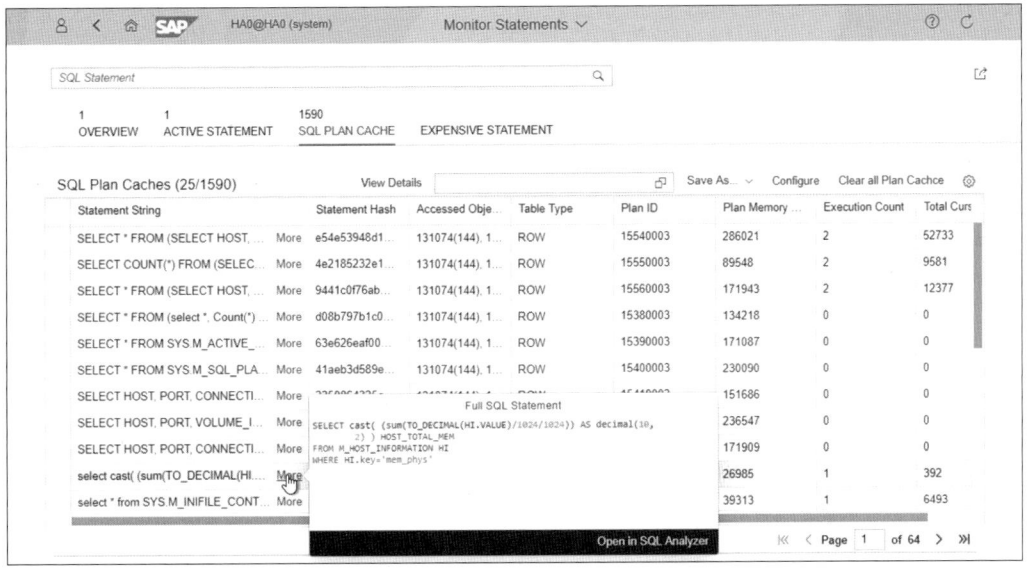

그림 3.9 SAP HANA Cockpit: Monitor Statements

■ Expensive Statements

Monitor Statements 앱 화면 중 하나이다(SAP HANA 콕핏의 System Overview 페이지에서도 직접 액세스할 수 있음). 과부하 SQL문(expensive statements)은 실행 시간이 지정된 임곗값을 초과하는 명령문이다. 앱은 가능한 원인에 대한 추가적인 분석을 한다. 데이터는 M_EXPENSIVE_STATEMENTS 시스템 뷰에서 가져온다. 과부하 SQL문은 트레이스를 걸어 훨씬 더 상세한 내용을 담고 있는 파일을 생성할 수도 있다.

■ SQL Plan Cache

SQL 명령문은 데이터베이스 서버에서 실행되기 전에 컴파일돼야 한다. 컴파일 과정 동안 권한이 검증되며 실행 계획이 계산되고, 그 외 여러 작업이 수행되는데, 이 작업은 CPU 사이클과 메모리를 소모한다. 이러한 동일 과정의 반복 처리를 피하고자, 컴파일 결과는 SQL 플랜 캐시에 저장된다. 동일한 쿼리가 두 번째 실행되면, 실행 계획을 캐시에서 가져오기 때문에 불필요한 처리를 막아준다. M_SQL_PLAN_CACHE_OVERVIEW와 M_SQL_PLAN_CACHE 시스템 뷰에는 각 명령문에 대해 약 50개의 다양한 특성이 기록돼 있다.

추가적인 분석을 위해 Workload Analyzer 도구를 사용할 수 있다. 그림 3.10에서 보여주듯이 시스템에서 측정한 쓰레드 샘플을 기반으로 한다.

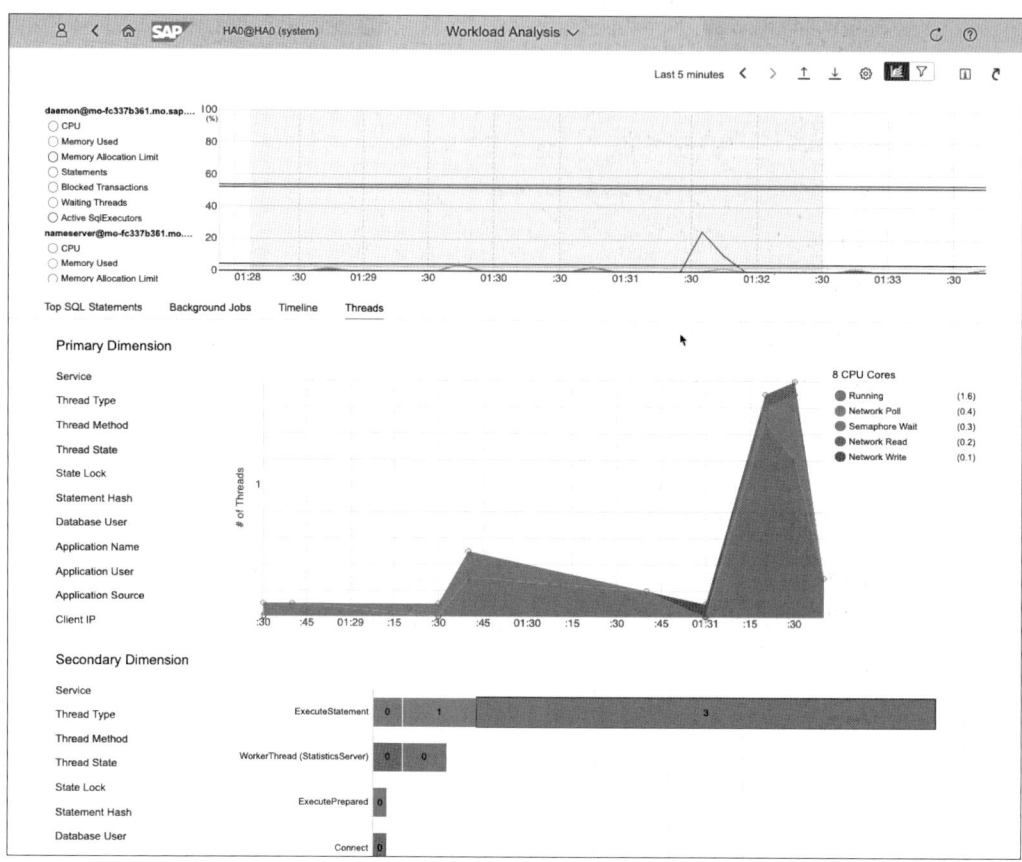

그림 3.10 SAP HANA Cockpit: Workload Analysis

이 앱은 화면 상단에 시스템 리소스 사용량을 표시하며 다음의 4개의 뷰를 보여준다.

■ **Top SQL Statements**

마지막 실행 시간, 실행 횟수, 결과 집합 개수(SELECT 문장에 대한)와 같은 명령문에 대한 정보를 보여준다. 실행 시간과 준비 시간(컴파일) 통계를 마이크로세컨드 단위로 얻을 수 있다.

■ **Background Jobs**

예를 들어, 델타 머지(테이블의 메인 메모리 세그먼트[정렬된 레코드]가 최종 업데이트[정렬되지 않은 레코드]와 합쳐질 때 발생)와 같은 작업 정보를 보여준다. 이 과정은 연속적이며, 사용자의 작업을 방해하지 않도록 항상 백그라운드 작업으로 실행된다.

■ **Timeline**

쓰레드의 이력을 시간 단위로 표시하므로 관계를 더 쉽게 식별할 수 있다.

■ **Threads (displayed)**

다양한 쓰레드 유형을 2차원으로 표시하므로 데이터를 쪼개어 분석할 수 있다.

SQL 명령문에서 문제가 발생하면 그림 3.11에 표시된 SQL Analyzer 도구를 활용할 수 있으며, 이 도구는 각 명령문에 대한 Plan Graph를 제공하고 반환된 로우의 개수와 비용이 포함된 다양한 실행 단계를 보여준다.

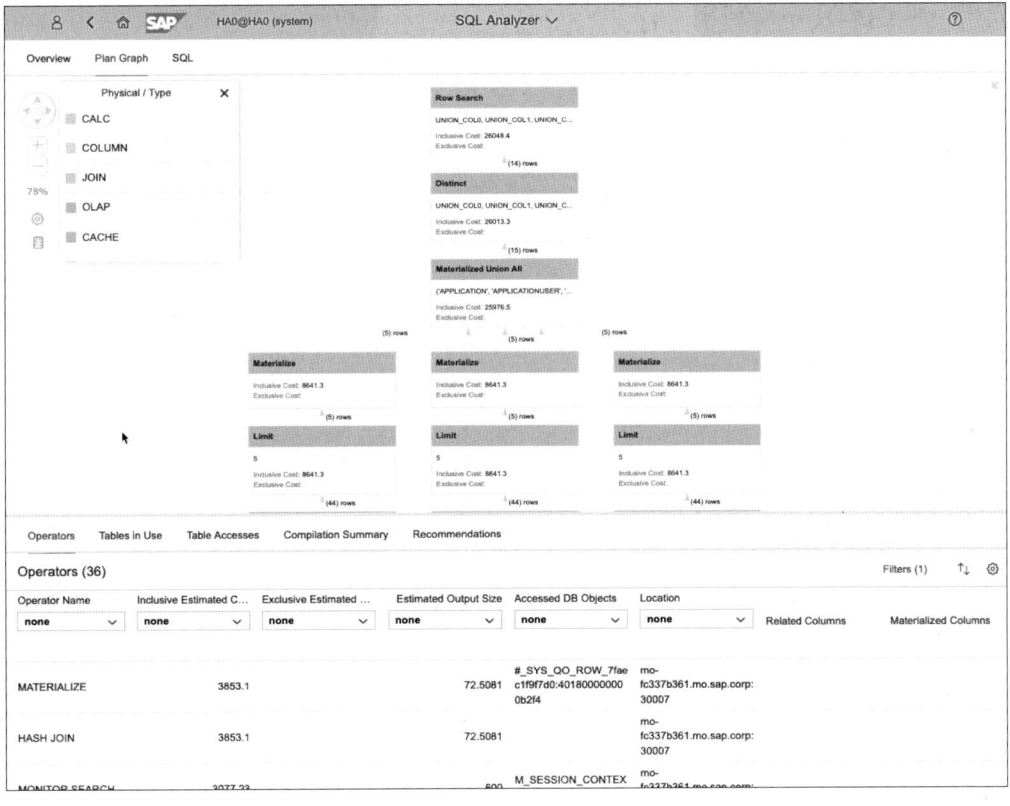

그림 3.11 SAP HANA Cockpit: SQL Analyzer

추가 탭은 연산자, 관련 테이블, 컴파일 요약에 대한 자세한 정보를 보여주며, 가능한 경우 문제의 쿼리를 최적화하기 위한 권장 사항이 제시된다.

분산 시스템을 위해, System Health 앱은 각 워커(worker)와 스탠바이 호스트에 대한 주요 통계 정보를 제공하고, 크리티컬 얼럿을 보여준다. 현재 프로세서, 메모리, 디스크 사용량, 네트워크, 디스크 입출력(I/O)에는 그림 3.12와 같이 특정 호스트로 드릴다운할 수 있는 링크가 제공된다.

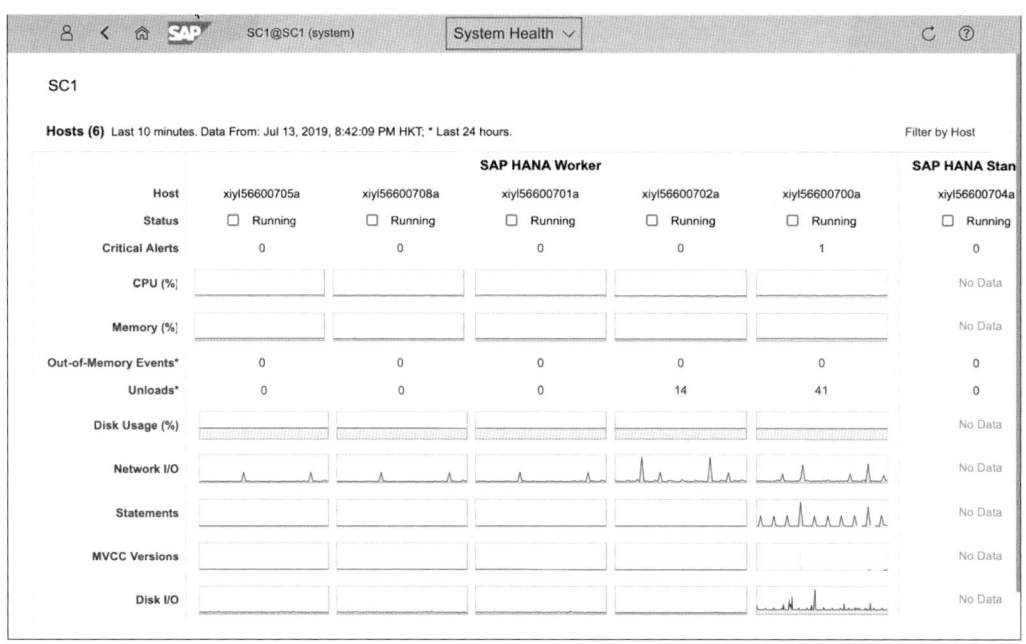

그림 3.12 SAP HANA Cockpit: System Health

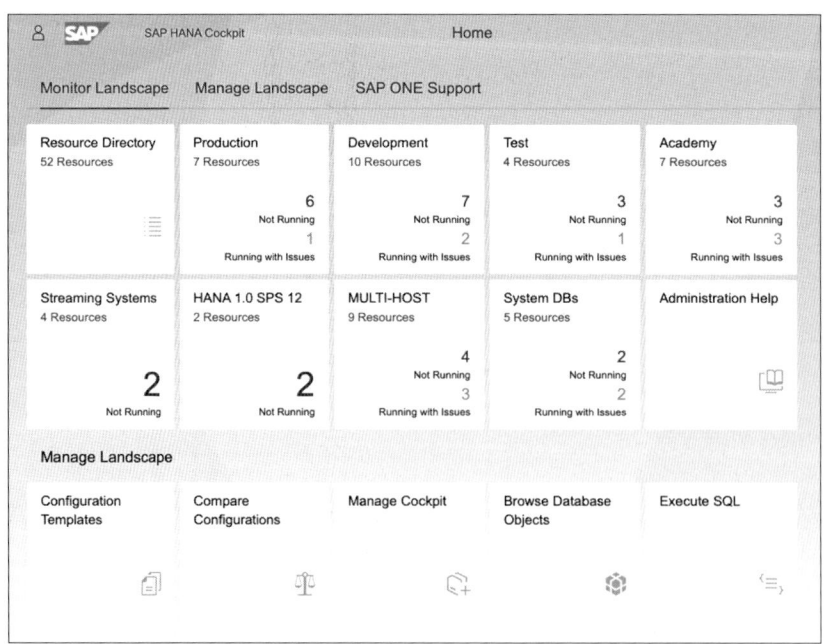

그림 3.13 SAP HANA Cockpit: Home

여러 리소스와 전체적인 시스템의 상태를 모니터링하기 위해, SAP HANA 콕핏은 그림 3.13과 같이 SAP HANA 콕핏 홈페이지에서 Monitor Landscape 대시보드 기능을 제공한다. 이 기능을 사용하면 시스템 상태를 한눈에 볼 수 있고, 얼럿을 검토하고, SAP HANA 콕핏을 통해 특정 시스템으로 드릴다운할 수 있다. 시스템 성능 향상을 위해, Plan Stability와 Statement Hints를 사용할 수 있다.

시스템 성능의 기준을 캡처하기 위해서는 SAP HANA의 캡처와 재생(capture and replay)을 사용하면 된다. 이러한 도구세트를 사용하면 그림 3.14와 같이, 소스 시스템에서의 특정 워크로드를 기록(캡처)하고 타깃 시스템에서 캡처된 워크로드를 애플리케이션 없이 재생할 수 있다. 이 기능은 하드웨어나 소프트웨어의 구성을 변경하고 싶거나, 이런 변경으로 인한 시스템 성능과 응답 시간의 잠재적인 결과를 미리 알고 싶은 경우에 꽤 유용하다. 재생 작업에서 상세한 리포트가 생성될 수 있으며, 이 리포트에서 모든 SQL 명령문의 성능 통계(execution count, faster, slower, failed, skipped, elapsed time 이외 50여 가지의 특징)와 결과를 비교해 보여준다(같은 명령문이 같은 결과 집합을 반환하는가? 즉, 같은 조건으로 비교하는가?). 그림 3.15에서 보이는 Load는 리소스 사용에 관한 가장 중요한 수치들을 보여준다.

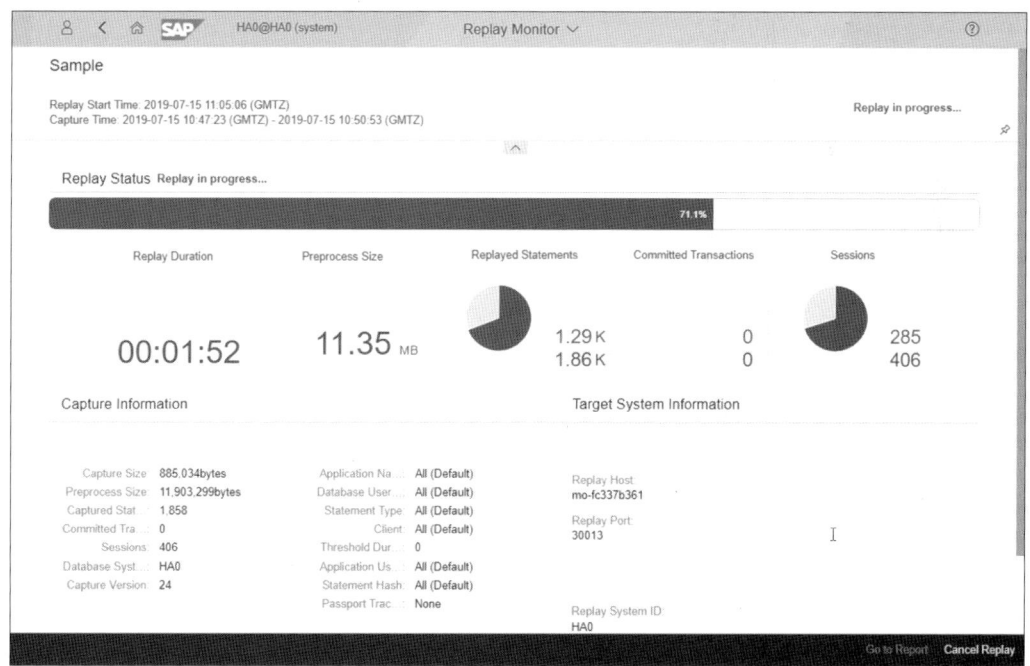

그림 3.14 SAP HANA Cockpit: Replay Monitor

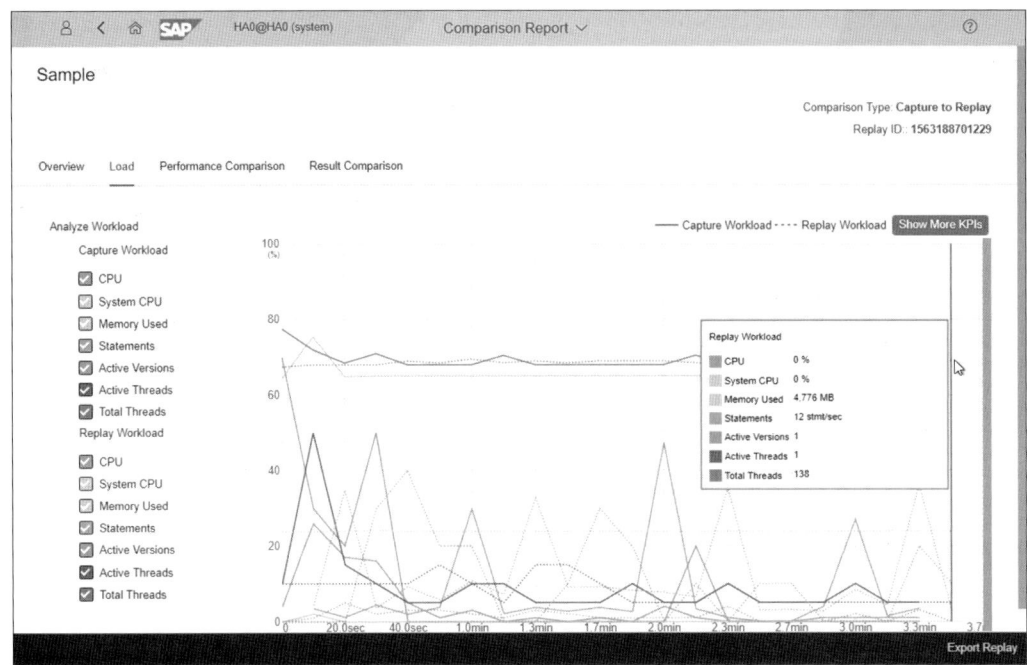

그림 3.15 SAP HANA Capture and Replay: Comparison Report

에러 메시지, 이슈나 문제가 발생하면 SQL 트레이스 또는 과부하 SQL문 트레이스를 걸어서 특정 문제에 대한 많은 정보를 얻을 수 있다. 트레이스는 모든 액션이 파일에 기록된다. SQL 트레이스에는 명령문 준비(컴파일)와 실행 계획에 대한 정보가 포함된다. 과부하 SQL문에 트레이스를 걸면, 이 트레이스 파일에는 결과는 걸러지고, 오직 SAP HANA 콕핏(또는 SAP HANA 스튜디오)의 Expensive Statements 앱에 있는 것과 동일한 명령문만 포함되어 있지만, 그보다 훨씬 더 자세한 정보를 제공할 것이다. 트레이스 파일을 보기 위해 SAP HANA 콕핏은 그림 3.16과 같이 데이터베이스 탐색기를 열고 서버 파일 시스템에 접속해 화면에 트레이스 파일을 로딩할 수 있다. SAP HANA 스튜디오는 Notepad나 TextEdit와 같은 텍스트 파일로만 보여줄 수 있다.

트레이스 파일은 해석하기 어려울 수 있다. 어떤 트레이스 파일은 커널 프로파일러와 같이 일반적인 용도가 아니다. 이 트레이스를 활성화하려면 SAP_INTERNAL_HANA_SUPPORT role이 필요하다. 사용자에게 이 role이 할당되면 얼럿이 뜨며, 한 번에 한 사용자에게만 이 role을 부여할 수 있다.

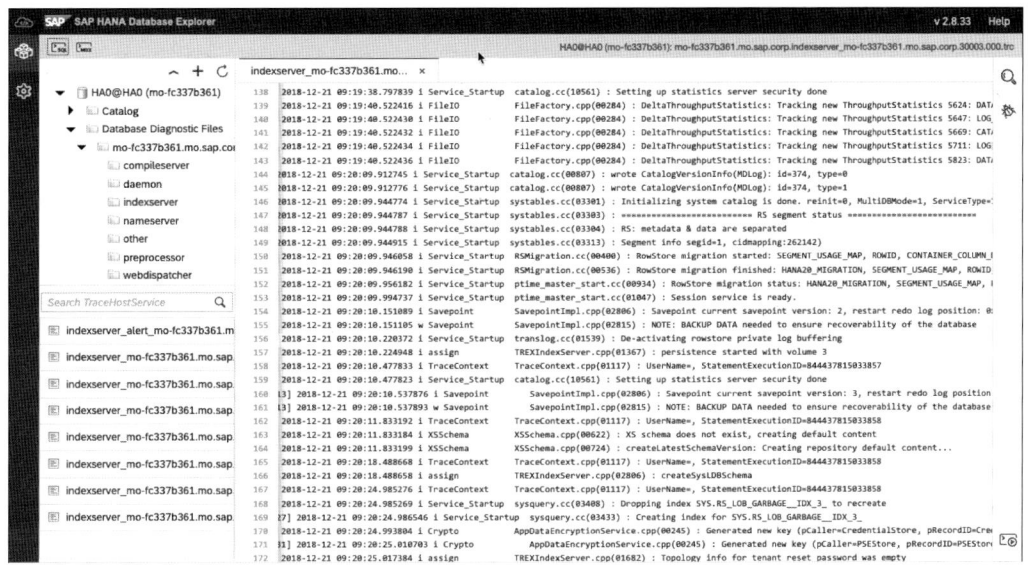

그림 3.16 Database Explorer: Trace File Viewer

기술배경

2단원에서 인메모리 컴퓨팅 엔진의 3개의 구성 요소인 TREX, P*TIME, SAP MaxDB(liveCache)를 접했다. 트레이스 파일의 메시지를 보면 이 3개의 흔적을 여기저기에서 찾을 수 있을 것이다.

설명서 외에도, SAP One Support Launchpad에 게재된 사용법 안내서와 기술 자료 문서는 훌륭한 정보 출처가 될 수 있다. 안내 답변(Guided Answers)이 특히 도움이 된다. 몇 가지 문답 단계만 거치면 해당 문제에 대한 자세한 정보가 포함된 관련 노트와 기술 자료 문서를 참고할 수 있다. 데이터베이스 엔진(HAN-DB), 애플리케이션 서비스(HAN-AS), SAP HANA 스튜디오(HAN-STD) 또는 라이프사이클 관리(HAN-LM) 같은 각 컴포넌트마다 특정 코드가 있다. 기술 자료에서 정보를 찾으려면, 컴포넌트 코드로 검색하면 편리하게 '바로 가기'가 제공된다. 인시던트(기술 지원 티켓) 또한 컴포넌트 코드가 붙어 있다. 진단 정보를 수집하기 위해 SAP HANA 콕핏, SAP HANA 스튜디오 또는 명령줄을 사용할 수 있다. 진단 정보는 인시던트에 첨부할 수 있는 압축 파일(ZIP)로 반환된다.

더 알아보기

일반적 시스템 모니터링 주제는 SAP HANA Administration Guide에 설명되어 있으며, SAP Help Portal에서 읽거나 다운로드할 수 있다.

성능 이슈와 트러블슈팅과 관련된 정보는 SAP Help Portal의 다음 가이드를 참고하기 바란다.

- SAP HANA Troubleshooting and Performance Analysis Guide
- SAP HANA Performance Guide for Developers

성능 문제에 직면했을 때 확실히 도움이 되는 것은 SAP Support의 Guided Answer이다(http://s-prs. co/v488415).

SAP Note

추가 정보는 다음의 SAP Note를 참고하기 바란다.

- SAP Note 2000000 – FAQ : SAP HANA Performance Optimization
- SAP Note 2000002 – FAQ : SAP HANA SQL Optimization
- SAP Note 2669621 – FAQ : SAP HANA Capture and Replay

모두 신중하게 작성된 많은 FAQ가 있으므로, 읽어보길 적극 권장한다.

3.2.3 리소스 관리

리소스 관리는 모니터링 및 성능 분석과 연관이 있으며, 메모리, CPU, 지속성의 3가지 주요 리소스에 집중해야 한다. 예를 들어, 디스크 공간이 가득 차고 메모리가 부족하면 문제가 된다. 리두 로그 엔트리가 로그 버퍼에서 리두 로그로 플러시될 때 스토리지 서브시스템의 읽기, 쓰기 성능이 충분한가? SSD(Solid state drive) 기술을 사용하면 일반적으로 성능이 향상된다. VLDB(very large databases)의 경우, 시스템을 시작할 때 느린 스토리지 서브시스템을 사용하면 모든 데이터를 메모리에 로딩하는 데 상당한 시간이 걸릴 수 있다. 영구 메모리는 메인 메모리와 델타 메모리 영역의 상이한 특성을 이용해서 컬럼형 테이블에 적용할 수 있고, 빠른 재시작 옵션(fast restart option)은 시스템 재시작 시간을 크게 단축시킬 수 있다. 물론 조금 더 전통적인 접근 방식으로, 데이터 볼륨을 파티셔닝하는 것도 가능하다.

아마도 리소스 관리에서 가장 중요한 것은 메모리일 것이다. 시스템 관리자의 메모리 리소스 관리 작업을 지원하기 위해 SAP HANA 콕핏에는 다음 도구들이 제공된다.

- **Memory Usage**
  그림 3.17에서 보여주듯이, System Overview 페이지에서 이 타일은 사용 중인 메모리(used memory)와 실제 점유 메모리(resident memory) 통계를 실시간으로 보여준다. 이 화면에서 Monitor Performance, Analyze Workloads, Analyze Memory History 앱으로 이동할 수 있다.

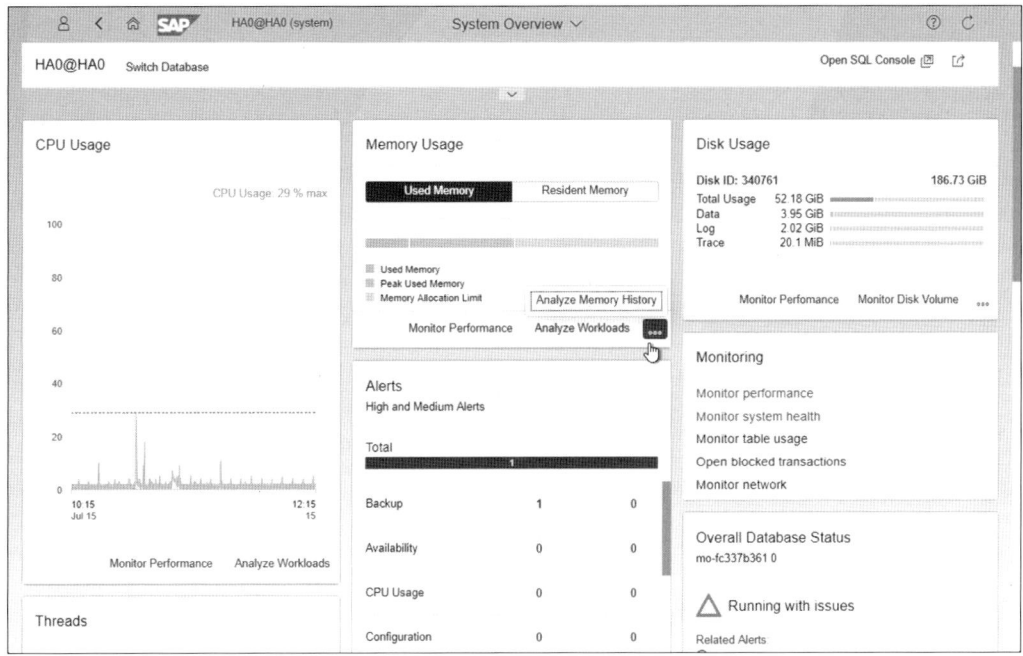

그림 3.17 SAP HANA Cockpit: System Overview

■ **Monitor Performance**

모든 리소스 수치에 대한 그래프와 통계를 표시하는 앱이다. 메모리를 포함해 사전 구성된 그래 프(사전 설정)를 선택할 수 있으며 맞춤형 차트를 만들 수 있다.

■ **Analyze Workloads**

그림 3.11과 같이 SQL 명령문, 백그라운드 작업, 쓰레드에서 사용 중인 메모리뿐만 아니라 모 든 리소스 수치에 대한 통계를 표시하는 앱이다.

■ **Analyze Memory History**

그림 3.18과 같이, 시간에 따른 메모리 통계를 표시하는 앱이다. 맨 위 그래프는 타임라인 그래 프이며, 최근 6주, 4주, 7일, 24시간을 지정하거나, 직접 달력에 기간을 지정할 수 있다. Top consumers, memory components, allocators, tables, out of memory events가 아래 창 에 표시된다.

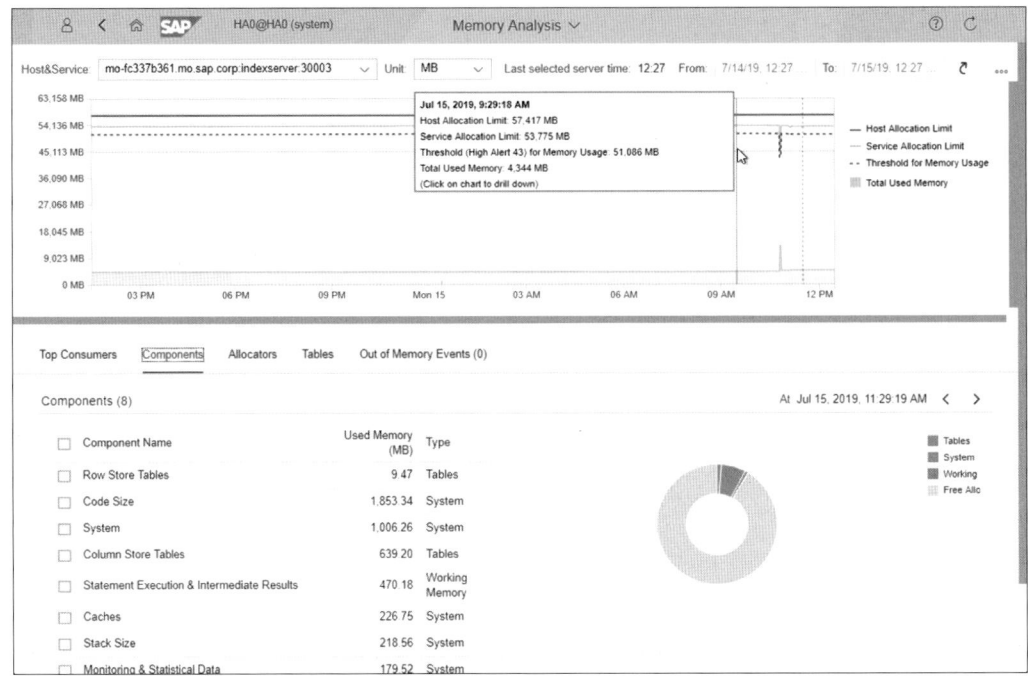

그림 3.18 SAP HANA Cockpit: Memory Analysis

어쨌든, 숫자를 이해하려면 관리자가 메모리 관리 개념에 대해 올바르게 이해하고 있어야 하며, 이를 위해 기술 자료 문서(예: 1999997- SAP HANA Memory FAQ)는 중요한 자료가 된다. 이 단원과 이 책 전체에 걸쳐 '더 알아보기'와 'SAP Note' 텍스트박스에는 가장 관련성 높은 기술 자료 문서들을 소개하고 있지만, 소개하지 못한 자료들이 더 많다. SAP One Support Launchpad에 대한 사용법 안내서, 안내 답변, 기술 자료 문서는 SAP HANA와 작업할 때 꼭 참고해야 할 필수적인 자료들이다.

종합적인 얼러팅 기능은 이러한 문제들이 심각해지기 훨씬 전에 관리자에게 리소스 문제를 알린다. Alerts 타일은 SAP HANA 콕핏의 System Overview 페이지에 표시된다. 그림 3.17에서 보듯이 여러 카테고리(Backup, Availability, CPU Usage, Configuration, Diagnosis Files) 또는 KPI(Availability, Performance, Capacity)에 대한 높음 및 중간 얼럿이 표시된다.

이 페이지에서 그림 3.19에서 보이는 Alerts 앱으로 이동할 수 있으며, 이 앱에서는 다음 얼럿을 위한 예약 실행, 간격, 얼럿 체커 설명, 제시된 해결책과 같은 자세한 정보와 함께 현재 시스템에서 발생한 모든 얼럿을 표시한다.

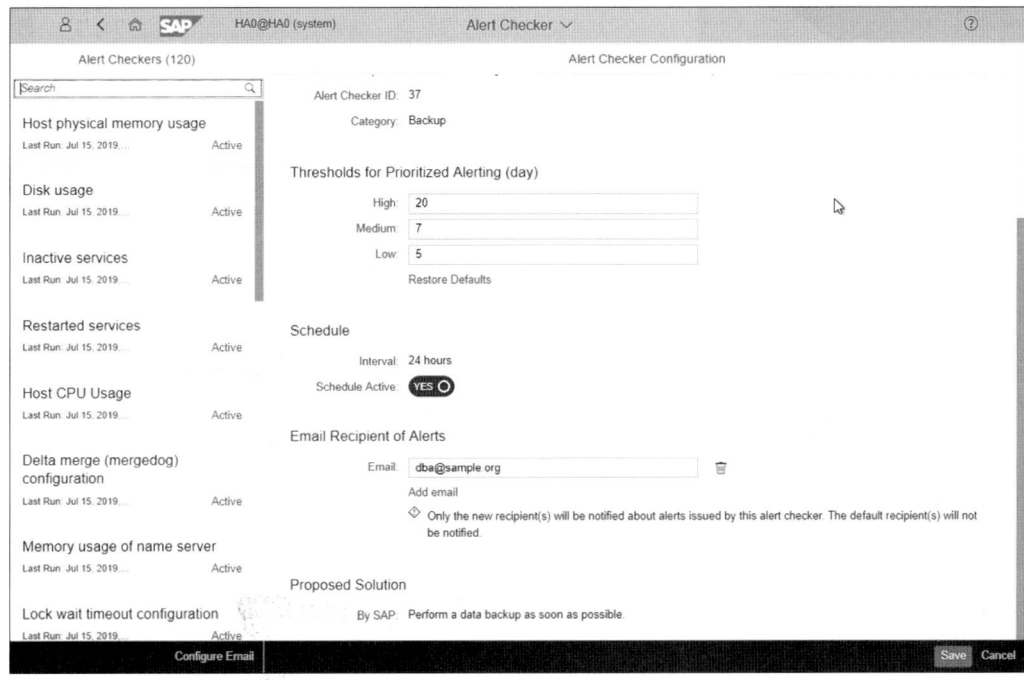

그림 3.19 SAP HANA Cockpit: Alerts

각 얼럿을 구성하고 임곗값, 스케줄링 속성, 전자 메일 수신자를 정의할 수 있다. 이 앱에서 제시된 해결책이 실제로 문제를 해결했는지 여부를 재확인하기 위해, 수동으로 얼럿을 유발할 수도 있다.

조금 더 최근에는 사전 대비 모니터링을 위해, SAP HANA 2.0 SPS 03에서 SAP EarlyWatch Alert 와 SAP HANA 콕핏을 통합했다. 유지보수 계약에 포함되는 SAP Support의 서비스는 주 단위로 KPI와 얼럿 평가를 제공한다. 그림 3.20과 같이, Landscape Overview 페이지의 SAP EarlyWatch Alert 타일에서 SAP EarlyWatch Alert Solution Finder로 직접 이동할 수 있다.

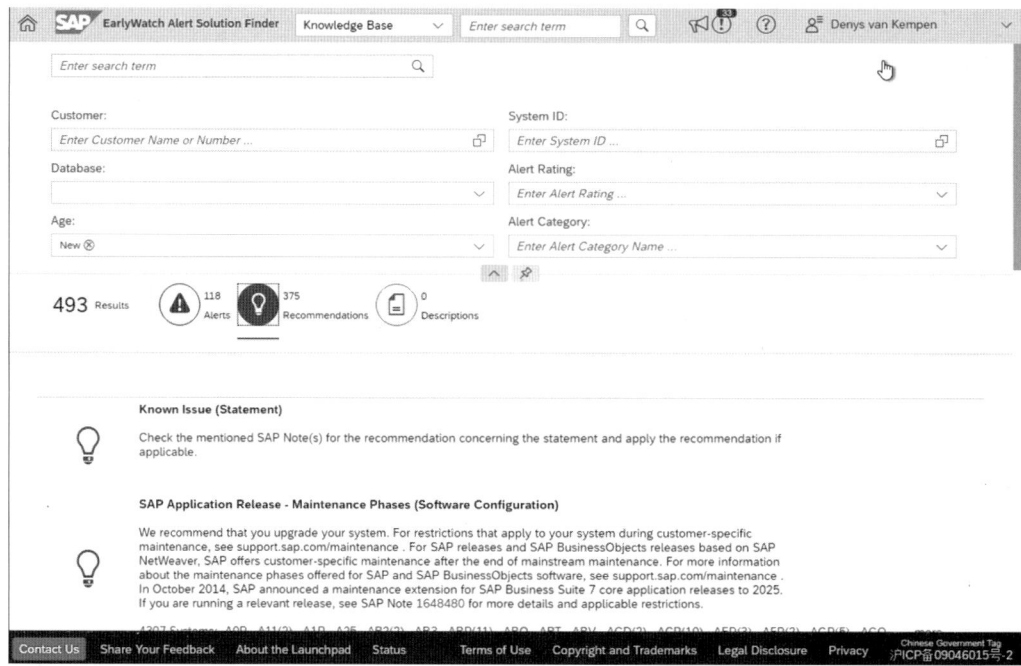

그림 3.20 SAP EarlyWatch Alert Solution Finder

워크로드 관리(workload management)를 통해 사전 대비로 리소스를 관리할 수 있다. CPU 사용량을 제어하고 메모리 제한을 설정하려면 유형별로 워크로드 클래스를 정의해야 한다. 예를 들면, 몇 시간이 걸리는 데이터 로드 작업에 대해 다른 우선순위를 지정하고 리소스를 제한할 수 있다. 워크로드 관리에는 승인 제어(Admission control)라는 기능이 있는데, 이를 통해 부하가 피크 시점일 때 시스템이 어떻게 반응해야 하는가에 대한 규칙의 정의가 가능하다. 또한 시스템에서 요청들의 단계별 대기 순서를 정함으로써 시스템 과부하를 방지할 수 있다. 워크로드 관리와 워크로드 승인 제어를 위해, SAP HANA 콕핏에서 워크로드를 구성하고 관리하는 애플리케이션을 제공하고 있다.

더 알아보기

리소스와 워크로드 관리는 SAP HANA Administration Guide에 설명돼 있고 SAP Help Portal에서 읽거나 다운로드할 수 있다.

SAP EarlyWatch Alerts에 대해서는 http://s-prs.co/v488416을 방문하면 된다.

SAP Note

추가 정보를 위해, 다음의 SAP Note를 참고하기 바란다.

■ SAP Note 1999997 – FAQ SAP HANA Memory

- SAP Note 2100040 – FAQ : SAP HANA CPU
- SAP Note 2400005 – FAQ : SAP HANA Persistence
- SAP Note 2445867 – How-To: Interpreting and Resolving SAP HANA Alerts
- SAP Note 2222250 – FAQ : SAP HANA SAP HANA Workload Management

3.2.4 보안

6단원의 주제인 보안 설계자는 보안 인프라의 올바른 설계에 중점을 두겠지만, 관리자는 여전히 중요한 보안 설정을 모니터링하고 일상적인 작업을 처리해야 한다.

SAP HANA 콕핏의 System Overview 페이지에 있는 Authentication 타일은 그림 3.21과 같이 패스워드 정책과 싱글 사인온(SSO)의 현재 상태, SYSTEM 유저가 패스워드를 변경한 마지막 시간을 보여준다. 데이터베이스 슈퍼 유저 계정을 비활성화하고 최소 권한의 원칙(principle of least privilege: PoLP)을 구현하는 것은 문서화된 모범 원칙 중의 하나이다. 즉, 모든 권한을 가진 한 사람의 관리자를 사용하는 대신, 예를 들면 유저를 생성하는 데 필요한 시스템 권한만 가진 유저 관리자를 만들고, 백업만 수행하기 위한 백업 관리자를 생성한다. 필요한 작업을 수행하는 데 필요한 항목만 부여하면 해킹된 암호 하나가 전체 시스템의 보안을 손상시키지 않는다.

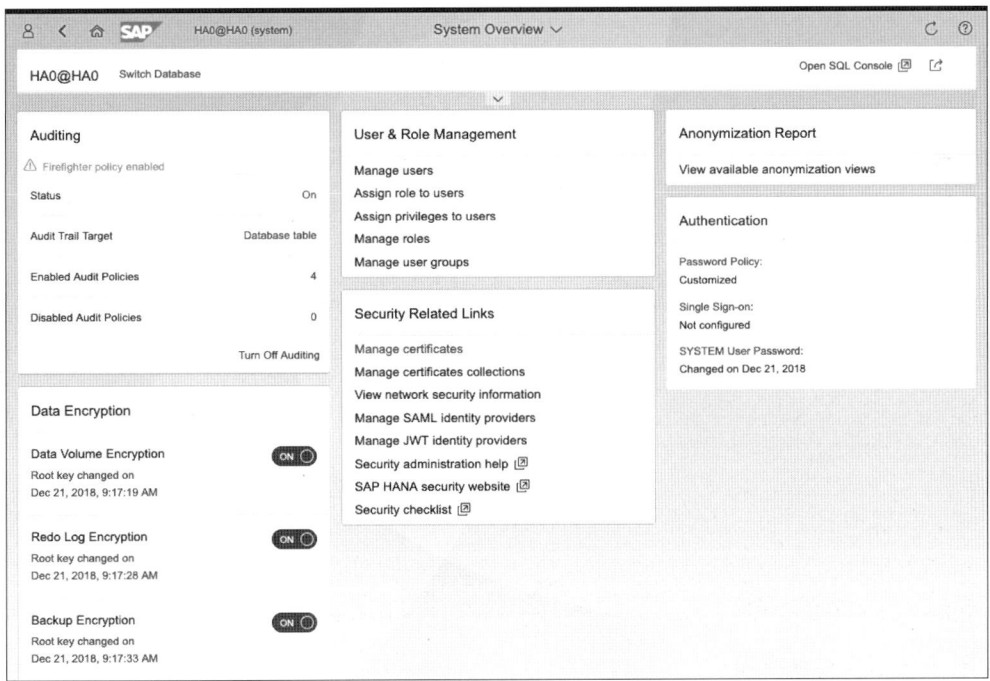

그림 3.21 SAP HANA Cockpit: System Overview, Security

SAP HANA 콕핏을 사용하면, SAML(Security Assertion Markup Language), SSO, LDAP (Lightweight Directory Access Protocol)을 사용한 인증서로 유저를 쉽게 생성하고, 권한과 role 을 간편하게 관리할 수 있다. SAP HANA의 보안은 6단원에서 자세히 다룰 것이다.

> **더 알아보기**
>
> 사용자, role과 권한, 네트워크 구성, 암호화, 감사, 트레이스와 덤프 파일에 대한 추가 권장 사항은 SAP HANA Security Checklists and Recommendations 가이드에서 찾아볼 수 있다.

3.2.5 백업과 복구

백업과 복구 작업을 마스터하는 것은 모든 관리자에게 중요한 목표이다. 신중한 계획과 연습이 필요하며 도구의 운용력이 필수적이다. 이 주제에 관해서라면 책 전체를 가볍게 채울 수도 있으므로 가장 중요한 측면만 국한해서 이야기하는 것이 좋을 것이다. SAP HANA 시스템을 어떻게 백업하고 복구할 수 있을까?

백업

SAP HANA 콕핏을 사용해서 백업을 만드는 것은 간단한 작업이다. 그림 3.22에서 보듯 백업 유형(전체 백업, 차등 백업, 증분 백업)과 목적지(파일 또는 3rd 파티 백업 솔루션)를 선택하고 실행한다.

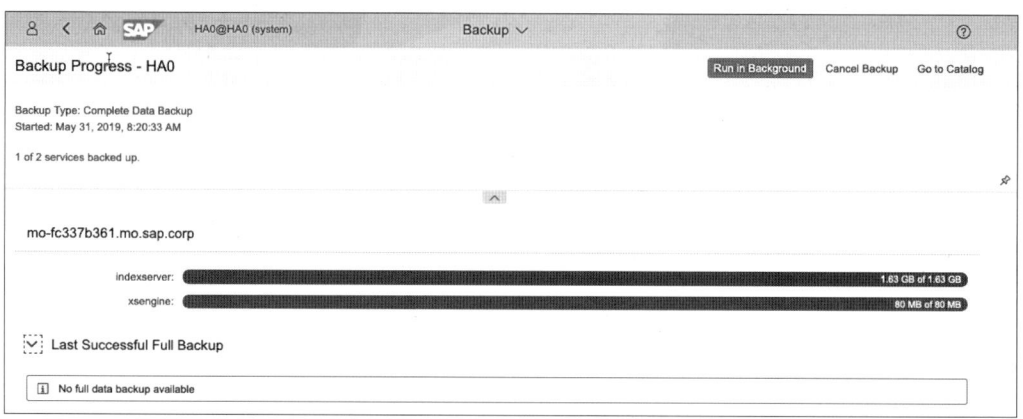

그림 3.22 SAP HANA Cockpit: Backup

반면에 견고한 백업과 복구 전략을 설계하려면 더 많은 주의가 필요하다. 언제 데이터 백업을 만들어야 하는지 알아야 한다. 물론, 주기적으로 백업이 필요하지만 얼마나 자주 해야 충분한가? 그런 다음, 예외적이나 중요한 상황(소프트웨어 업데이트 전과 log writer에 무리를 주는 초기 로드 또는 변경 작업 후)을 고려해야 한다.

데이터 백업을 자동화하기 위해, 백업 스케줄러를 사용할 수 있다. 이것은 SAP HANA 콕핏 Backup 앱에 포함되어 있으며, 정기적으로 백업 스케줄링을 할 수 있는 간편한 인터페이스이다. 전체 백업, 차등이나 증분 백업에 대한 다양한 스케줄을 만들 수 있다. 라벨과 목적지를 구성할 수 있고, 백업의 반복 주기(1주마다, 1개월마다 또는 2개월마다 등)를 정의할 수 있다. 또한 타임존을 설정할 수 있으며, 요구사항에 맞게 백업 파라미터를 미세 조정할 수 있다. 그림 3.23과 같이, 다양한 캘린더 창은 데이터베이스에 어떻게 백업 스케줄링이 되어 있는지를 표시한다. 로그 백업은 디폴트로 자동 수행되므로 추가로 스케줄링할 필요가 없다.

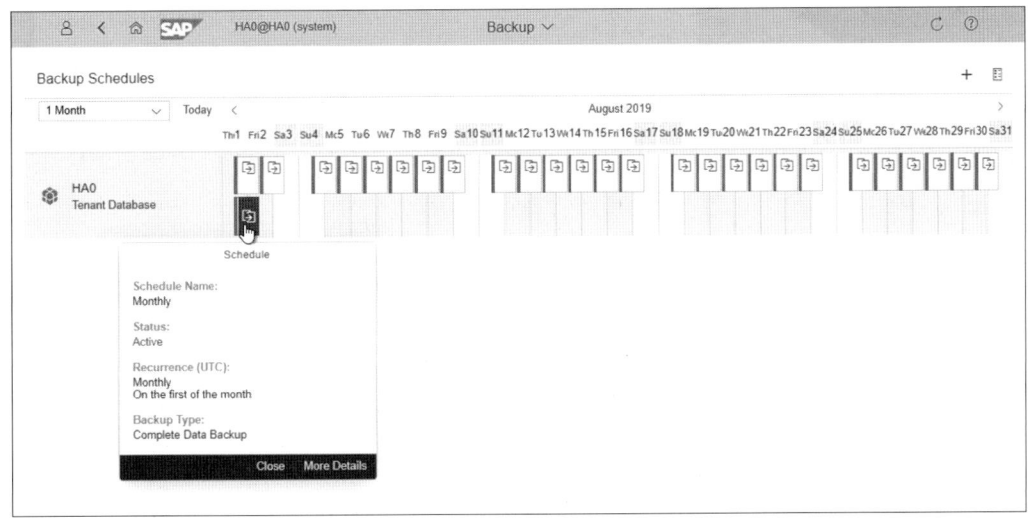

그림 3.23 SAP HANA Cockpit: Backup Scheduler

신속한 특정 시점 복구(point-in-time recovery: PITR)를 위해서, 데이터 볼륨 스냅샷으로 데이터 백업을 보완할 수 있다. 백업 수행 전 다음과 같은 내용을 먼저 확인해야 한다.

- 시스템과 테넌트 데이터베이스 백업은 서로 어떤 관련이 있는가?
- 다이내믹 티어링 또는 시스템 리플리케이션을 사용할 때에는 무엇을 고려해야 하는가?
- 릴리스 호환성은 영향이 있는가?
- SAP HANA용 BACKINT SDK로 작업할 때 고려사항은 무엇인가?
- 데이터와 로그 백업에 대한 암호화 루트 키, 그리고 데이터 볼륨에 대한 암호화 루트 키를 어떻게 관리할 것인가?
- 복구 시점 목표(recovery point objective: RPO)와 복구 시간 목표(recovery time objective: RTO)는 무엇인가?

이런 질문을 염두에 두고 백업 전략을 설계해야 한다.

복구

데이터를 복구할 수 없다면 백업이 무슨 소용이 있을까? 복구에 관한 다음의 고려사항을 명심해야 한다.

- 복구는 다운타임이 필요하다. 데이터베이스는 셧다운돼야 한다. 복구 프로세스 동안에 어떤 유저나 애플리케이션도 데이터베이스에 액세스할 수 없다.
- 전체 SAP HANA 시스템을 복구해야 할 때, 테넌트 데이터베이스를 복구하기 전에 시스템 데이터베이스를 먼저 복구해야 한다(하나씩). 그러나 시스템 데이터베이스가 손상된 경우에는 시스템 데이터베이스만 복구하면 된다. 테넌트만 손상됐다면, 시스템 데이터베이스를 복구할 필요는 없으며, 손상되지 않은 테넌트들과 함께 온라인 상태를 유지할 수 있다.
- 릴리스 SPS 04의 테넌트 데이터베이스를 SPS 03에서 실행 중인 시스템에 복구할 수 없다.

인적 요소도 고려해야 한다. 복구 작업이 얼마나 안전할까에 대한 스트레스가 발생할 수도 있다. 작업이 자동화될수록 복구는 더욱 예측 가능하다.

특히 서비스 수준 협약(service-level agreement: SLA) 내에서 작업할 때, 관리자는 다음과 같은 사례를 포함하여 다양한 복구 시나리오를 정기적으로 연습할 필요가 있다.

- 데이터 볼륨이 손상됐다.
- 로그 영역을 사용할 수 없다면, 복구가 더 이상 불가능하며, 복원(restore)만 가능하다.
- 논리적 에러를 수정하기 위해 PITR(point-in-time recovery)을 수행한다.
- 시스템 리플리케이션으로 복구한다.

백업의 유효성을 검사하기 위해 hdbbackupcheck와 hdbbackupdiag 명령줄 도구의 사용법을 알아야 한다.

그림 3.24에서 보여준 hdbbackupcheck 도구로 백업 세트에 대해 몇 가지 검사를 할 수 있다. 백업 진단 도구는 백업 세트에 대해 더 광범위한 분석을 할 수 있는데, 실제로 이 도구는 기술 지원 사

례에서 더 많이 사용된다. 복구 대상 시스템에서 Python 스크립트로 된 recoverSys.py를 사용하여 시스템 데이터베이스에 대한 PITR을 수행할 수 있다. 즉, 명령줄에서 이 스크립트로 특정 시점까지 데이터베이스를 복구할 수 있으며 원격 복구 기능도 지원한다.

코드 클리닉

원격 복구의 예는 다음을 참고하면 된다.

```
ssh ha1adm@server123456 "HDBSettings.sh recoverSys.py
  --command=\"RECOVER DATABASE UNTIL TIMESTAMP '2019-07-14 15:00:00'\""
```

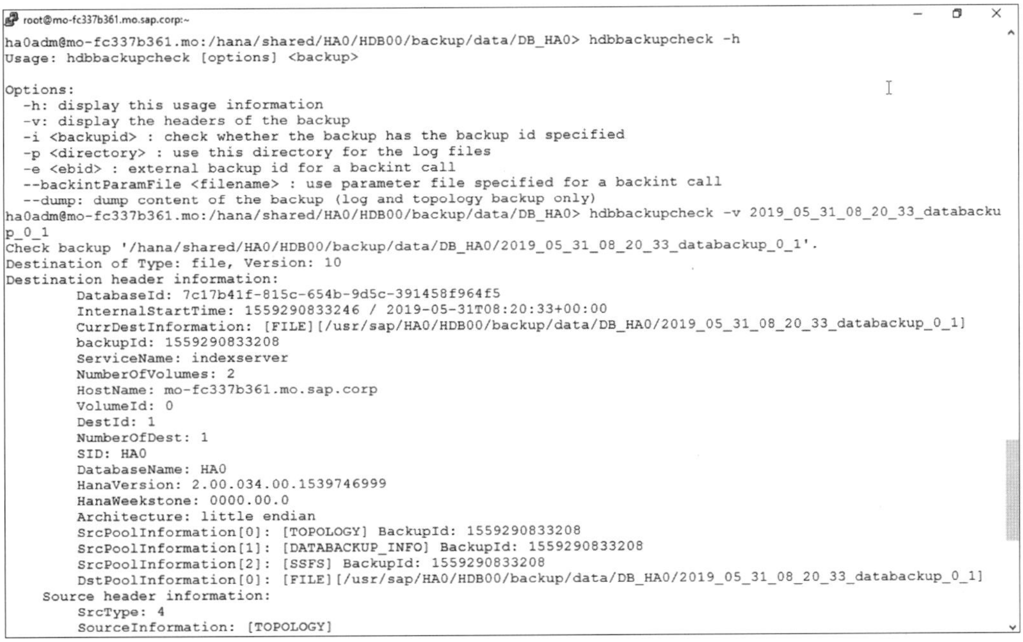

```
root@mo-fc337b361.mo.sap.corp:~
ha0adm@mo-fc337b361.mo:/hana/shared/HA0/HDB00/backup/data/DB_HA0> hdbbackupcheck -h
Usage: hdbbackupcheck [options] <backup>

Options:
  -h: display this usage information
  -v: display the headers of the backup
  -i <backupid> : check whether the backup has the backup id specified
  -p <directory> : use this directory for the log files
  -e <ebid> : external backup id for a backint call
  --backintParamFile <filename> : use parameter file specified for a backint call
  --dump: dump content of the backup (log and topology backup only)
ha0adm@mo-fc337b361.mo:/hana/shared/HA0/HDB00/backup/data/DB_HA0> hdbbackupcheck -v 2019_05_31_08_20_33_databacku
p_0_1
Check backup '/hana/shared/HA0/HDB00/backup/data/DB_HA0/2019_05_31_08_20_33_databackup_0_1'.
Destination of Type: file, Version: 10
Destination header information:
        DatabaseId: 7c17b41f-815c-654b-9d5c-391458f964f5
        InternalStartTime: 1559290833246 / 2019-05-31T08:20:33+00:00
        CurrDestInformation: [FILE][/usr/sap/HA0/HDB00/backup/data/DB_HA0/2019_05_31_08_20_33_databackup_0_1]
        backupId: 1559290833208
        ServiceName: indexserver
        NumberOfVolumes: 2
        HostName: mo-fc337b361.mo.sap.corp
        VolumeId: 0
        DestId: 1
        NumberOfDest: 1
        SID: HA0
        DatabaseName: HA0
        HanaVersion: 2.00.034.00.1539746999
        HanaWeekstone: 0000.00.0
        Architecture: little endian
        SrcPoolInformation[0]: [TOPOLOGY] BackupId: 1559290833208
        SrcPoolInformation[1]: [DATABACKUP_INFO] BackupId: 1559290833208
        SrcPoolInformation[2]: [SSFS] BackupId: 1559290833208
        DstPoolInformation[0]: [FILE][/usr/sap/HA0/HDB00/backup/data/DB_HA0/2019_05_31_08_20_33_databackup_0_1]
    Source header information:
        SrcType: 4
        SourceInformation: [TOPOLOGY]
```

그림 3.24 Check Backups with hdbbackupcheck

3rd 파티 백업 도구

SAP HANA 백업을 더 큰 엔터프라이즈 백업 솔루션과 통합하기 위해, 인증 프로그램(HANA-BRINT)이 발표됐고, 이를 위해 거의 처음부터 SAP HANA용 API인 BACKINT SDK가 제공됐다. SAP Certified Solution Directory에서 인증받은 구성에 대한 목록을 확인할 수 있다. 이 책의 범위를 벗어나지만, 각 벤더는 그들 자체 솔루션을 설치하고 구성하는 방법뿐만 아니라, SAP HANA의 백업과 복구 방법에 대한 광범위한 문서를 가지고 있다. 또한 여러 벤더의 웹사이트에서는 모범 사례를 설명하는 백서도 제공된다.

SAP Note

추가 정보를 위해, 다음의 SAP Note를 참고하기 바란다.

■ SAP Note 1642148 – FAQ: SAP HANA Database Backup & Recovery

■ SAP Note 2444090 – FAQ: SAP HANA Backup Encryption

■ SAP Note 1730932 – Using backup tools with Backint for HANA

3.2.6 부가적인 책임

SAP HANA 시스템 관리는 한 단원에 국한된 것이 아니며, 이 책 전체의 핵심이다. 광범위한 주제를 다룰 수 있으며, 이 책에서는 아직 수박 겉 핥기 식으로만 보았을 뿐이다. 주요 교집합 부분을 알아보자.

■ **데이터 센터**

시스템 관리자는 테넌트 데이터베이스, 가상화, 다양한 기술적 배포 모드에 대해 잘 알고 있어야 한다. 9단원에서 데이터 센터 아키텍처에 관해 설명할 것이다.

■ **애플리케이션 관리**

앞에서 언급한 것처럼, SAP HANA 관리자는 SAP 애플리케이션 관리의 범위 내에서 작업할 것이며, ABAP과 Basis 지식이 필요하고 SAP Solution Manager와 SAP Landscape Management와 같은 도구에 익숙해져야 한다.

■ **가용성과 재해 복구**

고가용성과 재해 복구 설계라는 광범위한 주제를 놓고 볼 때, 백업과 복구는 그 일부에 불과하며, 시스템 리플리케이션과 데이터베이스 백업본도 포함할 수 있다.

■ **스케일아웃 환경**

스케일아웃 환경은 또 다른 역량이 필요하므로 데이터 분산, 테이블 배치, 파티셔닝에 익숙해야 한다.

■ **데이터 에이징**

데이터 에이징 또는 데이터 티어링은 최고의 성능과 최적의 리소스 활용을 위해 다중 계층형 스토리지(multitemperature storage) 관리를 제공한다. 데이터 에이징에 대한 요구사항은 공통 적이며 모니터링, 리소스 관리, 백업과 복구, 기타 시스템 관리 항목에 직접적인 영향을 미친다.

■ 개발

마지막으로 관리자의 책임 중 일부는 개발과 애플리케이션 서버 런타임과 관련이 있으며, 이 단원의 마지막 두 섹션에서 다룰 예정이다.

다양한 역할에 대해서 책임을 나누고 구분하고 정의하는 것은 시스템 관리자의 상당한 주의가 필요하다. 간단히 말해서, 시스템 관리는 까다로운 주제이며 성공적인 실행을 위해서는 상당한 연구와 경험이 꼭 필요하다.

더 알아보기

SAP HANA Administration Guide 외에도, SAP HANA SQL과 System Views Reference도 SAP Help Portal에서 유용한 자료이다.

SAP HANA 다이내믹 티어링, SAP HANA 스트리밍 애널리틱스, SAP HANA 스마트 데이터 통합(SDI)과 같은 관련 기술의 관리는 SAP Help Portal에 별도로 문서화돼 있다.

SAP Education은 다음을 포함하여 SAP HANA 관리에 대한 교육 과정과 인증을 제공한다.
- HA200 - SAP HANA 2.0 - Installation and Administration
- HA201 - SAP HANA 2.0 - Using Monitoring Performance Tools

SAP Note

추가 정보를 위해, 다음의 SAP Note에는 관리, 모니터링, 운영 작업을 위해 권장되는 작업들이 나와 있다.
- SAP Note 2400024 - How-To: SAP HANA Administration and Monitoring

3.3 SAP HANA Lifecycle Management

SAP HANA Lifecycle Management는 두 가지 관련 주제로 구성된다. 플랫폼 라이프 사이클 관리(SAP HANA 플랫폼 자체의 설치, 업데이트, 구성)와 애플리케이션 라이프사이클 관리(SAP HANA XS와 SAP HANA XS Advanced용으로 개발된 애플리케이션의 관리)가 그것이다. 애플리케이션 라이프 사이클 관리는 SAP HANA 플랫폼에 애플리케이션을 설치하는 것뿐만 아니라, 개발 콘텐츠를 테스트하고 품질을 보장하며 운영환경으로 마이그레이션(또는 이관) 하는 것과도 관련이 있다.

플랫폼 라이프사이클 관리와 애플리케이션 라이프사이클 관리는 모두 잠재적으로 시스템 관리 작업이다. 대기업에서는 일반적으로 애플리케이션 라이프사이클 관리가 별도의 기능이 될 것이다. 특히, 데브옵스 접근 방식이 선호될 때, 애플리케이션 라이프사이클 운영은 대개 개발 조직에 통합될 것이다. SAP HANA를 어플라이언스로 구매한 경우에는 플랫폼 라이프사이클 관리 작업에 하드웨어 파트너의 참여가 필요할 수도 있다. SAP 클라우드 플랫폼/SAP HANA 서비스의 경우, 플랫폼 라이프사이클 관리 작업은 백업 관리와 같은 기존 시스템 관리 작업을 포함해 SAP의 책임 하에 있다. 그러나 인프라만 선택하고 이미 SAP HANA 라이선스가 있다면, 직접 SAP HANA를 설치하고 업데이트를 수행해야 할 수도 있다. 따라서 클라우드 배포라 하더라도 시스템 관리자를 모든 플랫폼 라이프사이클 관리 임무로부터 해방시키는 것은 아니다.

플랫폼과 애플리케이션의 라이프사이클 관리에서 중요한 것은 무엇인가? 이번 섹션에서 주요 도구와 과정을 살펴볼 것이다.

3.3.1 플랫폼 라이프사이클 관리

SAP HANA 서버를 설치하고 SAP HANA 클라이언트를 업데이트하거나 Application Function Library(AFL)와 같은 컴포넌트를 서버에 추가하는 등의 모든 플랫폼 라이프사이클 관리 작업에는 hdblcm이라는 단일 도구를 사용한다. 또한 일반적인 랜드스케이프 구성 작업에도 hdblcm을 사용할 수 있는데, 분산 시스템에서 호스트를 추가하거나 제거하고, 시스템 식별자(system identifier: SID)를 바꾸거나, System Landscape Directory(SLD, SAP IT 랜드스케이프를 관리하는 SAP NetWeaver 도구)에 시스템을 등록하는 등 다양한 기능을 지원한다.

SAP HANA의 플랫폼 라이프사이클 관리에는 비록 1개의 도구(hdblcm)밖에 없지만, 다음과 같은 3개의 사용자 인터페이스로 액세스할 수 있다.

■ 명령줄 (Command Line)

명령줄을 사용하면 설치와 업데이트 작업을 자동화할 수 있으므로 아마도 제일 많이 사용하는 방법일 것이다. 많은 수의 SAP HANA 클라이언트를 최신 릴리스로 업데이트하고자 할 때 편리하다.

■ X-Windows

리눅스 X 그래픽 설치 프로그램은 한 번 사용할 용도지만, SAP HANA 어플라이언스는 그래픽 환경을 지원하지 않기 때문에 보통 사용하지 않는다. 리눅스 플랫폼의 일반적인 보안 규칙은 필요한 소프트웨어만 설치하는 것이다. 그래픽 환경은 데스크톱 클라이언트에서는 편리할 수도 있으나 데이터베이스 서버에서는 의미가 없다.

■ Web

일회성 작업의 경우 그림 3.25에서 보듯, 익숙한 SAP Fiori 기반 UI를 가진 웹 인터페이스를 사용하는 것이 좋다. 웹 인터페이스는 SAP HANA 콕핏 관리 도구와 통합되어 있으며, SAP One Support Launchpad의 Software Downloads 영역에 직접 접속할 수 있는 유일한 접근 방식이다. 단일 워크플로우에서 소프트웨어를 모두 다운로드, 추출, 업데이트할 수 있다.

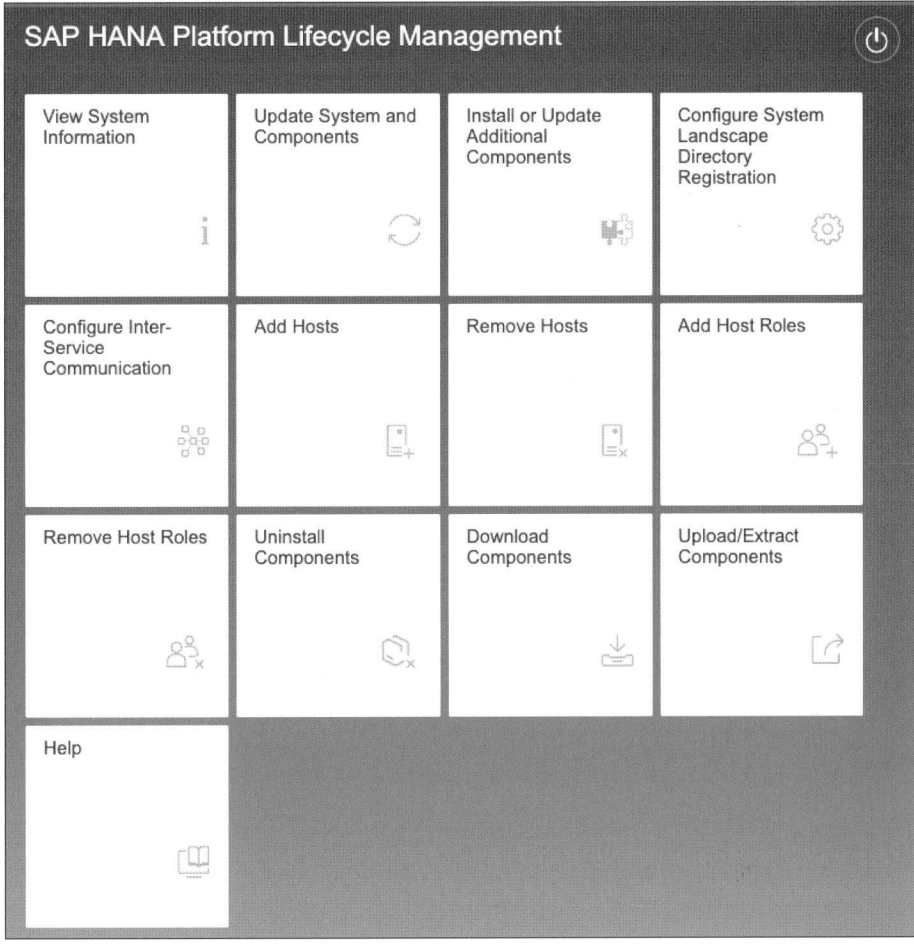

그림 3.25 SAP HANA Platform Lifecycle Management

3.3.2 Product Availability Matrix (PAM)

SAP HANA 설치를 시작하기 전에 먼저 준비해야 할 것들이 있다. 그림 3.26과 같이 Product Availability Matrix(PAM)로 시작하는 것이 좋다.

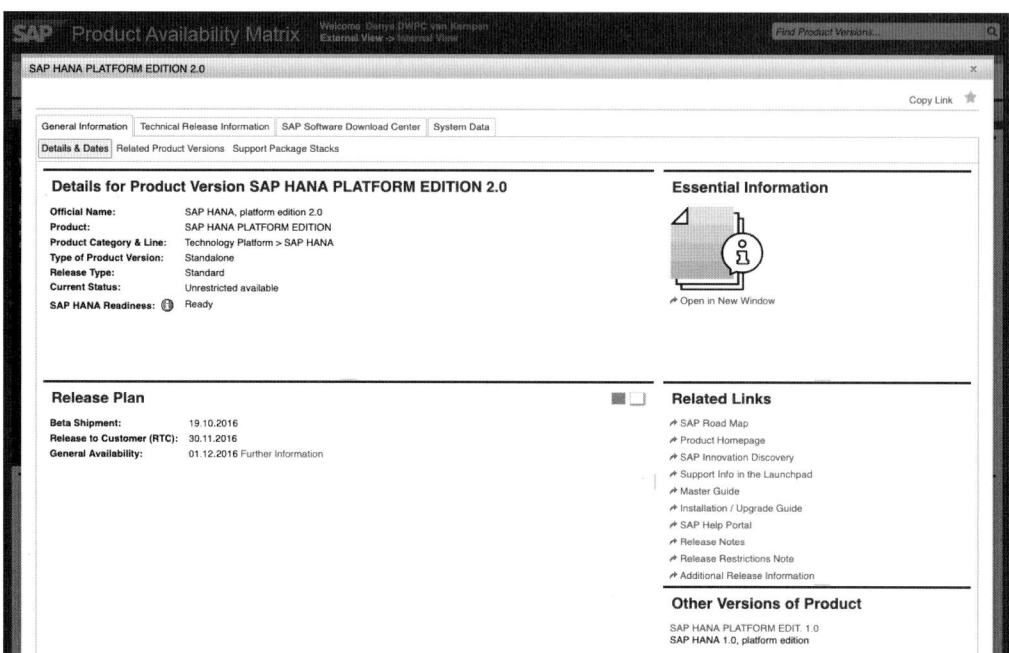

그림 3.26 Product Availability Matrix: SAP HANA Platform Edition 2.0

PAM은 다음과 같은 여러 탭과 창을 보여준다.

■ General Information

메인 탭으로 다음과 같은 주요 하위 탭을 가지고 있다.

-Details & Dates: 다음의 정보를 보여준다.

· Details for Product Version: 공식 제품명과 카테고리 목록

· Release Plan: 고객에게 릴리스한 날짜와 공식 출시 일자

· Essential Information: SAP HANA 하드웨어 디렉토리에 대한 링크

· Related Links: 로드맵, 제품 홈페이지, 설명서, 몇 가지 중요한 가이드에 대한 링크

· Other Versions of Product: 이전(또는 다음) 릴리스에 대한 링크

- Related Product Versions: 제품 버전별로 업그레이드와 애드온에 대한 옵션을 그래픽으로 표시하고, 다양한 SAP 애플리케이션(powered by HANA)을 모두 보여준다. Upgrade To와

Required Product Versions 상자는 SAP HANA 플랫폼 에디션 2.0을 위해 비워 뒀다.

- Support Package Stacks: 릴리스된 SPS (릴리스 데이터와 릴리스 노트에 대한 링크 포함)

■ **Technical Release Information**

SAP HANA 데이터베이스, SAP HANA 클라이언트, SAP HANA 스튜디오, AFL, 운영체제용 기타 컴포넌트, SAP HANA 스마트 데이터 액세스(SDA)용 데이터베이스, SAP HANA 콕핏용 웹브라우저 등에 대한 현재의 지원 정보를 담은 매트릭스

■ **SAP Software Download Center**

그림 3.27에서 보듯이, 전체 미디어 세트 또는 특정 컴포넌트에 대한 최신 업데이트를 다운로드할 수 있는 위치로 직접 링크한다. SAP HANA 플랫폼이 PAM에 나열된 1,700개 제품 중의 하나일 뿐이므로, 다운로드해야 하는 특정 제품에 대한 '바로 가기'를 만드는 것이 시간을 절약하는 방법이다.

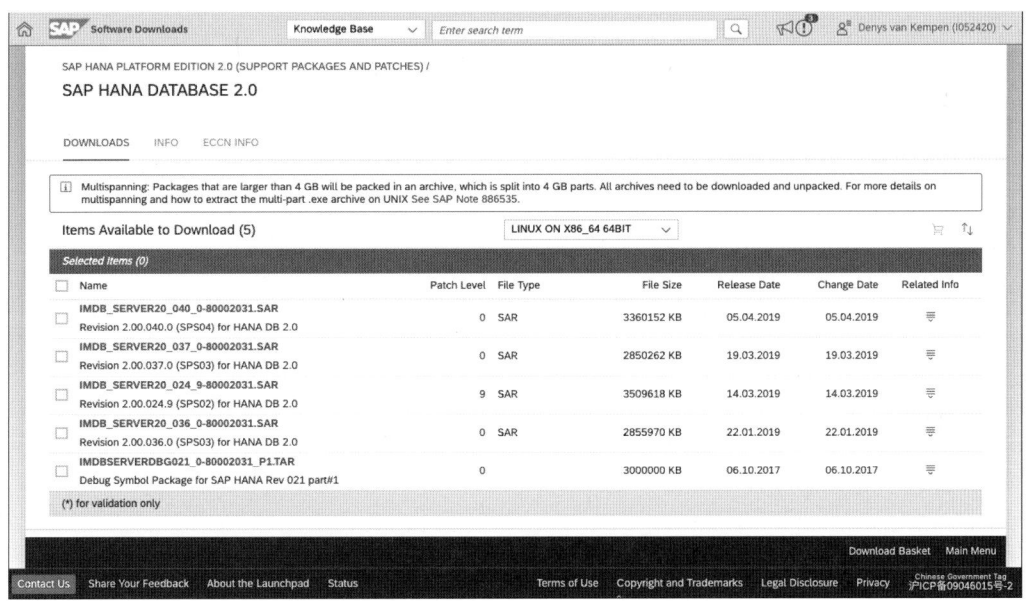

그림 3.27 SAP Software Download Center

PAM을 북마크로 지정하여, 다른 모든 관련 사이트(SAP One Support Launchpad의 Product Support Info 리소스를 포함해)로 쉽게 이동할 수 있도록 하자.

SAP HANA 플랫폼 에디션은 1년에 1번 SPS로 릴리스되며, 그사이에 중간 리비전이 있다. 플랫폼 에디션은 설치 단위로 분리된 여러 컴포넌트를 묶어서 번들로 제공한다. SAP HANA 서버, SAP HANA 클라이언트, SAP HANA 콕핏, SAP HANA 스튜디오 또는 AFL과 같은 컴포넌트는 대부분의 설치에

서 공통으로 볼 수 있다. 하드웨어 구성 점검 도구(9단원 9.4.2섹션 참고)와 같은 다른 컴포넌트들은 특수한 경우에만 사용이 되는데, 관련된 SAP Note에서 찾아볼 수 있다.

Chapter
03

기술 배경

Software Download Center에서는 SAP HANA SPS 릴리스와 관련되면 Installation and Upgrades 라는 용어를 사용하고, SAP HANA 리비전과 관련될 때는 Support Packages and Patches라는 용어를 사용하고 있다.

Installation and Upgrades에는 현재 지원되는 SPS 릴리스에 대한 전체 미디어 세트가 있다(각 아키텍처마다 하나씩: Intel/Power). 최신 SAP HANA 2.0 SPS 04 (2019년 4월) 버전의 경우, 다운로드는 그림 3.27에 나와 있듯이 14GB의 단일 Zip 파일이다.

Support Package and Patches에는 컴포넌트별, 리비전별, 지원되는 플랫폼별로 다운로드를 찾을 수 있다. 예를 들어 64비트 윈도우 리비전 04용 SAP HANA 2.0 클라이언트는 110MB의 작은 파일이다. 최신 패치 레벨만 다운로드할 수 있다.

가끔 SAP HANA용 추가 컴포넌트가 SP로 출시된다. 예를 들어 SAP HANA 콕핏은 SAP HANA 플랫폼과 함께 번들로 제공되지만, 새로운 기능은 SP에서 1년에 여러 번 출시되며 Support Package and Patches 에 등록된다.

예를 들어 SAP HANA 다이내믹 티어링과 같이 별도로 라이선스가 부여된 컴포넌트는 PAM에 자체 항목 이 있으며, Software Download Center에도 목록이 따로 제공된다.

3.3.3 설치와 업데이트

환경을 제대로 준비하고 매뉴얼에 있는 하드웨어와 소프트웨어 요구사항을 모두 충족했다면, SAP HANA 설치는 간단한 작업이다. 플랫폼 라이프사이클 관리 도구(hdblcm)에서 설치 가능한 컴포넌트를 찾아낸다. 설치하려는 컴포넌트를 선택하고, 시스템 유형(싱글호스트 또는 멀티호스트)을 선택하고, 시스템 식별자(SID)와 설치 경로와 같은 여러 시스템 속성을 정의하고(대부분 디폴트 값이 사용), 〈sid〉adm 운영체제 계정(소프트웨어 오너)과 SYSTEM 데이터베이스 유저와 같은 슈퍼 유저 계정의 패스워드를 입력하기만 하면 된다.

여러 호스트에 스케일아웃 분산 시스템을 설치하기 위해 그림 3.28과 같이 호스트 네임을 지정하는 별도의 대화 상자가 뜬다. 데이터베이스 서버와 함께 다수의 컴포넌트(SAP HANA 클라이언트, SAP HANA 콕핏, AFL, SDA, SAP HANA 다이내믹 티어링, SAP HANA XS Advanced 런타임 등)를 설치하려면, 컴포넌트 선택 화면에서 선택만 하면 나머지는 설치 프로그램이 알아서 처리한다. 설치 과정에서 시스템이 여러 번 재시작하지 않도록 최적화되어 있으며, 일반적인 SAP HANA 서버 설치(분산 시스템이라도)는 몇 분밖에 걸리지 않는다.

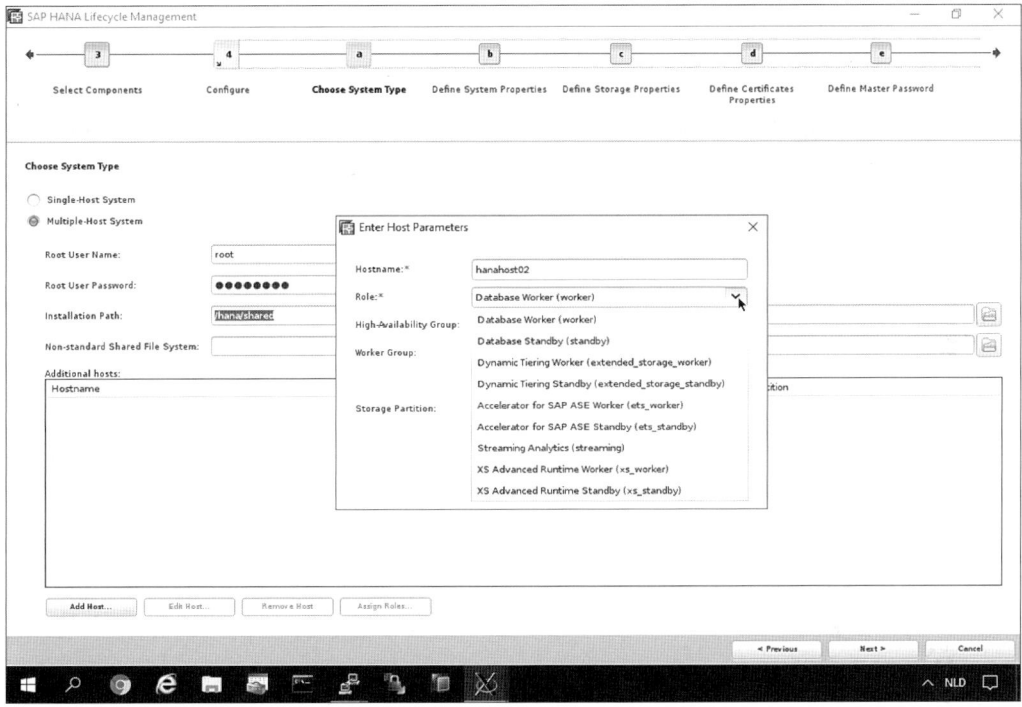

그림 3.28 SAP HANA Lifecycle Management, Distributed Installation

SAP HANA XS Advanced 런타임 설치에서 특히, 다수의 SAP HANA XS Advanced 애플리케이션(SAP Web IDE, 데이터베이스 탐색기, SAP Enterprise Architecture Designer 등)을 선택할 때 시간이 더 많이 소요된다.

SAP Note

데이터베이스 서버와 컴포넌트 사이의 릴리스를 동일하게 유지하는 것을 권장한다. SAP HANA 1.0 SPS 12 클라이언트는 SAP HANA 2.0 SPS 04 시스템에 접속은 되지만, 클라이언트 사이드 암호화 같은 최신 기능을 사용하려고 할 때, 클라이언트가 지원하지 않는 문제가 발생할 수도 있다.

그림 3.29와 같이, 명령줄 설치 프로그램을 사용해 설치 템플릿 파일을 생성할 수 있으며, 명령줄에서 이 파일을 호출하여 배치 모드에서 자동 설치할 수 있다. 패스워드는 추가 보안을 위해 별도의 파일을 사용하여 전달한다. 명령줄에 지정된 파라미터는 구성 파일에 지정된 파라미터보다 우선한다. 상황에 맞는 파라미터 값을 명령줄에 입력하면, 동일한 파라미터 파일로 여러 개의 설치를 수행할 수 있다.

```
mo-fc337b361:/hana/install/SERVER/SAP_HANA_DATABASE #
mo-fc337b361:/hana/install/SERVER/SAP_HANA_DATABASE # ./hdblcm --action=install \
> --dump_configfile_template=/tmp/install.rsp

SAP HANA Lifecycle Management - SAP HANA Database 2.00.041.00.1560320256
************************************************************************

Scanning software locations...
Detected components:
    SAP HANA Database (2.00.041.00.1560320256) in /hana/install/SERVER/SAP_HANA_DATABASE/server
Config file template '/tmp/install.rsp' written
Password file template '/tmp/install.rsp.xml' written
Configuration file template created
mo-fc337b361:/hana/install/SERVER/SAP_HANA_DATABASE # vi /tmp/install.rsp
mo-fc337b361:/hana/install/SERVER/SAP_HANA_DATABASE # vi /tmp/install.rsp.xml
mo-fc337b361:/hana/install/SERVER/SAP_HANA_DATABASE # cat /tmp/install.rsp.xml | ./hdblcm --sid=DB1 \
> --read_password_from_stdin=xml --configfile=/tmp/install.rsp -b

SAP HANA Lifecycle Management - SAP HANA Database 2.00.041.00.1560320256
************************************************************************

Scanning software locations...
Detected components:
    SAP HANA Database (2.00.041.00.1560320256) in /hana/install/SERVER/SAP_HANA_DATABASE/server
```

그림 3.29 Automated Server Installation with Configuration Template File

시스템을 업데이트하려면 동일한 도구와 절차를 사용해야 한다. 시스템 최초 설치 후 여러 번 업데이트를 하기 때문에, 업데이트가 훨씬 더 일반적일 것이다. SAP HANA를 어플라이언스로 사용하거나 BYOL 클라우드 호스팅 시스템을 사용하는 경우에는 초기 설치조차 필요가 없다.

기술적으로 업데이트와 설치는 유사한 과정이다. 그림 3.30에서 보듯, 파일 시스템을 정교하게 설계하면 유저 데이터와 시스템 데이터를 분리하고 기존 설치를 새로운 복사본으로 신속하게 교체할 수 있게 한다. 그림 3.30과 동일하게 설계를 하면, 싱글호스트와 분산 시스템 간의 유사성으로 인해 분산 시스템에 호스트를 추가하거나 제거하고 분산 설치를 수행하는 작업은 단순화된다.

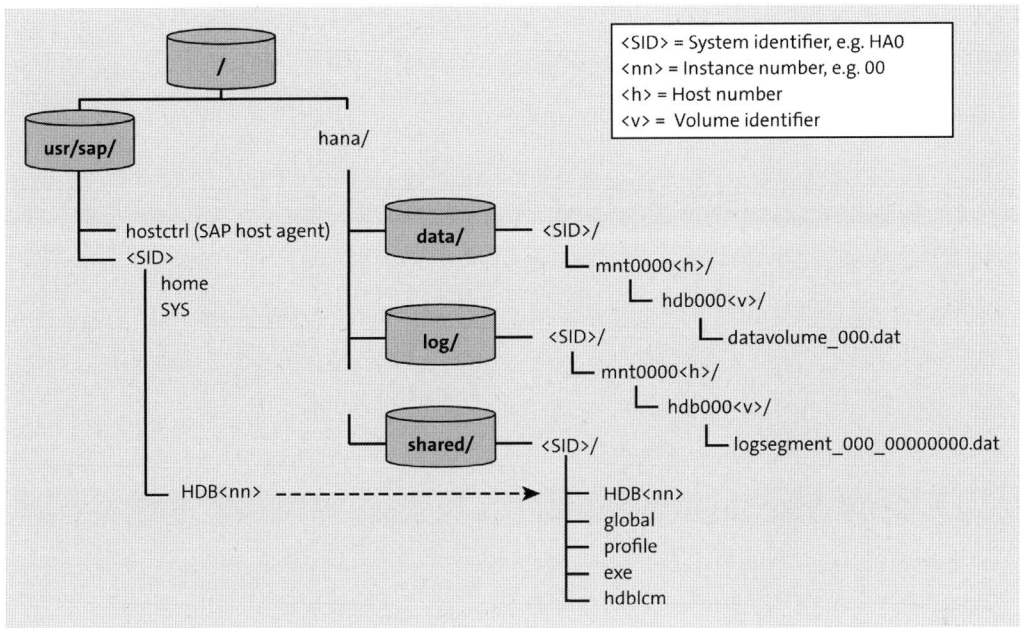

그림 3.30 SAP HANA Recommended File System Layout

모든 서버에는 로컬 파일과 공유 파일에 대한 마운트 포인트가 있다. 로컬 마운트 포인트 /usr/sap에는 주로 해당 호스트에 고유한 파일만 포함된다. 이러한 파일에는 로그와 트레이스 파일, SAP 호스트 에이전트의 로컬 복사본, 시스템 실행 파일에 대한 심볼릭 링크 목록, 소프트웨어 오너 〈sid〉adm의 홈 디렉토리가 있다. 공유 마운트 포인트 /hana에는 실제 데이터베이스 데이터, 로그 파일, 실행 파일이 포함돼 있다.

SAP HANA를 업데이트할 때, 공유 서버 파일을 제거하고 호스트에 심볼릭 링크를 다시 생성하기만 하면 된다. 각 설치나 업데이트에서, 버전 호환성을 위해 플랫폼 라이프사이클 관리 도구(기존 hdblcm)의 로컬 복사본도 포함해야 한다. 새 리비전으로 업데이트할 때는, 기존 hdblcm에서 설치 키트의 위치를 입력해야 한다.

hdblcm용 웹 인터페이스는 로컬 SAP 호스트 에이전트에서 기동된다. 이 때문에 호스트 에이전트를 사용할 수 없는 경우라면, 이 도구를 사용해 신규 설치를 수행하는 것은 불가능하다.

기술적으로, 다음 리비전으로 업데이트하는 것과 다음 SPS 릴리스로 업데이트하는 것은 동일하다. 초기 SPS 03(리비전 30)에서 다음 업데이트 리비전 31로 가는 것은, 리비전 31에서 리비전 40(SPS

04)으로 가는 것 또는 심지어 1.00.12(SAP HANA 1.0 SPS 01)에서 2.00.30(SAP HANA 2.0 SPS 03)으로 가는 것과 같다. SPS 리비전은 새로운 기능을 가능하게 하고 리비전 카운터를 다음 10년까지 갱신한다.

Chapter 03

더 알아보기

플랫폼 라이프사이클 관리 도구로 SAP HANA를 설치하고 업데이트하는 방법은 SAP HANA Server Installation and Update Guide에 설명돼 있으며, SAP Help Portal에서 읽거나 다운로드할 수 있다. SAP HANA Master Guide는 SAP HANA 시스템 랜드스케이프 설치 계획을 위한 관문이며 시작하기에 좋은 안내서이다.

SAP Note

SAP ONE Support Launchpad에서 HAN-LM-PLT/HAN-DB 컴포넌트에 대해 알아보려면, SAP Note 2115815 – FAQ: SAP HANA Database Patches and Upgrades를 참고하면 된다.

3.3.4 애플리케이션 라이프사이클 관리

이름과 목적(소프트웨어 설치, 업데이트, 구성 도구로서)은 상당히 유사하지만, SAP HANA 애플리케이션 라이프사이클 관리는 지금까지 논의된 플랫폼 라이프사이클 관리 활동과는 사뭇 다르다. 애플리케이션 라이프사이클 관리는 개발과 애플리케이션 관리에 더 가깝고, 시스템 관리 책임은 훨씬 적다는 면에서 그렇다.

개념적으로 애플리케이션 라이프사이클 관리는 SAP HANA XS Advanced 모델에서와 마찬가지로 구버전 SAP HANA XS 구현에도 동일하게 작동한다. 하지만 기술적으로는, 런타임이 완전히 다르기 때문에 다른 도구를 사용해야 한다. SAP HANA XS는 배포 단위와 함께 작동하지만, SAP HANA XS Advanced는 소프트웨어 컴포넌트와 함께 작동한다. SAP HANA XS에는 hdbalm 명령줄 도구를 사용하는 반면에 SAP HANA XS Advanced에는 xs 명령줄 도구를 사용한다. 두 환경 모두 설치와 업데이트를 위한 웹 인터페이스를 가지고 있다.

XSA Aplication Lifecycle Management 제품 설치 프로그램을 사용하면, SAP HANA 컴포넌트(예: SAP HANA용 SAP Web IDE)를 설치하거나 업데이트할 수 있다. 또 이 프로그램은 직접 개발했거나 비즈니스 파트너가 SAP HANA XS Advanced나 SAP 클라우드 플랫폼의 Cloud Foundry 런타임용으로 개발한 여러 비즈니스 애플리케이션(powered by HANA)을 설치하거나 업데이트할 때에도 사용할 수 있다. 그림 3.31은 이 설치 프로그램을 보여준다. organization과 space를 선택하면, 설치 이력과 함께 설치된 소프트웨어 컴포넌트와 제품 목록을 볼 수 있다.

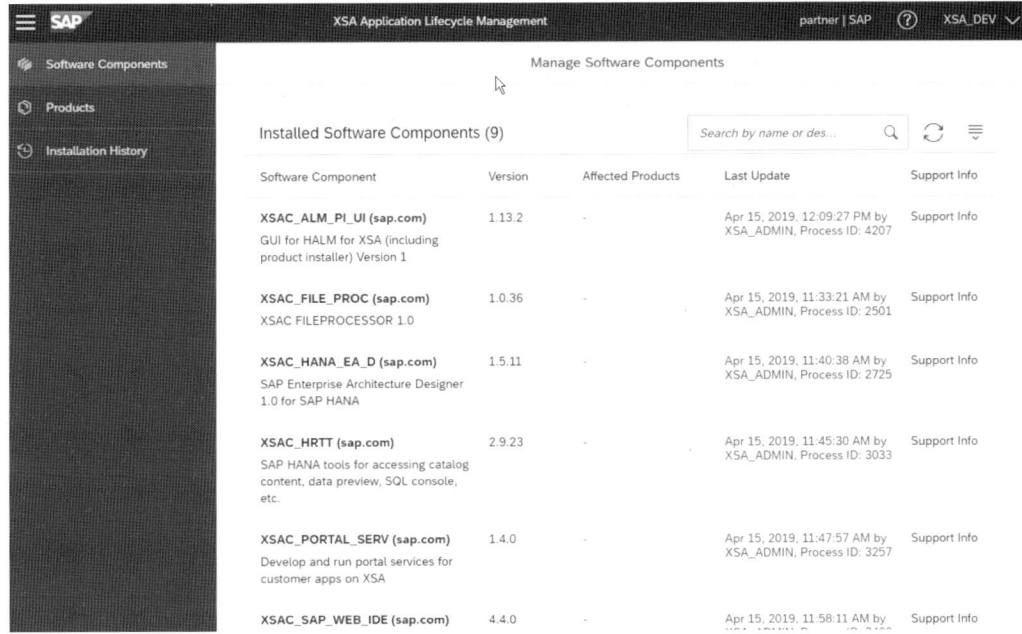

그림 3.31 SAP HANA Application Lifecycle Management

3.4 애플리케이션 서버 관리

4단원에서는 SAP HANA 개발에 대한 주제를 자세히 살펴보겠지만, SAP HANA XS와 관련된 몇몇 활동들은 일반적으로 시스템 관리자의 책임이다. SAP HANA XS Advanced의 경우, 플랫폼 라이프 사이클 관리 작업에는 다음 작업이 포함될 수 있다.

■ 시스템 데이터베이스 또는 하나 이상의 테넌트 데이터베이스에 런타임 설치

■ 멀티호스트 스케일아웃 및 스탠바이 시스템 구성

■ 디폴트 도메인과 라우팅 모드(포트 번호 또는 호스트 네임) 구성

■ 로드 밸런스나 기타 고려사항을 위해 리버스 프록시를 사용한 SAP HANA XS Advanced 설정

원래 SAP HANA XS 구현은 시스템과 함께 이루어지며 특별한 플랫폼 라이프사이클 관리가 필요하지 않다. 또한 SAP HANA XS 애플리케이션 설치와 같은 애플리케이션 라이프사이클 관리 작업은 종종 시스템 관리자의 책임이며, 특히 운영 시스템에 있어서 그렇다.

SAP HANA XS에 대한 시스템 관리 작업(시스템 파라미터 구성, 리소스 관리, 백업과 복구, 모니터링, 성능 분석 등)은 SAP HANA 데이터베이스와 동일한 도구와 기술을 사용할 수 있다. 그러나 애플리케이션 서버별 독립된 구성을 하고자 할 때는, 다른 도구를 사용해야 할 것이다.

3.4.1 SAP HANA XS Admin 도구

SAP HANA XS Admin 도구는 웹 애플리케이션으로, SAP HANA 스튜디오의 기능을 보완한다. 콘텐츠는 SAP HANA 리포지토리에 저장되며, 런타임은 SAP HANA XS(xsengine: 4단원 4.4.1섹션

참조)에서 제공한다. 최신 SAP HANA 2.0 릴리스에서는 이 기능이 없어졌음에도 불구하고, 어떤 환경에서는 이 도구의 사용을 원할 수 있다. 예를 들면 Information Access(InA) 서비스를 위해 cross origin resource sharing(CORS)을 활성화하고자 하는 경우이다.

정적 콘텐츠(예: 이미지 또는 텍스트)를 위해, SAP HANA XS와 SAP HANA XS Advanced 런타임 모두 SAP Web Dispatcher(SAP NetWeaver 플랫폼에도 있음)를 사용한다. 관리 측면에서, 동일한 SAP Web Dispatcher 인터페이스를 사용할 수 있다.

더 알아보기

SAP HANA XS와 관련된 관리 작업은 SAP HANA Administration Guide에 나와 있고, SAP Help Portal에서 읽거나 다운로드할 수 있다.

3.4.2 SAP HANA XS Advanced 애플리케이션 배포

SAP HANA XS Advanced 런타임과 배포 인프라와 관련된 시스템 관리 작업을 수행하기 위해서는 콕핏, CLI, SQL 프롬프트가 필요하다. 이번 섹션에서 각각에 대해 살펴보겠다.

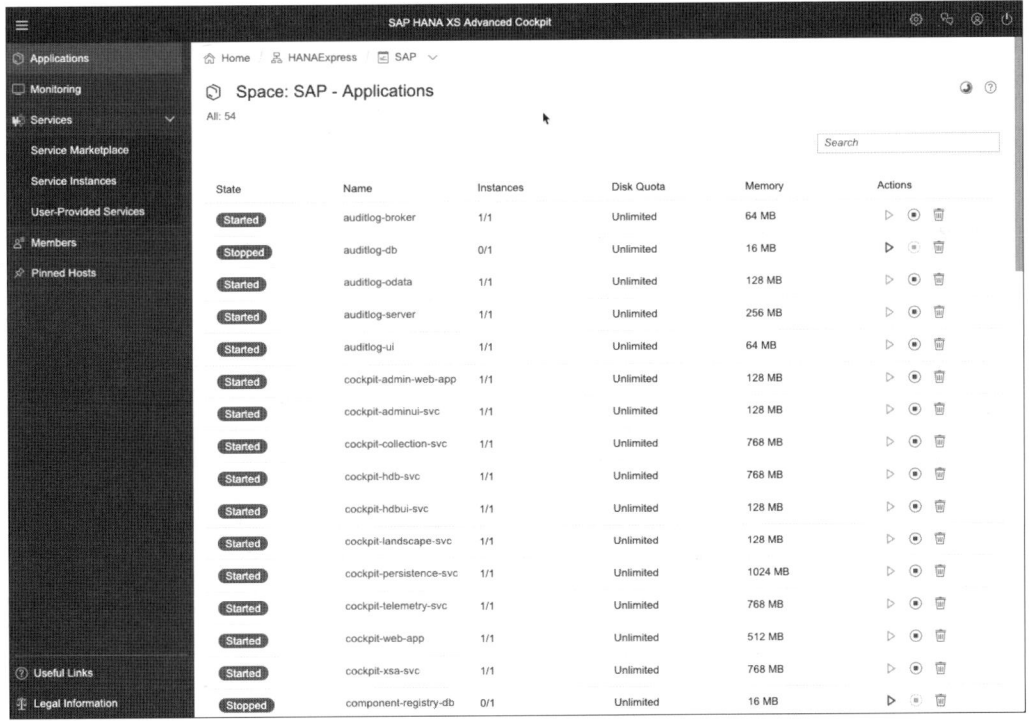

그림 3.32 SAP HANA XS Advanced Cockpit

SAP HANA XS Advanced 콕핏

SAP HANA XS Advanced 런타임과 애플리케이션에 대한 대부분의 관리, 구성 작업은 그림 3.32와 같이 SAP HANA XS Advanced 콕핏 웹 애플리케이션을 사용할 수 있다. SAP HANA XS Advanced 와 Cloud Foundry는 동일한 기술을 사용하기 때문에 SAP 클라우드 플랫폼의 Cloud Foundry 환경에 익숙한 사용자는 쉽게 콕핏의 UI를 파악하고 사용법을 익히며, organization과 space의 생성 방법을 알게 될 것이다. 이 organization과 space는 SAP HANA XS Advanced와 Cloud Foundry 의 핵심 개념이다. 4단원 4.4섹션에서 이 주제에 대해 자세히 설명할 것이다.

SAP HANA XS Advanced 콕핏을 사용하여 space를 테넌트 데이터베이스에 매핑할 수 있으며, 이 space는 스키마와 기타 개발 산출물이 저장되는 곳이다. 또한 이 도구를 사용하여 유저와 role 컬렉션을 생성하고, 배포된 각 애플리케이션에서의 서로 다른 role들을 묶을 수 있다. SAP HANA XS Admin 도구와 마찬가지로, SAP HANA XS Advanced 콕핏을 사용하여 SAML 트러스트를 구성하고, SAP HANA 시스템과 SAP HANA XS Advanced 애플리케이션들 간의 보안 연결에 사용되는 트러스트 인증서를 관리한다. space의 컨텍스트 내에서 애플리케이션을 중지하고 시작할 수 있으며 규모를 늘리기 위해 인스턴스를 추가할 수도 있다. 화면을 통해 애플리케이션의 리소스 사용량을 모니터링할 수 있으며, Services 화면에서는 여러 마이크로서비스를 추가하거나 구성할 수 있다.

SAP HANA XS 명령줄 인터페이스(Command Line Interface)

SAP HANA XS Advanced 콕핏이 아무리 편리하다 하더라도, 모든 작업을 수행할 수는 없다. 일부 작업을 위해서, 예를 들면 SAP HANA XS Advanced 애플리케이션 라이프사이클 관리를 위해, 3.3.4섹션에 설명된 제품 설치 프로그램과 같은 다른 웹 애플리케이션을 사용해야 한다. 어쨌든, 조만간 관리자로서 명령 프롬프트 또는 터미널을 열고 SAP HANA XS CLI를 사용할 필요가 있을 것이다. CLI는 SAP HANA 서버에 런타임을 설치할 때 함께 설치되지만, CLI를 따로 다운로드해 컴퓨터 (리눅스, macOS, 윈도우)에 설치할 수도 있다.

명령어는 xs(xsa가 아님)이지만, 이 CLI는 SAP HANA XS Advanced 모델에만 작동하며, 이전 SAP HANA XS에서는 작동하지 않는다. 우선 xs help로 시작하거나 명령줄 레퍼런스부터 확인하자. 대부분의 명령어가 동일하게 작동하므로 Cloud Foundry CLI(cf)에 이미 익숙해진 사용자에게 유리할 것이다.

SAP HANA Deployment Infrastructure

런타임 환경에 개발 산출물을 배포하기 위해서 SAP HANA는 SAP HANA Deployment

Infrastructure(HDI)를 사용한다.

개발 주제에 관해서는 4단원 4.6섹션에서 언급하겠지만, HDI는 관리자에게 약간의 주의를 필요로 한다. 예를 들어, HDI를 활성화하고 적절한 권한을 가진 HDI 관리자를 생성해야 한다. 그런 다음 HDI 관리자는 일반적인 HDI 파라미터를 구성하고, 컨테이너와 컨테이너 그룹을 생성하고 구성할 수 있다.

컨테이너 개념은 HDI에 있어 중요하며, 디자인 타임 개발 산출물과 런타임 데이터베이스 오브젝트에 필요한 격리 기능을 제공한다. 산출물은 디자인 타임 컨테이너(design-time container: DTC)에 저장되는 반면, 데이터베이스 오브젝트는 런타임 컨테이너(runtime container: RTC)에 저장된다. DTC는 항상 타깃 RTC에 붙으며 지정된 테크니컬 유저가 소유한다. HDI 구성 파라미터의 예로는 transaction_lock_wait_timeout, max_parallel_jobs, treat_errors_as_warnings가 있다. 컨테이너 그룹을 사용하면 HDI 컨테이너 세트의 관리를 다른 HDI 관리자에게 위임할 수 있다.

SQL 프롬프트와는 다르게, HDI 관리를 위한 앱이나 사용자 인터페이스는 존재하지 않는다.

더 알아보기

모든 관리 주제에 대해 더 알아보려면, Security Guide에서 보안과 관련된 개념을 찾을 수 있다. 설치 주제는 Installation and Update Guide에서 살펴볼 수 있으며, 실습 관리 주제는 SAP HANA Administration Guide에 설명돼 있다.
SAP HANA XS CLI를 알아보려면, XS command-Line Interface Reference를 참고하면 된다. SAP Help Portal에서 이러한 가이드를 읽거나 다운로드할 수 있다.

SAP Note

SAP One Support Launchpad에서 BC-XS-RT 컴포넌트와 관련한 노트 및 자료는 SAP Note 2596466 – FAQ: SAP HANA XS Advanced를 참고하기 바란다.

3.5 요약

이 단원에서는 SAP HANA 관리자 페르소나를 소개하고 그 역할과 책임에 관해 설명했다. SAP HANA 콕핏, 데이터베이스 탐색기, SAP HANA XS Advanced 콕핏, 플랫폼 라이프사이클 관리 도구와 hdbsql 및 xs와 같은 명령줄 도구까지 관리자의 일상적인 작업에 필요한 다양한 도구에 대해 알아보았다. SAP HANA가 광범위한 SAP 시스템 랜드스케이프에 통합되는 정도에 따라, 관리자는 SAP Solution Manager나 SAP Landscape Management, SAP NetWeaver 기반 DBA Cockpit 중에 선택해 사용할 수도 있다.

시스템 관리자의 책임인 시스템 구성, 리소스 관리, 백업과 복구, 성능 모니터링과 분석, 보안 관리에 대해 알아보았다. 또한 다양한 SAP HANA XS와 SAP HANA XS Advanced 애플리케이션 서버 런타임과 관련된 관리 활동을 다루었으며, 플랫폼과 애플리케이션에 대한 라이프사이클 관리에 대해 살펴보았다.

다음 단원에서는 두 번째 주인공인 SAP HANA 개발자를 만나볼 것이다.

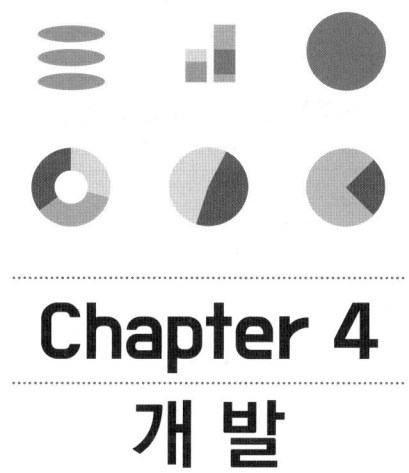

Chapter 4
개 발

실제로 프로그래밍 언어는 프로그래머들이 아이디어를 표현하고
의사소통하는 방식이며, 그러한 아이디어의 청중은 컴퓨터가 아닌
다른 프로그래머들이다.

- Guido van Rossum

간단한 해결책이 복잡한 해결책보다 더 정확할 가능성이 높다.

- Occam's razor

Chapter 4
개 발

Chapter
04

이 단원은 개발자는 아니지만 SAP HANA 프로젝트에 참여하고 있는 사람, 그리고 SAP HANA 외의 개발 경험이 있지만 SAP HANA에 대한 포괄적인 개요를 추가로 원하는 개발자를 위한 것이다. 이것을 공부하는 데는 수개월의 시간을 필요로 하지 않는다. 단 몇 시간이면 SQL과 SQLScript, 분석 모델링, 네이티브 개발의 필수 요소를 익힐 수 있고, SAP HANA XS와 SAP HANA XS Advanced의 차이점을 이해할 수 있으며, 핵심 데이터 서비스(CDS)와 SAP HANA Deployment Infrastructure(HDI)가 어디에 적합한지 알아보는 것이 가능하고, 서비스로서의 플랫폼(platform-as-a-service: PaaS)으로 무엇을 할 수 있는지 알 수 있으며, 어디에서 SAP HANA에 대한 더 많은 것을 배울 수 있는지 등에 대해서도 충분한 정보를 얻게 될 것이다.

이 단원에서는 SAP HANA 개발에 관한 주제를 소개하고 개발자와 모델러 역할 모두를 설명한다. 개발자가 사용할 도구를 살펴보고, 광범위한 개발 주제를 다룰 것이다. SQL과 SQLScript의 기초부터 시작하고, ABAP의 코드 푸시다운(데이터 집약적인 작업을 데이터베이스에서 처리하도록 하는 개발방법) 기능을 확인하면서 SAP HANA 모델링을 진행할 것이다. CDS, HDI, 애플리케이션 라이프사이클 관리와 같은 관련 항목과 SAP HANA XS를 이용한 네이티브 개발까지 다룰 것이다. NoSQL 다큐먼트 스토어에 대해 간략히 설명하고, Cloud Foundry 환경과 SAP 클라우드 플랫폼/SAP HANA 서비스로 진행한다. 그리고, SAP HANA 클라이언트(ODBC, JDBC, Python, OData 등)에 대한 다양한 인터페이스를 설명하고 무료 개발자 라이선스인 SAP HANA 익스프레스 에디션을 소개한다. 마지막으로 데모와 교육 모델인 SAP HANA Interactive Education(SHINE)으로 이 단원의 여행을 마무리할 것이다.

더 알아보기

SAP HANA 개발 주제에 관하여, 입문 수준 이상으로 올리기 위해 많은 자료를 사용할 수 있다(모든 자료를 검토하는 데 몇 달이 걸릴 수도 있다). Developer Quick Start Guide부터 시작하여 네이티브 개발과 여러 모델링에 대한 여러 안내서(각 도구마다 하나씩, 총 20개 이상)의 참고를 추천한다. 개발 방향을 찾아보려면 Developer Information Map을 참고할 수 있다. 여기에서 SAP HANA XS 또는 SAP HANA XS

146 SAP HANA 2.0 공식 가이드북

4.1 역할과 도구

SAP HANA 개발자의 책임은 무엇이며 어떤 도구를 사용할 수 있을까? 이 섹션에서는 개발자 페르소나의 역할에 대해 간략히 설명할 것이다.

4.1.1 SAP HANA 개발자

SAP HANA 개발자 직무는 인메모리 데이터베이스와 SQL, SQLScript 언어에 대한 충분한 이해가 필요한 여러 가지 활동을 포함한다. 모델링을 할 때는, 여러 소스 테이블을 조인한 분석을 위한 뷰를 생성하기도 한다. SAP HANA 스튜디오와 같은 클라이언트 프로그램이나 SAP HANA용 SAP Web IDE 중에서 어떤 것이든 당신에게 익숙한 통합 개발환경(integrated development environment: IDE)의 User Interface(UI)를 사용할 수 있지만, 어떤 단계에서는 핵심 코딩을 위해서 SQL과 SQLScript에 대한 확실한 이해가 필요할 수 있다.

SAP HANA 플랫폼 전용 애플리케이션(어디서나 실행되는 일반 HTML5나 Java 앱이 아닌 것으로 네이티브 애플리케이션이라고도 부름)을 개발할 때, 동일한 개발 도구를 사용하겠지만, SQL과 SQLScript에 대해 확실히 이해해야 개발 범위가 훨씬 넓어질 것이다. 데이터 모델을 CDS에서 정의하고, 디자인 타임 산출물은 HDI로 배포하면 런타임 오브젝트가 된다. (코드) 리포지토리가 있는 예전의 SAP HANA XS 인프라의 경우, 개발 방법은 다르지만 개념은 거의 동일하여, 개발에서 테스트(QA)와 최종 운영까지 원활한 애플리케이션 라이프사이클 관리 프로세스를 가능하게 하면서도 개발환경과 운영환경을 엄격히 분리한다.

네이티브 애플리케이션의 경우, 비즈니스 애플리케이션 로직과 UI(예를 들면 SAPUI5)가 필요할 것이다. 다행히 인터페이스와 로직 모두에서 JavaScript나 Java를 사용할 수 있다. SAP HANA XS Advanced에서는 이 접근 방식을 멀티타깃 애플리케이션(multitarget application: MTA) 개발이라고 부른다. 여기에서 데이터베이스, UI, 비즈니스 로직이 모두 타깃으로 간주된다. 이러한 타깃들은 동일한 IDE를 사용하여 개발되지만 다른 환경이나 타깃에 별도로 배포할 수 있으므로 멀티타깃 애플리케이션이라고 한다. 분석 뷰를 정의하는 산출물은 MTA 개발 프로젝트의 일부가 될 수 있지만, 반드시 필요한 것은 아니다.

분석 모델링과 네이티브 개발 외에도, 다른 개발 언어로 애플리케이션을 개발하고 HTTP나 SAP HANA 클라이언트를 사용해서 SAP HANA 데이터베이스에 접속할 수 있다. 웹 접속의 경우, OData 와 Information Access(InA) 서비스를 사용할 수 있다. 클라이언트 인터페이스로서 ODBC, JDBC, .NET, Python, Go 등은 여러 플랫폼과 아키텍처에서 사용 가능하다. 결과적으로 모든 애플리케이션에서 SAP HANA 데이터베이스에 액세스할 수 있다. 예를 들어 SAP HANA 스튜디오는 JDBC를 사용해 SAP HANA 데이터베이스에 접속하고, SAP Analytics Cloud는 InA를 사용해 SAP HANA 에 접속한다.

클라우드 네이티브 비즈니스 애플리케이션을 개발하고, 클라우드 애플리케이션과 온프레미스를 통합하거나 새로운 기능을 추가하여 애플리케이션을 확장하려면, SAP 클라우드 플랫폼을 사용할 것을 제안한다. 이런 엔터프라이즈 PaaS에서 SAP는 ABAP 런타임 환경부터 블록체인, 머신 러닝, 사물인터넷(IoT) 등에 이르는 광범위한 서비스를 제공한다. 이 서비스 중의 하나는 SAP 클라우드 플랫폼/SAP HANA 서비스며, 다른 선택으로는 데이터베이스로 클라우드 에디션을 사용하거나 온프레미스(데이터 센터) 시스템으로 보완할 수 있다.

SAP의 클라우드 퍼스트 전략에 따른 SAP HANA 서비스의 최신 기능과 특징들을 주목해야 한다. SAP HANA 개발자는 SAP 클라우드 플랫폼 무료 평가판 계정을 등록해 SAP HANA를 시작할 수 있고 최신 버전으로 유지할 수 있다. 또한 최신 기술로 개발하는 방법을 익히고 개념 증명을 수행하며, 심지어 운영 시스템까지 구축하려면, 개발자는 무료 SAP HANA 익스프레스 에디션을 활용할 수 있다.

4.1.2 도구

아이폰용 앱 개발, 윈도우 플랫폼용 개발, Java용 앱 개발, SAP 비즈니스 애플리케이션용 앱 개발 중 어떤 것이라도 개발을 위해서는 IDE가 필요하다. IDE에는 코드 작성에 사용되는 에디터, 오류를 잡기 위한 디버거, 코드를 빌드하고 외부 라이브러리와 링크를 위한 컴파일러, 테스트 환경에서 애플리케이션을 검증하는 배포 프로그램 등이 포함되어 있다. 이번 섹션에서 옵션들을 살펴볼 것이다.

SAP HANA 스튜디오

SAP HANA 스튜디오는 SAP HANA 2.0에서 사용을 권장하지 않으며, SAP 클라우드 플랫폼/SAP

HANA 서비스에서는 더 이상 사용할 수 없지만, 여전히 이전 SAP HANA 1.0 개발환경에서는 활발히 사용되고 있다. SAP HANA 스튜디오는 사용이 간편하므로 이미 많은 개발자들에게 메뉴와 워크플로우가 익숙하다.

SAP HANA 초기 릴리스 기간 동안에는 모델링과 후속 네이티브 개발을 위해서, 이클립스(Java) IDE는 모델링과 개발 퍼스펙티브를 제공하는 플러그인으로 활용됐다. 그림 4.1은 모델링 퍼스펙티브를 나타내며 왼쪽 창의 Systems view는 액세스할 수 있는 모든 SAP HANA 시스템을 나열하고, 오른쪽 Information View 에디터에는 Scenario, Details, Output 창이 있다. "퍼스펙티브(perspective)"와 "뷰(view)"라는 용어는 이클립스 IDE의 여러 영역을 구분하는데 사용되는 용어이며, 뷰(calculation view 또는 information view)라고 불리는 실제 개발 산출물과 혼동해서는 안된다. Scenario 창에서 calculation view의 입력으로 사용되는 테이블을 선택할 수 있으며 이를 데이터 파운데이션(data foundation)이라고 한다. 반대로 시맨틱(semantics)은 뷰의 출력 구조를 표현한다. 또한 많은 "뷰"는 속성, 작업 로그, 사용처, 목록, 기타 정보(대부분은 제한된 윈도우 크기 때문에 숨겨져 있지만 우측 툴바를 클릭하면 보여짐)를 보여준다. 모델링 선호도에 맞게 본인만의 퍼스펙티브를 만들 수 있다.

이클립스 IDE는 개발자에게 Java뿐만 아니라 다른 개발 언어용으로도 인기가 있었다. ABAP 개발도구(ABAP Development Tool: ADT), SAP Business Warehouse(SAP BW) 모델링 도구, Neo용 SAP 클라우드 플랫폼 소프트웨어 개발 키트(SDK), SAPUI5 도구는 모두 플러그인으로 제공된다. 대부분의 개발자는 과거에 이클립스를 사용해 본 적이 있으므로, 새롭게 배우지 않더라도 개발에는 별 무리가 없을 것이다. 특히 SAP HANA 플랫폼에서 개발해 본 경험이 없는 개발자는 SAP GUI를 탑재한 ABAP Workbench와 같은 도구에 비해서 이클립스 IDE가 훨씬 쉬울 것이다.

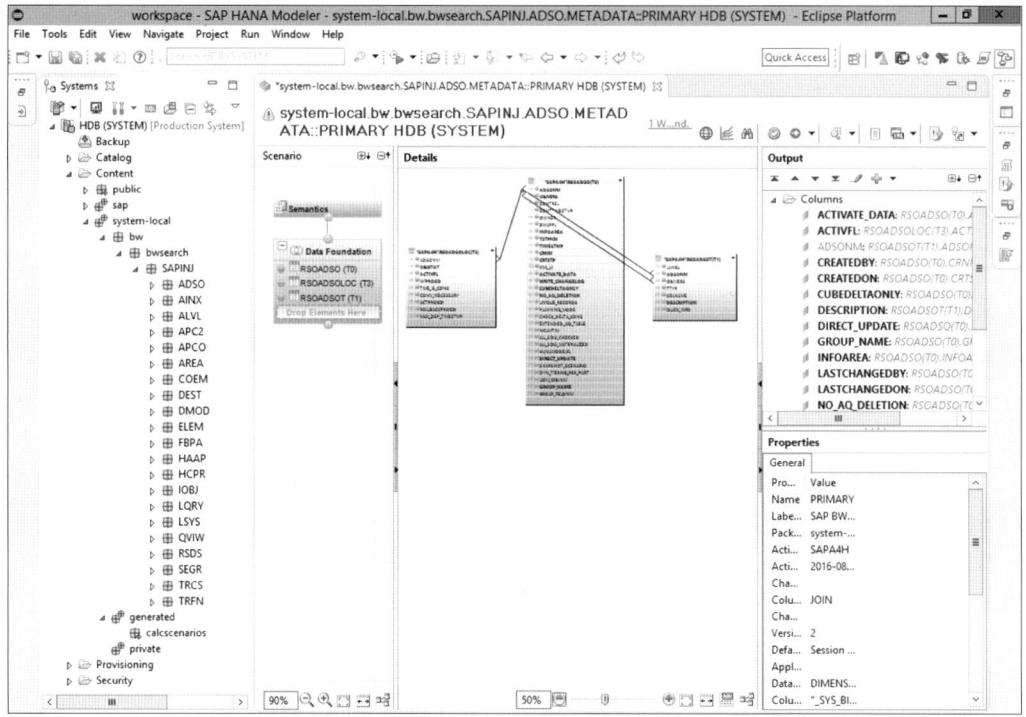

그림 4.1 SAP HANA Studio Modeler Perspective

SAP HANA 스튜디오 IDE에 대한 신기능 개발은 SAP HANA 1.0 SPS 12(2016년)로 중단됐으며, SAP HANA 2.0 SPS 02(2017)에서 사용 중단을 발표했다. 그러나 SAP HANA 스튜디오는 여전히 SAP HANA 플랫폼에 컴포넌트로 포함돼 있으며, 최신 버전을(플러그인으로) http://s-prs.co/v488417에서 다운로드할 수 있다.

더 알아보기

SAP HANA 스튜디오를 이용하여 네이티브 개발과 모델링을 위한 도움을 받으려면 SAP HANA Developer Guide for SAP HANA Studio와 SAP HANA Modeling Guide를 참고하기 바란다.

SAP Note

추가 정보를 위해, 다음의 SAP Note를 참고할 수 있다.

■ SAP Note 2073112 – FAQ: SAP HANA Studio

■ SAP Note 2465027 – Deprecation of SAP HANA extended application services, classic model and SAP HANA Repository

SAP HANA Web-Based Development Workbench

SAP HANA Web-Based Development Workbench는 이름에서 명확히 표현하듯이, 웹 기반 개발 도구이다(SAP NetWeaver-based ABAP Workbench에서 영감을 얻은 이름). 이 도구는 네이티브 SAP HANA XS 애플리케이션으로 개발됐다. SPS 11(2015년)에 SAP HANA XS Advanced가 도입되면서 추가 개발이 중단됐으며 현재 이 도구는 거의 사용되지 않는다.

SAP HANA용 SAP Web IDE

SAP HANA용 SAP Web IDE는 SAP 클라우드 플랫폼의 SAP Web IDE(전체 스택) 로컬 온프레미스 버전으로, 네이티브 SAP HANA XS Advanced MTA 개발을 위한 것이다. 이 IDE에는 웹 기반 UI 또는 모바일 UI, 비즈니스 로직과 데이터 모델이 포함된다. SAP Web IDE 자체는 SAP HANA XS Advanced 애플리케이션이며, HDI를 이용해서 디자인 타임의 산출물을 런타임의 데이터베이스 오브젝트로 만들고 배포한다. 산출물은 개발자들이 만드는 것으로 테이블 정의, role이나 프로시저 등이며, 코드 리포지토리에 저장된다. 산출물을 생성(또는 활성화)하면, 특정 데이터베이스에 실제 테이블인 런타임 오브젝트가 생성된다. 이 프로세스가 정확히 어떻게 작동하는지는 SAP HANA XS 모델마다 다르며, 이 단원의 뒷부분에서 설명할 것이다.

그림 4.2와 같이 SAP Web IDE 기능은 다음과 같다.

- SAP HANA 스마트 데이터 통합(SDI)를 위한 에디터
- SAP Cloud Application Programming Model과의 통합을 위한 도구(4.9.2섹션 참고)
- SAP Fiori 런치패드 사이트 플러그인
- 레이아웃 에디터
- 텍스트 분석 개발
- OData annotation 모델러
- Java와 Node.js 개발을 위한 도구

예상했을 수도 있겠지만, SAP Web IDE에는 구문 수정과 코드 완성 도구뿐만 아니라 디버깅과 테

스트 도구도 포함돼 있다. 또 CDS 데이터 모델과 calculation view를 위한 그래픽 에디터를 제공한다. SAP Web IDE는 GitHub를 중앙 코드 리포지토리에 통합한다. 런타임 데이터베이스 카탈로그 오브젝트를 탐색하고 SQL을 실행하기 위해, SAP Web IDE는 데이터베이스 탐색기 웹 애플리케이션을 통합한다. 이 데이터베이스 탐색기는 SAP HANA 콕핏에서 데이터베이스 관리를 위해 사용된 것과 동일한 것이다(3단원 3.1.2섹션 참고).

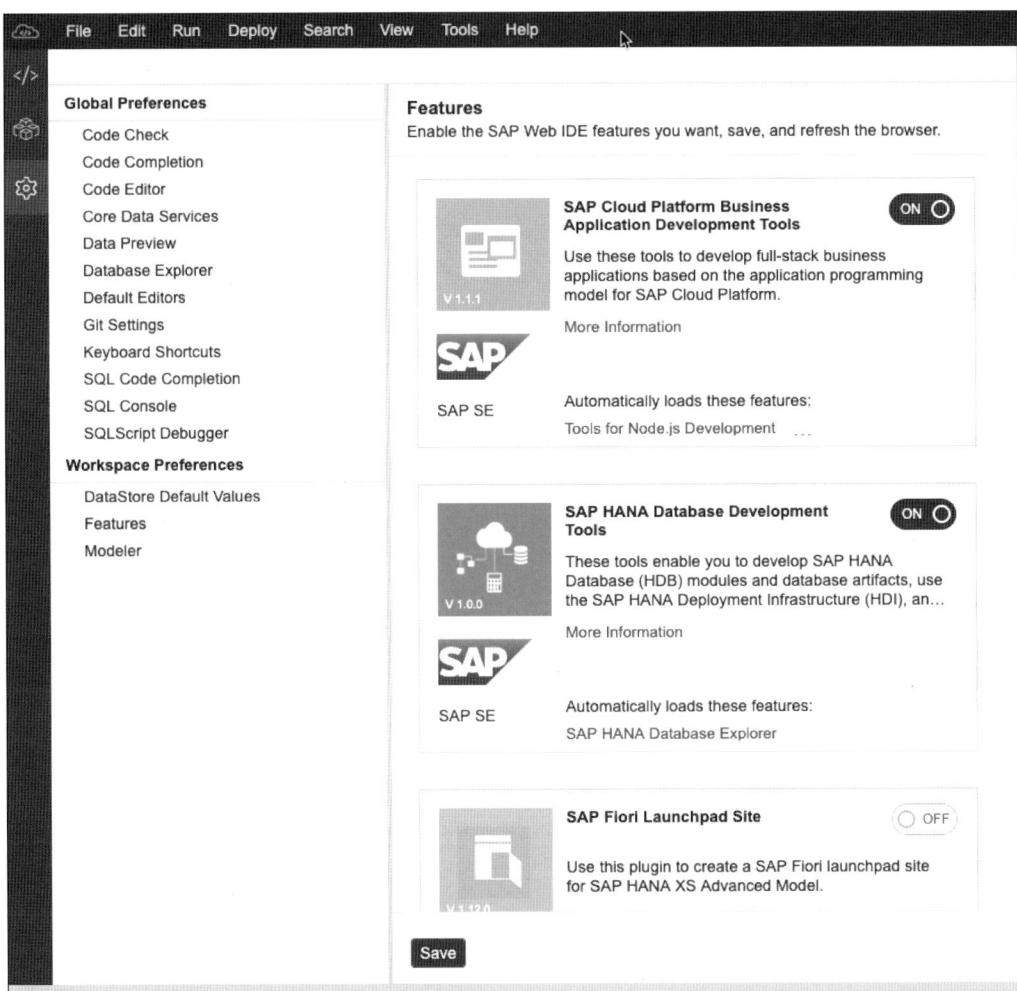

그림 4.2 SAP Web IDE for SAP HANA: Features

더 알아보기

SAP Web IDE는 SAP HANA Developer Guide for SAP HANA XS Advanced에 설명돼 있으며, SAP Help Portal에서 이용할 수 있다. 일반적인 SAP Web IDE의 정보는 SAP Community의 Topic 페이지를 참고하면 된다.

4.2 SQL과 SQLScript

모든 SAP HANA 개발자는 SQL과 SQLScript에 아주 능숙해야 한다. 편의성과 속도를 위해, 개발 도구를 사용해서 SQL을 생성하는 경우가 많더라도, 개발자는 고급 기능, 최신 기능, 보안이나 성능 이슈의 트러블슈팅에 있어서 SQL이 무엇을 하고 있는지를 알아야 하며, SQL이 할 수 없는 일(또는 부족한)에 대해서는 SQLScript를 사용할 줄 알아야 한다.

이 섹션에서는 SAP HANA와 관련된 SQL과 SQLScript를 설명한다. 또한 ABAP Managed Database Procedures(AMDP)에서 SQLScript를 사용하는 방법에 대해서도 다룬다. ABAP Managed Database Procedures(AMDP)는 이름에서 알 수 있듯이 ABAP 개발 오브젝트이자 SAP HANA 프로시저이며, ABAP 오브젝트 내에 SQLScript를 넣을 수 있다.

4.2.1 SQL

SQL은 데이터베이스의 링구아 프랑카(lingua franca〈역자_주: 모국어를 달리하는 사람들이 상호 이해를 위해 일반적으로 사용하는 언어〉)이지만 구현 방식은 크게 다를 수 있다. SAP HANA에서 SQL을 효과적으로 사용하려면, SQL Reference Guide 한 권을 책상에 두어야 한다(최신 SPS 04 가이드가 2,259페이지이므로 데스크톱 컴퓨터 파일로 두는 게 좋겠다). 이 가이드에서 사용 가능한 데이터 타입, 연산자, 표현식, 한정자, SQL 함수, 명령문, 오류코드(5,737개), 시스템 제한 사항(예를 들면 테이블 락 16,383개, 한 명령문 내에 테이블 개수 4,095개, SQL 명령문의 길이 2GB, 모든 저장 프로시저 크기의 합 1,945GB 등)을 확인할 수 있다.

데이터베이스에서 동일한 SQL 명령문을 실행하면 에러 없이 동일한 결과를 얻을 수 있다는 의미이다. 실제로 데이터베이스는 특정 기능을 활용하기 위해 벤더별 SQL 언어 확장 기능이 있으며 SAP HANA도 예외는 아니다.

예를 들어 SQL 명령문

```
SELECT TA.a1, TB.b1 FROM TA, LATERAL (SELECT b1, b2 FROM TB WHERE b3 =
TA.a3) TB WHERE TA.a2 = TB.b2
```

은 래터럴 조인을 사용하고 있다. 이 래터럴 조인은 SAP HANA에서만 실행되는데, 이를 위해 특정 릴리스 레벨(SPS 04 이상)이 필요하다.

SQL 뷰는 SAP HANA 모델링에서 광범위하게 사용되며, 분석을 위한 입력으로 가상 테이블을 제공한다. SQL 함수, WHERE절 필터, JOIN 명령문 등을 활용하여 뷰에 액세스 할 때 구체적이고 동적인 결과 집합을 반환할 수 있다. CREATE VIEW 명령문으로 런타임에서 뷰를 생성할 수 있지만, 대부분의 뷰는 개발자가 디자인 타임 산출물(PurchaseOrderItem.hdbview)로 정의해 리포지토리에서 배포하거나 SAP HANA XS Advanced의 경우 HDI 컨테이너에서 배포된다(4.6섹션 참고).

SAP HANA에는 다양한 스토어 타입(1단원 1.2.4섹션 참고)이 포함되어 있다. 다양한 클라이언트(ODBC, JDBC, Python, .NET)와 프로토콜(HTTP/OData)을 사용해 데이터베이스에 액세스할 수도 있고, 동일한 SQL 인터페이스를 통해 데이터베이스에 액세스할 수 있다. 이러한 주요 액세스 관문은 SAP HANA 플랫폼에서 중요하며, 개발자는 이것이 제공하는 다양한 기능(이 단원에서 다룰 것 중 가장 중요한 기능)에 익숙해져야 한다. SAP HANA 스튜디오나 SAP HANA 콕핏을 사용해 데이터베이스와 데이터를 주고받을 때, 모든 액션과 대부분의 클릭(테이블 생성, 파라미터 변경)은 SQL 명령문으로 변환된다. 컬럼과 로우로 이루어진 데이터를 기반으로 그려진 모든 성능 그래프나 파이 차트는 SQL 쿼리의 결과물이며, 다시 말하지만 SQL 쿼리는 데이터베이스와 상호 작용하는 유일한 방법이다. 한 가지 예외는 데이터베이스를 시작/중지하는 것이다. 데이터를 주고받는 대신 OS 프로세스에 연결하여 sapcontrol 명령을 실행할 것이다. 이것은 SAP NetWeaver 시스템에서 사용되는 실행 파일과 동일하지만, 모든 옵션과 파라미터가 SAP HANA에서 사용되는 것처럼 지원되지는 않는다.

SQL의 중요성을 보여주는 또 다른 지표는 전형적으로 SQL 인터페이스만 있는 데이터베이스 사이드("백엔드")에 신기능이 먼저 공개된다는 것이다. 프론트엔드인 클라이언트 UI(4.10섹션 참고)는 나중에 추가되는 경우가 많다. 예를 들어 Lightweight Directory Access Protocol (LDAP)인증은 CREATE USER SQL 명령문에 대한 수정과 함께 첫 번째 SAP HANA 2.0 릴리스에 소개됐다. 이 기능에 해당하는 SAP HANA 콕핏의 구성 인터페이스는 후속 릴리스에서 제공됐다. SAP HANA 스튜디오는 더 이상 개발을 진행하지 않기 때문에 LDAP 인증을 위한 UI는 존재하지 않는다. SQL과 SQL 뷰의 변경에 대한 릴리스 노트는 목록이 많고 처음에는 이해하기 쉽지 않더라도, 개발 우선순위에 의해 많은 정보를 제공하므로 꾸준히 참고하길 바란다.

코드 클리닉

새로 추가되는 기능에 대한 지원은 SQL 함수를 통해 제공된다. 예를 들어, LANGUAGE 함수를 사용하면, SAP HANA는 지정한 컬럼의 언어를 반환한다.

```
SELECT LANGUAGE(CONTENT), CONTENT FROM T;
```

JSON_VALUE 함수는 JSON을 파싱한다(4.8섹션 참고).

```
SELECT JSON_VALUE('{"item1":10}', '$.item1') AS "value" FROM DUMMY;
```

시리즈 데이터 함수는 SAP HANA (시간) 시리즈에 대한 기능을 제공한다. 이러한 함수에는 분석을 위한 집계 함수, 보안 함수, 공간 함수, 계층 함수, 수학적 연산을 수행하는 함수, 문자열, 배열, 데이터 타입 변환을 위한 함수 등이 있다.

좋은 성능을 위해서는 좋은 SQL이 필요하다. 일반적으로 SQL은 다양한 방법으로 같은 결과를 얻을 수 있다. 응답 시간이 비슷할 때도 있지만 간혹 SQL 표현을 변경하면 10분 쿼리가 초 단위의 응답 시간으로 바뀌기도 한다. SQL 명령문은 'SQL 파서'에 의해 실행 계획이 최적화된다. 데이터베이스 오브젝트에 대한 통계(로우의 수, empty value의 수)는 가장 최적의 실행 계획을 결정하기 위해 파서에게 정보를 제공한다. 그러나 어떤 상황에서는 최상의 계획을 위해 개발자가 파서에게 추가적인 정보를 제공해야 한다. 이러한 정보를 '힌트'라고 하며, 명령문에 끼워 넣을 수 있다.

SQL 명령문에 대한 성능을 분석하기 위해 SQL Analyzer(SAP HANA 스튜디오에서는 Plan Visualizer), Expensive Statement 앱, SQL 플랜 캐시를 사용할 수 있다. 조금 더 상급 도구는 SQL

트레이스와 Expensive Statement 트레이스이다. 트레이스 파일은 이해하기 어려울 수 있으나 SQL Trace Analyzer와 같은 도구로 정보를 분석하는 과정에서 도움을 받을 수 있다.

4.2.2 SQLScript

SQLScript의 목표는 데이터 중심의 애플리케이션 로직을 데이터베이스에 임베딩하는 것이다. 전통적인 3-tier 아키텍처(1단원 1.2.1섹션 참조)에서 중간 계층인 애플리케이션 계층은 데이터베이스를 단순화하고 모든 비즈니스 로직을 수행하려는 경향이 있다. 예를 들면 애플리케이션은 다음의 단계들을 수행할 것이다. 테이블 A에서 모든 로우를 추출하고, 애플리케이션 서버로 전송한 다음, 각 로우마다 어떤 작업을 반복 수행한다. 대량 데이터를 복사하는 일은 Java나 ABAP같은 명령형 언어(imperative language)에 있어 일반적인 접근법이다. 그러나 이 방법은 멀티코어 CPU와 모든 데이터를 메모리 내에 상주시키는 SAP HANA의 대량 병렬 처리 능력을 활용하지 못한다는 단점이 있다. 최상의 성능을 얻기 위해 코드 푸시다운이 필요하며, SQLScript는 코드 푸시다운을 가능하게 한다.

개념적으로, SQLScript는 저장 프로시저와 관련이 있으며 선언부(declarative)와 제어문(루프와 조건)의 조합을 사용한다. 데이터베이스에서 가능한 SQL 데이터 타입을 사용할 수 있을 뿐만 아니라, 사용자 정의 타입을 직접 만들 수 있으며, 사용자 정의 함수(user-defined functions: UDFs)와 라이브러리를 만들기도 한다. SQLScript 암호화와 익명 블록, 자율 트랜잭션이 지원된다. SQLScript를 사용할 때 명심해야 할 몇 가지 주요 원칙은 다음과 같다.

- **복잡한 쿼리를 하위 표현식(subexpression)으로 분류**: 컴파일러가 패턴을 인식하고 고비용의 계산을 반복하지 않도록 한다.
- **종속성을 줄이고 커서 (루프) 방지**: 병렬 처리 기회를 극대화한다.
- **동적 SQL(Dynamic SQL) 방지**: 동적 SQL은 런타임에 생성되며 호출할 때마다 컴파일과 쿼리 최적화가 필요하다. 정적 SQL(Static SQL)은 한번만 컴파일되므로 성능이 훨씬 빠르다.

SQLScript 코드 작성을 돕기 위해 SAP HANA용 SAP Web IDE에는 이클립스용 ADT에 있는 SQLScript 디버거가 포함돼 있다.

> **더 알아보기**
>
> SQL과 SQLScript는 아래 SAP Help Portal 가이드에 설명돼 있다.
> - SAP HANA SQL and System Views Reference

■ SAP HANA SQLScript Reference

SAP Note

추가 정보를 위해서 다음의 SAP Note를 참고하기 바란다.

■ SAP Note 2000002 – FAQ: SAP HANA SQL Optimization

■ SAP Note 2142945 – FAQ: SAP HANA Hints

■ SAP Note 2412519 – FAQ: SAP HANA SQL Trace Analyzer

튜토리얼

유용한 실전 연습을 위해 SAP Developer Community의 SQLScript 튜토리얼 그룹을 테스트해 볼 수 있다. "Tutorial Navigator: Leverage SQLScript in Stored Procedures and User Defined Functions"

4.2.3 ABAP Managed Database Procedures (AMDP)

SAP HANA에 의해 구동되는 비즈니스 애플리케이션에서 병렬 처리와 인메모리 데이터베이스를 활용하기 위해, ABAP 개발에도 SQLScript와 동일한 코드 푸시다운 개발 패러다임이 추진됐다. AMDP는 이러한 접근법의 핵심이다.

기술 배경

Advanced Business Application Programming의 약어인 ABAP 프로그래밍 언어는 C (1972년)와 Java (1995년) 사이의 중간인 1983년에 처음 발표되었다. 초기에 ABAP은 SAP R/2를 위한 일반 리포팅 전처리기였다. 이후 ABAP은 주로 Reports, Interfaces, Conversions, Extensions, Forms, Workflows (RICEFW objects)를 위한 SAP R/3(1992년) 플랫폼의 개발 언어로 발전했다. ABAP은 1999년에 오브젝트 지향 확장이 추가된 독점 언어이다.

ABAP 프로그램은 데이터베이스 내부에 저장되지만, 일반 데이터베이스(AnyDB)에서 작동하는 Open SQL을 사용하여 특정 데이터베이스 구현을 추상화한다. SAP S/4HANA와 SAP BW/4HANA와 같이 SAP HANA에서만 실행되는 SAP 비즈니스 애플리케이션이 개발됨에 따라 코드 푸시다운은 새로운 패러다임이 됐다. 코드 푸시다운은 code-to-data라고도 하며, 데이터 집약적인 작업을 데이터베이스로 밀어넣어(push down), 데이터베이스 계층에서 병렬 처리와 인메모리 컴퓨팅을 최대한 활용하는 것이다. 이는 CDS와 AMDP를 사용하여 촉진된다.

AMDP는 ABAP 오브젝트에 임베딩된 SQLScript를 호출할 수 있는 프레임워크이다. 그림 4.3 은 ABAP 프로시저에서 execute_ddl ABAP 함수가 SQLScript 코드를 호출하는 예를 보여준다. SQLScript의 개발, 유지보수, 이관은 모두 ABAP 사이드에서 수행된다.

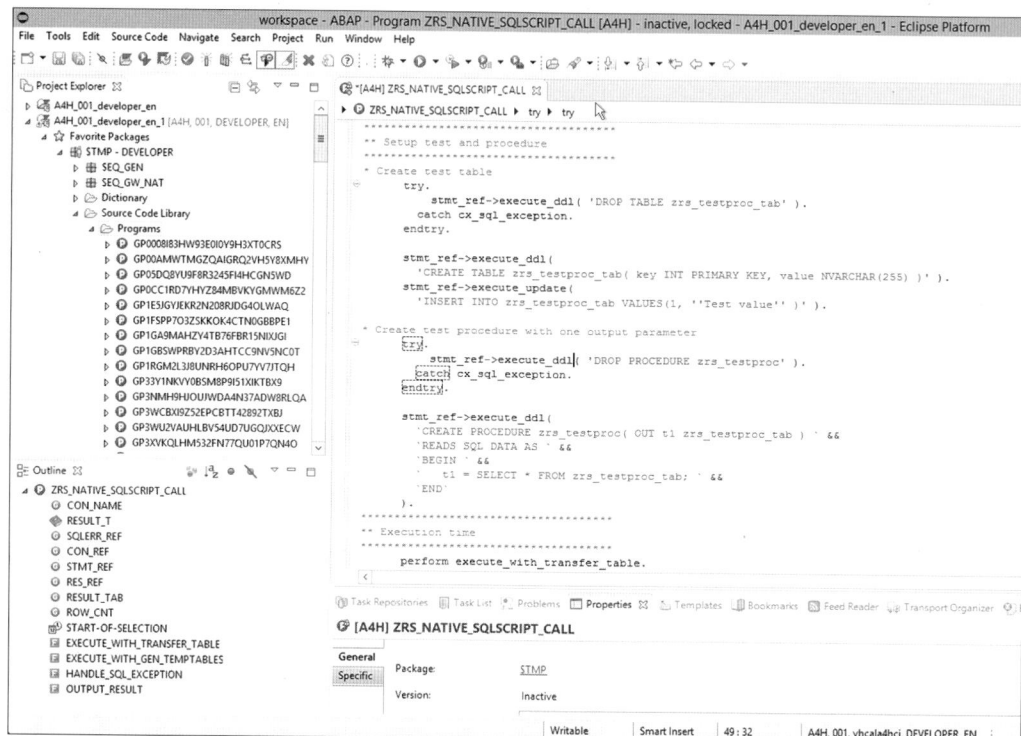

그림 4.3 ABAP Development Toolkit: Calling SQLScript in ABAP

4.3 분석 모델링

앞에서 언급했듯이, SAP HANA는 트랜잭션 데이터와 분석 데이터를 결합(즉, OLTP와 OLAP의 결합)해 일부는 트랜스리티컬(translytical) 데이터라고 부르고, 다른 일부는 하이브리드 트랜잭션/분석 처리(hybrid transaction/analytical processing: HTAP)라고 부른다. 전통적인 데이터 웨어하우스 환경에서는 일종의 OLAP 도구를 사용해 디스크에 저장(MOLAP)되거나 관계형 데이터베이스에 결합(ROLAP)되기도 하고, 아니면 이 둘의 조합(HOLAP)으로 데이터 큐브를 생성했다. 또는 SQL, ODBC, OData 대신 다차원 표현식(multidimensional expressions: MDX), OLE DB for OLAP(ODBO) 또는 XML for Analysis(XMLA)를 사용하여 데이터에 액세스할 수 있었다. 뒷부분에서 SAP HANA 클라이언트(4.10섹션 참조)와 웹 기반 데이터 액세스(4.11섹션 참조)에 대해 설명할 때 ODBO와 XMLA를 다루겠다.

SAP HANA는 XMLA 또는 ODBO와 연결하고 MDX를 교환하는 인터페이스를 제공하지만(예: 마이크로소프트 엑셀 또는 SAP BusinessObjects Web Intelligence 클라이언트를 사용하여), 큐브에 집계를 저장하지 않으며 OLAP 엔진을 가지고 있지 않다. 대신에 SAP HANA는 계산 엔진의 일부로 calculation view를 사용하는데 이 섹션에서 곧 설명할 것이다.

SAP HANA의 계산 엔진은 런타임에 calculation view의 오브젝트를 생성한다. calculation view는 일반적으로 여러 소스(테이블, OLAP 뷰 또는 다른 calculation view)에서 나온 출력을 입력으로 사용하기도 한다. 처음에 SAP HANA는 information view라고 하는 다른 뷰 타입을 지원했지만, 이러한 뷰는 모두 그래픽 calculation view에 통합되었다. 결과적으로 "information view"와 "calculation view"는 이제 동의어이다. calculation view는 비즈니스 시나리오를 설명하며 마이크로소프트 엑셀에서 SAP Analytics Cloud에 이르는 리포팅과 비즈니스 인텔리전스(BI) 도구에 의해 사용(소비)된다.

기술 배경

초기에 SAP HANA는 차원(조인 관계), 집계(핵심 수치), 복잡한 계산 추가(가상 테이블)를 정의하는 다양한 뷰 타입(속성, 분석, 계산)을 지원하였다. calculation view는 SAP HANA 스튜디오에서 그래픽 에디터를 사용해 만들 수 있지만, SQLScript 기반으로 calculation view를 만들 수도 있다. 각 뷰는 여러 엔진(JOIN, OLAP, SQL/CE)에서 실행될 수 있으며, 정보 모델이 올바르게 설계돼 있지 않으면 최적의 성능을 발휘할 수 없다.

SAP HANA 스튜디오(또는 SAP HANA XS 애플리케이션인 SAP HANA Web-Based Development Workbench)에서 생성된 디자인 타임 개발 산출물은 _SYS_REPO 스키마(콘텐츠)의 리포지토리에 저장되었다. 뷰가 배포(활성화)될 때, 뷰는 _SYS_BIC 스키마 내에 런타임 오브젝트로 저장됐으며, _SYS_BIC 스키마는 변수, 시간 차원, 콘텐츠 매핑(카탈로그)과 같은 메타데이터를 저장하는 역할을 했다.

CDS 및 HDI (각각 4.5섹션 및 4.6섹션 참조)를 이용한 SAP HANA XS Advanced 네이티브 애플리케이션 개발을 위해, 다양한 뷰 타입이 그래픽 calculation view라는 단일 타입으로 통합됐다. SAP Web IDE를 사용해 그래픽 calculation view를 생성할 수 있다.

그림 4.4는 SAP HANA용 SAP Web IDE에서의 calculation view를 보여준다. 왼쪽 창에서, 소스 테이블부터 최종 컬럼 나열(projection)까지 뷰의 데이터 흐름을 설계할 수 있다.

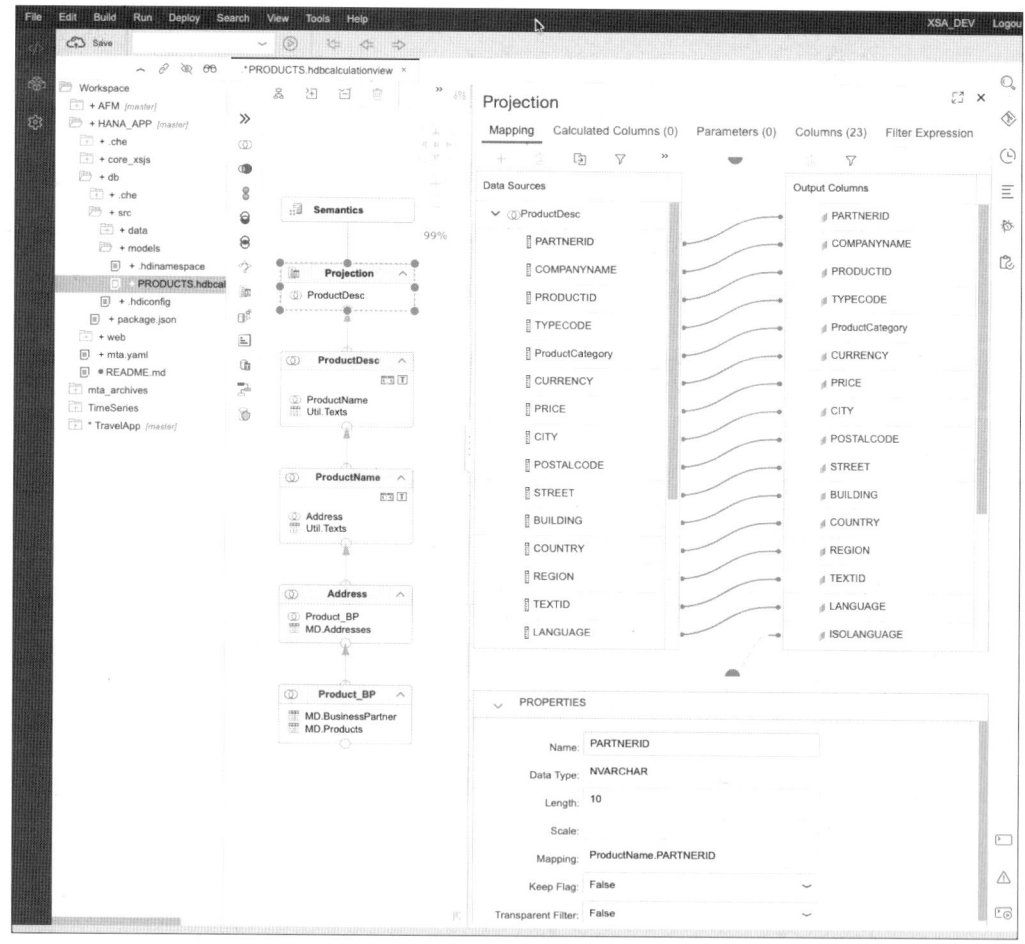

그림 4.4 Calculation View in SAP Web IDE for SAP HANA

우측 창에서, 각 단계마다 데이터 소스와 출력 컬럼을 매핑, 계산식, 필터링 그리고 파라미터를 정의한다.

분석이나 정보 모델링을 위한 구성 요소를 속성(attribute)과 측정값(measure)이라고 한다. 속성은 데이터를 규정(지리, 시간, 제품, 고객 등)하고, 측정값은 데이터를 수량화(팩트 테이블, 핵심 수치)한다. 측정값은 집계될 수 있다(합계, 카운트, 평균, 최솟값, 최댓값).

calculation view를 사용하면 개발자가 다양한 소스(컬럼 스토어와 로우 스토어 테이블, 여러 팩트 테이블과 calculation view)에서 나오는 속성과 측정값을 사용하여 여러 계층의 계산 로직을 정의할 수 있다. 예상했을 수도 있겠지만, SAP 비즈니스 애플리케이션에 특화된 기능들(통화 변환, SAP 클라이언트, 언어)이 지원된다. 데이터에 대한 액세스를 제어하려면 분석 권한을 정의해야 한다. SQL은 오브젝트 레벨에서 권한을 정의하지만 (테이블에 대한 SELECT 권한은 모든 로우에 액세스할 수 있음을 의미) 분석 권한 또는 정형화된 권한은 로우 레벨에서 작동하며 액세스를 세분화해서 제어한다.

더 알아보기

SAP Help Portal에서는 SAP HANA 스튜디오, SAP HANA Web-Based Workbench, SAP HANA용 SAP Web IDE에 대한 별도의 모델링 가이드가 모두 제공된다. SAP HANA XS Advanced에 적합한 모델링은 SAP HANA Modeling Guide for XS Advanced Model을 참고하면 된다.

SAP Note

추가 정보를 위해, SAP Note에서 HAN-WDE-EDT-MOD 컴포넌트를 확인하기 바란다.
- SAP Note 2325817 - Migration of Analytic, Attribute and Script based Calculation Views to Graphical Calculation Views
- SAP Note 2618790 - Graphical View Modeling in SAP HANA - How to Avoid Unexpected Results.

튜토리얼

실전 연습을 위해 SAP Developer Community에서 "SAP HANA" 주제의 다음 튜토리얼을 참고할 수 있다.
- "Create Calculation Views with XS Advanced"

4.4 SAP HANA 확장 애플리케이션 서비스

네이티브 개발을 위해 SAP HANA 플랫폼은 SAP HANA XS라는 동일한 이름으로 두 가지 다른 애플리케이션 서버 기술을 제공한다. 초기 버전은 2013년 SPS 05에 도입됐다. ABAP 개발에서 설명했던 코드 푸시다운 개발 패러다임 전환은 SAP HANA 애플리케이션의 네이티브 개발에도 동일하게 적용된다. SAP HANA XS를 사용하면 애플리케이션 서버의 역할이 크게 줄어든다. 데이터 지향의 비즈니스 로직은 SQLScript, 뷰, 프로시저, 애플리케이션 함수를 사용해 데이터베이스 내에서 실행된다. 또한 HTML5/SAPUI5를 이용하여, UI 렌더링 역할을 (모바일) 클라이언트에 넘길 수 있다. 남은 것은 주요 절차적 애플리케이션 로직이다. SAP HANA XS에서 이 로직은 서버 사이드 JavaScript(XSJS)로 작성된다.

기술 배경

Java와 Javascript는 비슷하게 들리지만, 공통점이 없다. Java는 C나 C++ 같은 프로그래밍 언어이고 실행되기 전에 컴파일이 필요하다. JavaScript는 스크립팅 언어이며 런타임 엔진에 의해 해석돼 즉석에서 실행된다. 왜 JavaScript라고 불렀을까? 1995년에 JavaScript가 처음 도입되었을 때 Java가 인기가 많았기 때문이다(Mozilla Firefox의 전신인 넷스케이프 브라우저의 마케팅 부서 덕분에). JavaScript는 월드 와이드 웹을 만든 핵심기술인 HTML, Cascading Style Sheets(CSS)와 함께 삼위일체를 형성한다. 거의 모든 웹사이트에서 이를 사용하고, 모든 브라우저는 코드를 실행하기 위한 JavaScript 엔진이 내장되어 있다. JavaScript를 서버에서 실행하려면 서버 사이드 JavaScript(XSJS)를 익혀야 한다. 최근의 구현 예시는 Node.js(2009년)이다. XSJS는 SAP HANA XS와 함께 사용하기 위한 서버 사이드의 JavaScript 구현이다.

2년 6개월 후, SPS 11 릴리스에는 SAP HANA XS Advanced라고 불리는 새로운 애플리케이션 서버 아키텍처가 도입됐다. 이 아키텍처는 SAP 클라우드 플랫폼에서와 동일한 Cloud Foundry 기술을 사용하여 런타임을 추가했다. 아키텍처 측면에서 SAP HANA XS Advanced는 "구버전" SAP HANA XS 구현에 비해 많은 이점을 제공했으며, 4.4.2섹션에서 자세히 설명될 것이다. SAP가 개발한 네이티브 애플리케이션들은 한 두 릴리스 내에서 모두 업데이트됐으며, 개발자들은 마이그레이션 위저드와 문서를 사용해서 그들이 가진 SAP HANA XS 애플리케이션들을 간편하게 마이그레이션했다.

SAP HANA 2.0 SPS 02(2017년)에서 개발환경인 리포지토리, SAP HANA 스튜디오, SAP HANA XS 의 지원 중단을 발표했다. SAP HANA XS는 더 이상 SAP HANA 클라우드 에디션(Cloud Foundry 의 SAP 클라우드 플랫폼/SAP HANA 서비스)에 포함되지 않는데, SAP HANA XS Advanced도 마 찬가지로 포함되지 않는다. 왜냐하면 Cloud Foundry가 서비스로서의 엔터프라이즈 플랫폼(PaaS) 에서 애플리케이션 서비스들을 제공하기 때문이다. SAP HANA 2.0에서 네이티브 개발을 위해서는, SAP HANA XS Advanced가 가장 밀접한 플랫폼이지만, 구버전 SAP HANA XS가 여전히 사용 가 능하고, 어떤 애플리케이션에서는 아직도 사용하기 때문에(모든 마이그레이션 프로젝트가 완료된 것은 아님) 이어지는 두 섹션에서 차이점을 설명하겠다.

4.4.1 SAP HANA XS

SAP HANA XS는 일반적으로 경량 애플리케이션 서버로 간주된다. SAP HANA XS는 SAP NetWeaver, WebSphere 또는 기타 여러 제품들에 비해 확실히 가볍다. SAP HANA XS는 빌트인 애플리케이션 서버이며 SAP HANA 시스템의 필수적인 부분이다. 확장 애플리케이션 서비스는 SAP Web Dispatcher가 보조하는 운영체제 프로세스인 xsengine에 의해 제공된다. 이 SAP HANA XS 엔진은 데이터베이스 엔진 프로세스인 hdbindexserver 내부에 내장될 수 있다. SAP HANA 테넌트 데이터베이스(2단원 2.4.1섹션 참조)를 사용하면 xsengine이 자동으로 내장된다.

SAP HANA XS 산출물(JavaScript 코드)에는 다음이 포함된다.

- Jobs
- SAML
- SMTP
- HTTP destinations
- Trust stores

이런 산출물의 런타임을 구성하려면 SAP HANA XS Admin 도구를 사용한다. SAP HANA XS 산출 물을 개발하려면 SAP HANA 스튜디오 또는 SAP HANA Web-Based Development Workbench 의 개발 퍼스펙티브를 사용한다. SAP HANA XS Admin과 SAP HANA Web-Based Development

Workbench 도구는 모두 SAP HANA XS 애플리케이션이다.

SAP HANA XS Admin 도구와 SAP HANA Web-Based Development Workbench에 액세스하려면 특정 기능의 role이 필요하다(예: sap.hana.xs.admin.role::RuntimeConfAdministrator 또는 sap.hana.xs.ide.roles::Developer). SAP HANA 시스템 권한과는 다르게, SAP HANA XS 런타임 role은 표준 데이터베이스 유저(예: 데이터베이스 슈퍼 유저인 SYSTEM)에게 자동으로 부여되진 않는다. 모든 사용자에게 SAP HANA XS role을 부여하는 것이 매력적일 수 있지만, 보다 안전한 접근 방식은 새로운 유저(예: XS_ADMIN과 XS_DEV)를 생성하고 그 유저에게 필요한 권한을 부여하는 것이다.

웹 서버 기능을 위해, 3단원 3.4.1섹션에서 설명한대로 SAP HANA XS는 SAP Web Dispatcher를 가지고 있다. Basis 관리 경험이 있다면, SAP NetWeaver 시스템의 기능들과 유사하므로, 프로세스와 관리 도구에 익숙할 것이다. SAP HANA XS 엔진(또는 보다 정확히는 SAP Web Dispatcher)은 공개 URL의 요청을 대기하며, 이 URL은 (가상) 호스트 네임과 SAP HANA 시스템 인스턴스 넘버에 달린 기본 HTTP와 HTTPS 포트(예: 포트번호 8000과 4300)의 조합으로 구성된다.

기술 배경

SAP HANA XS 엔진은 SpiderMonkey JavaScript 런타임 엔진을 사용한다. 이 런타임 엔진은 원래 넷스케이프 네비게이터 브라우저 (1996년 첫 출시)용으로 개발됐으며 곧 Firefox에서 오픈 소스로 출시됐다. 엔진은 시간이 경과함에 따라 놀랍게 발전했다(현재 버전 60). SpiderMonkey 엔진은 브라우저 외에 MongoDB에서도 사용된다. SpiderMonkey 엔진의 인기 있는 대안으로는 Chrome 브라우저 및 Node.js JavaScript 런타임 엔진에 사용되는 (구글) V8 엔진이다.

SAP HANA XS 엔진은 각 애플리케이션마다 새로운 가상 머신을 사용하지만(JavaScript를 실행 코드로 컴파일하기 위해), 각 머신에 대해 개별적인 제어는 거의 하지 않는다. 모든 가상 머신은 동일한 버전을 실행하므로, 개별 앱별로 메모리를 설정할 수 없다. 또한 제어를 벗어난 가상 머신에 대한 보호가 불가능하므로 전체 xsengine 프로세스에 영향을 줄 수 있다.

4.4.2 SAP HANA XS Advanced

이름과 기능은 SAP HANA XS와 비슷하지만 SAP HANA XS Advanced는 완전히 다른 애플리케이션 서버 아키텍처를 사용한다. SAP HANA XS와 다르게, SAP HANA XS Advanced는 다운로드와 설치를 위한 별도의 컴포넌트이며 자체 role(xs_worker 및 xs_standby)이 함께 제공된다. 분산 멀티호스트 스케일아웃 환경에서 xs_worker role만 호스트에 할당하면 서버는 SAP HANA XS Advanced 전용으로 지정되고 다른 데이터베이스 프로세스는 관리하지 않는다. SAP HANA XS 엔진 프로세스에서는 이것이 불가능하다. 이미 언급했듯이 SAP HANA XS 엔진은 내장돼 있다. 즉 모든 SAP HANA 서버 설치에 포함된 것이며 SAP HANA XS 엔진을 확장하거나 변경을 위해 할 수 있는 일은 많지 않다.

기술 배경

SAP HANA XS Advanced 모델은 SAP HANA 플랫폼과 통합하기 위해 확장된 Cloud Foundry 기술을 제한적으로 적용한 것이다. SAP HANA XS Advanced는 SAP HANA 데이터베이스 통합, SAP HANA XS XSJS 지원, 기타 기능을 통해 Cloud Foundry를 지원한다.

Cloud Foundry는 원래 VMware(2009년)에서 개발한 소프트웨어로, Cloud Foundry Foundation(SAP 가 [창립] 플래티넘 회원[2014년])에서 오픈 소스로 만들어졌다. 다양한 리눅스 배포에 따라, 다양한 Cloud Foundry 플랫폼도 존재하며, 일반적으로 PaaS로 호스팅된다(SAP 클라우드 플랫폼의 Cloud Foundry도 PaaS 방식이다). 2015년 SPS 11에 출시된 SAP HANA XS Advanced는, SAP HANA 온프레미스에서도 애플리케이션 서버 런타임 서비스를 제공했다. 클라우드나 온프레미스 환경에서 모두 동일한 기술을 사용하므로, 비즈니스 사례에 따라 먼저 로컬로 개발한 다음 클라우드에 배포하거나, 그 반대의 경우도 가능하다.

애플리케이션은 컨테이너에서 배포되며, 서비스에 따라 외부 종속성이 결정되는데, SAP HANA XS Advanced의 경우, 데이터베이스 종속성 때문에 SAP HANA만 지원한다(SAP 클라우드 플랫폼은 여러 데이터베이스 서비스를 제공한다). 또한 SAP HANA XS Advanced에는 특정 배포기술(HDI)과 특정 개발환경(SAP Web IDE)이 포함돼 있다.

SAP HANA XS Advanced는 빌드팩(buildpack)이라는 다수의 런타임 엔진을 지원한다. SAP는 Java, Node.js(V8 JavaScript 엔진), Python에 대한 맞춤형 버전을 제공하지만, 맞춤형 빌드팩도 지원하므로 사용자가 자체 빌드할 수 있다. SAP HANA XS Advanced는 한 개의 xsengine 프로세스로 작동되는 것이 아니라, 각 런타임 인스턴스(애플리케이션)마다 별도의 OS 프로세스로 실행된다. 애플리케이션을 배포할 때 런타임이 컨테이너에 포함돼 있으므로, 서로 다른 런타임 버전을 나란히 실행할 수 있다. 각 애플리케이션은 메모리, 보안, 기타 설정에 대해 별도로 구성할 수 있다.

공유 서비스는 xscontroller 서비스에 의해 제공되며, 이 xscontroller는 애플리케이션을 배포하고 실행하며 모니터링을 위한 인터페이스를 제공한다. xsuaaserver 프로세스는 유저 계정과 인증(UAA, User Account and Authentication) 서비스를 제공하며, 이것은 데이터베이스 유저(named database user)와 외부 ID 공급자(id providers: IdPs)를 모두 지원하는 중앙집중식 유저 관리 환경 서비스이다. xsexecagent 프로세스는 실행 에이전트(execution agents)를 관리하며, 애플리케이션 인스턴스를 시작 및 중지하고 모니터링한다.

SAP HANA XS Advanced는 포트 기반 라우팅과 도메인 기반 라우팅을 모두 지원한다. 즉 여러 URL의 요청을 수신하도록 애플리케이션을 구성할 수 있다(예: https://publicservername:50060, https://publicservername:50061 또는 https://appname1.publicservername, https://appname2.publicservername 등). 디폴트로는 포트 기반 라우팅이 사용된다.

SAP HANA XS Advanced 명령줄 인터페이스(CLI)를 사용하면, 전체 애플리케이션 라이프사이클을 제어할 수 있다. xs push로 애플리케이션을 업로드하고, xs restage로 재배포하고, xs start로 시작하며, 기타 작업(scale, stop, delete, logs)을 수행할 수 있다. 그림 4.5와 같이, organization과 space를 관리하고, 플러그인, 도메인, 경로를 관리하며, (로컬) 마켓플레이스의 서비스와 묶을 수 있다. xs login 명령을 사용하면, API 엔드포인트인 SAP HANA XS 컨트롤러 애플리케이션에 접속할 수 있다. 애플리케이션은 organization(HANAExpress)의 하위 space(여기서는 SAP) 내에서 실행된다. xs apps 명령은 해당 space의 모든 애플리케이션을 나열한다.

```
hxeadm@hxehost:/usr/sap/HXE/HDB90> xs login

API_URL: https://hxehost:39030
USERNAME: XSA_ADMIN
PASSWORD>
Authenticating...
ORG: HANAExpress
SPACE: SAP
API endpoint:   https://hxehost:39030 (API version: 1)
User:           XSA_ADMIN
Org:            HANAExpress
Space:          SAP

hxeadm@hxehost:/usr/sap/HXE/HDB90> xs apps

Getting apps in org "HANAExpress" / space "SAP" as XSA_ADMIN...
Found apps:

name                    requested state   instances   memory    disk          alerts   urls
--------------------------------------------------------------------------------------------------------
auditlog-broker         STARTED           1/1         64.0 MB   <unlimited>            https://hxehost:51003
auditlog-db             STOPPED           0/1         16.0 MB   <unlimited>            <none>
auditlog-odata          STARTED           1/1         128 MB    <unlimited>            https://hxehost:51007
auditlog-server         STARTED           1/1         256 MB    <unlimited>            https://hxehost:51002
auditlog-ui             STARTED           1/1         64.0 MB   <unlimited>            https://hxehost:51008
cockpit-admin-web-app   STARTED           1/1         128 MB    <unlimited>            https://hxehost:51049
cockpit-adminui-svc     STARTED           0/1         128 MB    <unlimited>            https://hxehost:51048
cockpit-collection-svc  STARTED           1/1         768 MB    <unlimited>            https://hxehost:51041
cockpit-flp-content     STOPPED           0/1         32.0 MB   <unlimited>            <none>
cockpit-hdb-svc         STARTED           0/1         768 MB    <unlimited>            https://hxehost:51043
cockpit-hdbui-svc       STARTED           1/1         128 MB    <unlimited>            https://hxehost:51045
cockpit-health-svc      STARTED           0/1         64.0 MB   <unlimited>            https://hxehost:51039
cockpit-landscape-svc   STARTED           0/1         128 MB    <unlimited>            https://hxehost:51044
cockpit-message-svc     STARTED           0/1         128 MB    <unlimited>            https://hxehost:51040
```

그림 4.5 SAP HANA XS Advanced CLI

SAP HANA XS Advanced 환경을 구성하기 위해, 그림 4.6에 표시된 SAP HANA XS Advanced 콕핏 웹 애플리케이션을 사용할 수 있으며, 다음과 같은 이점을 얻을 수 있다.

- 사용자 관리를 위한 친숙한 UI를 제공한다.
- SAP HANA XS Advanced 개발을 위한 테넌트 데이터베이스를 지원한다.
- 데이터베이스를 특정 SAP HANA XS Advanced space에 바인딩한다.
- organization과 space를 관리한다.
- 라우팅을 구성한다.
- (로컬) 마켓플레이스에서 서비스를 지원한다.
- 리소스 사용량을 모니터링한다.

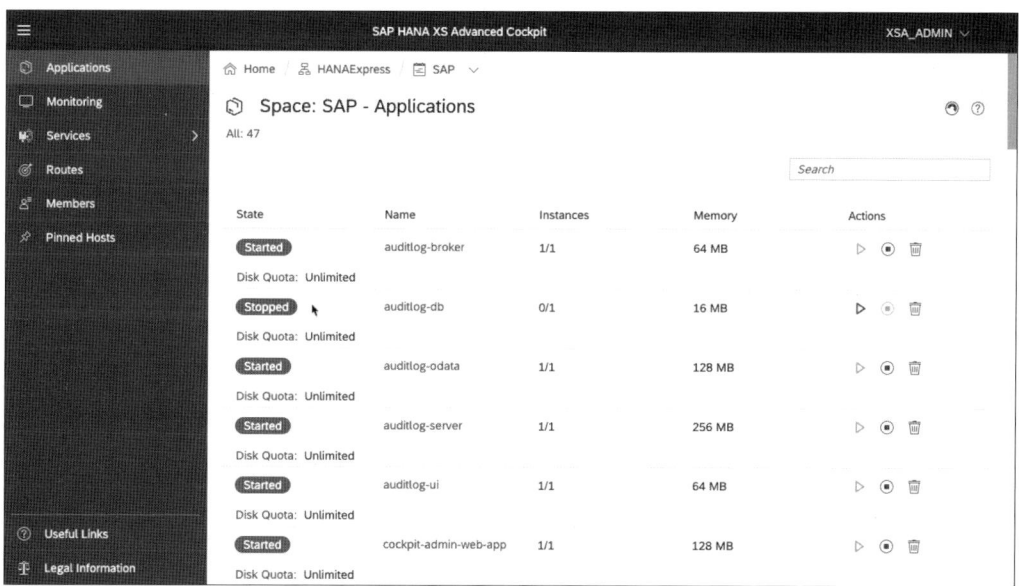

그림 4.6 SAP HANA XS Administration Cockpit

더 알아보기

SAP Help Portal에서 SAP HANA XS(SAP HANA 스튜디오, SAP HANA Web-Based Development Workbench를 이용한)와 SAP HANA XS Advanced(SAP Web IDE를 이용한) 개발을 위한 별도의 개발 안내서를 사용할 수 있다.

- SAP HANA Developer Quick Start Guide
- SAP HANA Developer Guide for XS Advanced Model

SAP Note

추가적인 정보를 위해, SAP Note의 BC-XS-RT 컴포넌트를 참고하기 바란다.

■ SAP Note 2596466 – FAQ: SAP HANA XS advanced

■ SAP Note 2465027 – Deprecation of SAP HANA extended application services, classic model and SAP HANA Repository

튜토리얼

SAP HANA XS Advanced를 실전 연습해 보려면, SAP Developer Community에서 다음 튜토리얼을 참고할 수 있다.

■ "Tutorial Navigator: Get Started with XS Advanced Development"

■ "Tutorial Navigator: Build a Basic SAP HANA XS Advanced Application"

4.5 핵심 데이터 서비스 (Core Data Services:CDS)

CDS를 사용하여 데이터베이스 디자인 타임 산출물을 정의할 수 있으며 CDS 문서, 엔터티 (테이블), 엔터티 간 연결, 사용자 정의 타입, 뷰 등을 생성할 수 있다. 기술적인 SQL DDL 구문과는 다르게, CDS는 추상화를 제공한다. 즉, 일반적인 용어로 테이블을 정의하고 컴파일러는 이 정의를 데이터베이스 버전과 같은 기술적 세부 사항을 고려하여 특정 SQL로 변환한다. 문서화에 관련해서는, CDS는 자세한 의미를 가지고 있다고 묘사되기도 하는데, 예를 들어 그림 4.7과 같이, 어노테이션(annotation)을 사용하여 데이터 영속성 모델(persistence model)에 설명을 추가할 수 있기 때문이다.

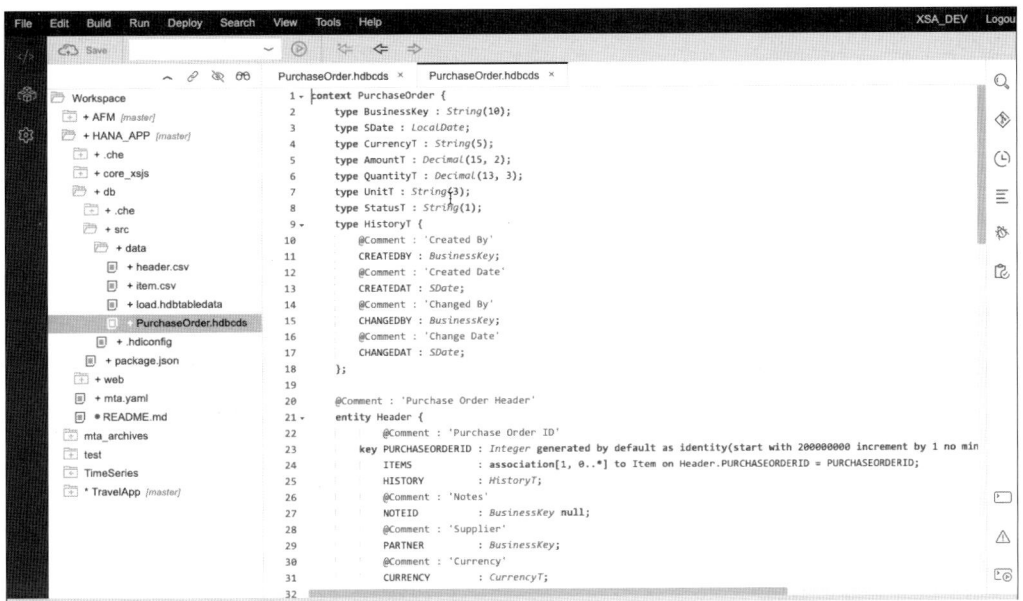

그림 4.7 SAP Web IDE를 이용한 CDS에서의 테이블 정의

이 어노테이션은 SAPUI5와 SAP Fiori를 사용할 때, 클라이언트 사이드에서 특정 동작을 제어하는 데 사용될 수 있다. CDS는 프로그래밍 모델 중에서 가장 이해하기 쉽다고 알려져 있다. CDS는 SAP HANA XS와 SAP HANA XS Advanced에서 서로 다르게 작동한다.

기술 배경

CDS는 SAP HANA 1.0 SPS 06(2014년)에 소개됐으며 SAP NetWeaver 7.4 SP5(2014년)에서 ABAP을 지원하도록 확장됐다. 그 후 SAP 애플리케이션과 SAP 클라우드 플랫폼은 기술에 상관없이 단일 데이터 모델을 지원해 새로운 code-to-data와 코드 푸시다운 패러다임을 촉진했다. SAP HANA의 경우, SPS 11(2016년)에서 SAP HANA XS Advanced와 HDI 지원을 위해 CDS가 확장됐다.

SAP Cloud Application Programming Model은 CDS와 개념적으로 유사한 "Core Data and Service" 라는 접근 방식을 사용한다(4.9.2섹션 참조). 기술적으로 모든 CDS는 다르게 구현된다.

SAP HANA XS Advanced에서 SAP HANA 네이티브 개발의 경우, CDS는 SAP Web IDE, HDI와 함께 작동한다(4.6섹션 참조). 예를 들어, SAP Web IDE는 그래픽 에디터에서 자동으로 테이블 정의를 표현한다. IDE가 애플리케이션을 빌드할 때, CDS 파일 확장자(.hdiconfig에 정의된 것과 같이)에 따라 해당 플러그인이 수행돼 소스를 파싱하고 데이터베이스 런타임 오브젝트를 만들기 위한 코드를 생성한다(HDI 사용하여). 어쨌든, CDS만이 유일한 선택 사항이 아니며, 일반 SQL DDL을

사용해 데이터베이스 오브젝트를 정의할 수도 있다.

> **더 알아보기**
>
> 자세한 내용은 SAP HANA Developer Guide for SAP HANA XS Advanced Model에서 "Defining the Data Model in XS Advanced"를 참조하길 바란다(또는 Developer Guide for SAP HANA XS). 두 가이드 모두 SAP HANA 플랫폼용 SAP Help Portal에서 찾을 수 있다.

> **튜토리얼**
>
> CDS를 사용한 실전 연습은 ABAP, SAP 클라우드 플랫폼, SAP S/4HANA를 위한 개발을 포함해 SAP Developer Community에서 선택할 수 있는 것이 많다. SAP Developer Community는 새로운 Core Data and Services 프로그래밍 모델도 다루고 있다. CDS를 사용하여 클라이언트 UI와 데이터베이스의 모델링 방법을 배우려면 "Tutorial Navigator: Create an SAPUI5 application with SAP HANA XS Advanced"를 참고하면 된다.

4.6 SAP HANA Deployment Infrastructure(HDI)

HDI는 SAP HANA 데이터베이스의 서비스 계층이며, 디자인 타임 산출물에서 런타임 데이터베이스 오브젝트를 만드는 데 도움을 준다. HDI는 종속성을 관리한다. 예를 들어 뷰를 만들기 전에 먼저 테이블을 만들어야 한다. HDI는 또한 한 트랜잭션으로 실행된다. 즉, 전체 작업이 성공 아니면 실패이다(우리는 데이터베이스를 엉망으로 만들기를 원하지 않는다). HDI는 SAP HANA XS Advanced 애플리케이션 개발을 위한 Node.js, Java 런타임, SAP HANA 개발 도구를 위한 SAP Web IDE와 함께 SAP HANA 1.0 SPS 11(2015년)에 도입되었다. 기술적으로 HDI는 Node.js 애플리케이션이다.

SAP HANA의 첫 번째 릴리스에서는 개발 산출물이 리포지토리에 저장됐다. 이 리포지토리는 애플리케이션 라이프사이클 관리의 핵심이었다. 리포지토리는 기술적으로 SAP HANA XS 환경의 일부는 아니지만 서로 밀접한 관련이 있으며, 리포지토리와 SAP HANA XS 모두 SAP HANA 2.0 SPS 02 릴리스 이후에는 더 이상 사용되지 않는다. HDI는 두 가지 주요 영역에서 리포지토리와 크게 다르다.

- HDI는 버전 컨트롤 또는 라이프사이클 관리 기능을 제공하지 않는다. 이러한 기능을 위해 SAP

Web IDE는 GitHub를 이용한다.

- HDI는 데이터베이스 오브젝트만 배포한다. JavaScript, OData 또는 애플리케이션 계층이나 UI 계층과 관련된 오브젝트는 배포하지 않는다.

HDI 컨테이너는 항상 디자인 타임 컨테이너 (design-time container: DTC)와 해당 런타임 컨테이너 (runtime container: RTC)의 쌍으로 제공된다. 런타임 오브젝트는 CDS 영속성 데이터 모델을 기반으로 HDI 컨테이너에서 생성되며, 이는 다중 배포를 허용할 뿐만 아니라, 한 개의 애플리케이션을 여러 버전으로 나누어 한 SAP HANA 데이터베이스 내에 배포할 수도 있다(리포지토리로는 불가능).

데이터베이스 내부에서 HDI 컨테이너는 스키마로 표현되며, 테크니컬 유저가 소유하고 다른 데이터베이스 오브젝트와는 격리돼 있다. 컨테이너 내에 로컬 오브젝트 접근만 허용되며 컨테이너 외부의 오브젝트에 접근하려면 오브젝트 소유자의 명시적인 권한 부여와 함께 동의어(synonym)가 필요하다. 결과적으로, 데이터베이스 오브젝트의 개발은 스키마를 알 필요가 없다. 리포지토리에서 모든 오브젝트는 단일 테크니컬 유저인 _SYS_REPO가 소유하고 액세스 가능했으며, 모든 모델링 된 뷰는 _SYS_BIC/_SYS_BI가 소유했다.

HDI 서비스는 diserver라는 프로세스에 의해 제공된다. 이 서비스는 SAP HANA XS Advanced 설치와 함께 자동으로 구성되고 시작된다. 일단 SAP HANA XS Advanced 개발환경이 구성된 이후, SAP Web IDE에서 Build 명령을 실행하면, 데이터베이스에 HDI 컨테이너를 생성하고 데이터베이스 오브젝트를 생성하는데 필요한 단계들이 실행된다(그림 4.8 참고). 다른 방법으로는, 명령줄에서 xs (및 cf) CLI를 사용하거나 SQL API를 사용한 SQL 프롬프트에서 HDI와 작업할 수 있다.

튜토리얼

HDI를 사용한 실전 연습을 위해, SAP Developer Community에서 다음 튜토리얼을 참고할 수 있다.

- "Tutorial Navigator: Get Started with XS Advanced Development"
- "Tutorial Navigator: Build a Basic SAP HANA XS Advanced Application"

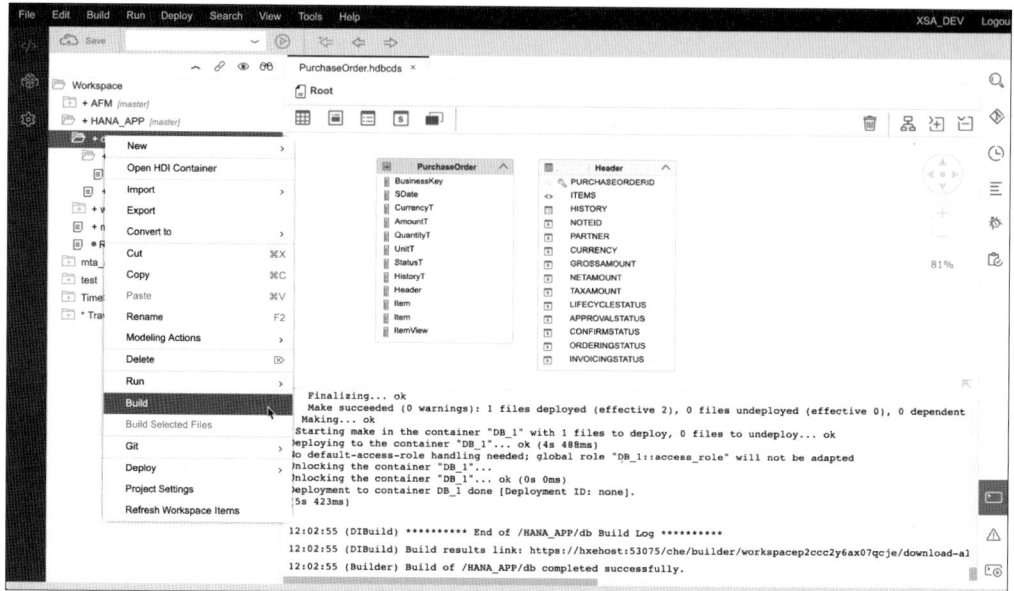

그림 4.8 Building Design-Time Artifacts and Deploying to Runtime Database Objects

더 알아보기

자세한 내용은 SAP HANA Deployment Infrastructure (HDI) Reference와 SAP HANA Developer Guide for SAP HANA XS Advanced Model에 있는 "Deployment-Infrastructure Services in XS Advanced"를 참고하면 된다. 모두 SAP Help Portal에서 제공된다.

4.7 애플리케이션 라이프사이클 관리

SAP HANA 애플리케이션 라이프사이클 관리에서는 모델링, 개발, 통합, 테스트 이관, 운영, 설치, 구성에 이르기까지 애플리케이션 라이프 사이클의 여러 단계를 정의하고 있다. 이러한 단계를 구현하는 방법은 조직에 따라 달라진다. 전통적인 IT 환경에서는 운영 시스템을 위한 설치와 구성 단계는 운영 조직에서 관리한다. 데브옵스 조직에서는 설치와 구성 단계는 개발과 운영간에 공동 책임이 된다.

SAP HANA XS 환경에서 개발 산출물은 패키지에 저장된다. 패키지는 논리적으로 함께 묶이는 것을 의미하며, 배포 단위로 묶여서 제공된다. 제품은 하나 이상의 배포 단위를 가지고 있다. 배포 단위는 독립적으로 이관이 가능하며, hdbalm 명령줄 도구 또는 SAP HANA 애플리케이션 라이프사이클 관리 웹 애플리케이션을 사용하여 구성하고 이관(native SAP HANA transport)을 수행할 수 있다. SAP 소프트웨어 로지스틱스에는 ABAP 오브젝트의 애플리케이션 라이프사이클을 관리하기 위한 Change and Transport System(CTS+)이 포함돼 있다. CTS+에는 non-ABAP 오브젝트도 포함되어 있으며 SAP HANA 콘텐츠 이관에 활용할 수 있다. 다른 방법으로는, SAP HANA transport for ABAP (HTA)을 사용할 수 있다.

어떤 도구를 사용할 것인지는 시나리오에 따라 달라진다. SAP HANA 개발이 ABAP 개발 오브젝트와 밀접하게 관련되어 있거나 의존하는 경우에는 HTA가 권장된다. 이러한 상황은 거의 없지만, 이미 CTS+를 사용해 non-ABAP 오브젝트를 이관(또는 SAP Solution Manager 변경 요청 관리 또는 품질 게이트 관리 기능을 사용)하고 있다면, CTS+와 함께 native SAP HANA transport 옵션을 사용하는 것이 올바른 선택이다. SAP HANA XS 애플리케이션을 위한 독립적인 SAP HANA 환경에서는 SAP HANA의 네이티브 이관 기능을 사용할 수 있다.

SAP HANA XS Advanced 애플리케이션의 경우, 4.4.2섹션에서 설명했듯이 HDI를 사용할 것이며, SAP HANA와 ABAP 오브젝트의 혼합 이관을 위해 HTA(HDI용 HTA)와 조합하여 사용할 수도 있다. 이러한 접근법은 개발 오브젝트 콘텐츠가 서로 의존적이고 함께 이관돼야 할 때 필요하다.

> **더 알아보기**
>
> 자세한 내용은 SAP HANA Application Lifecycle Management guide를 참고하면 된다. 이 가이드는 SAP HANA XS(SAP HANA XS Advanced 아님)에 대해 설명하고 있다.
> SAP HANA transport for ABAP(HTA)대한 자세한 설명은 SAP NetWeaver 문서 포털로 이동해서 Using SAP HANA Transport for ABAP – ABAP for SAP HANA Development User Guide and HTA for HDI – Software Logistics를 참고하면 된다.

4.8 JSON 다큐먼트 스토어

SAP HANA 2.0은 JSON 다큐먼트 스토어를 제공하며, 이것은 SAP HANA 플랫폼에 문서 기반 데이터베이스를 추가한다. "다큐먼트"는 JSON 명명 규칙이며 PDF나 다른 유형의 문서와 관련이 없다. 일반적으로 원자성(Atomicity), 일관성(Consistency), 독립성(Isolation), 지속성(Durability)의 앞글자를 딴 ACID 준수가 필요한 트랜잭션에는 관계형 데이터베이스를 사용한다. 이와 다른 스토리지 요구사항에 대해서는 NoSQL 데이터베이스가 좋은 대안이 될 수 있다. 특히 사전 정의된 데이터 구조 없이 대량의 데이터를 저장해야 하며, 빈번하게 데이터 모델을 변경해야 하는 민첩성이 필요한 경우에 더욱 그렇다. SAP HANA 플랫폼에서 JSON 다큐먼트 스토어를 사용하면 SQL을 사용해 JSON 데이터를 쿼리 및 조작할 수 있고, 관계형 컬럼 스토어 테이블 및 로우 스토어 테이블과 JSON 문서를 조인할 수 있는데, 이 기능이 다큐먼트 스토어 트랜잭션의 ACID 준수를 가능하게 한다.

테넌트 데이터베이스에서 다큐먼트 스토어를 사용하도록 설정하면, 별도의 프로세스인 docstore가 시작된다. 다큐먼트 스토어는 정식 SAP HANA 서비스로서 자동으로 백업되며, 시스템 리플리케이션과 멀티호스트 스케일아웃 시스템의 고가용성 아키텍처에 통합된다(2단원 2.4섹션 참조). JSON 다큐먼트 스토어는 NoSQL 데이터베이스를 SAP HANA 플랫폼에 추가하고, 관리와 개발을 위한 기존 SAP HANA 도구는 계속 사용할 수 있다.

기술 배경

JavaScript Object Notation(JSON)은 데이터(.json 파일)를 교환하고 저장하는 구문이다. 이 구문은 JavaScript 오브젝트를 생성하기 위한 코드와 동일하지만, JSON이 텍스트 형식이므로 모든 프로그래밍 언어에서 데이터 처리 포맷으로 읽고 사용될 수 있다. XML과 마찬가지로, JSON은 브라우저에서의 파싱이 매우 빠르고 간편하다. JSON 데이터는 중첩(nest)될 수 있고, 사전 정의된 필드와 데이터 타입이 없으며, 스키마가 없다. 그러나 JSON 데이터는 반정형화(semistructured)돼 있는데, 다음과 같이 데이터 내에서 자신의 구조를 설명한다는 점에서 그렇다.

```
{"firstname": "John", "lastname": "Smith", "age": 45}
```

JSON을 데이터베이스에 문서로 저장할 수 있으며, 일반적으로 Not-Only SQL(NoSQL) 데이터베이스에 저장한다. 다양한 유형의 NoSQL 데이터베이스를 사용할 수 있으며, 다큐먼트 스토어는 그중의 하나일 뿐이다. MongoDB는 문서용으로 잘 알려진 NoSQL 데이터베이스이다. 다른 예로는 그래프를 위한 Neo4j와 key-value를 위한 Redis가 있다.

문서는 컬렉션에 저장되므로, 먼저 컬렉션을 생성해야 한다. 컬렉션은 테이블로 표현되며, 예를 들어, 이 테이블은 SQL을 사용하여 JSON 문서를 삽입하거나 CSV 파일에서 데이터를 임포트할 때 사용된다.

문서는 로우로 표현된다. 다큐먼트 스토어에는 자체 DDL(create)과 DML(insert) 명령문이 있으며,

예를 들어 SQL 함수(JSON_TABLE, JSON_QUERY, JSON_VALUE)는 JSON 텍스트를 쿼리하고 결과를 관계형 테이블로 표현할 수 있다. 그림 4.9는 SQL을 사용하여 JSON 다큐먼트 스토어와 데이터를 주고받는 방법을 보여준다.

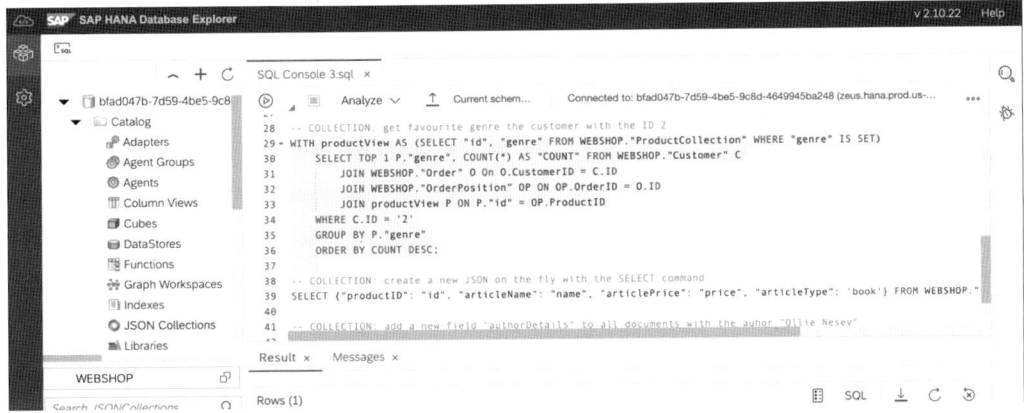

그림 4.9 Working with JSON Collections in the SQL Console

더 알아보기

SAP HANA JSON 다큐먼트 스토어는 다음 2개의 가이드로 문서화돼 있으며 SAP Help Portal에서 읽거나 다운로드할 수 있다.

■ SAP HANA JSON Document Store Guide
■ JSON Document Store Statements

튜토리얼

JSON 다큐먼트 스토어 실전 연습을 위해 SAP Developer Community에서 다음과 같은 튜토리얼을 볼 수 있다(제목은 관련성 없어 보이지만 다큐먼트 스토어와 관련 있음). : "Tutorial Navigator: Explore Advanced Analytics with Node.js and PHP"

4.9 SAP 클라우드 플랫폼

SAP 클라우드 플랫폼은 모바일, 빅데이터, 머신 러닝, IoT, 블록체인과 같은 광범위한 개발 서비스를 제공하는 서비스로서의 엔터프라이즈 플랫폼(PaaS)으로, 서비스로서의 SAP HANA 데이터베이스(database-as-a-service)도 포함한다. 이 섹션에서는 특히 소프트웨어 개발에 중점을 둘 것이다. SAP 클라우드 플랫폼을 사용하면 클라우드에서 비즈니스 애플리케이션을 생성, 확장, 통합할 수 있다. 세 가지 주요 활용 사례는 다음과 같다.

■ 혁신

클라우드 플랫폼으로, 플랫폼에서 사용할 수 있는 개발 서비스를 다른 기술이나 인프라를 융합해 새로운 "클라우드 네이티브" 애플리케이션을 만들 수 있다.

■ 통합

애플리케이션이 온프레미스나 클라우드 중 어디에서 실행되는지 여부에 상관없이, 개별 시스템을 연결하고 효율성을 높이기 위해 클라우드 플랫폼을 사용할 수 있다. 사실, 클라우드 플랫폼은 기업 데이터 센터를 클라우드 기반 비즈니스 애플리케이션과 통합하기에 가장 좋은 장소일 것이다.

■ 확장

확장을 통해 기존 비즈니스 애플리케이션에 기능을 추가할 수 있다. 페이스북이나 Gmail과 같은 클라우드 애플리케이션은 개인 설정은 가능하나 커스터마이징은 어렵기 때문에, 기능을 수정하거나 추가하기 위해선 확장이 필요하다. 기능 추가는, 기업 데이터 센터에서 실행되는 애플리케이션을 확장하거나 SAP Ariba와 같은 클라우드 기반 애플리케이션을 확장하려는 경우에도 동일한 방식으로 가능하다.

PaaS를 사용하고자 하면, 바로 시작할 수 있다. 하드웨어 구매도 필요 없고 설치하거나 구성할 것도 없다. 클라우드 플랫폼은 사용자 증가에 따라 필요할 때 즉시 확장되는 동시에, 계절적 수요에 맞게 규모를 축소하여 적용할 수 있는 유연성이 있다. 오늘날의 비즈니스와 마케팅 용어로 표현하면 클라우드 플랫폼은 '민첩성'과 '빠른 출시 기간'을 제공한다. 이 섹션에서는 다양한 SAP 클라우드 플랫폼 환경의 옵션들, SAP Cloud Application Programming Model, SAP 클라우드 플랫폼/SAP HANA 서비스에 대해 간략하게 설명할 것이다.

더 알아보기

SAP 클라우드 플랫폼의 다양한 환경, 기능, 서비스에 대해 배울 수 있는 가장 좋은 방법은 http://s-prs. co/v488418에서 무료 평가판 계정을 등록하는 것이다.

SAP Developer Center는 기능의 개요, 많은 튜토리얼 목록, 블로그, Q&A, 기타 리소스를 찾아 볼 수 있는 좋은 출발점이다. 예를 들어 무료 openSAP 과정과 같은 유익한 정보를 알려주는 SAP Cloud Platform SAP Community 사이트를 북마크하는 것도 좋은 방법이다.

4.9.1 Cloud Foundry와 Neo

SAP 클라우드 플랫폼에는 Cloud Foundry와 Neo의 두 가지 환경을 사용할 수 있다. Neo는 전 세계 SAP 데이터 센터에서 독점적으로 호스팅하고 있다. Cloud Foundry의 경우, 인프라는 (주로) 아마존 웹 서비스(AWS), 마이크로소프트 애저, 구글 Cloud Platform(GCP)과 같은 SAP 파트너가 제공하며, SAP는 플랫폼 계층으로 운영하고 있다.

> **기술 배경**
>
> SAP의 엔터프라이즈 PaaS 프로젝트는 Java용 SAP NetWeaver Application Server(SAP NetWeaver AS for Java)에 대한 주문형, 클라우드 기반 서비스 제품을 만드는 것으로 시작됐으며, "NetWeaver on-demand" 또는 줄여서 Neo(2012년)라고 알려져 있다. 이 플랫폼은 HANA 클라우드 플랫폼으로 출시됐으며 나중에 SAP 클라우드 플랫폼(2017년)으로 이름이 변경됐다. http://s-prs.co/v488419에서 "Neo" SDK를 다운로드할 수 있으며 neo는 CLI의 이름이기도 하다.

Neo와 마찬가지로, Cloud Foundry는 애플리케이션을 위한 클라우드 호스팅 런타임을 제공하지만 Java에 국한되지는 않는다. Cloud Foundry에는 Node.js, PHP, Python, Go, R, Ruby, .NET 등의 런타임을 제공하며, 그 외 자체 런타임(또는 '빌드팩')을 만들고 업로드할 수도 있다. 실제로 Cloud Foundry의 목표는 개발에서 운영까지 애플리케이션의 지속적인 배치를 위한 클라우드 네이티브 아키텍처를 공급하는 것이다.

Cloud Foundry는 컨테이너와 함께 작동한다. 즉, Cloud Foundry는 완전히 가상화돼 있어서 자신의 컴퓨터에서 구동하거나 PaaS 공급자에게 요청하여 사용할 수 있다는 것을 의미한다.

SAP HANA XS Advanced 아키텍처는 Cloud Foundry를 기반으로 하고, 동일한 마이크로 서비스 아키텍처, 동일한 UAA 서비스, 동일한 라우팅 서비스를 사용한다. 결과적으로, SAP HANA XS Advanced 애플리케이션을 쉽게 개발할 수 있는데, 왜냐하면 온프레미스의 SAP HANA 플랫폼에서 프로젝트를 개발하고 운영을 위해 SAP 클라우드 플랫폼에 애플리케이션들을 배포할 수 있는 확장성과 유연성이 있기 때문이다. SAP HANA XS Advanced와 Cloud Foundry를 함께 작업할 때 어려움에 부딪히는 일은 없을 것이다. 예를 들어 CLI xs와 cf는 정확하게 같은 방식으로 작동한다 (4.6섹션 참고).

4.9.2 SAP Cloud Application Programming Model

SAP 클라우드 플랫폼용 애플리케이션을 개발, 확장 또는 통합하기 전에 SAP Cloud Application Programming Model에 익숙해져야 한다. 비록 이 책의 범위를 넘어 자세히 다루지 못하지만, 이 프로그래밍 모델은 언급되지 않은 채로 두기에는 너무나 중요하다. 대부분의 모델과 마찬가지로, 목표는 편의성을 높이고 개발자가 인프라 문제에 신경 쓸 필요 없이, 도메인 로직에 집중하는 것이다.

SAP Cloud Application Programming Model은 모든 개발환경과 호환되지만 SAP Web IDE 전체 스택(full-stack)을 사용하는 것이 좋다. 여기서 "전체 스택"이라는 용어는 백엔드(데이터베이스), 미들웨어 (비즈니스 로직), 클라이언트(프레젠테이션) 모두 개발 범위에 포함된다는 의미이다. 디자인 타임에서 런타임으로 전환하기 위해 SAP Cloud Application Programming Model은 CDS를 제안한다. 이 CDS는 Core Data and Services의 약자이며, 개념적으로는 유사하지만 4.5섹션에서 설명한 SAP HANA와 함께 사용되는 CDS와는 구현이 약간 다르다.

더 알아보기

SAP Cloud Application Programming Model에 대한 자세한 정보는 SAP Help Portal(Working with the SAP Cloud Application Programming Model)에서 Getting Started Guide for the SAP Cloud Platform을 참고하면 된다.

튜토리얼

실전 연습을 위해 SAP Developer Community에서 "SAP Cloud Application Programming Model" 주제에 대한 튜토리얼 중 다음을 참고하기 바란다.

- "Tutorial Navigator: SAP Cloud Application Programming Model"
- "Use the SAP Cloud Application Programming Model to Create a Full-Stack App"

4.9.3 SAP 클라우드 플랫폼/SAP HANA 서비스

SAP 클라우드 플랫폼/SAP HANA 서비스는 "서비스로서의 SAP HANA 데이터베이스(SAP HANA database as-a-service)"이다. 초기에 SAP 개발팀은 내부적으로 DBaaS라는 이름과 "서비스로서의 HANA"(HANA-as-a-service), 또는 "HaaS"를 사용했지만, 공식적으로 승인된 이름이 아니었기 때문에 "dbaas"는 URL에서는 찾을 수 있지만 관련 문서에서는 찾을 수 없다. SAP 클라우드 플랫폼/SAP HANA 서비스는 SAP HANA 플랫폼의 기능 대부분을 제공하는데, SAP HANA XS Advanced 애플리케이션 서비스는 예외적으로 제공하지 않는다. SAP 클라우드 플랫폼에 있는 Cloud Foundry

에서 제공되기 때문이다.

SAP 클라우드 플랫폼/SAP HANA 서비스를 사용하여 애플리케이션을 개발하는 방법은 각 환경마다 다르다. SAP 데이터 센터에서 호스팅된 Neo 환경에서는 마지막 SAP HANA 1.0 메인터넌스 릴리스의 인스턴스를 생성하고, 단일 데이터베이스 시스템 혹은 테넌트 데이터베이스 시스템을 선택할 수 있다. 애플리케이션을 개발하기 위해, SAP HANA 도구와 UI 개발 툴키트를 사용할 수 있다. 이 도구들은 SAP Development Tool 웹사이트에서 다운로드할 수 있으며, 이클립스용 HTML5 플러그인으로 제공된다(이클립스 IDE는 SAP HANA 스튜디오로 전환할 수 있다). SAP 클라우드 플랫폼 평가판 계정으로 작업할 때, SHINE 튜토리얼 애플리케이션(4.13섹션 참고)을 사용할 수도 있다. 이 환경은 구버전 SAP HANA XS 개발에 가장 적합하다.

Cloud Foundry 환경에서 SAP HANA 2.0 애플리케이션을 개발하려면, 먼저 SAP 클라우드 플랫폼/SAP HANA 서비스의 인스턴스를 생성하고, 사용할 에디션과 할당할 메모리의 양을 결정해야 한다. SAP Help Portal에서 SAP 클라우드 플랫폼/SAP HANA 서비스의 기능 범위 설명은 필요한 버전을 선택하는 데 도움이 될 것이다.

다음으로, SAP HANA 서비스 브로커라고 불리는 것(SAP HANA 스키마와 HDI 컨테이너)의 인스턴스를 생성해야 한다. 이 서비스 브로커는 인스턴스 내에 HDI 컨테이너를 설정한다. 그런 다음 애플리케이션을 컨테이너에 바인딩하여 디자인 타임 개발 산출물을 런타임 데이터베이스 오브젝트로 만들고 배포할 수 있다.

더 알아보기

SAP 클라우드 플랫폼/SAP HANA 서비스를 위한 개발은 SAP Help Portal에 문서화돼 있다.

- Developing SAP HANA in the Neo Environment
- Developing SAP HANA in the Cloud Foundry Environment
- SAP Cloud Platform, SAP HANA Service – Getting Started Guide – "SAP Cloud Platform, SAP HANA Service in AWS and GCP Regions"

튜토리얼

실전 연습을 위해 SAP Developer Community의 "SAP Cloud Platform, SAP HANA service" 주제에 관한 다음 튜토리얼을 참고하기 바란다. : "Tutorial Navigator: SAP Cloud Platform, SAP HANA service."

4.10 클라이언트 인터페이스

클라이언트를 사용하거나 웹 기반 인터페이스를 통해 SAP HANA 데이터베이스에 접속할 수 있다. 웹 기반 OData, XMLA, InA 인터페이스에 대해서는 4.11섹션을 참고하면 된다. 이 섹션에서는 데이터베이스 클라이언트를 소개할 것이다.

4.10.1 SAP HANA 클라이언트 설치

SAP HANA 클라이언트는 32비트와 64비트의 윈도우, macOS, 유닉스, 리눅스 운영체제 및 여러 아키텍처(Intel, Power)에서 지원된다. 3단원 3.3.2섹션에서 설명한 대로, 정확한 버전은 Product Availability Matrix(PAM)에 나열돼 있다. SAP HANA 2.0 SPS 04부터는, 클라이언트에 대해 단일 공개 릴리스 전략을 세웠으며, 이 전략은 SAP HANA 데이터베이스 서버의 SPS 레벨이나 리비전과 상관없이 최신의 클라이언트 버전을 사용할 수 있도록 했다. 클라이언트를 설치하거나 업데이트하려면, 일회성 설치에 그래픽 설치 프로그램(SAP HANA Lifecycle Management 도구 hdblcm - 3단원 3.1.2섹션 참조)을 사용하거나, 스크립트 기반의 명령줄 설치 프로그램(batch)을 사용할 수도 있다.

SAP HANA 클라이언트와 서버 간의 통신을 암호화하려면 CommonCryptoLib 암호화 라이브러리를 설치해야 한다(6단원 6.3.3섹션 참조). 이 라이브러리는 LDAP 인증이나 클라이언트 사이드 암호화를 사용할 때 필요하며, 또는 SAP HANA 클라이언트가 SAP 클라우드 플랫폼/SAP HANA 서비스에 연결할 때 필요하다. CommonCryptoLib를 사용하면, 추가 보안을 위해 상호 인증을 구성할 수 있다. 이런 설정으로, 클라이언트는 원하는 서버에 제대로 연결돼 있는지 검증하고(중간 공격 방지), 서버는 오직 지정된 클라이언트 연결만 허용한다.

매번 연결할 때마다 연결 문자열(서버명, 포트, 데이터베이스, 유저명, 패스워드)을 입력하지 않으려면, hdbuserstore 명령어를 사용해서 보안 유저 스토어에 해당 문자열을 Key로 저장할 수 있다. 이 보안 유저 스토어와 hdbuserstore 명령어는 SAP HANA 클라이언트에 포함돼 있다. 서비스 연결 시에, 텍스트 파일이나 윈도우 레지스트리에서 패스워드를 저장하지 않도록 이 방법을 권장한다.

SAP HANA를 위한 특정 기능은 SQL Database Connectivity(SQLDBC)라는 별도의 계층에서 제공된다. 이 계층은 클라이언트 드라이버와 SAP HANA 데이터베이스 사이에 존재한다. 모든 클라이언트가 클라이언트 드라이버를 필요로 하는 것은 아니다. SAP HANA 대화형 터미널(hdbsql)과 같은 일부 도구는 SQLDBC에 직접 연결한다. non-ODBC 애플리케이션을 트러블슈팅하는 경우에, SQLDBC 계층에서 트레이스를 활성화할 수 있다. 네트워크 트래픽은 압축될 수 있으나, 그렇게 한다고 해서 항상 성능이 향상되는 것은 아니다. 결과 집합을 사전에 가져오고(prefetch), 저장 프로시저를 다각도로 사용하거나, 기타 기술을 이용하여 더 좋은 결과를 얻을 수도 있다.

4.10.2 SQLDBC

JDBC(4.10.3섹션 참조)를 제외한 모든 SAP HANA 클라이언트는 SQLDBC를 통해 SAP HANA 데이터베이스에 접속하며, SQLDBC는 SAP HANA의 특정 데이터에 액세스하거나 수정하는 등의 SQL 명령문을 실행하는 런타임 라이브러리이다. SQLDBC 라이브러리는 인메모리 데이터베이스의 정확한 작동 방식에 대한 모든 정보를 가지고 있기 때문에, SQLDBC를 사용하면 일반 ODBC 드라이버와 비교할 때 훨씬 더 나은 성능을 제공한다. 특히 Python이나 ADO.Net과 같은 클라이언트에서 사용할 때가 그렇다. SQLDBC는 독점 프로토콜이며 공개적으로 문서화되지 않는다(트레이스와 오류 코드는 제외). 이러한 공유 SQLDBC 계층 때문에 모든 SAP HANA 클라이언트는 active/active read-enabled 시스템 리플리케이션, 클라이언트 사이드 암호화 등과 같은 SAP HANA를 위한 특정 기능을 즉시 지원할 수 있다.

4.10.3 JDBC

ODBC와 함께, JDBC 드라이버는 데이터베이스 클라이언트를 데이터베이스 서버에 연결하는 가장 일반적인 방법을 제공한다. 단순한 Java Archive(JAR) 파일인 이 드라이버는 보통 SAP HANA 스튜디오 이클립스 플러그인의 경우와 마찬가지로 애플리케이션에 임베딩되지만, 테스트를 위해 명령줄에서 사용될 수도 있다. SAP HANA JDBC 드라이버는 ngdbc.jar이다. 파일명이 "SAP HANA"로 되어있지 않고 굳이 ngdbc (next-generation database client의 약자)라는 명칭을 사용하는 것을 보면 ngdbc가 더 먼저 나온 기술임을 유추할 수 있다. "Next- generation database"는 SAP 개발팀에서 내부적으로 사용된 초기 이름 중 하나였다.

JDBC JAR 파일은 SAP HANA 클라이언트 미디어의 일부지만, ngdbc는 자체 내장되므로 별도의 클라이언트 설치가 필요 없다. 예를 들어 SQuirreL SQL과 같은 기타 JDBC 클라이언트에 이 드라이버를 사용하려면, JDBC JAR 파일을 필요한 위치에 복사하기만 하면 된다. 연결 속성은 클라이언트 사이드 암호화, 시스템 리플리케이션, 클라우드 커넥터, 호스트 페일오버, 기타 SAP HANA를 위한 특정 기능을 지원한다. 이러한 기능들은 드라이버에 포함되어 있으며 SQLDBC가 필요하지 않다.

코드 클리닉

getConnection() 메소드는 다음과 같이 연결을 생성하는 데 사용된다.

```
java.sql.Connection conn = java.sql.DriverManager.getConnection
```

```
("jdbc:sap://host.example.com/?instanceNumber=90&databaseName=HXE",
"SYSTEM", "*****");
```

다른 방법으로 명령줄에서 연결을 생성(테스트)할 수 있다.

```
java -jar ngdbc.jar
-u SYSTEM, Welcome1 -i 90 -n host.example.com:39015 -d HXE
-c "SELECT DATABASE_NAME FROM M_DATABASES"
```

더 알아보기

자세한 내용은 SAP Help Portal의 SAP HANA Client Interface Programming Reference에서 "JDBC Application Programming"을 참고하면 된다.

4.10.4 ODBC

JDBC와 함께 ODBC 드라이버는 데이터베이스 클라이언트를 데이터베이스 서버에 연결하는 가장 일반적인 방법을 제공한다. 리눅스와 유닉스 운영체제에서, ODBC 드라이버는 공유 오브젝트(.so) 파일로, 다른 라이브러리 파일과 링크하며 제대로 작동하도록 환경변수 LD_LIBRARY_PATH를 지정해야 한다. 마이크로소프트 윈도우에서 환경은 레지스트리에 등록되며, ODBC 드라이버는 개념적으로 공유 오브젝트와 동일한 다이내믹 링크 라이브러리 (dynamic link library: DLL)이다. SAP HANA JDBC 드라이버와 마찬가지로, 파일 이름(libodbcHDB.dll, libodbcHDB.so)은 드라이버가 먼저 나온 기술이라는 것을 나타내는데, 이번에는 "Hybrid Database" 내부 이름(인메모리 컴퓨팅 엔진이 로우, 컬럼, 오브젝트 스토어를 결합했기 때문에 "hybrid")에서 따온 것이다.

HDBODBC 드라이버는 SAP HANA 클라이언트에 포함되어 있다. ODBC 연결을 만들기 전에 먼저 적절한 버전을 설치해야 한다. 어떤 플랫폼의 경우 64비트 클라이언트만 지원되지만, 마이크로소프트 윈도우 및 인텔 리눅스와 같은 다른 플랫폼의 경우 32비트와 64비트 클라이언트를 모두 설치할 수 있다.

마이크로소프트 윈도우 플랫폼에서는 그림 4.10과 같이 ODBC 데이터 소스 관리자를 사용해 데이터 소스를 정의할 수 있다. 데이터 소스 이름(data source name: DSN)에는 연결 문자열의 서버와 포트 번호가 포함된다. DSN을 사용할 때 유저명과 패스워드를 제공해야 한다. ODBC 데이터 소스 관리자를 사용하면, 개인용으로 사용하거나 시스템 DSN으로 시스템 전체에서 사용할 수 있도록 SAP HANA DSN을 생성할 수 있으며, 커넥션 풀과 기타 속성에 대한 일반 설정을 할 수도 있다. ODBC 데이터 소스 관리자를 사용하면, 웹 소켓을 사용하여 SAP 클라우드 플랫폼/SAP HANA 서비스에 연결할 때와 같이 훨씬 더 까다로운 환경에서도 ODBC 연결을 정의할 수 있다.

유닉스와 리눅스 플랫폼에서 ODBC 구성은 파일을 기반으로 한다. ODBC 드라이버 매니저의 설치가 필요할 수 있는데, 보통은 시스템에 포함돼 있지 않다.

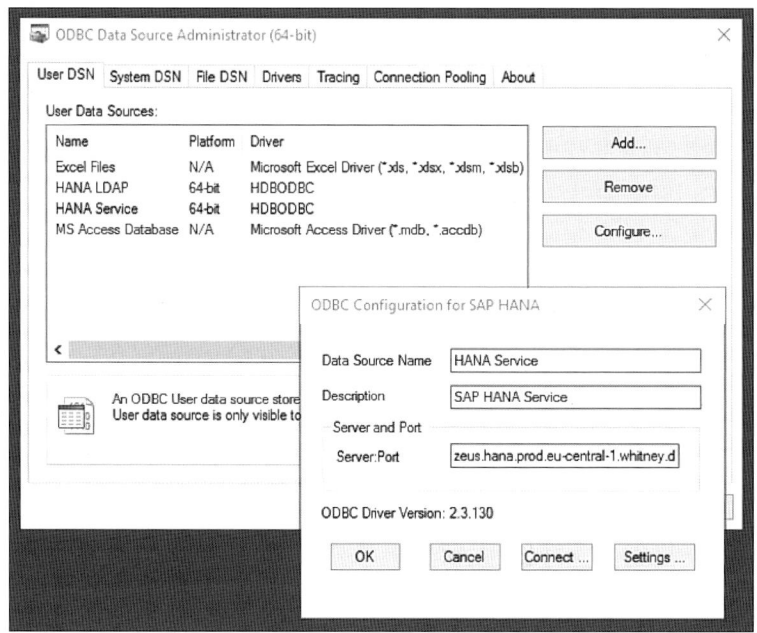

그림 4.10 ODBC Configuration for SAP HANA

JDBC와 마찬가지로, SAP HANA 클라이언트 보안 유저 스토어(hdbuserstore)를 사용해, 유저명과 패스워드를 포함한 ODBC 연결 문자열을 키(key)로 암호화된 파일(유저 스토어)에 저장할 수 있다. 그러면 클라이언트는 패스워드를 사용하는 대신 키로 연결할 수 있으므로, 서비스 연결을 위해 구성 파일이나 레지스트리 키에 패스워드를 입력하지 않아도 된다.

기술 배경

ODBC(Open Database Connectivity) API는 JDBC보다 몇 년(1992년) 앞선다. 컴퓨팅 초기에는 임베디드 SQL로 코드를 컴파일해야 했고, 임베디드 SQL은 모든 언어와 모든 데이터베이스마다 다르게 작동했다. 윈도우 운영체제에는 ODBC 드라이버 매니저와 구성 인터페이스인 ODBC 데이터 소스 관리자가 포함돼 있다. 리눅스와 기타 운영체제에서는 드라이버 매니저를 설치해야 한다. SAP가 SAP HANA 데이터베이스에 제공하듯이, 대부분의 데이터베이스 공급업체는 데이터베이스에 대한 해당 ODBC 드라이버를 포함한 설치 패키지를 제공한다.

odbc.ini 파일(또는 윈도우 레지스트리 항목)은 특정 드라이버를 사용해 특정 데이터베이스 연결을 정의한다. 코드목록 4.1은 암호화 사용으로 SAP 클라우드 플랫폼/SAP HANA 서비스에 연결하는 샘플 구성을 보여준다.

```
[HaaS]
driver=/usr/sap/hdbclient/libodbcHDB.so
serverNode=zeus.hana.eu-central1.whitney.dbaas.ondemand.com:54321
encrypt=Yes
sslCryptoProvider=commoncrypto
ssltruststore=$SECUDIR/sapcli.pse
```

코드목록 4.1 ODBC 구성

리눅스 플랫폼에서 연결을 테스트하기 위해, unixODBC 드라이버 매니저 패키지에 포함된 isql 도구를 사용할 수 있다.

```
$isql HaaS username password
SELECT VERSION FROM M_DATABASE
```

자세한 내용은 SAP Help Portal의 SAP HANA Client Interface Programming Reference의 "ODBC Application Programming"을 참고하면 된다.

4.10.5 ODBO

ODBO는 다차원 데이터베이스의 경우에서만 ODBC와 동일하다. ODBO는 마이크로소프트 윈도우 플랫폼에만 특정되며 마이크로소프트 엑셀에서 가장 많이 사용된다. SAP HANA 클라이언트에는 MDX 쿼리를 직접 실행할 수 있는 ODBO 드라이버가 포함되어 있다. 그림 4.11과 같이, 데이터 연결 위저드를 사용하면 마이크로소프트 엑셀과 쉽게 연결할 수 있다. 연결은 특정 큐브에 생성되며,

이 큐브에는 calculation view가 드러난다.

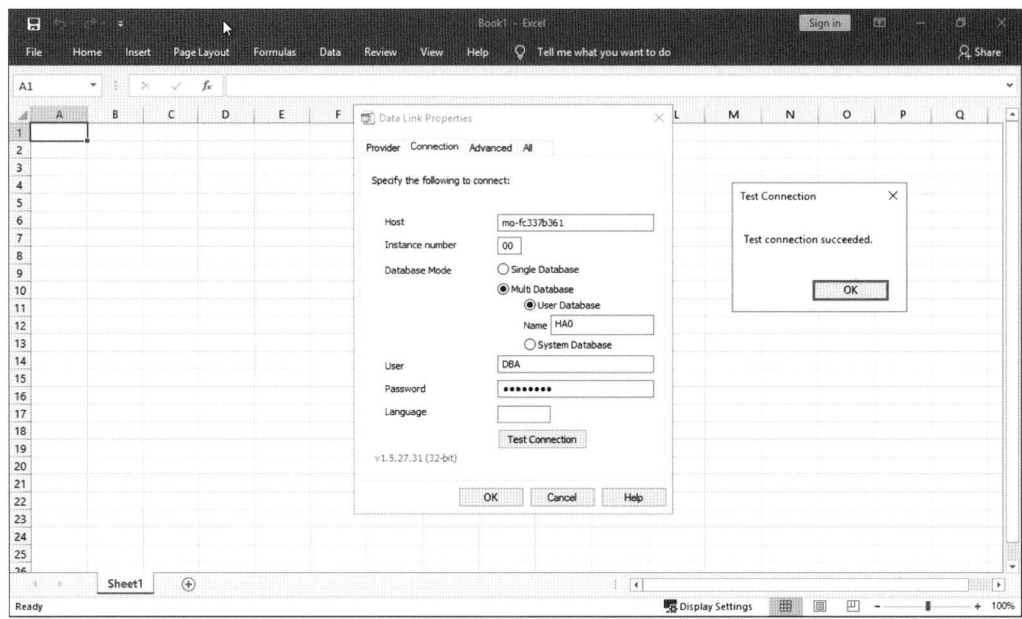

그림 4.11 SAP HANA ODBO Client in Microsoft Excel

SAP HANA는 드릴다운, 명명된 세트 생성, 리포트 필터, 슬라이서 삽입 등의 마이크로소프트 엑셀 기능을 지원한다. SQL과 마찬가지로 많은 MDX 함수를 지원하는데, A로 시작하는 함수 몇 개만 예를 들면 Aggregate, Ancestor, Ascendant, Avg 등이 있다. ODBO는 웹 기반 데이터 액세스를 사용할 때 XML for Analysis(XMLA)와 동일한 기능을 하는 클라이언트이다(4.11.3섹션 참고).

코드 클리닉

코드목록 4.2는 MDX 명령문의 샘플을 보여준다.

```
WITH
    MEMBER [Measures].[Special Discount] AS
    [Measures].[Discount Amount] * 1.5
SELECT
    [Measures].[Special Discount] on COLUMNS,
    NON EMPTY [Product].[Product].MEMBERS  ON Rows
FROM [Sales]
WHERE [Product].[Category].[Widgets]
```

코드목록 4.2 MDX 명령문

4.10.6 Python

Python 프로그래밍 언어는 오랫동안 존재해 왔지만, 데이터 사이언스 프로젝트에서 사용되면서 갑자기 인기를 얻고 있다. Python은 SAP HANA의 초기 출시 이후부터 내부 사용 목적으로 SAP HANA 클라이언트에 포함되었지만, 데이터베이스 클라이언트로서 Python에 대한 지원은 SAP HANA 2.0 SPS 02(2017년)에 와서야 가능해졌다.

SAP HANA 클라이언트는 Python Database API Specification(PEP 249)을 구현하는 Python 드라이버를 포함한다. Python에 익숙한 사람은 pip install hdbcli 명령어를 실행하여, PIP 패키지 매니저를 이용하는 표준 절차로 설치한다. dbapi.connect이라는 DBAPI 함수를 호출하여 연결할 수도 있다. 그림 4.12에서 보듯이, 일반적이고 인기 있는 데이터 사이언스 도구인 Jupyter 노트북에서 Python 코드를 실행할 수 있으며, connect(), cursor(), execute(), fetchall(), close() 메소드를 사용할 수 있다.

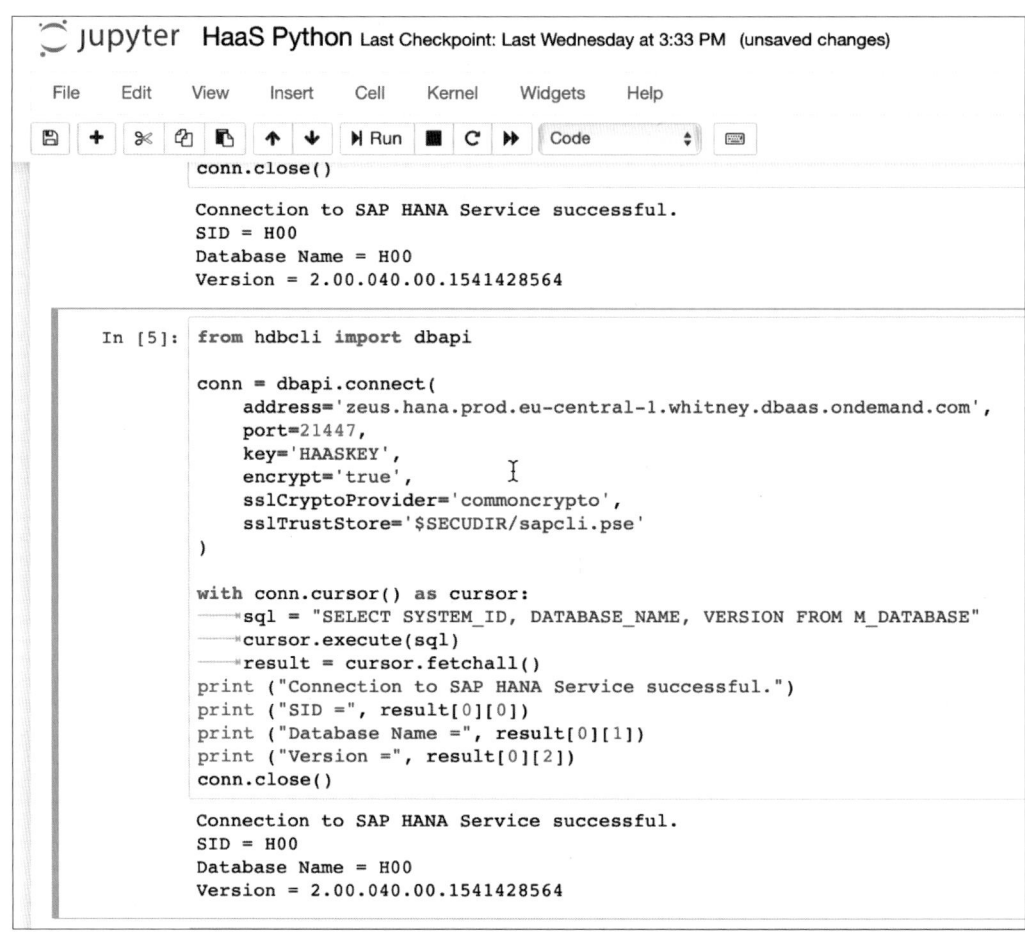

그림 4.12 Connecting with Python

앞서 언급했듯이, Python은 초기 출시 이후부터 SAP HANA의 일부였다. 예를 들어, 기술 지원을 위해 진단 정보를 수집하려면 Python 스크립트 fullSystemInfoDump.py를 실행한다. 호스트 자동 페일오버나 시스템 리플리케이션 테이크오버 도중에 추가적인 처리를 자동화하기 위해, SAP HANA nameserver 프로세스는 HA/DR provider라는 Python 기반의 API를 제공한다. 또한 애플리케이션 라이프사이클 관리 도구인 hdbalm을 포함한 몇 가지 도구가 Python으로 작성됐다.

기술 배경

Python은 Guido van Rossum이 만든 프로그래밍 언어다. 1991년에 처음 출시되어 (몬티 파이썬의 날아 다니는 서커스에서 영감을 얻어 만든 이름) Python이 인터넷에서 성공하기 전에는 비교적 잘 알려지지 않았다. 예를 들어 구글의 첫 번째 버전은 Python으로 작성되었다. 오늘날 C, Java와 함께 Python은 가장 많이 사용되는 프로그래밍 언어 중 하나이다. 데이터 사이언스 프로젝트, 머신 러닝, 인공지능(AI)에 있어서 Python이 선호되는 경우가 많다.

더 알아보기

자세한 내용은 SAP Help Portal의 SAP HANA Client Interface Programming Reference의 "Python Application Programming"을 참고하면 된다.

4.10.7 Node.js

Node.js는 현재 세계에서 가장 인기 있는 개발 프레임워크는 아니지만, 가장 많이 사용되는 프레임워크 중 하나이다. 오픈 소스로서 Node.js는 무료로 사용할 수 있으며, 가장 일반적인 운영체제에서 지원(크로스 플랫폼 소프트웨어)된다. Node.js는 JavaScript 코드를 실행하는 런타임이며 프로그래밍 언어로서도 인기가 많다. Python과 마찬가지로, 서버 사이드 Node.js는 이미 SAP HANA XS Advanced의 런타임으로 사용하고 있었지만, SAP HANA 클라이언트로서 Node.js에 대한 지원은 2017년에 와서야 SAP HANA 2.0 SPS 01에 추가되었다. 런타임은 클라이언트와 함께 제공되지만, 다른 방법은 그림 4.13과 같이, http://s-prs.co/v488420에서 설명하는 SAP 노드 패키지 매니저에서 설치할 수도 있다. 클라이언트는 스트리밍 기능을 제공하는 모듈을 포함하므로, 복합 이벤트 프로세서(complex event processor: CEP)인 SAP HANA 스트리밍 애널리틱스와 함께 Node.js를 사용할 수도 있다. CEP에 대해서는 5단원 5.7섹션에 자세히 설명돼 있다.

```
Administrator: Command Prompt

C:\Users\saphanaacademy\nodeapp>npm config set @sap:registry https://npm.sap.com

C:\Users\saphanaacademy\nodeapp>npm install @sap/hana-client

> @sap/hana-client@2.4.139 install C:\Users\saphanaacademy\nodeapp\node_modules\@sap\hana-client
> node build.js

> @sap/hana-client@2.4.139
updated 1 package and audited 3 packages in 2.329s
found  vulnerabilities

C:\Users\saphanaacademy\nodeapp>node hana.js
Database name SYSTEMDB

C:\Users\saphanaacademy\nodeapp>type hana.js
var hana = require("@sap/hana-client");
var conn = hana.createConnection();
var conn_parms = {
    host : "mo-1caae8fcb",
    port : 39613,
    uid  : "SYSTEM",
    pwd  : "Initial1",
}
conn.connect(conn_parms, function(err) {
    if (err) throw err;
    conn.exec("SELECT DATABASE_NAME FROM M_DATABASES", function(err, result) {
        if (err) throw err;
        console.log("Database name", result[0].DATABASE_NAME);
        conn.disconnect();
    })
});
C:\Users\saphanaacademy\nodeapp>
```

그림 4.13 SAP HANA Node.js Client

가술 배경

Node.js는 오픈 소스이며, 크로스 플랫폼 JavaScript 런타임이다. 구글 크롬 브라우저 JavaScript 엔진을 기반으로 Ryan Dhal에 의해 작성됐고, 2009년에 처음 출시됐다. 클라이언트 사이드 JavaScript에 이미 익숙한 웹 개발자의 경우, 특히 다른 프로그래밍 언어와 비교할 때 서버 사이드 코드 작성이 비교적 쉽다. 단일 언어(전체 스택)로 작업하면 웹 개발 프로젝트(소규모 팀, 개발 시간 단축, 코드 재사용)가 간소화된다. 또한 런타임은 이벤트 기반 아키텍처(event driven architecture: EDA- 쓰레딩이나 대기가 없는 단일 이벤트 루프)로 인해 확장이 쉽고 성능이 우수하다.

더 알아보기

자세한 내용은 SAP Help Portal의 SAP HANA Client Interface Programming Reference의 "Node.js Application Programming"을 참고하면 된다.

4.10.8 Go

Go 프로그래밍 언어가 서서히 탄력을 받으면서, SAP HANA 2.0 SPS 02(2017년)부터, SAP HANA 클라이언트는 Go SQL API를 사용하여 Go 애플리케이션이 SAP HANA 데이터베이스에 접속할 수 있는 드라이버를 제공하기 시작했다. Go는 여러 플랫폼 (리눅스, 윈도우, macOS)에서 실행된다. 다른 클라이언트와 달리, 소스 코드에서 Go 드라이버를 빌드해야 한다. SAP HANA 클라이언트를 설치하면, Go 드라이버의 소스 코드와 3개의 코드 샘플이 포함되어 있으며, 이 코드 샘플은 트랜잭션, 명령문, 대형 오브젝트 작업에 사용된다. 그림 4.14에서 볼 수 있듯이, 드라이버를 만드는 것은 Go에 익숙하기만 하면 특별히 복잡하지 않다. 드라이버는 모든 SQLDBC 연결 속성을 지원하므로 웹 소켓 URL을 사용하여 SAP 클라우드 플랫폼/SAP HANA 서비스에 Go를 연결할 수도 있다.

```
root@mo-fc337b361.mo.sap.corp:/usr/local/go/src                                      —  □  ×
mo-fc337b361:/usr/local/go/src # cp -r /usr/sap/hdbclient/golang/src/SAP .
mo-fc337b361:/usr/local/go/src # ls -l /usr/sap/hdbclient/libdbcapiHDB.so
-r-xr-xr-x 1 root root 71473496 Jan  7  2019 /usr/sap/hdbclient/libdbcapiHDB.so
mo-fc337b361:/usr/local/go/src # export CGO_LDFLAGS=/usr/sap/hdbclient/libdbcapiHDB.so
mo-fc337b361:/usr/local/go/src # go install SAP/go-hdb/driver
mo-fc337b361:/usr/local/go/src # export LD_LIBRARY_PATH=/usr/sap/hdbclient
mo-fc337b361:/usr/local/go/src # go build SAP/go-hdb/driver/examples/transactions
mo-fc337b361:/usr/local/go/src # ./transactions -dsn hdb://DBA:Initial1@mo-fc337b361:30013?DATABASENAME=HA0
2019/07/14 13:57:04 1 rows affected
2019/07/14 13:57:04 1 rows affected
2019/07/14 13:57:04 1 rows affected
2019/07/14 13:57:04 Value is: Waterloo
2019/07/14 13:57:04 Value is: Kitchener
2019/07/14 13:57:04 Value is: Kitchener
2019/07/14 13:57:04 1 rows affected
2019/07/14 13:57:04 4 is the row count of the table
2019/07/14 13:57:04 Commit successful
2019/07/14 13:57:04 The isolation level is SERIALIZABLE
2019/07/14 13:57:04 Rollback successful
mo-fc337b361:/usr/local/go/src #
```

그림 4.14 Building Go Driver and Running Transactions

기술 배경

Go 또는 golang은 Robert Griesemer, Rob Pike, Ken Thompson(유닉스로 명성을 얻음)이 구글에서 설계한 프로그래밍 언어이며 2009년에 첫 출시됐다. Go는 오픈 소스이며, 동적 언어의 스피드와 컴파일된 언어의 좋은 성능과 보안의 장점을 합친 언어이다(Python이 C++과 만났듯이). 점차 인기를 얻어가고 있는 프로그래밍 언어이긴 하지만(예: 도커는 Go로 작성됨), 아직 C++이나 Python만큼은 아니다.

더 알아보기

자세한 내용은 SAP Help Portal의 SAP HANA Client Interface Programming Reference에서 "Go (golang) Application Programming"을 참고하면 된다. 이 레퍼런스에는 많은 샘플 애플리케이션이 포함돼 있다.

4.10.9 ADO.NET

윈도우 플랫폼에서 개발한 경험이 있다면, 일반적으로 .NET 애플리케이션 개발 프레임워크에 익숙하고 특히 ADO.NET 데이터 액세스 기술에는 더 익숙할 것이다. SAP HANA의 경우, SPS 08 (2014년)에서 ADO.NET에 대한 지원을 추가했다. SAP HANA 클라이언트 설치 프로그램이 Microsoft Visual Studio 2017의 존재를 감지하면 플러그인이 자동으로 추가되며, 이 플러그인은 SAP HANA 플랫폼 에디션과 SAP HANA 익스프레스 에디션 모두에서 작동한다(4.12섹션 참조). 플러그인을 사용하면, 다음 작업을 수행해 ADO.NET 애플리케이션을 쉽게 만들 수 있다.

- Visual Studio의 Server Explorer에서 SAP HANA 데이터베이스에 직접 액세스
- SQLScript 저장 프로시저를 디버깅
- 코드 강조, 오류 수정, 오브젝트 네임 프롬프트를 제공하는 SQLScript 에디터를 사용

프로그래밍 레퍼런스 중에서 다양한 예제(코드 조각)를 가진 SQLDBC 연결 속성을 찾을 수 있을 것이다. 여기에는 연결을 위한 .NET 프로그래밍 언어 C#과 Visual Basic, 데이터 액세스와 조작, 저장 프로시저 호출, 트랜잭션 처리, 오류 처리, 트레이스 지원 등의 예제가 포함되어 있다. 또한, 공급자를 위한 전체 API 레퍼런스도 이용이 가능하다.

ADO.NET Programming"을 참고하면 된다.

튜토리얼

레퍼런스에는 샘플 프로젝트와 튜토리얼이 포함되지만, SAP Developer Center에서 다음과 같은 실전 연습 튜토리얼을 찾아볼 수 있다.

- "Install and Use the SAP HANA Plugin for Microsoft Visual Studio"
- "How to connect to SAP HANA using Data Provider for Microsoft .NET"

4.10.10 Ruby

지난 10년동안 웹 개발을 해왔다면, Ruby 프로그래밍 언어와 Ruby on Rails 웹 애플리케이션 개발 프레임워크에 익숙할 것이다. SPS 03(2018년)부터 SAP HANA 클라이언트에 Ruby 드라이버도 포함됐으며, 웹 애플리케이션을 강화하기 위해 SAP HANA 데이터베이스를 사용할 수 있게 됐다. 4.12섹션에서 다루게 될 SAP HANA 익스프레스 에디션을 사용할 수도 있으며, 이 에디션은 무료 개발자 라이선스와 함께 제공되며 8GB정도의 RAM에서 실행(SAP HANA XS Advanced 런타임 제외)할 수 있다.

Ruby 용어에서 "gems"라고 불리는 2개의 설치 패키지가 있으며, RubyGems 패키지 매니저를 사용해 설치할 수 있다. 즉, Ruby에 익숙한 사람들에게는 SAP HANA를 Ruby와 연결하는 것이 다른 데이터베이스와 접속하는 것만큼 쉽다. 2개의 gems는 다음과 같다.

- **Hanaclient**

  실제 데이터베이스 드라이버

- **activerecord-hanaclient-adapter**

  SAP HANA 클라이언트를 ActiveRecord에 연결하기 위한 어댑터이다. ActiveRecord는 Ruby on Rails 웹 애플리케이션 프레임워크의 일부이며 Ruby 클래스를 관계형 데이터베이스 테이블에 매핑한다.

기술 배경

Ruby는 Python과 같은 인터프리터 프로그래밍 언어이다. Yukihiro Matsumoto가 개발한 이 언어의 출시 이력은 1995년으로 거슬러 올라가지만, Ruby on Rails 웹 애플리케이션 프레임워크(2005년)가 출시되기 전까지는 상당히 불분명했다. Ruby on Rails를 통해 PHP보다 웹 사이트를 훨씬 쉽게 구축할 수 있었다. 최근에는 Node.js와 같은 대안이 인기를 얻고 있으며 루비의 인기는 약간 감소하고 있지만, 일부 대형 웹 사이트에서 웹 프레임워크로 여전히 널리 사용된다. Ruby 프로그램과 라이브러리를 배포하기 위해 RubyGems 패키지 매니저와 "gems"패키지를 사용하여 Ruby 환경을 쉽게 설치하고 업데이트할 수 있다.

더 알아보기

자세한 내용은 SAP Help Portal의 SAP HANA Client Interface Programming Reference의 "Ruby Application Programming"을 참고하면 된다.

4.11 웹 기반 데이터 액세스

이제 웹 기반 데이터 액세스에 대해 논의해 볼 차례이다. 다음 3가지 방법으로 HTTP(S)를 통해 SAP HANA 데이터베이스에 액세스할 수 있다.

- OData
- InA 서비스
- XMLA (다차원 서비스[MDS])

OData 서비스는 Java와 JavaScript 애플리케이션에서 사용되거나 '소비'될 수 있다. InA 서비스와 XMLA는 주로 분석(웹 기반) 리포팅 도구에서 사용되며, SAP HANA information view 또는 MDX 엔진을 직접 액세스한다. 이러한 서비스는 구버전 SAP HANA XS 환경에 제공되며, SAP HANA XS Advanced에 사용하려면 설치와 추가 구성이 필요하다. 이번 섹션에서 자세히 살펴보겠다.

4.11.1 OData

Java 애플리케이션의 경우, CDS 문서에서 @OData.publish 어노테이션으로 구현된 최신 버전의 OData (4.0)를 사용할 수 있다. OData 서비스를 정의할 때, 클라이언트 애플리케이션이 사용할 OData 컬렉션으로, 어떤 테이블이나 뷰가 사용 가능한지 또는 노출되어야 하는지를 지정한다.

Open Data (OData) 프로토콜은 RESTful API를 제공하고 소비(다른 표현으로, 생성하고 사용)하는 방법을 정의한다. 표준 프로토콜에 대한 발단은 마이크로소프트(2007년)에서 시작되었지만, 이제는 Organization for the Advancement of Structured Information Standards(OASIS)에서 관리하고 있다.

Representational State Transfer(REST)는 웹 서비스를 만드는 방법을 정의한다. 정의에 부합하는 서비스를 RESTful이라고 하며, 미디어 타입(JSON, ATOM/XML)과 URI를 갖춘 일련의 표준 HTTP 메소드(GET, POST, PUT, DELETE)를 제공한다.

예를 들면 SAPUI5를 포함한 JavaScript, .NET, Java와 같은 다양한 OData 라이브러리를 사용할 수 있다. OData는 흔히 "ODBC of the Web"으로 설명되며 ODBC와 마찬가지로, OData는 데이터베이스 액세스에만 국한되지 않는다.

JavaScript의 경우, OData 2.0 서비스 정의를 xsodata 산출물에 넣는데 이것은 .xsodata 확장자를 가진 일반 텍스트 파일일 뿐이다. OData 4.0 서비스를 사용하기 위해, Java 모듈을 SAP HANA XS Advanced MTA에 추가하고, OData 요청을 Java 컴포넌트로 라우팅할 수 있다. 다른 방법으로는, Node.js와 함께 OData 4.0 서비스를 사용할 수도 있다. JavaScript 기술을 위한 OData 4.0은 2019년에도 개발이 진행 중인데, 아직까지 SAPUI5 OData 4.0 모델은 기능이 제한적이며 SAP Fiori 환경에서는 지원되지 않기 때문이다.

OData 서비스 생성은 SAP Web IDE에서 새 파일을 생성하는 것만큼 간단하다. 예를 들어 businessPartners.xsodata라는 파일에는 네임스페이스와 테이블명만 포함된다.

```
service{"MD.BusinessPartner" as "BP";}
```

서비스를 포함하는 Node.js 모듈을 생성한 후, 웹 모듈을 실행시키고 URL 경로에 파일 이름을 붙임으로써(/xsodata/businessPartners.xsodata)OData 서비스의 데이터를 액세스할 수 있다. 정확한 단계와 실전 연습 튜토리얼은 SAP Developer Center의 "SAP HANA XS Advanced, Creating a Simple OData Service"를 참조할 수 있다.

그림 4.15는 SAP Web IDE에서 서비스를 정의하는 방법을 보여준다.

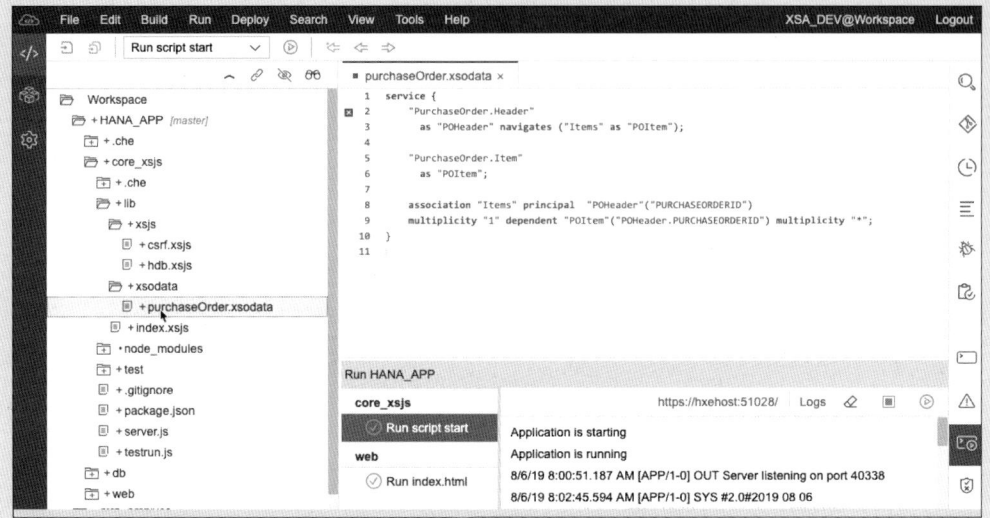

그림 4.15 Define the OData Service

그림 4.16과 같이 "$metadata"를 URL에 추가하면 OData 서비스의 모든 속성에 대한 필드 설명이 표시된다.

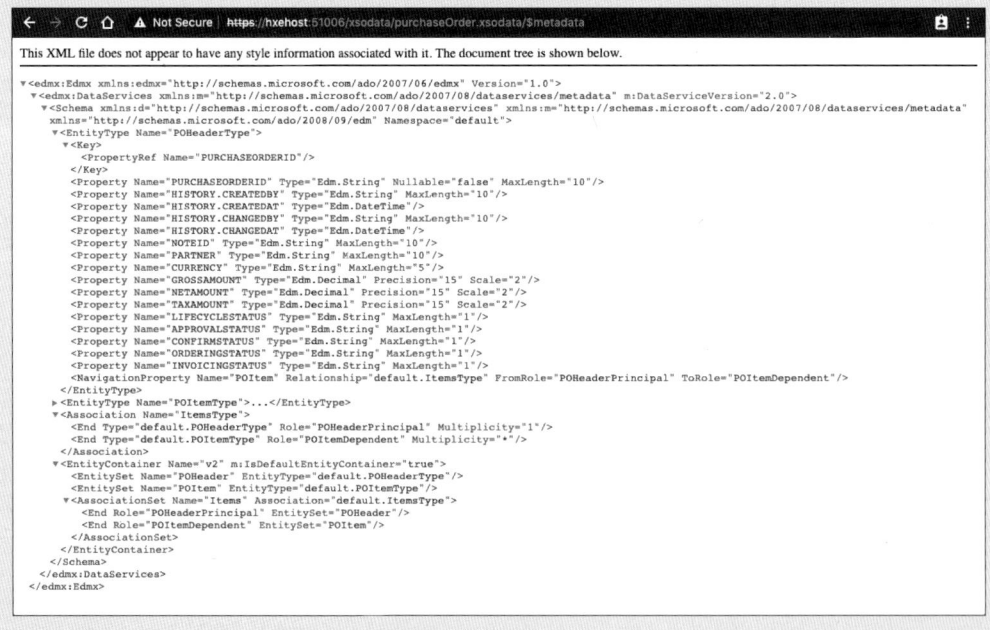

그림 4.16 OData Metadata Service Definition

SAP HANA XS Advanced에서 OData 서비스를 사용하는 방법에 대한 자세한 내용은 SAP Help Portal 에서 제공되는 다음 가이드를 참고하기 바란다.

- SAP HANA Developer Guide for SAP HANA XS Advanced Model의 "Maintaining OData Services in XS Advanced"
- SAP HANA Developer Guide의 "Data Access with OData in SAP HANA XS"
- SAPUI5 설명서의 "OData V4 Model"

SAP Developer Center의 많은 튜토리얼은 "OData" 주제와 관련이 있다. 다음 3가지 튜토리얼 중 하나는 OData를 소개하고 있고, 나머지는 SAP HANA로 OData를 구현하는 방법에 관한 것이다.

- "An Open Data Protocol (OData) primer for developers"
- "Tutorial Navigator: Create an SAPUI5 application with SAP HANA XS Advanced"
- "Tutorial Navigator: Expose Entities Using OData and XSJS with SAP HANA XS Advanced"

4.11.2 Information Access (InA)

SAP HANA에는 HTTP를 통해 분석 쿼리를 실행할 수 있는 InA 서비스가 포함돼 있다. 이 서비스 는 SAP HANA XS bc.ina.service.v2 웹 애플리케이션에서 제공되며, SAP Analytics Cloud, SAP Lumira, 마이크로소프트 오피스용 SAP Analysis와 같은 데스크톱 클라이언트와 웹 클라이언트 모 두에서 사용되고 있다.

웹 기반 검색 애플리케이션을 만들기 위한 SAP HANA XS 런타임과 UI 툴키트는 SAP HANA 1.0 SPS 04(2011년)에 소개됐는데, 이때부터 이미 InA 서비스가 함께 제공됐다. InA는 그 이후로 모든 SAP HANA 1.0 릴리스의 일부였지만, SAP HANA 2.0부터 InA는 더 이상 표준 설치에 포함되지 않으므로 별도로 설치해야 한다. InA 서비스는 EPMMDS라는 컴포넌트에 MDS와 번들로 제공된다 (InA 서비스는 SAP Enterprise Performance Management 애플리케이션에서도 사용되므로 컴 포넌트명이 약어 EPM으로 시작함).

서비스에 액세스하려면, SAP HANA XS의 URL에 경로 /sap/bc/ina/service/v2를 추가하면 된다. 그림 4.17에 보듯이, GetServerInfo를 다시 추가하면, 서비스를 쿼리하여 기능을 테스트할 수 있다. 서비스는 SAP HANA 시스템에 대한 정보를 JSON 형식으로 반환한다.

SAP HANA XS Advanced에 대한 InA 서비스를 노출하려면 'SAP HANA 애널리틱스 어댑터'를 사용할 수 있으며, 이 어댑터는 환경에 별도로 설치하고 배포해야 할 SAP HANA XS Advanced 애플리케이션이다.

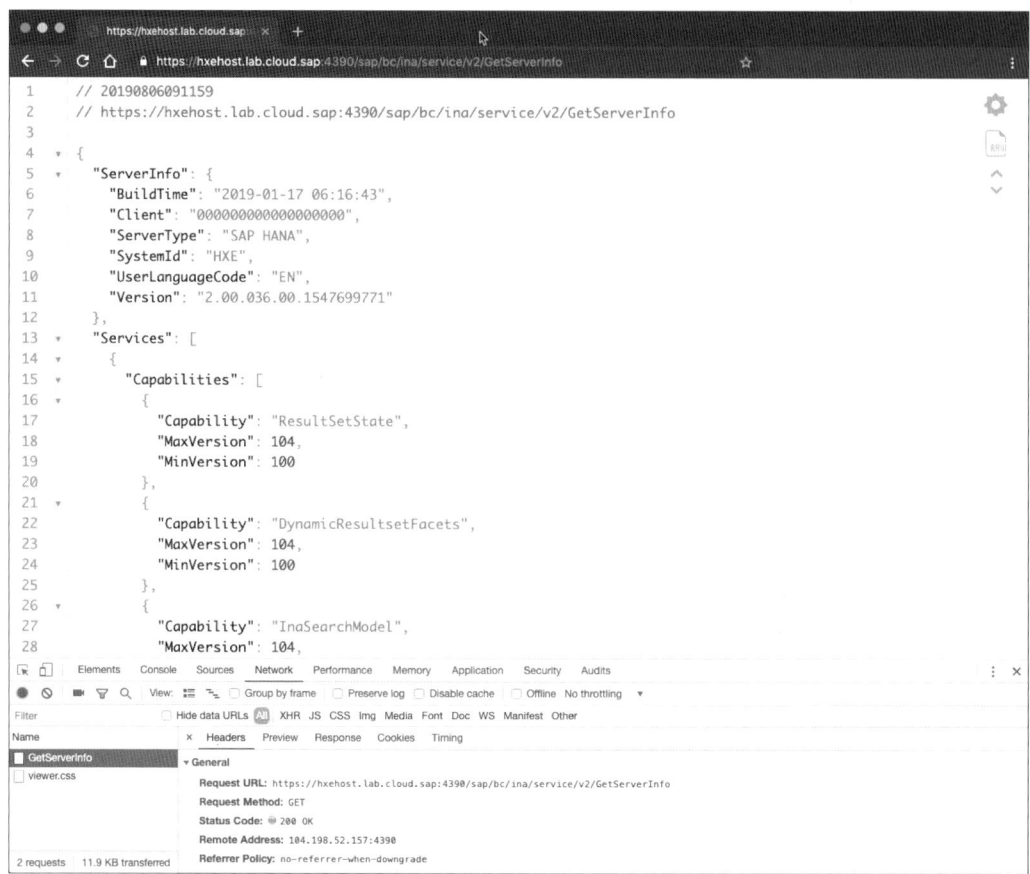

그림 4.17 InA Services GetServerInfo Metadata

더 알아보기

SAP HANA XS Advanced에서 InA 서비스를 사용하는 방법에 대한 자세한 내용은 SAP Help Portal에서 제공되는 Developer Guide for SAP HANA XS Advanced for the SAP HANA Platform을 참고하기 바란다.

SAP HANA 애널리틱스 어댑터를 다운로드받기 위해 SAP Development Tools 웹사이트 http://s-prs.co/v488421을 방문하면 된다.

4.11.3 XMLA

SAP HANA에는 XMLA API도 포함되어 있으며, 이것은 리포팅 도구들이 HTTP(S) 연결을 통해 SAP HANA MDX 엔진에 직접 접속할 수 있도록 한다. 이 API를 ODBO 클라이언트와 기능이 동등한 웹으로 간주하자(4.10.5섹션 참고). 그림 4.18은 URL에 /sap/hana/xmla/requestbasic을 덧붙여서 SAP HANA XS 서버에 POST 요청을 위한 샘플 코드를 보여준다. 명령어 부분에는 MDX 명령문을 입력한다. InA 서비스와 마찬가지로, XMLA도 SAP HANA 1.0 릴리스에 포함돼 있지만, SAP HANA 2.0에는 별도로 설치(EPMMDS 플러그인)해야 한다. SAP HANA XS Advanced 애플리케이션에 대해서는 InA와 같이, 서비스를 애플리케이션(XMLA MTA)으로 설치하고 배포해야 한다.

```
        XMLA.html                    ●
 1  Sample Code
 2
 3  POST https://<servername>:<PORT>/sap/hana/xmla/requestbasic
 4
 5  <Envelope xmlns="http://schemas.xmlsoap.org/soap/envelope/">
 6  <Header>
 7  <Version Sequence="100" xmlns="http://schemas.microsoft.com/analysisservices/2003/engine/2" />
 8  </Header>
 9  <Body>
10  <Execute xmlns="urn:schemas-microsoft-com:xml-analysis">
11  <Command>
12      <Statement>
13          SELECT {[K3].[K3].[All].[(all)]} on 0, {Measures.M1} on 1 FROM MDX_TEST_03_CV3J
14      </Statement>
15  </Command>
16  <Properties>
17      <PropertyList />
18  </Properties>
19  </Execute>
20  </Body>
21  </Envelope>
```

~/Downloads/XMLA.html*   20:8   LF   UTF-8   HTML   ○ GitHub   ◆ Git (0)

그림 4.18 Sample Code for an XMLA POST Request

기술 배경

XMLA는 HTTP를 통해 접근할 수 있는 다차원 데이터 소스(OLAP이라고도 함)의 데이터를 액세스하기 위한 프로토콜이다. OData와 마찬가지로, XMLA 사양은 마이크로소프트(2000년)에서 시작됐지만 그 이후로 XMLA Council에 의해 유지되고 있다. 쿼리 언어는 다차원 표현식(multidimensional expressions, MDX)이라고 하며, 이 MDX를 OLAP 데이터베이스의 SQL로 생각할 수 있다.

4.12 SAP HANA 익스프레스 에디션

SAP HANA 플랫폼 에디션은 최소 사양으로 설치하더라도 64GB RAM이 필요하기 때문에, 인메모리 데이터베이스를 개인 컴퓨터에서 구동하는 것은 사실상 불가능하다. 기술에 조금 더 가까이 접근할 수 있게 하고, 네이티브 SAP HANA 애플리케이션 생성을 촉진하기 위해, SAP HANA의 특별 버전이 만들어졌는데 이것이 SAP HANA 익스프레스 에디션이다. 이 에디션은 2016년 SAP TechEd 이벤트에서 개발자 커뮤니티에 소개됐다.

SAP HANA 익스프레스 에디션은 기술적으로 SAP HANA 플랫폼 에디션과 동일하다(동일한 소스, 동일한 실행 파일). 그러나 배포는 랩톱, 상용 서버와 Intel NUC같은 미니 PC에서 구동되도록 최적화됐다. 다중 시스템이 필요한 엔터프라이즈 기능(분산 멀티호스트 시스템, 다이내믹 티어링 또는 시스템 리플리케이션과 같은 복잡한 스토리지와 네트워크 요구사항이 필요한 모든 기능)은 PC의 리소스를 초과하므로 제외됐다. 하지만 다른 기능들은 SAP HANA와 동일하다. SAP HANA 익스프레스 에디션에는 무료 개발자 라이선스가 제공되며 최대 32GB까지 운영 목적으로 사용할 수 있다. 64, 128, 256GB 구성이 필요하다면, 추가적인 라이선스를 얻어야 하며, 더 나아가 정식 SAP HANA 플랫폼 에디션으로 전환해야 한다.

이 섹션에서는 SAP HANA 익스프레스 에디션의 몇 가지 배포 옵션과 기초에 대해 알아볼 것이다.

4.12.1 배포 옵션

SAP HANA 익스프레스 에디션은 설치 미디어, 가상 머신, 클라우드 배포 솔루션 이렇게 3가지 서로 다른 형식으로 제공된다. 어떤 버전을 사용할지는 사용 가능한 리소스와 선호도에 따라 달라진다. 각 배포 옵션에 대해 간략히 알아보도록 하자.

■ 설치

SAP HANA 익스프레스 에디션을 설치하는 것은 간편하다. 스크립트를 실행하기만 하면 된다. 리소스가 약간 부족한 경우에 이 배포 옵션이 가장 적합하다. 리눅스를 실행 중인 8GB RAM이 있는 (예비) 컴퓨터만 있으면 된다. 설치 세부 사항을 보려면 Getting Started Guide를 참조하는 것이 좋겠다.

■ 가상 머신

익스프레스 에디션을 가상 머신으로 구동하는 것은 편리한 옵션이다. 시작하려면 가상 머신을 다운로드하고 전원을 켜기만 하면 된다. 즉, 설치하고 준비하거나 구성할 필요가 없다. 그러나 가상화에 대한 약간의 오버헤드를 감수해야 할 수도 있다. 12GB 또는 16GB RAM인 컴퓨터를 사용하는 것이 더 적합할 것이다.

■ 클라우드

클라우드 환경의 경우에는 적어도 32GB의 메모리가 있는 컴퓨팅 인스턴스를 선택하는 것이 조금 더 적절할 수 있다. 특히 SAP Web IDE, 데이터베이스 탐색기, SAP HANA 콕핏과 같은 여러 애플리케이션을 갖춘 인메모리 데이터베이스와 SAP HANA XS Advanced 런타임을 모두 실행하기 위해서는, 로컬 설치와 가상 머신 배포에 필요한 메모리보다 조금 더 많은 메모리가 필요하다. 사이징 가이드는 이런 각 기능에 대해 필요한 정확한 수치를 제공한다.

http://s-prs.co/v488422에서 SAP Cloud Appliance Library에 대한 계정이 있다면, 몇 번의 클릭만으로 SAP HANA 익스프레스 에디션의 최신 솔루션을 선택할 수 있고 인스턴스를 가동할 수 있다. 또 다른 방법으로는 AWS, 마이크로소프트 애저, GCP의 마켓플레이스에서 SAP HANA 익스프레스 에디션을 사용할 수 있다. SAP HANA 라이선스는 무료이지만 인스턴스 실행을 위해 클라우드 공급자에게 요금(사용량만큼)을 지출해야 할 수도 있다. 평가판 제품에는 크레딧이 포함되어 있는 경우가 자주 있으므로 약간의 비용을 지불해야 할 수도 있다.

그림 4.19는 GCP 마켓플레이스의 SAP HANA 익스프레스 에디션(서버 + 애플리케이션) 솔루션을 보여준다. SAP HANA 익스프레스 에디션에 대한 서버 단독(server-only) 솔루션도 사용할 수 있지만, 이 버전은 다양한 애플리케이션이 있는 SAP HANA XS Advanced 런타임 환경을 포함하지 않는다. AWS와 애저는 전체 버전만 제공한다.

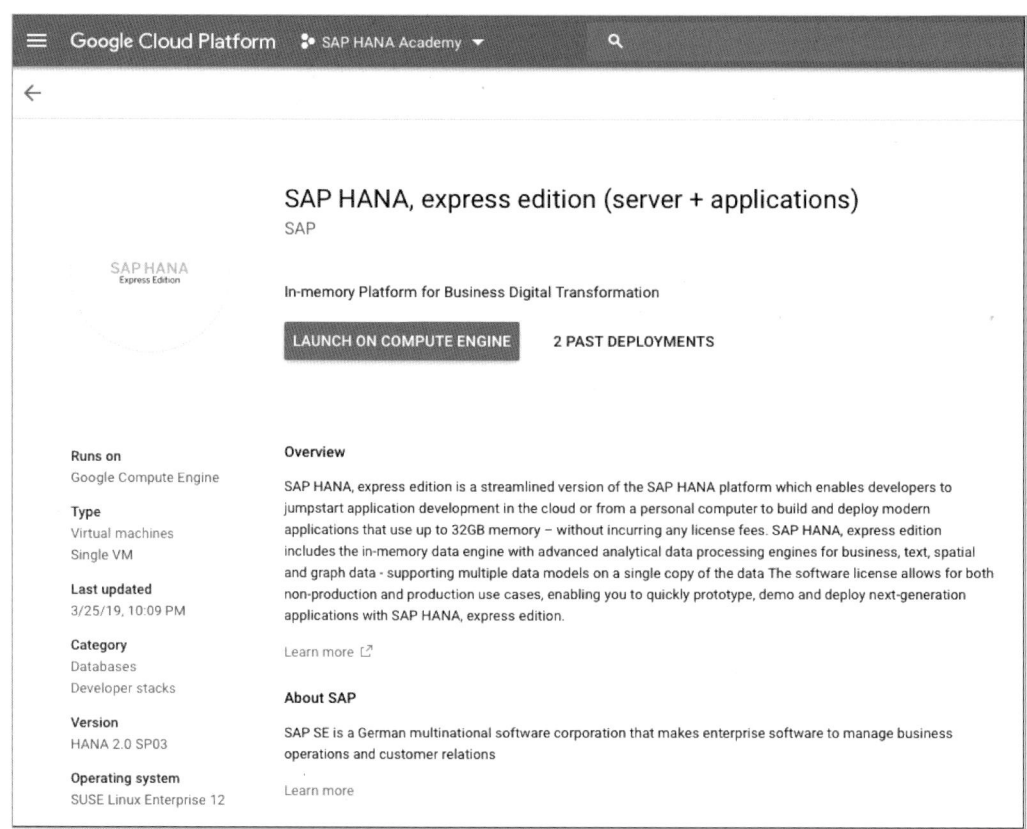

그림 4.19 Deploying SAP HANA, Express Edition on GCP

로컬 설치, 가상 머신, 클라우드 배포 외에도, SAP HANA 익스프레스 에디션을 도커에 배포하는 옵션도 있다. 이것이 익숙하지 않은 사람들을 위해 설명하자면, 도커 컨테이너 기술(2016년에 소개됨)은 가상 머신에 대한 간편한 대안을 제공한다. 완전한 운영체제 대신에 컨테이너에는 소프트웨어의 특정 부분을 실행시키기 위해 필요한 소프트웨어, 라이브러리, 구성 파일만 들어 있다. 도커 컨테이너 안에 들어 있는 소프트웨어는 간단한 "Hello World" 애플리케이션일 수도 있지만 SAP HANA 익스프레스 에디션일 수도 있다.

4.12.2 시작하기

SAP HANA 익스프레스 에디션을 시작하려면, SAP Developer Center의 주제(topic) 영역으로 이동해보자. SAP HANA 익스프레스 에디션은 항상 홈페이지에 게시돼 있으므로 솔루션을 쉽게 찾을 것이다. 무료 버전을 다운로드하기 위해서는 먼저 등록을 해야 하는데, 이는 SAP가 SAP HANA 익스프레스 에디션에 대한 마스터 소프트웨어 개발자 라이선스 계약을 제시하는 것이며, 이 계약을 읽고 수락(다른 라이선스 계약과 달리 페이지수와 항목의 수가 많지 않고 간단함)해야 한다. 소프트웨어를 실제로 다운로드하려면, SAP Download Manager를 사용하며 Java 애플리케이션이므로 Java 런타임이 필요하다.

그림 4.20에서 보듯이, SAP Download Manager에서 Platform을 리눅스 또는 윈도우로 선택하고, image에는 virtual machine 또는 installation media(binaries)를 선택하자. 이미 선택된 Getting Started Guide외에도 다음 사항의 체크박스를 선택할 수 있다.

- **Server only virtual machine**
  완전한 SAP HANA 익스프레스 에디션이지만, SAP HANA XS Advanced가 없음

- **Server + applications virtual machine**
  SAP HANA XS Advanced 런타임과 애플리케이션(SAP HANA 콕핏, SAP Web IDE, SAP HANA XS Advanced 콕핏, 데이터베이스 탐색기, 제품 설치 프로그램 등)

- **Text analysis files for additional languages**
  SAP HANA에서 텍스트 분석은 영어로 지원한다. 이 파일은 다른 언어들을 포함하고 있다(텍스트 분석은 5단원에서 설명).

- **SAP Enterprise Architecture Designer**
  SAP HANA XS Advanced 애플리케이션에는 "애플리케이션" 환경이 필요하다(8단원에서 설명).

- **SAP HANA streaming analytics/SAP HANA streaming analytics studio plug-in**
  SAP HANA 익스프레스 에디션에 대한 CEP 버전에는 모니터링과 관리를 위한 이클립스 플러그인이 포함돼 있다(5단원에서 설명).

- **SAP HANA External Machine Learning Library**
  External Machine Learning(EML)을 위한 Application Function Library(AFL)이다. 외부 TensorFlow Model Server를 사용해 머신 러닝을 처리하는 데 필요한 소프트웨어를 제공한다(5단원에서 설명).

- **SAP HANA Automated Predictive Library**
  APL을 위한 AFL이다. SAP Predictive Analytics와 함께 사용되는 서버 사이드 알고리즘을 포함한다(5단원에서 설명).

■ Clients

리눅스(Intel과 PowerPC), 마이크로소프트 윈도우, 애플 macOS에 대해 ODBC, Python, Go, ADO.NET, xs CLI를 포함한 기타 클라이언트 인터페이스를 제공한다(4.10섹션에서 설명).

■ SAP HANA smart data integration

리눅스와 마이크로소프트 윈도우를 위한 Data Provisioning Agent와 SAP HANA 스마트 데이터 액세스(SDA)를 사용하면 데이터베이스, 하둡, 파일 등을 포함한 다른 데이터 소스에 연결할 수 있다(7단원에서 설명).

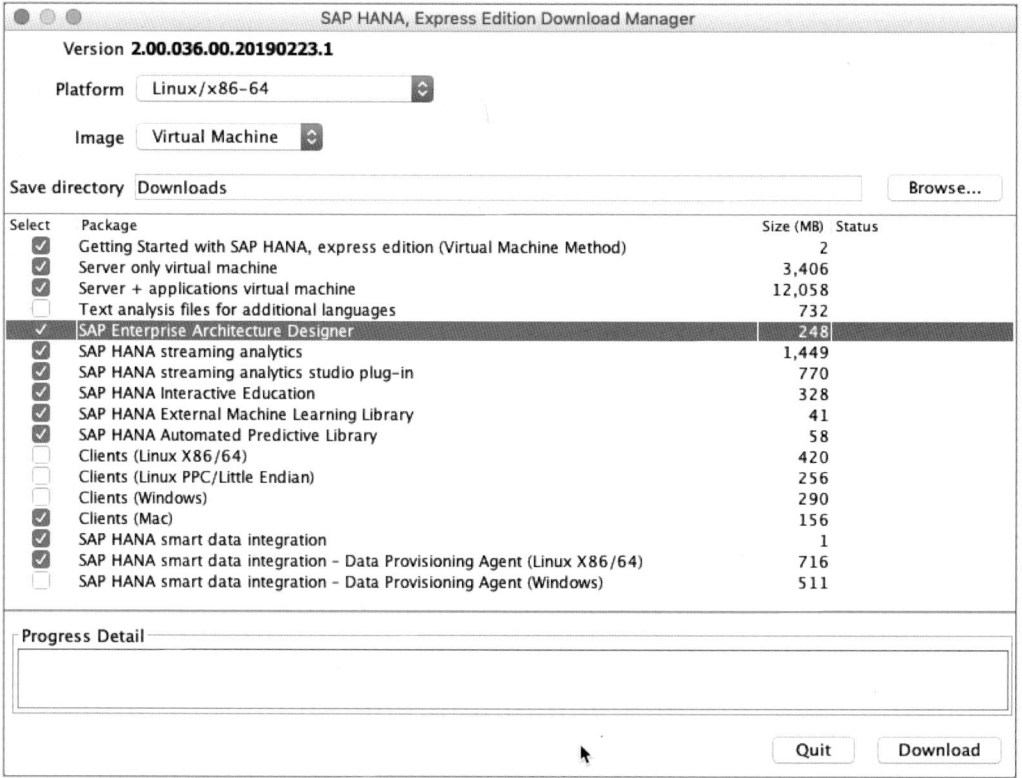

그림 4.20 SAP Download Manager for SAP HANA, Express Edition

SAP HANA 익스프레스 에디션에는 SAP Download Manager의 바이너리 버전도 있으므로, 일단 환경을 시작하고 구동(로컬, 가상 머신 또는 클라우드)하면 언제든지 컴포넌트를 쉽게 추가할 수 있다.

설치를 시작하거나 SAP HANA 익스프레스 에디션에 처음으로 연결할 때, 다음 계정에 대한 마스터 패스워드를 입력하라는 메시지가 표시된다. 각 계정은 운영체제 관리 계정(hxeadm), SYSTEM 데이터베이스와 HXE 테넌트 데이터베이스에 대한 SYSTEM 데이터베이스 관리 계정, SAP HANA XS Advanced 계정(XSA_ADMIN과 XSA_DEV), SHINE과 SAP HANA 스트리밍 유저 계정이다. SAP HANA 익스프레스 에디션을 기동하고 사용하기 위해서, 가상 머신과 클라우드 배포 환경에서 서버 구성은 1분밖에 걸리지 않는다. 애플리케이션을 포함한 완전한 SAP HANA XS Advanced 환경을 만들려면 30 ~ 40분이 소요된다. 추가 컴포넌트를 설치하는 방법과 SAP HANA 스트리밍 애널리틱스 또는 SDA를 구성하는 방법, SYSTEM 데이터베이스 계정 비활성화와 백업하기와 같은 몇 가지 모범 원칙을 알고 싶으면 설치에 포함된 Getting Started Guide를 참고하기 바란다.

4.13 SAP HANA Interactive Education (SHINE)

SHINE은 SAP HANA 플랫폼에서 애플리케이션 개발 방법을 보다 쉽게 배울 수 있도록 도와주는 데모와 교육 애플리케이션이다. SHINE은 2013년 SPS HANA 1.0 SPS 07과 함께 소개됐으며, 대부분의 ABAP 개발자에게 친숙한 프레임워크인 SAP NetWeaver 기업 구매 모델(enterprise procurement model: EPM)을 기반으로 한다. SHINE은 데모 데이터와 디자인 타임 개발자 오브젝트를 제공한다. 또 테이블, 뷰, 기타 런타임 데이터베이스 오브젝트를 생성하는 데 필요한 산출물도 제공한다. 애플리케이션 컨트롤 플로우 로직과 유저 인터페이스를 제공하기 위해 웹, Node.

js, XSJS 콘텐츠 등을 포함하고 있다. 이 섹션에서는 SHINE의 배포 옵션을 다루고 시작 방법을 설명할 것이다.

4.13.1 배포 옵션

개발자로서 전체적인 경험을 해보려면, 그림 4.21과 같이 GitHub에서 SHINE 애플리케이션을 SAP Web IDE내에 바로 다운로드해서, 직접 애플리케이션을 생성하고 배포할 수 있다.

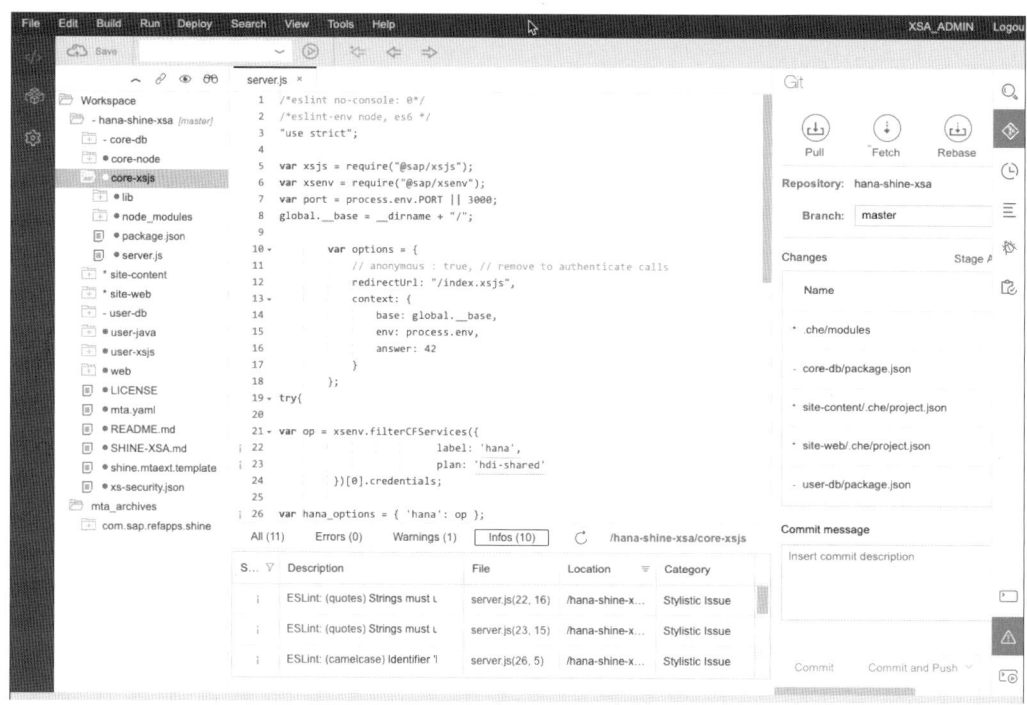

그림 4.21 Deploying SHINE Using the SAP Web IDE for SAP HANA

배포 대상으로는 로컬 SAP HANA XS Advanced 런타임(예: SAP HANA 익스프레스 에디션의 런타임)을 사용하거나, 클라우드 환경을 경험하기 위해 SAP 클라우드 플랫폼에 있는 Cloud Foundry를 이용할 수 있다.

다른 배포 방법으로는 SAP One Support Launchpad의 Software Downloads 영역에서 애플리케이션을 MTAR 파일로 다운로드할 수 있고, xs 명령줄 도구를 사용하여 애플리케이션을 배포할 수 있다. 컴포넌트 이름은 SHINE이 아니라 SAP HANA DEMO MODEL이라는 것에 유의하자.

구버전 SAP HANA XS는 배포 단위로 묶여 있으며, SAP HANA 스튜디오를 사용해 배포할 수 있다.

SAP HANA XS에서 SAP HANA XS Advanced로 애플리케이션을 마이그레이션하는 방법을 익히려면, 두 버전을 모두 배포해 보는 것이 도움이 될 것이다.

SAP HANA XS Advanced Migration Guide에는 구버전 SAP HANA XS 모델에서 SAP HANA XS Advanced로 애플리케이션을 준비, 마이그레이션, 배포하는 방법이 자세히 설명되어 있다. 마이그레이션에서 대부분의 단계를 자동화하기 위해, SAP HANA XS Advanced Migration Assistant (Software Downloads에서 찾아볼 수 있음)를 이용할 수 있다. 이 가이드는 SHINE SAP HANA XS 애플리케이션을 입력으로 가져와서 출력으로 SAP HANA XS Advanced 애플리케이션을 내놓는 과정에 대해 정확하게 보여준다. 그리고 보조 프로그램을 실행하는 방법, 보고서를 읽는 방법, 자동으로 마이그레이션되는 콘텐츠와 사용자가 직접 수행해야 할 작업을 설명한다.

또 다른 배포 옵션은 아무것도 설치하거나 생성하지 않고, SAP 클라우드 플랫폼을 이용하는 것이다. Neo 환경에서 SAP 클라우드 플랫폼/SAP HANA 서비스 인스턴스(데이터베이스)를 생성할 때, SHINE이 포함되도록 지정할 수 있다.

4.13.2 시작하기

그림 4.22의 SHINE 대시보드는 최신 버전의 타일을 나열하고, 특히 다음과 같은 앱을 보여준다.

■ **Data Generator**
이 애플리케이션을 사용하여, 마스터 데이터와 트랜잭션 데이터 모두를 재설정하거나 다시 로딩할 수 있다. 마스터 데이터에는 비즈니스 파트너, 제품 등이 포함되며 트랜잭션 데이터는 판매와 구매 주문과 관련된 것으로 여기서 수량(주문 수)과 시간 간격을 모두 표시할 수 있다.

■ **Purchase Order Worklist**
이 애플리케이션은 구매 주문 관리를 시연하는 역할을 하며, 목록 보기, 검색 기능, 주문을 추가/제거와 승인/거부하는 워크플로우, 엑셀로 내보내기, 리포팅 기능을 제공한다.

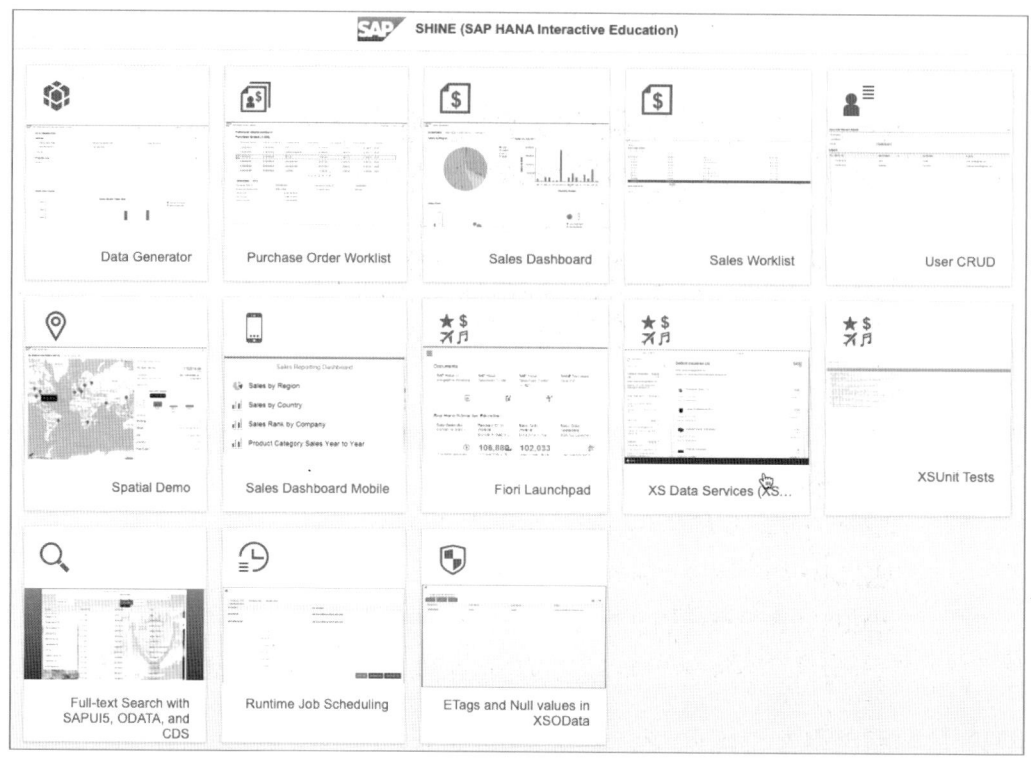

그림 4.22 SHINE Dashboard

■ Sales Dashboard

이 애플리케이션은 샘플 ITeLO 회사의 분석 뷰(파이 차트, 버블 차트, 막대 다이어그램)를 제공하며, 판매 주문을 세부 탭으로 나눠 지역별 판매(Sales by Region), 국가별 판매(Sales by Country), 판매 순위(Sales Rank), 제품 카테고리별 판매 연도 비교(Compare Product Category Sales Year to Year)를 보여준다.

■ User CRUD

이 애플리케이션은 동일한 데이터베이스 컨테이너의 Node.js 와 Java 구현에서, CRUD 연산(생성, 업데이트, 삭제)을 사용해 시스템에서 사용자를 관리하는 방법을 시연한다.

■ Spatial Demo

이 애플리케이션은 공간 기능과 분석이 SAP HANA XS 애플리케이션과 어떻게 잘 통합될 수 있는지 보여준다. 예를 들어, 위도와 경도 데이터를 활용하여 제품 판매 히트맵을 만든다.

■ Fiori Launchpad

SAP HANA UI 통합 서비스를 잘 활용하기 위한 애플리케이션이다.

- **Full-text Search with SAPUI5, OData, and CDS**

  이 애플리케이션은 CDS로 검색 모델을 정의하는 방법과, OData로 검색 인터페이스를 만들기 위해 SAPUI5를 사용하는 방법을 시연한다.

- **Runtime Job Scheduling**

  이 애플리케이션은 작업 생성, 작업 스케줄링, 작업 로그 뷰에 대한 SAP HANA XS Job Scheduling API를 사용하는 방법을 시연한다.

SHINE에는 XSUnit 테스트와 SAP HANA XS 데이터 서비스와 같은 추가적인 개발자 콘텐츠도 포함돼 있다.

더 알아보기

SHINE 설명서는 SAP Help Portal의 SAP HANA 플랫폼 설명서 세트에 포함돼 있다.

- SAP HANA Interactive Education (SHINE) for SAP HANA 2.0 SPS 04
- XS Advanced Migration Demo – SHINE – SAP HANA XS Advanced Migration Guide

최신 업데이트를 위해 GitHub의 SHINE 리포지토리를 확인하면 된다(http://s-prs.co/v488423). openSAP 과정 "SHINE Reference for Native SAP HANA Application Development"(2016년)는 구 버전 SAP HANA XS 모델을 다루지만, 여전히 유용한 내용을 찾을 수 있다.

SAP Note

추가적인 정보를 위해, SAP Note에서 HAN-AS- XSA-SHN 컴포넌트를 참고할 수 있다. : SAP Note 2239095 – SAP HANA XS ADVANCED DEMO MODEL – SHINE XSA Release & Information Note

---

4.14 요약

이 단원에서는 SAP HANA 개발과 관련한 가장 중요한 주제를 소개했다. 개발자 페르소나와 가장 일반적인 개발자 도구(SAP Web IDE, 이전 릴리스의 경우는 SAP HANA 스튜디오)에 대한 간단한 설명으로 시작했다. 다음으로 SQL과 코드 푸시다운의 조력자인 SQLScript를 다루었고, SAP HANA와 관련한 ABAP 개발의 몇 가지 측면을 간략히 살펴보았다.

SAP HANA 개발에서 중요한 부분은 분석 모델링에 관한 것이며, 이 주제에 대해 어느 정도 심도 있게 다루었다. 네이티브 애플리케이션 개발은 중요하며, SAP HANA XS와 SAP HANA XS Advanced(이 둘은 이 단원에서 설명하고 비교함)의 확장 애플리케이션 서비스를 필요로 한다. SAP HANA 애플리케이션을 만들고 배포하기 위해, CDS와 HDI를 사용한다는 것을 알았다. 구버전 SAP HANA XS의 경우, 네이티브 SAP HANA 애플리케이션 라이프사이클 관리를 사용하거나, SAP 소프트웨어 로지스틱스와 CTS+ 기술에 의존할 수 있다. SAP HANA 2.0에는 JSON 다큐먼트 스토어, NoSQL 데이터베이스가 제공됐고 사용법에 대해 다뤘다.

클라우드 기반 개발을 위해, 특별히 SAP 클라우드 플랫폼/SAP HANA 서비스에서 제공하는 서비스를 다뤘다. Neo와 Cloud Foundry 환경의 차이점을 살펴봤고, Cloud Foundry와 SAP HANA XS Advanced의 관계를 설명했다. 온프레미스 개발에서 일반적인 ODBC와 JDBC와는 별도로 Go, Python, .NET을 포함해 다양한 SAP 클라이언트 인터페이스를 다뤘다. 시스템 리플리케이션 지원과 같은 SAP HANA 클라이언트를 위한 특정 기능은 대부분 독점적인 SQLDBC 클라이언트에서 제공한다. SAP HANA 데이터베이스로 HTTP/S를 통한 웹 기반 액세스를 위해서는 OData, InA, XMLA를 이용해 연결할 수 있다.

물론 SAP HANA 개발을 처음 접하는 사람들에게는 소화하기에 너무 많은 자료를 다뤘다. 시작을 돕기 위해 SAP는 무료 개발 버전인 SAP HANA 익스프레스 에디션을 제공한다. 내용면에서, SAP HANA 익스프레스 에디션은 이 단원의 마지막 주제였던 SHINE 학습 애플리케이션으로 보완된다. 관리자 페르소나와 개발자 페르소나에 대해 배웠으니, 이제는 데이터 사이언티스트로 더 잘 알려져 있는 고급 분석가를 만나러 갈 시간이다.

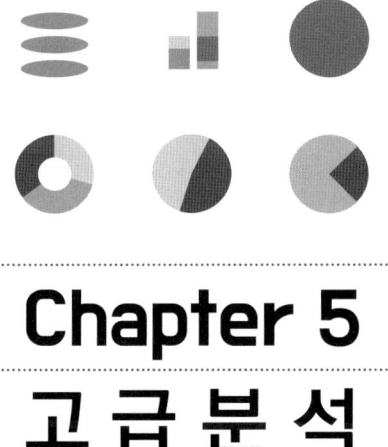

Chapter 5
고 급 분 석

셀 수 있는 모든 것이 중요한 것은 아니다.
- William Bruce Cameron

전체가 부분의 합보다 많다.
- Kurt Koffka

Chapter 5
고급분석

데이터 사이언티스트들과 반드시 정확한 용어만을 써야 한다고 고집하는 이들을 위해, 우선 'analysis'와 'analytics' 두 단어에 대해 언급하면서 이 단원을 시작한다. 전자는 보통 '조사를 상세하게 하는 것'으로 정의할 수 있고, 후자는 '데이터의 체계적인 분석'을 말한다. 즉 'analytics'란 'analysis'에 숨겨진 과학을 가리킨다. 〈역자_주: 'analysis'를 분석, 'analytics'는 분석학으로 표현하기도 하나 이 책에서는 대부분 'analytics'도 '분석'으로 번역했으며 제품, 기능명에는 '애널리틱스'로 번역〉 그러나 일상생활, 제품명, 마케팅 간행물 등에서 이러한 구분이 항상 엄격히 적용되는 것은 아니며, 서로 혼용되는 것을 찾아볼 수도 있다. 예를 들어 'SAP HANA text analysis'를 사용해 텍스트 분석(text analytics)을 수행하거나, SAP HANA Predictive Analysis Library(PAL)를 사용해 예측 분석(predictive analytics)을 할 수도 있다. 딱히 차이가 없다.

SAP HANA 데이터베이스의 주요 강점은 온라인 트랜잭션 처리(OLTP) 및 온라인 분석 처리(OLAP)를 인메모리에서 단일 데이터(single data copy)에 의해 제공한다는 점이다. 즉, 트랜잭션 처리와 분석 처리는 한 곳에서 이루어지는 것이다. SAP HANA 플랫폼의 주요 자산은 병렬 처리, 인메모리 스토리지, 기타 하드웨어의 향상된 기술을 활용해 다양한 기술이 동일한 데이터베이스 내에서 이 단일 데이터와 직접 상호 작용하고, 작업을 실행할 수 있도록 하는 방법이라는 것을 설명했다. 플랫폼에 포함된 개발 도구를 사용해 데이터를 모델링하고, 다차원의 information view를 생성하여 비즈니스 유저 리포트에서 사용할 수 있다.

고급 분석(advanced analytics)이라는 깃발 아래 묶인 다양한 역량, 특징, 기능은 다음과 같이 분석의 범위를 확장한다.

- ■ **예측 분석 (Predictive analytics)**

  예측 분석 기능으로 과거와 현재의 데이터를 분석해 미래에 대한 예측이 가능하다.

- ■ **머신 러닝 (Machine learning)**

  머신 러닝으로 컴퓨터는 명시적 명령 없이, 즉 IF THEN ELSE 프로그래밍 명령 없이 데이터집합을 처리할 수 있다. 머신 러닝 알고리즘을 사용해 컴퓨터는 비디오, 그림, 음악 등 다른 원시 데이터에 대한 패턴 인식을 수행할 수 있다.

■ **공간 (Spatial)**

공간 기능은 analysis와 analytics에 있어서 지리적 차원을 추가한다.

■ **그래프 (Graph)**

그래프 처리를 통해 관계와 연결을 이해할 수 있다.

■ **시리즈 데이터 (Series data)**

시리즈 데이터는 측정 가능한 간격으로 수집되는 데이터를 말한다. 흔히 시간으로 표현되며, 이런 종류의 데이터를 '시계열 데이터'라고도 한다.

■ **텍스트 분석 (Text analytics)**

텍스트 분석을 통해 비정형 데이터를 분석할 수 있다. 일부 추정치에 따르면, 비정형 데이터는 로그 파일, 사무실 문서, 트위터 피드, 이메일 트래픽, 메시지, 이미지, 비디오, IoT 장치의 출력 등을 가리키는데, 이는 모든 엔터프라이즈 데이터의 최대 90%까지 차지할 수 있다.

■ **SAP HANA 스트리밍 애널리틱스 (SAP HANA streaming analytics)**

SAP HANA 스트리밍 애널리틱스를 통해 대량의 이벤트 데이터를 처리할 수 있다. 일반적으로는 볼륨이나 속도 때문에 이벤트 데이터를 저장하지 않겠지만(변화가 빠르게 발생하므로), 이 데이터를 분석해 "실시간"에서 발생하는 예외를 찾아 집계에 사용하고 싶을 수도 있을 것이다.

이와 같이 고급 분석은 강력하고 완벽한 분석 플랫폼을 제공한다. 통합된 기능들이 제공하는 전체 범위는 개별 기능이 제공하는 것의 합보다 명백히 크다.

이 단원에서는 SAP HANA 플랫폼의 고급 분석 기능의 다양한 기술에 대해 간략하지만 포괄적인 개요를 제공한다. 예를 들어 플랫폼이 문제(또는 도전)를 해결하는 방법, 플랫폼이 작동하는 방식, 어디서 정보를 찾을 수 있는지, 그리고 이런 기능을 직접 사용해 보는 방법에 대해서 설명할 것이다.

5.1 역할과 도구

SAP HANA 데이터 사이언티스트의 역할은 무엇이며 어떤 도구가 이 일에 사용될까? 이 단원에서는 데이터 사이언티스트 페르소나를 소개할 것이다.

5.1.1 SAP HANA 데이터 사이언티스트

만약 몇 년 전에 이 책을 썼다면, 이 장의 페르소나에 대해 '데이터 사이언티스트'라는 단어 대신 '(고급) 분석가'라는 단어를 선택했을 것이다. 하지만 최근에 이르러서는 데이터 사이언스가 업계에서 반향을 일으키고 있다(수학을 이해하지 못한 채 데이터 사이언스 도구를 사용하는 사람을 '데이터 사이언스 시민(citizen)'이라고 부르는 것처럼, 데이터 사이언스라는 단어가 과도하게 남발되는 경향이 있음). 그러므로 여기에 기꺼이 동참하도록 하겠다.

실제 데이터 사이언티스트의 직무 역할이 하나로 정의되진 않겠지만, 한 걸음 물러서서 그 기능을 살펴보면, 데이터 사이언스에 수학(통계), 컴퓨터 사이언스, 도메인 전문 지식의 결합이 필요하다는 데 동의할 것이다. 데이터 사이언스는 예측 분석, 통계, 데이터 마이닝이 잘 정립된 분야에 뿌리를 두고 있다. 그러나 앞서 살펴본 것처럼 데이터 사이언스는 더 넓은 범위를 포괄한다. 데이터에서 지식을 추출한다는 목표는 변경되지 않았지만, 오늘날 성공적인 데이터 사이언티스트는 모든 종류의 비정형 데이터, 이벤트 스트림, 그래프와 공간 처리를 포함한 다양한 분석 차원에서 전문성을 쌓아야 한다. SAP HANA 플랫폼의 주요 강점은 데이터 사이언티스트가 단일한 도구 세트를 사용해 단일 데이터의 단일 환경에서 이러한 다양한 유형의 분석 수행이 가능하다는 것이다.

5.1.2 도구

SAP HANA 플랫폼의 고급 분석 기능을 사용하기 위해 새로운 도구를 배울 필요는 없다. External Machine Learning(EML) 또는 PAL로 작업하든, 공간 데이터 타입, 시리즈 데이터나 그래프 모델로 작업하든, 모든 것은 SQL 명령문을 사용해 SAP HANA 데이터베이스에서 먼저 처리되기 때문에, SQL을 잘 활용해 데이터를 주고받으면 된다(4단원 4.2섹션 참고).

어떻게 데이터를 주고받는지는 기술마다 다르게 구현된다. 예를 들어 PAL 애플리케이션 함수를 실행하기 위해서는 래퍼(wrapper)를 사용한다. 래퍼는 실제 애플리케이션 함수 겉면에 SQL 코드를 추가함으로써, 실제 처리는 다른 엔진에서 수행되더라도 그 결과를 데이터베이스로 전송할 수 있게 한다. 공간과 시리즈 데이터에는 호출할 수 있는 특정 데이터 타입과 방법이 있다. 물론 이것을 정확하게 사용하려면 관련 개발자에게 도움을 받거나 레퍼런스 가이드를 참고해야 하지만 (학습에 어려움이 예상됨) 적어도 새로운 도구를 배울 필요는 없을 것이다.

코드목록 5.1은 시리즈 데이터 테이블에 대한 CREATE TABLE 구문을 보여준다. 이 명령문은 SERIES 설명자(descriptor)를 제외하고 일반 테이블을 작성하는 구문과 유사하다. 이 설명자로 시리즈 데이터의 속성 SERIES KEY, NOT EQUIDISTANT, MINVALUE, MAXVALUE와 PERIOD FOR SERIES를 정의한다. 이 코드가 어떻게 작동하는지에 대한 내용은 5.5섹션을 참고하면 된다.

```
CREATE TABLE ExampleStockTrades (ticker_symbol CHAR(5),
  trade_time TIMESTAMP, price DECIMAL(10,2), volume INTEGER)
SERIES (SERIES KEY(ticker_symbol) NOT EQUIDISTANT MINVALUE '2020-01-01' MAXVALUE
'2021-01-01' PERIOD FOR SERIES(trade_time) );
```

코드목록 5.1 Series Data Table 생성

SQL을 실행하고 결과 집합을 확인하기 위해, SAP HANA에서 데이터베이스 탐색기의 SQL 프롬프트를 사용하며 SAP HANA 콕핏이나 SAP HANA용 SAP Web IDE에서 이 기능을 제공한다. 다른 대안으로는 로컬 클라이언트를 선호한다면, SAP HANA 스튜디오에서 SQL 콘솔을 이용할 수 있다.

PAL은 입력 테이블, 파라미터 테이블, 출력 테이블과 함께 작동한다. PAL을 보다 쉽게 사용할 수 있도록 SAP HANA에서 AFM(Application Function Modeler)을 사용할 수 있다. 그림 5.1과 같이 AFM에서 PAL 함수를 플로우그래프에 추가하고 파라미터와 입출력(I/O) 테이블을 지정하면, SQL 코드를 작성하지 않고도 프로시저를 생성할 수 있다. 함수의 결과를 얻기 위해 프로시저를 실행하고, 생성된 SQLScript 코드를 다음을 위해 저장할 수 있으므로 매우 편리하다. AFM은 SAP HANA용 SAP Web IDE, SAP HANA 스튜디오 모두에서 사용할 수 있다.

마찬가지로, 그래프 데이터베이스로 데이터를 주고받을 때, '그래프 워크스페이스 뷰어'는 관계(또는 수학 이론 용어로는 node와 edge)가 어떻게 정의되는지를 즉시 보여줄 수 있다(5.4섹션 참고). 그래프 워크스페이스 뷰어는 SAP HANA용 SAP Web IDE에 포함되지만, SAP HANA 스튜디오에서는 사용할 수 없다. 이미 언급했듯이, SAP HANA 스튜디오 도구는 개발이 중단되었기 때문에 더 이상 최신 개선 사항과 기능을 포함하지 않는다. 그래프 워크스페이스 뷰어와 AFM 외에도, 시리즈 데이터, 공간 분석 또는 텍스트 분석과 같은 기타 고급 분석 기능을 사용할 때에도, 모든 데이터의 입출력은 SQL을 통해서 이루어지기 때문에 SQL 인터페이스만 있으면 된다. 따라서 SQL 클라이언트만 있으면 분석이 가능하다.

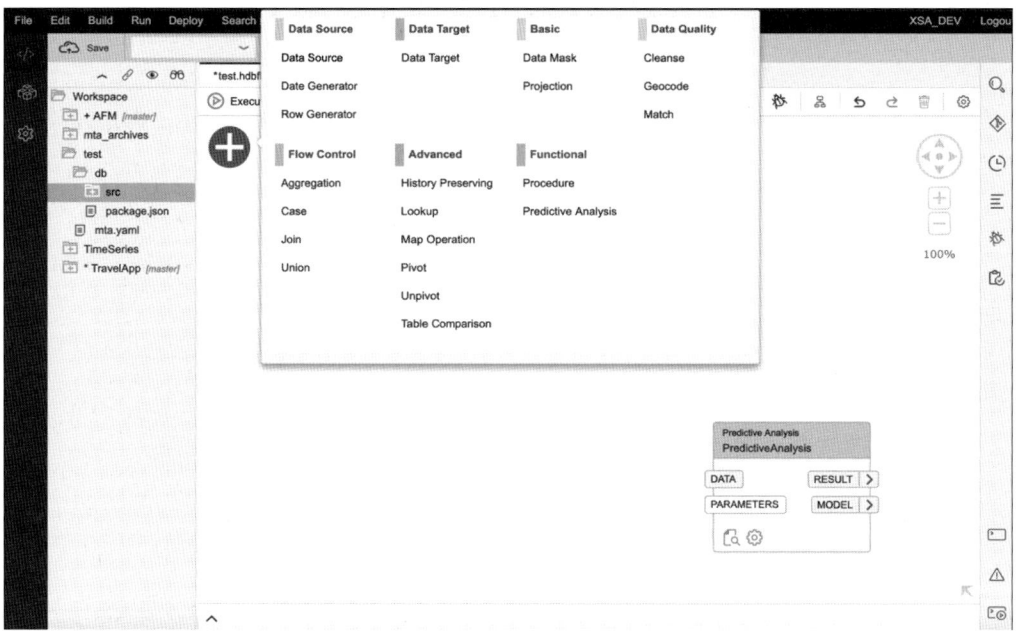

그림 5.1 Predictive Analytics Flowgraph, SAP Web IDE for SAP HANA

SAP HANA 스트리밍 애널리틱스에는 자체 도구세트를 비롯해 SQL과 유사한 Continuous Computation Language(CCL)가 함께 제공된다(5.7섹션 참고). SAP HANA 스트리밍 애널리틱스는 SAP HANA 플랫폼에도 통합되어 있으며, 모니터링과 관리를 위해 SAP HANA 콕핏을 사용할 수 있다. 설계와 개발을 위해 SAP Web IDE를 사용할 수 있지만, 먼저 그림 5.2에서처럼, 메뉴에서 해당 기능을 활성화해야 한다. 이전에 릴리스된 SAP HANA 스트리밍 애널리틱스는 이클립스 플러그인(SAP HANA 스튜디오와 비슷한 방법)으로 사용이 가능하다.

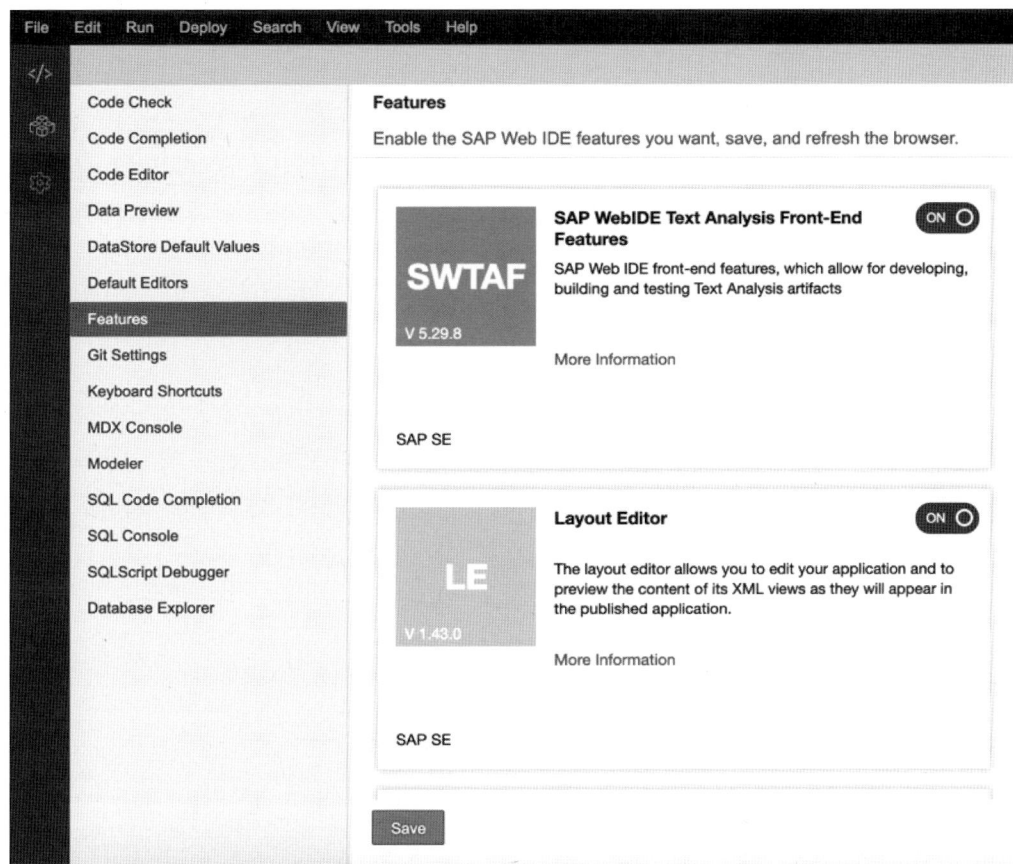

그림 5.2 Enabling Features in the SAP Web IDE for SAP HANA

5.2 예측 분석과 머신 러닝

트랜잭션 데이터의 분석과 리포팅을 통해 과거에 어떤 일이 발생했는지 파악할 수 있으며, 비즈니스 인텔리전스(BI)의 기반을 제공하고, 어떻게 진행할 것인지, 어떤 방향을 선택할 것인지에 대한 의사 결정을 내릴 수 있다. 예측 분석은 이런 유형의 비즈니스 의사 결정을 지원한다. 다양한 통계 기법을 사용하면 미래를 예측할 수 있다(또는 미지의 것을 예측). 예측은 견고한 과학을 바탕으로 한다. 즉, '훈련받은 추측'을 하거나 '직감'에 의존할 필요가 없다. 대신 예측 분석을 통해 고객이 어떤 제품을 가장 많이 구입할지 또는 어떤 장비가 교체되어야 할지를 과학적으로 판단할 수 있다.

이 섹션에서는 SAP HANA에서 사용하는 예측 분석의 개요와 기초를 제공하고, 애플리케이션 함수, PAL, R 프로그래밍 언어와 EML과의 통합, Automated Predictive Library(APL)를 사용한 자동화에 대해 설명할 것이다.

예측 분석의 배경이 되는 과학은 대기업과 대학의 연구 기관에서 비롯됐다. 첫 번째 모델은 기상 예보, 물류, 신용 등급을 위해 개발됐다. 사회 과학을 위한 통계 패키지(Statistical Package for the Social Sciences: SPSS)와 통계 분석 시스템(Statistical Analysis System: SAS)과 같이 이 분야에서 유명한 명칭들은 1960년대와 1970년대 학계에 뿌리를 두고 있다.

오랜 잠복기를 거친 후, 예측 분석은 1990년대에 인터넷 붐이 오면서 주류가 됐는데 아마존, 구글 같은 스타트업들이 온라인 쇼핑 경험을 개인화하고 검색 결과간의 관련성을 극대화하는 기술을 개발했다. 예측 분석은 빅데이터와 모바일 기기, IoT의 초연결성(hyperconnectivity)과 결합해, 소셜 미디어의 '좋아요'나 시청률과 추천을 비롯해 봇, Siri, Alexa와 같은 개인비서 등을 지속적으로 지원한다.

인공지능(AI)과 머신 러닝은 예측 분석의 배경이 되는 과학과 밀접하게 관련돼 있다. 그러나 AI, 머신 러닝은 급부상한 기술에 대한 가트너 하이프 사이클과 같은 보고서의 과도한 기대감에 시달릴 수도 있으며, 예측 분석을 '미화된 통계'라고 말하는 비평가들의 공격을 받을 수도 있다. 대부분의 기업은 다행히 이러한 비판에는 동의하지 않는 것으로 보이며, 예측 분석에 많은 투자가 이뤄지고 있다. AI와 머신 러닝의 발전으로 말미암아, 사람의 개입을 거의 필요로 하지 않으면서 새로운 활용 분야와 광범위한 영향력을 지닌 차세대 데이터 분석 단계에 곧 진입하게 될지 누가 알겠는가?

일반 데이터 사이언스와 SAP Predictive Analytics 제품에 대한 자세한 내용을 보려면, openSAP 과정인 "Getting Started with Data Science"에 등록하면 된다.
향후 업데이트된 버전이 제공될 수 있으므로, https://open.sap.com/ 웹사이트를 정기적으로 확인하길 바란다. SAP Leonardo와 같은 머신 러닝 과정도 이용할 수 있다.

5.2.1 Application Function Library (AFL)

예측 분석은 대량의 데이터를 가지고 복잡한 작업을 수행한다. 성능상의 이유 때문에 코드는 데이터베이스 내부에서는 가능한 범위 안에서 데이터와 최대한 가깝게 실행돼야 하며 데이터를 먼저 애플리케이션 서버로 이동시켜서는 안 된다. 그러나 복잡한 코드가 요구될 경우에는 SQL이나 SQLScript를 사용하는 것만으로는 충분하지 않다. 이럴 때는 외부 프로시저를 이용해서 해결할 수 있다. SAP HANA 플랫폼에서 이런 외부 프로시저를 '애플리케이션 함수'라고 하며 C++로 작성되어 AFL에 번들로 제공된다. SQLScript 내에서 SQL을 사용해 AFL 함수를 호출할 수 있다. 이 과정은 ABAP 프로시저 내에 SQLScript 코드를 내장한 ABAP Managed Database Procedures (AMDP)와 개념적으로 비슷하다(기술적으로는 반대임). AMDP는 4단원 4.2.3섹션에서 설명했다.

회계 함수의 경우, 연간 감가상각, 회전 일수, 내부 수익률, 현재 가치와 같은 비즈니스 계산과 함께, 비즈니스 분석가에게 익숙한 50가지 다른 함수를 처리하기 위한 전용 Business Function Library(BFL)가 제공된다. 예측 분석을 위해 알고리즘이 PAL에 번들로 제공된다. BFL 또는 PAL 함수를 호출하려면, AFL 컴포넌트를 설치하고 스크립트 서버를 활성화해야 한다. 모든 AFL 오브젝트는 _SYS_AFL 스키마에 생성되며, 프로시저를 실행하려면 AFL role이 필요하다.

> **더 알아보기**
>
> AFL 컴포넌트 설치 방법은 SAP HANA Server Installation and Update Guide에 문서화돼 있다. 비즈니스 함수에 대해서는 SAP HANA Business Function Library(BFL) 레퍼런스를 참고하면 된다. 2개의 문서는 SAP Help Portal에서 이용할 수 있다.

5.2.2 Predictive Analysis Library (PAL)

PAL은 100가지가 넘는 알고리즘과 함수를 포함하며, 이 알고리즘은 다음과 같은 9가지 그룹으로 분류된다.

- **클러스터링 (Clustering)**

  클러스터링 알고리즘은 오브젝트 간의 관계를 조사한다. PAL에서는 친근도 전파(affinity propagation), 클러스터 할당(cluster assignment), 밀도 기반 클러스터링(density-based spatial clustering of applications with noise: DBSCAN), 자기 조직화 지도(self-organizing maps), 가우스 혼합모델(Gaussian Mixture Model: GMM), 잠재 디리클레 할당(latent Dirichlet allocation: LDA), K-평균 클러스터링(K-means), K-중앙값 클러스터링(K-medians), K-메도이드 클러스터링(K-medoids)과 같은 수많은 클러스터링 알고리즘을 찾을 수 있다.

- **분류 (Classification)**

  분류 알고리즘은 새로운 오브젝트가 기존 오브젝트 속성과 어떤 관련이 있는지를 조사한다. 이 그룹에서는 곡선아래면적(Area Under Curve: AUC), 조건부 랜덤 필드, (랜덤) 의사 결정 트리,

오차 행렬, K-최근접 이웃(K-nearest neighbor: KNN) 분류, 나이브 베이즈(naive Bayes), 서포트 벡터 머신 등의 분류 알고리즘을 찾을 수 있다.

■ 회귀 (Regression)

회귀 알고리즘은 서로 다른 변수 간의 관계를 조사한다. PAL에서는 이변수 기하(bivariate geometric)와 이변수 자연(bivariate natural), Cox 비례, 지수, 다중 선형, 다항식 회귀 알고리즘, 일반화된 선형 모델을 포함한 회귀 알고리즘을 지원하고 있다.

■ 연관 (Association)

연관 알고리즘은 데이터 내에서 연관성 패턴을 식별하고 연관규칙(apriori), 빈출패턴 성장(FP-growth), 순차 패턴 매칭, K-옵티멀(K-optimal rule discovery: KORD)을 포함한다.

■ 시계열 (Time Series)

PAL에서 가장 큰 알고리즘 그룹인 시계열 알고리즘은 타임스탬프 값을 기반으로 예측한다. 이 그룹에서 지원하는 알고리즘은 자기회귀누적이동평균(ARIMA 모델), 지수 평활법(단순, 이중, 삼중, 자동, 브라운), 계절성/트랜드/화이트 노이즈 테스트, 크로스턴 기법(Croston's method), 고속 푸리에 변환(fast Fourier transform) 등이 있다.

■ 전처리 (Preprocessing)

전처리 알고리즘은 예측 분석을 위해 비즈니스 데이터를 준비한다. 예를 들면 이산(discretize), 다차원 확장, 손실 데이터 처리, 주성분 분석, 랜덤 분포 샘플링 등이 있다.

■ 통계 (Statistics)

통계 알고리즘은 일반적인 통계 기법을 그룹화한다. 예를 들어 분산 분석(Anova), 카이제곱 적합도 검정, 엔트로피, 그럽스(Grubbs') 텍스트, 카플란-마이어 생존 분석 등의 알고리즘을 지원한다.

■ 소셜 네트워크 분석 (Social network analysis)

소셜 네트워크 분석을 위해 예측과 페이지 랭크를 연결하는 알고리즘을 함께 그룹화한다.

■ 추천 시스템 (Recommender systems)

추천 시스템은 사용자 선호도를 조사하고 예측해 개개인에게 맞는 추천 시스템을 생성하는 알고리즘들을 그룹화한다. 이 그룹에서는 교대 최소 제곱법, 인수분해 다항식 회귀 모델, FFM(field-aware factorization machine)과 같은 알고리즘을 찾을 수 있다.

■ 기타 (Miscellaneous)

기타 알고리즘에는 ABC 분석, 가중치 테이블, T-분포 확률적 임베딩(T-distributed stochastic neighbor embedding)이 포함된다.

PAL에서 지원하는 알고리즘은 SAP 애플리케이션에 필요한 알고리즘이자 가장 일반적으로 사용되는 알고리즘을 기반으로 한다. 애플리케이션 코드에서 PAL 함수를 간단히 참조함으로써, 메모리에 적재한 대용량 데이터집합에 복잡한 알고리즘들을 적용할 수 있다.

더 알아보기

자세한 내용은 SAP HANA 플랫폼용 SAP Help Portal에서 SAP HANA Predictive Analysis Library(PAL)를 참조하면 된다.

튜토리얼

PAL 작업 방법을 이해하려면, 개발자 센터에서 "Learn to Use the SAP HANA Predictive Analytics Library (PAL)"의 튜토리얼 시리즈를 확인하기 바란다. 'PAL' 단어를 검색하면 다양한 자료가 나온다.
실습 교육 영상은 SAP HANA Academy 유튜브 채널의 Predictive Analysis Library 재생목록을 참고하면 된다.

5.2.3 R 통합

PAL에는 가장 일반적인 비즈니스 요구사항을 해결하기 위해 100개가 넘는 다양한 알고리즘이 있지만, 라이브러리에서 다루지 않는 알고리즘이 필요한 상황이 나타나기도 한다. 이런 경우를 위해 SAP HANA에서는 오픈 소스 프로그래밍 언어인 R을 통합해 사용할 수 있도록 제공한다. R 통합이 작동하는 방식은 비즈니스 함수(BFL)와 애플리케이션 함수(AFL)에서 실행되는 방식과 유사하다. 즉, SQL 안에 R 코드를 임베딩하는 것이다. 이러한 통합을 통해 맞춤형 통계 함수를 실행하는 것과 같이, SAP HANA calculation view에 R을 포함시킬 수 있다. SQL은 데이터베이스 엔진에 의해 처리되고, R 코드의 실행은 R 서버가 담당한다.

기술 배경

예측 분석과 마찬가지로, 통계 컴퓨팅을 위한 R 프로젝트는 1993년에 처음 출시됐으며, 대기업 연구소(벨)와 대학(오클랜드)에 뿌리를 두고 있다. R은 오픈 소스이므로 자유로운 사용이 가능하며 통계학자, 데이터 마이너, 데이터 사이언티스트에게 매우 인기가 있다. http://s-prs.co/v488424의 광범위한 R 아카이브 네트워크에서 13,000개가 넘는 패키지를 사용할 수 있다.

R 서버는 SAP HANA에 포함돼 있지 않다(SAP는 R을 지원하지 않음). 따라서 R을 사용하기 위해서는 별도의 환경에서 R을 설치하고 구성해야 한다. 결과적으로 데이터를 R 환경으로 전송해야 하는

데, 단일 데이터, 인메모리, 인-데이터베이스 처리라는 이점은 이로 인해 사라지게 된다. 최적의 성능을 위해 SAP HANA는 데이터베이스에서 처리할 때 사용되는 형식(튜플 기반) 대신 R이 요구하는 형식(벡터 지향)으로 데이터를 제공할 수 있다.

코드 클리닉

코드목록 5.2에 나와 있는 코드 샘플은 SAP Developer Center의 튜토리얼 시리즈 "Machine Learning in a Box: Set Up Your SAP HANA, express edition System for Machine Learning"에서 발췌한 것이다. 여기서 SQLScript 프로시저는 RLANG을 언어로 지정한다. BEGIN과 END사이의 코드는 R이다. 그런 다음 프로시저를 호출하고 일반 테이블에서 결과 집합을 조회할 수 있다.

```
CREATE PROCEDURE LOAD_IRIS(OUT iris "IRIS")
LANGUAGE RLANG AS
BEGIN
  library(datasets)
  data(iris)
  iris <- cbind(iris)
END;
```

코드목록 5.2 RLANG SQLScript 프로시저

그림 5.3과 같이, 애플리케이션은 R코드가 임베딩된 SQL을 SAP HANA 데이터베이스로 보내면 R이 추출돼 R 연산자에 제공된다. 계산 엔진을 가진 R 클라이언트는 실행 환경(런타임)을 위해 R 서버의 Rserve 프로세스에 요청을 한다. R 클라이언트는 코드와 입력 테이블을 R 프로세스로 보내 실행한다. 결과 데이터 프레임이 계산 엔진에 반환되고, 계산 엔진은 이 정보를 결과 집합으로 변환한다. 이처럼 R은 계산 엔진이 내장된 R 클라이언트와 SAP HANA 플랫폼에 잘 통합돼 있다. 기존의 SAP HANA 플랫폼은 R ODBC 드라이버만 지원했지만, R 통합을 위해 이와 같이 한 단계 진보했다.

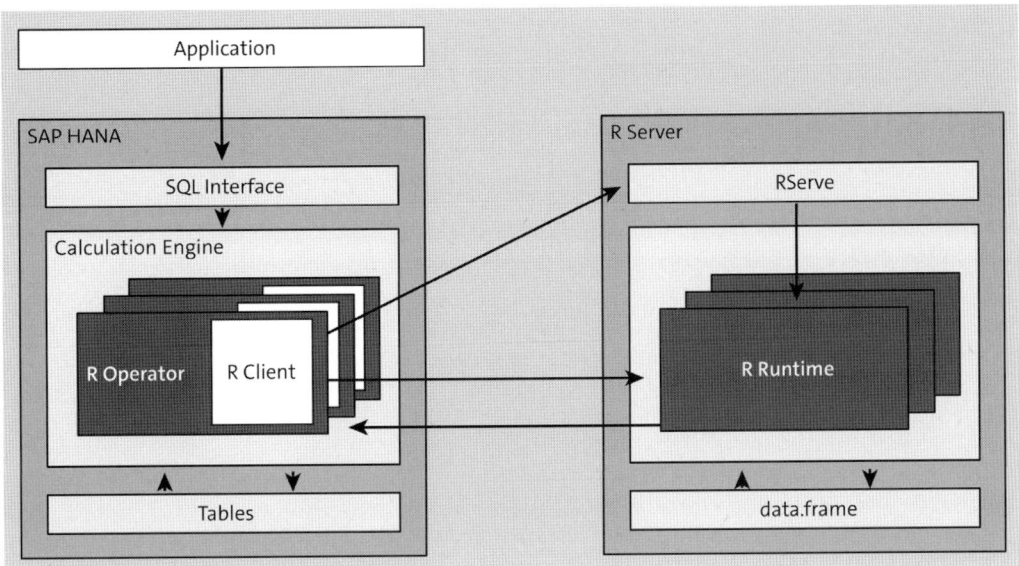

그림 5.3 SAP HANA R Integration Technical Architecture

R 호스트와의 모든 통신은 Transport Layer Security(TLS)로 암호화된다(6단원 6.3.3 참고). R과 함께 작업하기 위해 CREATE R SCRIPT 권한이 필요하다.

5.2.4 External Machine Learning Library (EML)

EML 라이브러리를 가지고, TensorFlow와 SAP HANA를 통합할 수 있다. R과 마찬가지로, TensorFlow는 오픈 소스 머신 러닝 프레임워크이며, 원래 구글에서 개발했다. EML은 AFL 컴포넌트에 포함돼 있지만, 별도 설치 및 스크립트 서버가 필요하다. EML은 SAP HANA 2.0 SPS 02에서

AFL에 추가됐다.

'텐서'는 수학적인 오브젝트이다. 일반적으로 프로그래머는 텐서를 n차원의 배열이라고 생각해 볼 수 있다. 1차원에서는 벡터, 2차원에서는 행렬로 불린다. 그러나 3D 텐서(시계열, 의료 스캔, 주가, 텍스트 데이터 등에서 자주 사용됨), 이미지용 4D 텐서, 비디오용 5D 텐서 등 더 많은 차원을 사용할 수 있다. 이런 텐서 오브젝트에서 계산을 적용하면(초급 수준의 수학이 아님), 텐서를 변경하거나 흘러가게 할 수 있다. '흘러가다'라는 뜻의 flow를 더해서 TensorFlow라는 이름을 얻었다. 실제로 TensorFlow는, 음성/사운드/이미지 인식, 추천, 자동 번역, 이상거래 탐지, 가짜 뉴스 탐지, 감정분석에 사용된다.

그림 5.4와 같이, EML AFL은 TensorFlow ModelServer(TMS) 클라이언트를 가지고 있으며, 이것은 gRPC(구글에서 구현한 remote procedure call)를 이용해서 TMS에 연결한다. 기술적으로는 상당히 다르지만, 개념적으로 구현은 R 통합과 비슷하다.

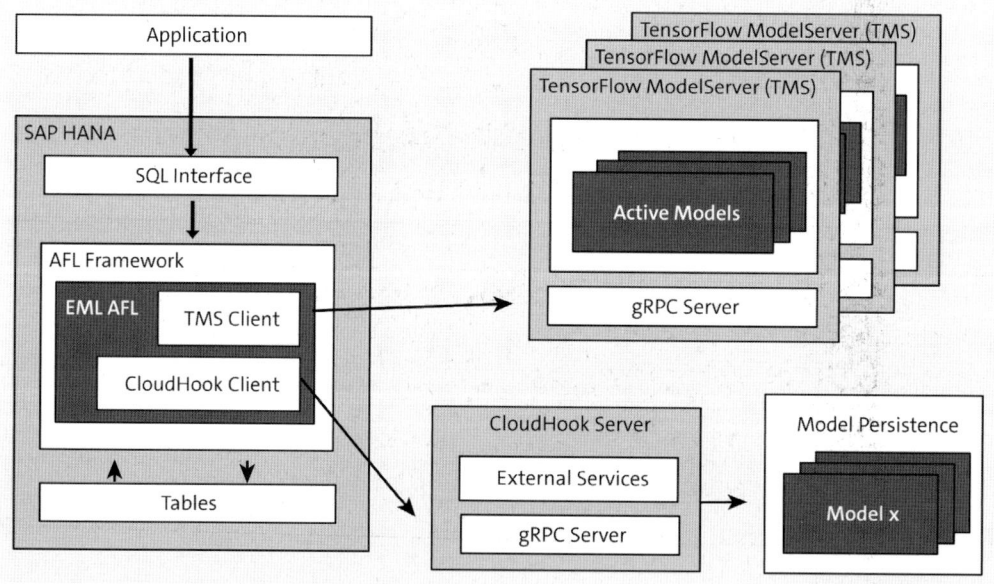

그림 5.4 SAP HANA EML AFL Technical Architecture

CloudHook 함수와 함께 SQLScript를 이용해서, SAP Data Hub나 외부의 3rd 파티 클라우드 공급자의 서비스를 통합할 수 있다. 이 통합은 CloudHook 서버에 의해 제어되며, 이 서버는 gRPC를 사용해 TensorFlow SavedModels에 연결할 수도 있다. 그림 5.5에 보이는 코드 조각에는 데이터와 파라미터에 대한 2개의 입력 테이블과, 결과에 대한 1개의 출력 테이블을 사용하고 있으며, 구현 방식이 PAL과 어떻게 유사한지 보여주고 있다.

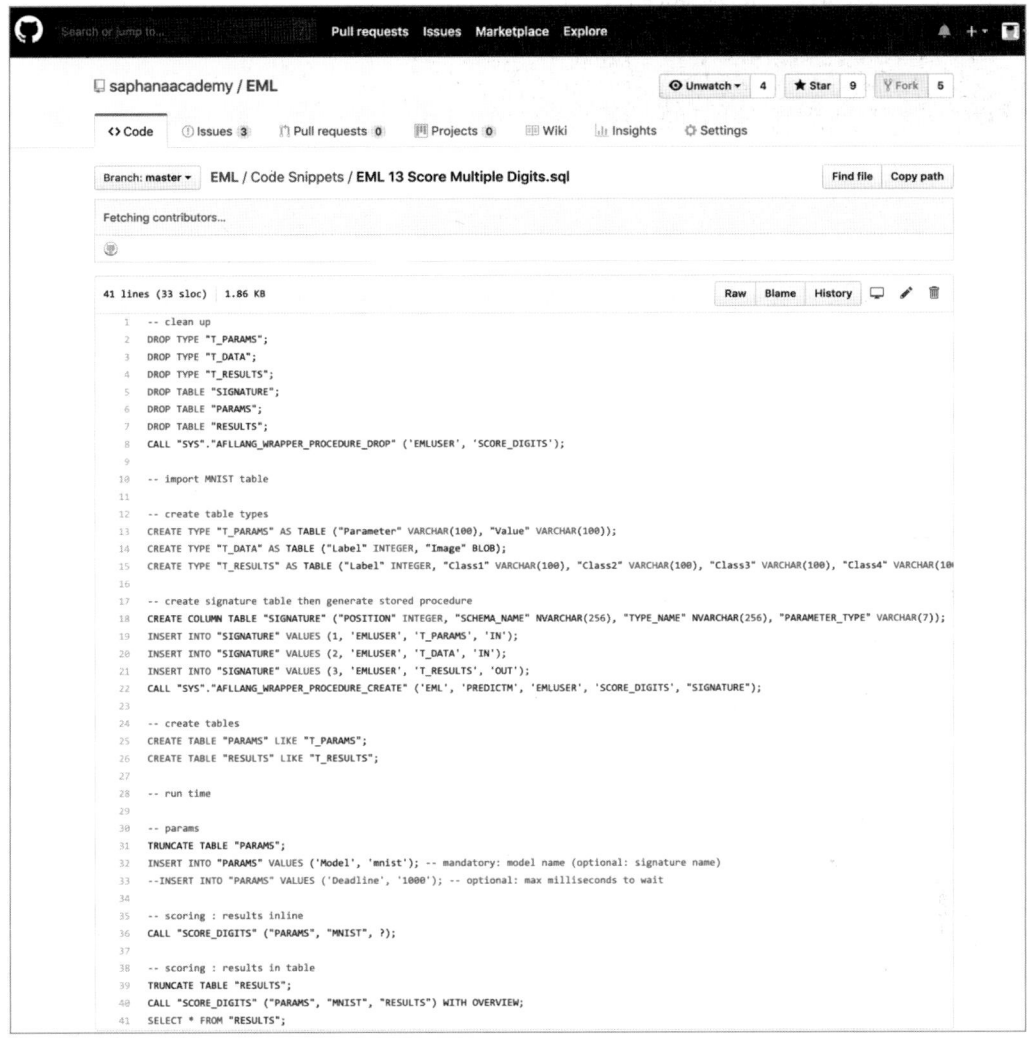

그림 5.5 EML Code Snippets for the SAP HANA Academy Tutorial

먼저 SYS.AFLLANG_WRAPPER_PROCEDURE_CREATE를 호출해 래퍼(wrapper) 프로시저를 만들어야 하며, 그런 다음 일반 프로시저나 함수를 호출하는 방식으로 외부 함수를 호출할 수 있다.

더 알아보기

EML에 관련한 입문, 모델 배포, CloudHook에 대한 자세한 내용은 SAP Help Portal에서 SAP HANA 플랫폼용 SAP HANA External Machine Learning Library(EML) 가이드에 설명돼 있다.

TensorFlow에 대한 자세한 설명은 http://s-prs.co/v488425 를 참고하면 된다.

5.2.5 Automated Predictive Library (APL)

APL은 SAP HANA 데이터베이스 내에서 외부 프로시저를 실행하는 데 사용되는 또 다른 AFL이다.
APL에는 분류, 회귀, 분할(segmentation), 시계열과 같은 PAL이 가진 것과 비슷한 모델들이 포함
되어 있다(5.2.2섹션 참고). 차이점은 APL은 별도 제품인 SAP Predictive Analytics에서 데이터베
이스를 처리한다는 것이다(그림 5.6 참고). PAL, R, EML이 모두 데이터 사이언티스트에 중점을 둔
반면에, APL은 비즈니스 유저를 위해 SAP Predictive Analytics를 사용해서 계산을 수행한다. 이
기술은 SAP S/4HANA와 같은 다른 SAP 비즈니스 애플리케이션에 통합된다.

기술 배경

SAP Predictive Analytics는 KXEN InfiniteInsight 기술을 통합한다. "Knowledge eXtraction ENgines"
의 약자인 KXEN은 1998년 파리에서 설립됐는데, 추후 미국에 본사를 두고 "데이터 마이닝 자동화 회사"로
자체 브랜드화했다. SAP는 2013년에 KXEN을 인수했다. InfinitInsight 기술은 변수 선택, 데이터 준비,
모델 피팅, 모델 테스트, 모델 배포를 자동화해 데이터 모델링에 필요한 시간을 획기적으로 줄임으로써, 비
즈니스 유저가 데이터 마이닝에 참여할 수 있도록 한다.

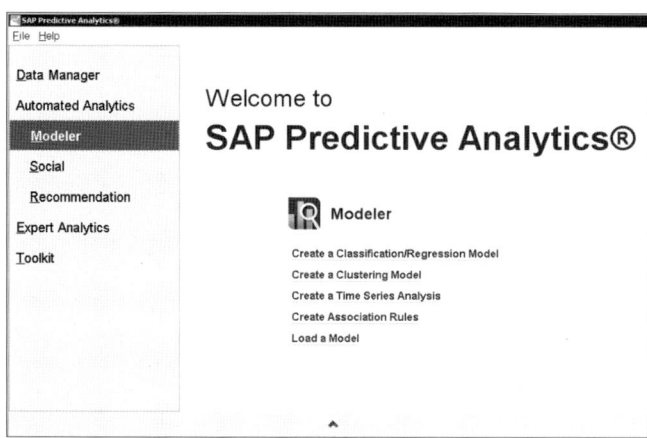

그림 5.6 SAP Predictive Analytics

5.3 공간 데이터 처리

SAP HANA 공간 서비스를 통해 지리 데이터를 처리, 모델링, 분석할 수 있다. 플랫폼은 공간 데이터 처리를 위한 별도의 엔진을 탑재하고, 공간 컬럼(데이터 타입), 공간 액세스 메소드, 공간 참조 시스템 등을 지원한다. 즉, 비즈니스 데이터와 공간 데이터에 대한 공통 데이터베이스를 제공함으로써 플랫폼에 완전한 지리정보시스템(geographic information system: GIS)을 효과적으로 추가하는 것이다.

공간('지리 공간'이라고도 함) 데이터는 오브젝트의 위치, 형상, 방향을 표현한다. 이 정보를 SAP HANA 데이터베이스에 지리적 위치, 경로 정보, 형상 데이터로 저장하고, 이를 사용해서 거리를 계산하거나 교차하는 포인트의 위치를 측정할 수 있다. 공간 데이터를 주고받기 위해서는 특별한 공간 데이터 타입과 공간 메소드 확장 목록을 가진 SQL을 사용할 수 있다. SQL에 익숙하지만 공간 기술에 익숙하지 않은 사람에게는 이 부분이 좀 어려운 학습이 될 수 있음을 감안하길 바란다.

코드 클리닉

코드목록 5.3에 보듯이 SAP Help Portal에 있는 SAP HANA Spatial Reference에서 공간 형상 테이블을 생성하고 포인트, 라인 문자열, 형상, 다각형, 멀티포인트를 삽입할 수 있다.

```
CREATE COLUMN TABLE SpatialShapes(ShapeID integer,shape ST_GEOMETRY);
INSERT INTO SpatialShapes VALUES(1, NEW ST_Point('Point(2.5 3.0)'));
INSERT INTO SpatialShapes VALUES(6, NEW ST_
LineString('LineString(3.0 3.0, 5.0 4.0, 6.0 3.0)'));
INSERT INTO SpatialShapes VALUES(11, NEW ST_
Polygon('Polygon((6.0 7.0, 10.0 3.0, 10.0 10.0, 6.0 7.0))'));
INSERT INTO SpatialShapes VALUES(16, NEW ST_
```

```
MultiPoint('MultiPoint( (0 1), (2 2), (5 3), (7 2), (9 3), (8 4), (6
6), (6 9), (4 9), (1 5) )'));
```

코드목록 5.3 SAP HANA 공간 데이터 타입

다양한 공간 데이터 타입이 그림 5.7에 나와 있다. 모든 공간 데이터 타입(ST)은 ST_Geometry 타입으로 포인트, 라인 문자열, 다각형, 공간 컬렉션(포인트, 문자열, 다각형), 환형 문자열이 있다. 공간 데이터를 조작하기 위해 프로그래밍과 유사하지만 SQL과는 다른 형태의 메소드와 생성자 (constructor)가 사용된다.

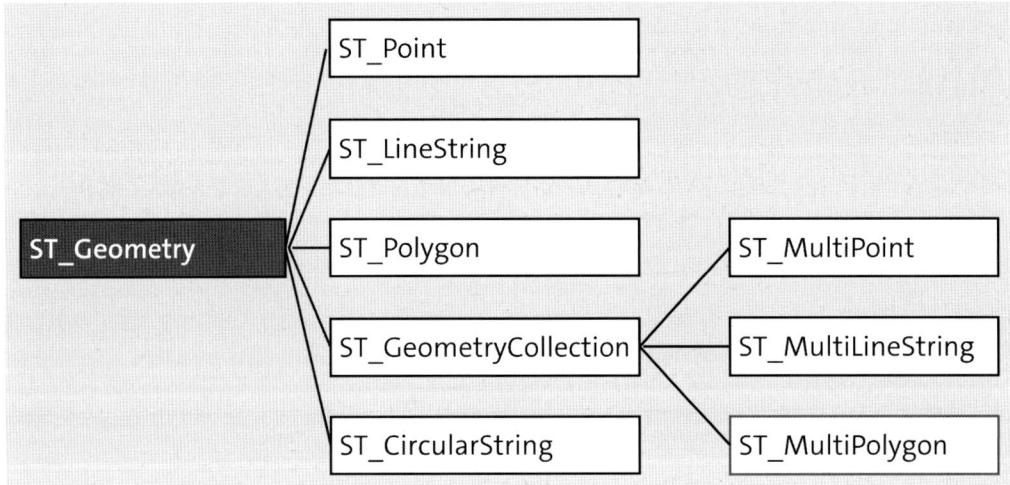

그림 5.7 Hierarchy of Spatial Data Type (ST)

공간 데이터 타입에는 100개가 넘는 관련 메소드가 있으며, 다음과 같은 계산을 수행할 수 있다.

- 오브젝트 측정값(거리, 표면, 부피) 계산
- 오브젝트 관계(교차 관계, 포함 관계) 측정
- 오브젝트 속성(포인트 수) 측정
- 텍스트 정보(주소)로부터 공간 데이터 구성
- 완전히 새로운 지리공간 오브젝트 생성

콘텐츠를 시각화하기 위해 HERE(Bing, 페이스북, 야후 지도에 매핑 서비스를 제공하는 회사)에서 제공하는 맵 콘텐츠와 맵 클라이언트를 사용할 수 있다. 그림 5.8은 캐나다 퀘백 주를 표시하는 데 필요한 30개의 다각형과 5,638개의 좌표를 보여준다.

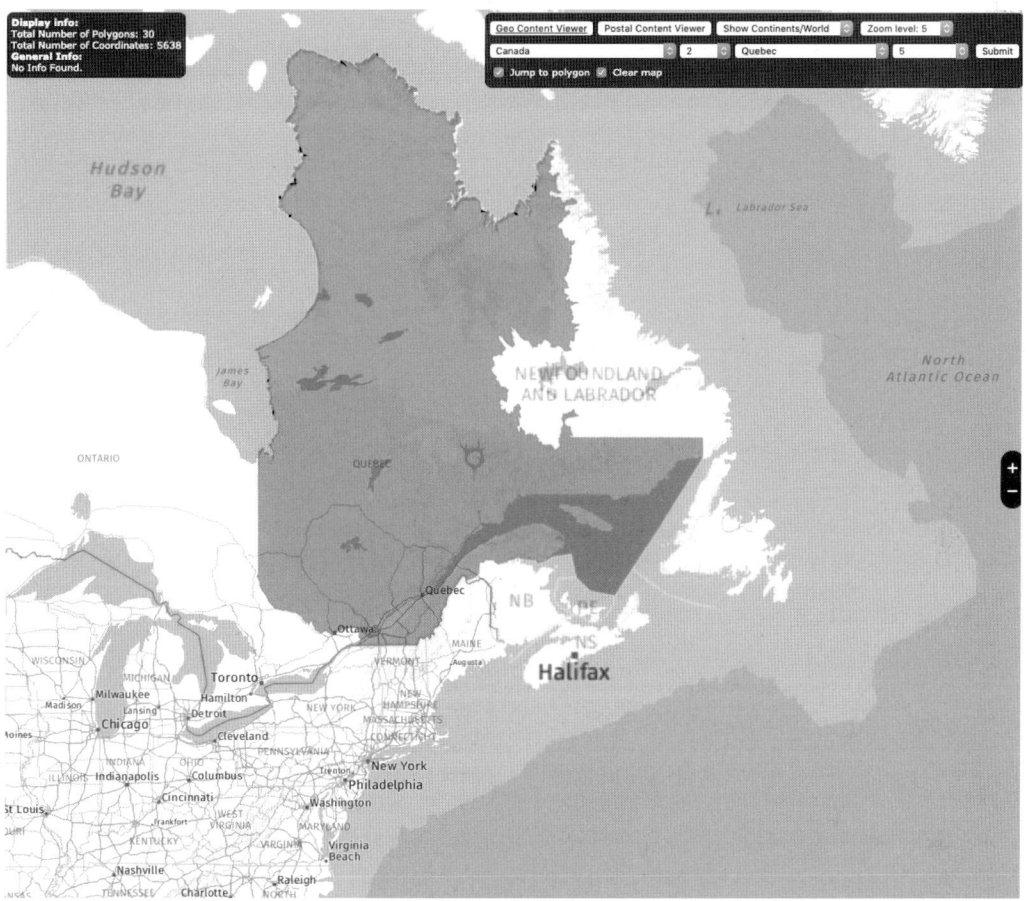

그림 5.8 HERE Maps with Spatial Client Content Viewer

HERE뿐만 아니라 TomTom과 같은 다른 맵 서비스 회사도 지오코딩 서비스를 제공한다. 이 서비스를 이용하면 주소 정보를 지리적 위치로 변환할 수 있다. 따라서 이런 유형의 비즈니스 데이터를 분석용으로 사용이 가능하다. SAP HANA 스마트 데이터 품질(SDQ)도 SAP HANA 공간 서비스와 함께 사용할 수 있도록 지오코딩 정보를 제공한다. 지오코딩은 인덱스 타입의 GEOCODE를 사용하는데, 이것은 텍스트 분석에 사용되는 FULLTEXT 인덱스와 유사하다(5.6섹션 참고).

공간 클러스터링을 위해 다음과 같은 몇 가지 알고리즘을 제공하며, 이 중 일부는 5.2섹션의 예측 분석에서 이미 설명했다.

- **그리드 (Grid)**

  데이터 포인트를 그룹화하는 쉬운 방법을 제공한다.

- **육각형 (Hexagon)**

  데이터 포인트들을 둘러싼 벌집 모양의 형상을 만든다.

- **K-평균 클러스터링 (K-means)**

  이 클러스터링 알고리즘으로 조금 더 복잡한 데이터 포인트 컬렉션을 매핑할 수 있다.

- **밀도 기반 클러스터링 (DBSCAN)**

  K-평균 클러스터링과 비슷하지만 비구형(non-spherical) 클러스터에 더 적합하다.

공간 클러스터링을 사용하면 지리적 상황(너무 덥거나, 춥거나, 습한 경우)으로 인한 매장 수익률이나 장치 고장을 분석할 수 있다. 그림 5.9는 지리공간 포인트들의 집합에서 그리드, K-평균 클러스터링, 밀도 기반 클러스터링 알고리즘을 사용해 공간 클러스터링을 수행하는 일부 샘플 SQL을 보여준다.

더 알아보기

공간에 대해 더 알아보려면 openSAP 과정인 "Spatial Analysis with SAP HANA Platform"에 등록하길 바란다. 자세한 내용은 SAP Help Portal에서 SAP HANA 플랫폼용 SAP HANA Spatial Reference를 참고하면 된다.

튜토리얼

무료 SAP HANA 익스프레스 에디션에서 공간에 대해 직접 실전 연습해 보려면 SAP Developer Center에서 "Introduction to SAP HANA Spatial Data Types" 튜토리얼을 확인하기 바란다.
더 많은 실전 연습 튜토리얼은 SAP HANA Academy 유튜브 채널의 SAP HANA Spatial 재생목록에 있는 영상을 참고하면 된다.

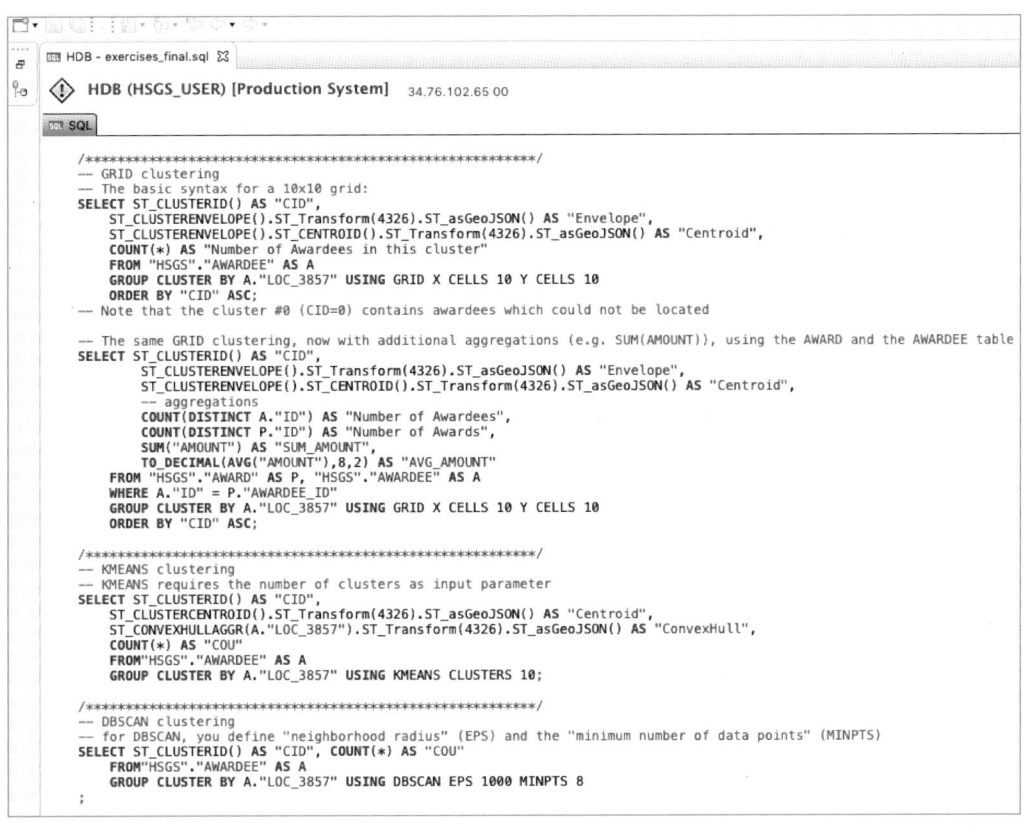

```
/*************************************************/
-- GRID clustering
-- The basic syntax for a 10x10 grid:
SELECT ST_CLUSTERID() AS "CID",
    ST_CLUSTERENVELOPE().ST_Transform(4326).ST_asGeoJSON() AS "Envelope",
    ST_CLUSTERENVELOPE().ST_CENTROID().ST_Transform(4326).ST_asGeoJSON() AS "Centroid",
    COUNT(*) AS "Number of Awardees in this cluster"
    FROM "HSGS"."AWARDEE" AS A
    GROUP CLUSTER BY A."LOC_3857" USING GRID X CELLS 10 Y CELLS 10
    ORDER BY "CID" ASC;
-- Note that the cluster #0 (CID=0) contains awardees which could not be located

-- The same GRID clustering, now with additional aggregations (e.g. SUM(AMOUNT)), using the AWARD and the AWARDEE table
SELECT ST_CLUSTERID() AS "CID",
        ST_CLUSTERENVELOPE().ST_Transform(4326).ST_asGeoJSON() AS "Envelope",
        ST_CLUSTERENVELOPE().ST_CENTROID().ST_Transform(4326).ST_asGeoJSON() AS "Centroid",
        -- aggregations
        COUNT(DISTINCT A."ID") AS "Number of Awardees",
        COUNT(DISTINCT P."ID") AS "Number of Awards",
        SUM("AMOUNT") AS "SUM_AMOUNT",
        TO_DECIMAL(AVG("AMOUNT"),8,2) AS "AVG_AMOUNT"
    FROM "HSGS"."AWARD" AS P, "HSGS"."AWARDEE" AS A
    WHERE A."ID" = P."AWARDEE_ID"
    GROUP CLUSTER BY A."LOC_3857" USING GRID X CELLS 10 Y CELLS 10
    ORDER BY "CID" ASC;

/*************************************************/
-- KMEANS clustering
-- KMEANS requires the number of clusters as input parameter
SELECT ST_CLUSTERID() AS "CID",
    ST_CLUSTERCENTROID().ST_Transform(4326).ST_asGeoJSON() AS "Centroid",
    ST_CONVEXHULLAGGR(A."LOC_3857").ST_Transform(4326).ST_asGeoJSON() AS "ConvexHull",
    COUNT(*) AS "COU"
    FROM"HSGS"."AWARDEE" AS A
    GROUP CLUSTER BY A."LOC_3857" USING KMEANS CLUSTERS 10;

/*************************************************/
-- DBSCAN clustering
-- for DBSCAN, you define "neighborhood radius" (EPS) and the "minimum number of data points" (MINPTS)
SELECT ST_CLUSTERID() AS "CID", COUNT(*) AS "COU"
    FROM"HSGS"."AWARDEE" AS A
    GROUP CLUSTER BY A."LOC_3857" USING DBSCAN EPS 1000 MINPTS 8
;
```

그림 5.9 Combining Grid, K-Means, and DBSCAN Clustering with Spatial

5.4 그래프 데이터 처리

RDBMS의 R은 관계형을 의미하지만, RDBMS는 사실 기본 키(Primary Key) - 외래 키(Foreign Key) 유형을 넘어서는 관계를 관리하는 데에는 그다지 적합하지 않다. SALES_ORDERS 테이블에는 ORDER_DETAILS와 CUSTOMERS 테이블 간의 관계를 정의하기 위해, order_id 기본 키와 customer_id 외래 키를 가질 수 있다. 그러나 한 단계 더 깊이 분석하기 위해, 데이터베이스를 사용해 고객과 주문이 어떻게 연결되어 있는지를 판단하고 "이것을 구입한 고객이 저것도 구입"하는 유형을 발견하려면, SQL 작성은 몹시 괴롭고 오류가 발생할 가능성이 높은 작업이 될 것이다. 이런 한계를 해결하기 위해, 복잡한 계층 구조의 저장과 검색을 처리할 수 있는 전용 그래프 데이터베이스가 등장했다. 링크드인 연결과 페이스북 친구는 잘 알려진 예이지만, 그래프 데이터베이스 활용 사례는 이상거래 탐지, 추천 엔진, 규정 준수, 자산 관리에서도 찾아볼 수 있다. 그래프 데이터베이스는 일반적으로 NoSQL 데이터베이스이며, 데이터에 액세스하기 위해서는 독점 언어 또는 애플리케이션 프로그래밍 인터페이스(API)가 사용된다.

SAP HANA 플랫폼에는 데이터베이스에서 저장된 데이터에 대해 그래프 연산을 수행할 수 있는 그래프 엔진이 포함돼 있다. 공간처리, 예측 분석 또는 다른 기타 고급 분석과 마찬가지로 별도의 데이터스토어가 필요하지 않다.

그래프 데이터베이스는 그래프 워크스페이스의 컨텍스트에서 엣지를 비롯해 버텍스 테이블과 함께 동작한다(용어는 수학의 그래프 이론에서 유래). SAP HANA 플랫폼에서 그래프 데이터를 액세스하고 주고받으려면 SQLScript와 비슷한 GraphScript를 사용한다.

코드 클리닉

코드목록 5.4는 SAP Developer Center의 "Get Started with SAP HANA Graph" 튜토리얼에서 발췌한 내용이다. GRAPH(GRAPH, VERTEX, MULTISET 오브젝트)를 정의한 코드 내용을 볼 수 있다. Neighbors, minDepth, maxDepth 함수가 사용되었다.

```
CREATE OR REPLACE PROCEDURE "NHOOD"(
  IN startV INTEGER,
  IN minDepth INTEGER,
  IN maxDepth INTEGER,
  OUT res "TT_NODES")
LANGUAGE GRAPH READS SQL DATA AS
BEGIN
  GRAPH g = Graph("SKIING");
  VERTEX v_s = Vertex(:g, :startV);
  MULTISET<VERTEX> ms_n = Neighbors(:g, :v_s, :minDepth, :maxDepth);
  res = SELECT :v."node_id", :v."name" FOREACH v IN :ms_n;
END;
```

코드목록 5.4 SQLScript에서 그래프 사용

GraphScript를 사용하면 복잡한 그래프 알고리즘을 정의할 수 있다. 사용할 수 있는 내장 그래프 함수 중 몇 가지를 소개하자면 다음과 같다.

- **VERTEX**

  그래프에서 버텍스를 구성한다. 버텍스는 포인트들이 만나는 곳이다(또한 노드나 일반 포인트[plain point]라고도 함).

- **EDGE**

  그래프에서 엣지를 구성한다. 엣지는 버텍스들을 연결한다. 링크 또는 선으로도 부른다.

- **SHORTEST_PATH**

  출발 버텍스에서 목표 버텍스까지 가장 짧은 경로를 계산한다.

- **NEIGHBORS**

  주어진 거리의 범위 내에서 출발 버텍스(또는 여러 버텍스 집합)로부터 도달 가능한 모든 버텍스를 반환한다.

- **GRAPH**

  그래프 워크스페이스에서 그래프를 구성한다.

SAP HANA 그래프는 GraphScript 외에도, 패턴을 일치시키기 위해 업계 표준인 openCypher 그래프 쿼리 언어 일부분을 지원하기 때문에 버텍스들의 숲에서 정확한 엣지를 찾기 위해 더 복잡한 조건을 정의할 수 있다.

그래프 모델을 시각화하기 위해 SAP HANA의 데이터베이스 탐색기는 그림 5.10과 같은 그래프 워크스페이스 뷰어를 제공한다. SAP HANA Academy 튜토리얼에서 제공된 이 샘플 화면은 공항과 항공편의 관계를 보여준다.

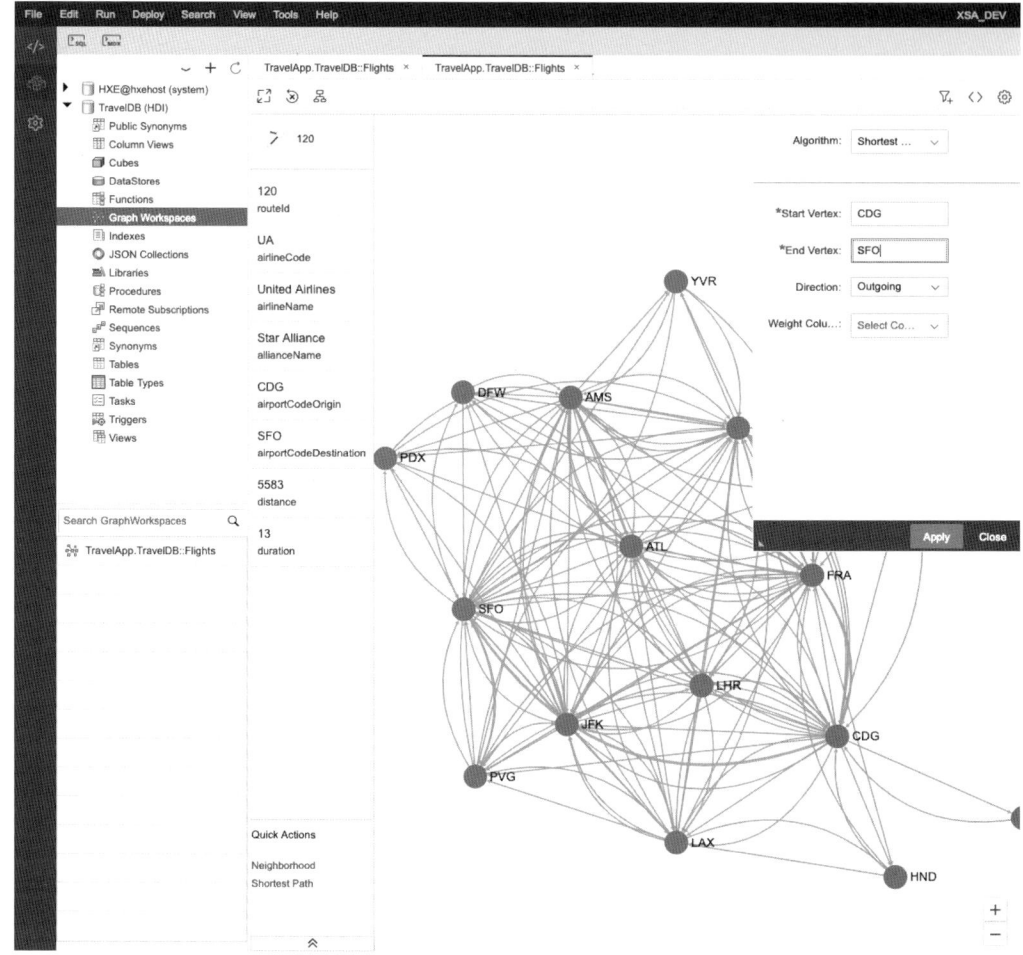

그림 5.10 Graph Workspace Viewer in the SAP Web IDE for SAP HANA

더 알아보기

그래프에 대해 더 알아보려면 openSAP 과정인 "Analyzing Connected Data with SAP HANA Graph" 에 등록하길 바란다. 자세한 내용은 SAP Help Portal에서 SAP HANA Graph Reference를 참고하면 된다.

튜토리얼

그래프에 대해 직접 실전 연습해 보려면 SAP Developer Center에서 "Get Started with SAP HANA Graph" 튜토리얼을 확인하기 바란다. 더 많은 실전 연습 튜토리얼은 SAP HANA Academy 유튜브 채널의 SAP HANA Graph 재생목록을 참고하면 된다.

5.5 시리즈 데이터 처리

관계형 데이터베이스는 (정기적) 규칙적인 간격으로 제공되는 데이터(주식, 가격, IoT 장치의 측정값)를 저장할 수는 있지만, 그 기능이 특별히 뛰어나지는 않다. 시리즈 데이터를 효과적으로 처리하려면 일반적으로 외부 프로그램이나 애플리케이션 함수에 의존해야 한다. 그러나 SAP HANA 플랫폼에서는 SAP HANA가 시리즈 데이터를 기본적으로 처리할 수 있으므로, 이런 경우에도 외부 기술 사용이 필요 없다. 또한 시리즈 데이터는 SAP HANA에 내장된 기능이므로, 인메모리 플랫폼의 다른 기능들을 활용해 시리즈 데이터를 그래프나 공간 데이터와 결합할 수도 있다. 예를 들어 다음과 같은 시나리오에서 시리즈 데이터를 사용해 추세를 감지하고 예측할 수 있다.

- 가격 변동
- 계절 패턴
- 기계 효율
- 에너지 소비
- 네트워크 흐름

시리즈 데이터는 높은 압축률로 저장되므로 많은 메모리를 절약한다. 코드목록 5.1에서 볼 수 있듯이 시리즈 테이블은 일반 테이블과 비슷하지만 추가 속성이 정의된다. SERIES_PERIOD_TO_ELEMENT 와 SERIES_ELEMENT_TO_PERIOD와 같은 특수 스칼라 함수를 사용하면 데이터를 보다 쉽게 분석할 수 있다. SERIES_GENERATE 함수를 사용하면 테스트용 데이터집합을 생성할 수 있다.

> **코드 클리닉**
>
> SAP Help Portal의 SAP HANA Series Data Developer Guide에 있는 다음 코드 샘플은 SERIES_PERIOD_TO_ELEMENT 함수가 동작하는 것을 보여준다. 이 코드는 날짜 범위 내의 특정일에 대해 데이터베이스를 조회한다. 결과는 7월 14일이다.
>
> ```
> SELECT SERIES_PERIOD_TO_ELEMENT( '2019-07-14 12:00:00', 'INTERVAL 1 DAY', '2019-01-01', '2019-12-31', ROUND_HALF_DOWN) FROM DUMMY;
> ```

다음 두 가지 방법 중 하나로 데이터를 집계할 수 있다.

- 수직 집계를 사용하면 그림 5.11과 같이 여러 시리즈 테이블의 데이터를 결합할 수 있다.
- 수평 집계를 사용하면 등거리(equidistant) 시리즈를 미세한 간격에서 더 굵은 간격으로 변환할 수 있다(반대로, 분할[disaggregation]은 굵은 간격에서 미세한 간격으로 변환 가능).

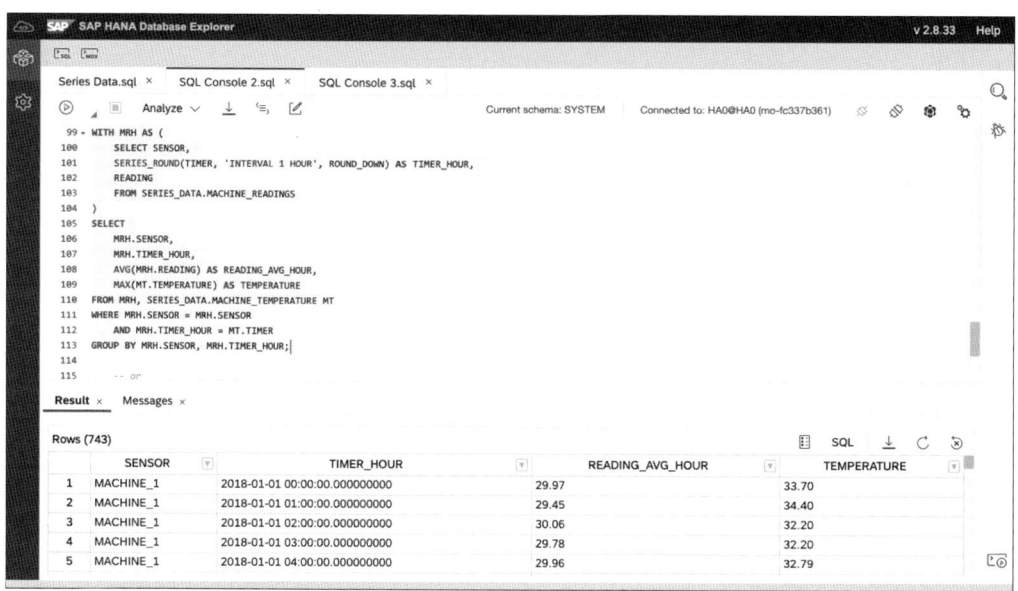

그림 5.11 Vertical Aggregation on Series Data

더 알아보기

자세한 내용은 SAP Help Portal에서 SAP HANA 플랫폼용 SAP HANA Series Data Developer Guide 를 참고하면 된다.

튜토리얼

실전 연습 튜토리얼은 SAP HANA Academy 유튜브 채널의 SAP HANA Series 재생목록에 있는 영상을 참고하면 된다.

5.6 텍스트 분석과 검색

구글에 "세상의 모든 데이터 가운데 비정형 데이터가 차지하는 비율은 얼마나 되는가?"라는 질문을 한다면, 답은 80% 또는 90% 이상일 것이다. 비정형 데이터는 센서 데이터, 감시 비디오부터 페이스북 게시물에 이르기까지 어떤 것이든 될 수 있다. 기업은 운영 시스템, 지원 시스템, 콜 센터 로그, 특허, 엑셀 시트, 이메일, 트위터, PDF, 파워포인트 등의 방대한 양의 데이터를 수집한다. 비정형 데이터의 상당량은 텍스트 데이터이다.

일반적으로 정형 데이터만 데이터베이스에 저장되므로, 그것만 보고서, 분석, 비즈니스 의사 결정에 영향을 미치고, 나머지 80~90%의 비정형 데이터는 그렇지 못하게 된다. 이런 곳에 비정형 데이터를 사용할 수 있다면 어떨까? 잠재적인 활용 사례는 고객 브랜드 경험, 마케팅 캠페인 효과, 장비 고장에 대한 운영상 판단, 약물 치료 부작용 등 다양할 것이다.

검색, 텍스트 분석, 텍스트 마이닝은 서로 밀접한 관련이 있는 기술이며, 이 섹션에서 그것에 대해 설명할 것이다. 기술 자체는 새롭거나 기존의 것과 동떨어진 것이 아니며, 인메모리 처리에 의존하지 않는다. 예를 들면 SAP Data Service에서 텍스트 데이터 처리 기능 등이 있다. 어쨌든, SAP HANA 플랫폼에도 SAP Data Service가 통합돼 있으므로, 텍스트 분석 기능을 사용해 비정형 데이터를 검색하고 카테고리화해 분석할 수 있다. SAP HANA 데이터베이스 내에 저장되어 있는 비정형 데이터와 정형 데이터를 조인하여 예측 분석, 머신 러닝이나 기타 플랫폼 기술에 사용할 수 있다.

> **기술 배경**
>
> 텍스트 분석(text analytics)과 SAP HANA 텍스트 분석(text analysis)의 기원은 자연 언어 처리(natural language processing: NLP) 모델에 사용되는 유한 상태 기술(finite-state technology)로 거슬러 올라간다. 자연어 처리는 제록스의 팔로알토 연구소에서 개발됐으며, 이 연구소에서 컴퓨터 마우스, 이더넷, 레이저 프린터, GUI, WYSIWYG(what-you-see-is-what-you-get)를 내놓았다. 1997년에 유한 상태 NLP기술을 상용화하기 위해 인사이트(InXight) 소프트웨어가 설립됐고, 2007년 비즈니스 오브젝트에 인수돼 비즈니스 인텔리전스 애플리케이션 포트폴리오를 강화했다. 2008년 SAP가 다시 인수해 이 기술은 SAP HANA 플랫폼과 기타 SAP 제품에 적용됐다.

5.6.1 검색

어떤 데이터베이스이든 %와 _를 와일드카드로 LIKE 연산자와 함께 표준 문자열을 검색할 수 있다.

원하는 내용을 알고 있고, 정확한 키워드를 오타 없이 입력하면, 올바른 결과가 반환될 수도 있다. 그러나 이런 문자열 검색은 찾고 있는 내용을 대충 입력해도 빠르고 정확한 응답을 기대할 수 있는 일반적인 구글 검색과는 거리가 멀다.

SAP HANA 검색은 조금 더 인터넷 검색처럼 동작하지만, 일부 전처리가 필요하다. 이를 위해서는 SQL(2단원 2.2섹션 참고)이나 CDS 어노테이션(annotation)(4단원 4.5섹션 참고)을 사용해서 테이블 컬럼에 full-text 인덱스를 생성해야 한다.

이 인덱스 생성은 바이너리 문서 형식(PDF 같은)을 텍스트로 변환하는 전처리기 프로세스가 담당한다. 이 과정에서 선택적으로 언어를 식별한다(최신 SPS 04에는 66개의 언어를 추가하여 총 인식할 수 있는 언어 개수를 99개로 늘림). 그리고 토큰화와 어간 추출을 수행한다. 이 단계에서 일어나는 일은 언어에 따라 다르지만, 토큰화는 순서대로 분리된 토큰(magnifying glasses를 예로 들면 magnifying+glasses)으로 분해하고 이 토큰은 언어적 기초 형태(magnify+glass)로 정규화할 수 있다. 어간 추출은 변형된 단어를 어간(어근) 형태로 줄인다(예를 들면 consultant, consultants, consulting, consultancy 모두는 'consult'라는 어간을 갖는다). 이런 과정을 거쳐, full-text 인덱스는 숨겨진 (그림자) 컬럼으로 소스 테이블 컬럼에 붙는다.

코드 클리닉

full-text 인덱스를 생성하기 위해, CREATE FULLTEXT INDEX 명령문을 사용하며, 이는 기본 형식이므로 쉬운 사용이 가능하다. 코드목록 5.5에서 보듯이, 언어 탐지, MIME 타입 탐지(PNG, JPG, MP3, PDF 등), 텍스트 마이닝과 텍스트 분석 기능, 소스 데이터에 대한 동기화 구성 등을 사용할 수 있다.

```
CREATE FULLTEXT INDEX MyIndex ON MyTable(MyColumn)
MIME TYPE COLUMN 'application/pdf'
LANGUAGE DETECTION ('EN','DE','JA')
FUZZY SEARCH INDEX ON
TEXT ANALYSIS ON
CONFIGURATION 'EXTRACTION_CORE_VOICEOFCUSTOMER'
TEXT MINING ON
SYNCH;
```

코드목록 5.5 full-text 인덱스 예시

데이터를 검색하기 위해서는 먼저 내장 프로시저 sys.esh_config()나 CDS 어노테이션(annotation)

을 사용한 calculation view(4단원 4.3섹션 참고)로 데이터를 모델링해야 한다. 데이터를 액세스한다면, 예를 들어 SAPUI5를 사용하여 웹 애플리케이션에서 검색을 구현하려는 경우에는 SQL이나 OData와 같은 절차를 다시 사용한다. SQL을 사용한 full-text 검색의 경우 CONTAINS 한정자를 사용할 수 있다.

다음과 같은 검색 유형을 지정할 수 있다.

- **EXACT**: 정확히 일치하는 결과 집합만 반환한다.
- **LINGUISTIC**: 어간(어근) 사전을 이용하여 같은 어간(어근)을 가진 모든 단어를 반환한다 (예: consult, consult-ing, consult-ant, consult-ation).
- **FUZZY**: 퍼지 검색은 결함 허용(fault-tolerant)검색을 지원한다. 즉, 이는 검색어가 불완전하거나 철자나 다른 오류를 포함하더라도 결과가 반환됨을 의미한다.

이러한 검색 유형은 결과에 대한 추가 정보나 결과 집합이 반환되는 방법을 지정하기 위해, 다음과 같은 다양한 함수와 결합될 수 있다.

- **SNIPPETS**: 검색어가 마크된 콘텐츠의 발췌본을 반환한다.
- **HIGHLIGHTED**: 검색어가 마크된 콘텐츠를 반환한다.
- **SCORE:** CONTAINS 한정자로 수행한 쿼리에 대해 0과 1 사이의 숫자 값으로 스코어를 반환한다.

코드 클리닉

코드목록 5.6은 FUZZY 검색 유형과 함께 사용된 SCORE 함수를 보여주는 샘플 명령문을 나타낸다.

```
SELECT SCORE() AS score, *
FROM documents
WHERE CONTAINS(doc_content, 'Driethanolamyn', FUZZY(0.8))
ORDER BY score DESC;
```

코드목록 5.6 Score 함수를 사용한 퍼지 검색 유형의 예

5.6.2 텍스트 분석

텍스트 분석은 문서에서 엔터티를 발견해서 분류하고, full-text 인덱싱(토큰화와 어간추출) 중에 분류 작업을 계속함으로써, 검색의 full-text 인덱스 기능을 확장한다. 결과는 그림자(shadow) 컬럼에 저장하지 않고 $TA_⟨index_name⟩이라는 결과 테이블에 저장하며, 그림자 컬럼과는 다르게 쿼리로 액세스할 수 있다.

다음과 같은 텍스트 분석 구성 방법이 제공된다.

- **LINGANALYSIS_BASIC**

  토큰화(분할[segmentation]이라고 함)를 제공해 순서를 토큰(동사, 명사, 고유명사, 숫자, 부사, 구두점, 약어 등)이라는 요소로 쪼갠다. 이 토큰이 추가 처리에 대한 입력 역할을 할 수 있다.

- **LINGANALYSIS_STEMS**

  어간이나 사전 형태를 식별하는 등의 어간 추출을 추가한다.

- **LINGANALYSIS_FULL**

  문맥상 각 단어의 품사를 식별하고 라벨을 붙이기 위해 태그를 추가한다. 예를 들어 텍스트 해석을 위해 복수 명사에는 Nn-Pl 태그를, 현재 시제 3인칭 단수 동사인 경우는 V-Pres-3-sg 태그를 추가한다.

- **EXTRACTION_CORE**

  사람, 조직 또는 장소와 같은 비정형 텍스트로부터 중요한 엔터티를 추출한다.

- **EXTRACTION_CORE_ENTERPRISE**

  관리 변경, 제품 출시, 인수와 같은 엔터프라이즈 관련 콘텐츠에 특히 중점을 둔다.

- **EXTRACTION_CORE_PUBLIC_SECTOR:**

  보안 관련 이벤트에 특히 중점을 둔다.

- **EXTRACTION_CORE_VOICEOFCUSTOMER**

  고객 감정과 요구에 특히 중점을 둔다.

■ GRAMMATICAL_ROLE_ANALYSIS

요소 간의 문법 관계를 식별한다(영어에 사용).

예를 들어, 사전 정의된 엔터티 유형을 분류하는 경우를 생각해 보자. Greta Garbo = PERSON, Sweden = COUNTRY이며 엔터티는 예를 들어 "I love Greta Garbo"라는 텍스트와 관련이 있을 수 있다(즉, 감정 [sentiment]과 주제[topic]를 연결). :

```
[Sentiment] I [StrongPositiveSentiment] love [/StrongPositiveSentiment]
[Topic] Greta Garbo [/Topic].[/Sentiment].
```

이 코드를 사용하면 키워드분만 아니라 모든 단어에 대한 텍스트를 전체 인덱싱할 수 있다. 예를 들어 "Greta Garbo bought two houses in New York in 1952.":

```
<PERSON> Greta Garbo </PERSON> bought <QUANTITY>2</QUANTITY> houses in <PLACE>New
York</PLACE> in <DATE>1952</DATE>.
```

자연어 처리(NLP) 기술은 언어적, 통계적 기법을 적용해 엔터티를 정확하게 분류함으로써, 하나의 키워드가 아닌 사람과 사물을 반환한다. 예를 들면 "Bill signs the bill(Bill이 청구서에 서명했다)."의 문장에서 처음 Bill은 사람을, 나중 bill은 사물을 반환한다. 이와 같이 엔터티 추출은 '누구'(예: 사람, 직업, 국가 식별번호), '무엇'(회사, 조직, 제품), '언제'(날짜, 요일, 휴일, 기간), '어디', '얼마나 많이'(통화, 측정 단위), 일반적인 개념(머신 러닝)을 식별한다. 팩트 추출은 엔터티(또는 엔터티의 상태) 간의 관계를 식별하며 엔터프라이즈 데이터, 보안 관련 데이터, 고객의 목소리에 대한 감정 분석을 위한 다양한 핵심 추출을 강화하는 데 사용된다.

실전 연습을 통한 텍스트 분석에 대해 더 알아보려면 openSAP 과정 "Text Analytics with SAP HANA Platform"에 등록할 수 있다. 자세한 내용은 SAP Help Portal에서 SAP HANA 플랫폼용 SAP HANA Text Analysis Developer Guide를 참고하면 된다.

텍스트 분석을 실전 연습해 보려면 SAP Developer Guide의 튜토리얼을 참고할 수 있다.

5.6.3 텍스트 마이닝

텍스트 마이닝은 텍스트 분석과 비교할 때 한 단계 상승한 문서 수준에서 작동한다. 텍스트 마이닝과 텍스트 분석은 서로 보완적이다. 즉, 텍스트 마이닝은 텍스트 분석으로 얻은 결과를 사용한다. 텍스트 마이닝을 이용하면, 키워드와 관련 용어를 기반으로 비슷한 문서를 식별하고, 순위와 통계 분석을 위해 문서를 비교하며, 개별 특성에 따라 새로운 문서를 분류할 수 있다. 텍스트 마이닝의 주요 활용 사례에는 입력 문서 스트림(예: 새로운 문서 또는 인시던트 요청)의 카테고리화(categorization) 또는 관련된 문서와 단어를 제시하거나 용어를 제안하는 검색 애플리케이션이 포함된다.

텍스트 마이닝에서 지원되는 함수는 다음과 같다.

- **RELATED TERMS:** 동시 발생에 기초한 어떤 식으로 연관된 최상위 용어들
- **RELEVANT TERMS**: 문서를 설명하는 직접적으로 관련된 최상위 용어들
- **SUGGESTED TERMS:** 머리글자와 일치하는 최상위 용어들
- **RELATED DOCUMENTS:** 문서와 어떤 식으로 연관된 최상위 문서들
- **RELEVANT DOCUMENTS:** 용어와 직접적으로 관련된 최상위 문서들

텍스트 마이닝은 K-최근접 이웃(KNN) 분류를 사용한 카테고리화(categorization)를 지원한다. 이 분류는 5.2.2섹션의 PAL에서 다룬 적이 있다. 또한 텍스트 마이닝은 관련 문서에서 통계 분석을 지원하며 RELATED, RELEVANT, SUGGESTED 함수는 5.2.2섹션에서 이미 설명한 것과 유사한 클러스터링과 상관 행렬을 사용한다. 텍스트 마이닝은 PAL AFL이 아닌 자체 기술을 이용한다는 것을 명심하자.

> **더 알아보기**
>
> 자세한 내용은 SAP Help Portal에서 SAP HANA 플랫폼용 SAP HANA Text Mining Developer Guide 를 참고하면 된다.

5.7 SAP HANA 스트리밍 애널리틱스

이벤트는, 예를 들어 주식 가격이 상승했거나 비행기가 착륙(너무 일찍, 너무 늦게, 또는 정시에)하는 등 어떤 일이 발생할 때 전송되는 메시지이다. IoT 장치는 때때로 다른 형식으로 메시지를 지속적으로 전송하므로, 이러한 메시지를 처리하고 예외에 대한 얼럿을 발생시키는 것이 어려울 때가 있다. 특히 가장 중요한 이벤트(예외)가 발생하는 경우에는, 이 정보를 데이터베이스에 저장하여 추가 분석을 통해 예외에 대한 패턴을 인식하고, 문제를 감지하며, 경향을 예측하는 것이 무엇보다 중요하다.

기술 배경

복합 이벤트 처리(complex event processing: CEP) 기술은 1990년대에 등장해 운영 인텔리전스와 비즈니스 프로세스 관리(BPM)에 빠른 속도로 널리 사용됐다. 금융 서비스는 알고리즘 트레이딩에 사용하기 위해 이벤트 기반 아키텍처(event driven architecture: EDA)를 초기에 채택했다. 이런 기술을 개척한 소프트웨어 벤더는 결국 TIBCO, 오라클, IBM, 사이베이스/SAP와 같은 대형 벤더에 인수됐다. 이러한 과정을 통해 알러리(Aleri) CEP 엔진, SQL과 유사한 Coral8의 CCL, SPLASH(Stream Processing Language Shell)가 모두 SAP HANA 스트리밍 애널리틱스에 적용될 수 있었다. IoT 장비와 빅데이터의 폭발적 증가는 보다 포괄적인 '스트림 처리'라는 깃발 아래에 많은 새로운 활용 사례를 만들었다.

오늘날 SAP는 SAP HANA 플랫폼에 통합된 CEP 기술을 SAP HANA 스트리밍 애널리틱스로, SAP Streaming Analytics의 서비스로, 그리고 독립형 SAP Event Stream Processor를 통해 제공하고 있다.

SAP HANA 스트리밍 애널리틱스를 사용하면, 대용량의 고속 데이터 스트림을 분석하여 데이터를 추출할 수 있다. 예를 들어 포뮬러 1 자동차에 초당 1,000개의 데이터 포인트를 기록하는 120개의 센서가 있다고 가정해 보자. 테스트 라운드를 포함하여 2대의 차량으로 구성된 팀에서는 한 레이스에서 약 9GB 이상의 데이터가 수집된다. SAP HANA 스트리밍 애널리틱스 기술은 이와 같은 데이터 스트림을 실시간으로 파싱하고 경주가 끝나기 전에 실시간 응답에 가까운 분석을 수행할 수 있다. 데이터 전송이 보장되고 데이터 손실 없이 모든 메시지가 처리된다. 이벤트 스트림 처리는 전용 스트리밍 서버에서 실행되며, 클러스터링이 가능하고 고가용성 구성을 지원한다. 아키텍처의 전체 그림이 그림 5.12에 있다.

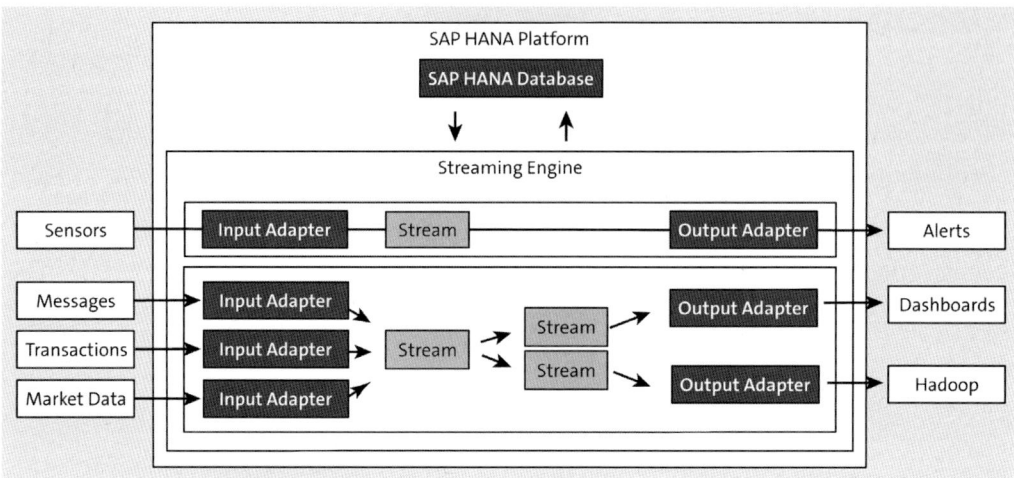

그림 5.12 SAP HANA Streaming Analytics Architecture

이벤트 스트림을 처리하기 위해 CCL을 사용할 수 있다. CCL은 SQL과 비슷하지만 CCLScript에서 확장된 자체 명령문, 절, 함수가 있다(코드목록 5.7 참고).

```
CREATE INPUT WINDOW InputWindow1 SCHEMA (ID INTEGER , Value INTEGER )
PRIMARY KEY ( ID ) KEEP ALL;
CREATE FLEX FlexOut IN InputWindow1 OUT OUTPUT WINDOW OutWin SCHEMA (ID INTEGER ,
NewVal INTEGER, OldVal INTEGER ) PRIMARY KEY (ID) KEEP ALL
BEGIN
    DECLARE
      typeof(OutWin) outrec;
    END;
    ON InputWindow1 {
        if (not isnull(InputWindow1_old)) {
            outrec := [ ID = InputWindow1.ID;|
                        NewVal = InputWindow1.Value;
                        OldVal = InputWindow1_old.Value;
                      ];
            output setOpcode(outrec,upsert);
        }
    } ;
END;
```

SAP HANA용 SAP Web IDE 또는 SAP HANA 스트리밍 애널리틱스 스튜디오(그림 5.13 참조)를 사용해 스트리밍 프로젝트(필터링, 정규화, 스트림 결합 포함)에서 이벤트 스트림 절차를 시각적으로 설계할 수 있다. 빌트인 또는 사용자 정의 CCL 함수를 적용하여, 원시 데이터를 변환하고, 분석을 위해 SAP HANA에 결과를 저장한다(예: 머신 러닝 알고리즘의 입력값으로 활용). 더 큰 데이터 볼륨의 경우, 하둡 파일이나 다른 데이터베이스를 사용할 수 있다.

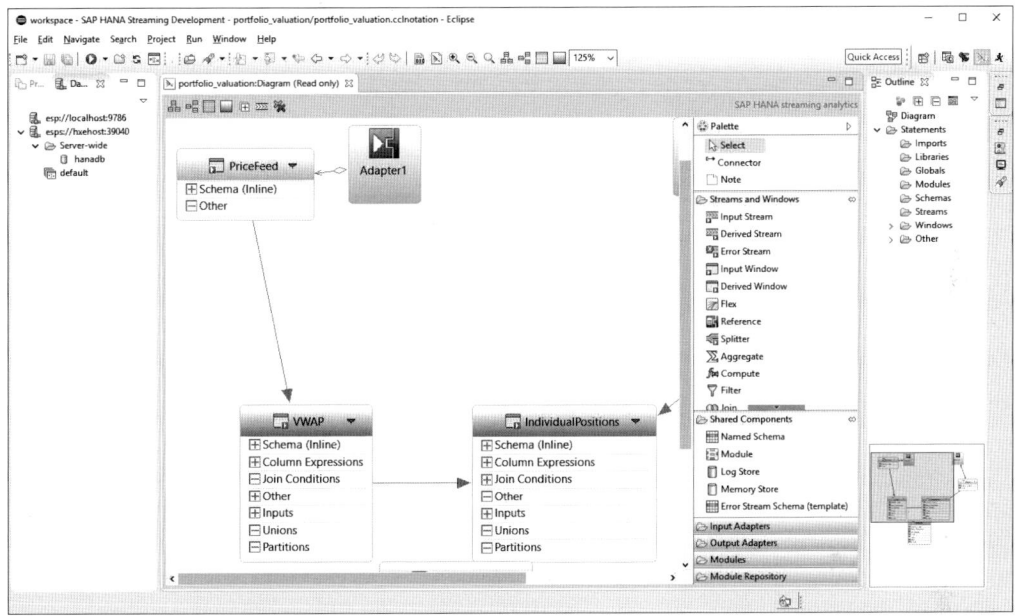

그림 5.13 SAP HANA Streaming Analytics Studio

SAP HANA 스트리밍 애널리틱스는 실시간 프로젝트 모니터링, 스트림 시작과 중지, 얼럿 구성을 위해 SAP HANA 콕핏과 통합된다. 웹 서비스 클라이언트를 사용하여 스트리밍 프로젝트에 연결할 수 있으며, C, Java나 .NET SDK를 이용하여 데이터 스트림을 게시하거나 구독하는 커스텀 애플리케이션을 개발할 수 있다. 그리고 맞춤형 어댑터를 개발하여 SAP HANA 스트리밍 애널리틱스와 외부 데이터 소스를 연결할 수도 있다.

더 알아보기

SAP Developer Center의 SAP HANA 스트리밍 애널리틱스의 주제 영역에는 기술 정보, 광범위한 튜토리얼, 블로그 링크, SAP Community의 Q&A, 그리고 백서와 사용방법 가이드 같은 추가 리소스가 제공된다. 자세한 내용은 SAP Help Portal의 SAP HANA Streaming Analytics를 참고하면 된다.

튜토리얼

교육 영상은 SAP HANA Academy 유튜브 채널에서 SAP HANA Streaming Analytics 재생목록을 참고하면 된다.

5.8 요약

이 단원에서는 SAP HANA 플랫폼에 통합된 고급 분석 기술에 대해 설명했다. 외부 프로시저를 실행하는 AFL 래퍼 메커니즘을 다뤘고, SQL을 통해 TensorFlow에 액세스하기 위한 PAL, R 통합, EML 라이브러리에 대해 설명했다. SAP HANA 공간, 그래프, 시리즈 데이터(시계열 데이터 포함)에 대해서도 살펴봤다. 동일한 도구와 동일한 인터페이스를 사용해 단일 플랫폼에서 다양한 유형의 고급 분석을 함께 수행할 수 있다. 비정형 데이터의 경우, SAP HANA 텍스트 분석과 데이터 마이닝을 활용하여 감정 분석을 수행할 수 있다. 마지막으로, SAP HANA 스트리밍 애널리틱스를 통해 이벤트 스트림으로 통찰력을 얻는 방법도 살펴봤다.

다음 단원에서는 보안 설계자 페르소나를 살펴볼 것이다. 보안 설계자 페르소나는 이미 다뤘던 페르소나(관리자, 개발자, 데이터 사이언티스트)와 나중에 다룰 페르소나(데이터 설계자, 데이터 센터 설계자)와도 긴밀히 협력할 것이다.

Chapter 6
보 안

무언가 아직 일어나지 않고 있다는 보도는 항상 나에게 흥미롭다.
왜냐하면 우리가 알다시피 세상에는 우리가 알고 있다는 것을 알고 있고,
우리가 모르고 있다는 것을 알고 있는 것들이 있다. 하지만, 세상에는
또한 우리가 모르는 것조차 모르는 것들도 있다.

- Donald H. Rumsfeld

Chapter 6
보안

보안은 모두에게 중요하다. 가장 중요한 SAP HANA 보안 개념에 대해 일반적으로 이해하면 안전한 컴퓨팅 환경에 크게 기여할 수 있다. 이런 이유로 이 단원의 정보는 보안 설계자뿐만 아니라 SAP HANA에 관련된 모든 사람에게 의미가 있다.

이론적으로 보안의 목적은 간단하다. 모든 데이터가 안전하게 저장되고 필요할 때 언제든지 액세스할 수 있지만, 오직 인증된 유저만 가능해야 한다. 그러나 때때로 이론은 이론일 뿐, 현실과 이론의 간격이 크다는 것이 문제이다. 실제로 컴퓨터나 정보 보안은 점점 더 많아지는 잠재적 위협과 이에 상응하는 대응책으로 인해 복잡하다.

안전하게 저장하고 싶은가? 데이터 유출 문제는 뉴스 헤드라인을 많이 장식한다. 정부, 소매업뿐만 아니라 금융, 특히 첨단 기술에서 피해를 보는 경우가 많다. 인터넷 공룡들의 피해가 극심했는데, 야후는 30억 개의 레코드가 해킹되는 최악의 사례를 남겼고 어도비, 페이스북, 링크드인 등도 피해를 입었다.

항상 액세스할 수 있는가? 그것은 문제의 일부일 뿐이다. 오늘날에 이르러서는 다수의 사람이 자기가 가진 칫솔보다 더 많은 개수의 휴대전화를 소유하고 있다. 현대 시민은 항상 온라인에 접속하고 있으며, 기업과 정부도 같은 상태이기를 기대한다. 이런 요구를 충족하기 위해, 회사와 정부는 모두 클라우드 컴퓨팅을 도입했다.

사이버 공격부터 시작해 "가나다 은행이 서비스 거부 공격(denial of service: DoS)을 받고 있습니다."라는 또 다른 일반적인 뉴스 헤드라인을 생각해 보자. 오늘날 DoS 공격은 오히려 "서비스용"으로 제공되기도 한다(R-U-Dead-Yet[아직 안 죽었니]의 약자, 'RUDY'를 검색해보자).

오늘날 가장 가치 있는 기업을 뒷받침하는 주요 자산이 더 이상 물리적인 자산이 아니라 데이터라는 사실 때문에 이런 취약성은 더욱 악화됐다. 또한, 빅데이터와 IoT를 통해서 접근 지점과 공격 영역이 넓어졌다. 시민의 이익을 보호하기 위해 정부는 점차 기업이 데이터 개인 정보 보호와 보안을 어떻게 처리하는지에 대해 더 자세히 조사하고 있으며, 이로 인해 기업은 더 많은 규칙과 규정을 만들고 규정 위반의 경우에는 심각한 벌금까지 내게 됐다. 결과적으로 회사는 데이터를 보호해야 할 뿐만 아니라, 회사가 법정에서 제출해야 할 수도 있는 감사 내역을 통해 데이터를 적절히 보호하고 있다는 것을 증명해야 한다.

이런 맥락에서 기업가는 자신의 자산을 빼 와서 포트 녹스⟨역자_주: 미국 금괴 보관 장소⟩에 숨기고 싶은 유혹에 시달릴 수도 있다. 자산이 금이었던 과거에는 이런 접근 방식이 잘 통했지만, 디지털 시대인 지금은 자산인 데이터가 이동해야 한다. 일부에 따르면, 데이터는 새로운 석유라고 표현한다. 데이터는 흘러가야 한다. 엔터프라이즈 플랫폼은 보안이 유지되어야 하지만 제한돼서는 안 된다.

이 단원에서는 SAP HANA 플랫폼에서 보안이 어떻게 처리되는지를 설명할 것이다. 보안 설계자 페르소나로 시작해서 유저 관리, 데이터 프라이버시, 데이터 보호, 감사와 같은 주요 보안 주제를 다룰 것이다. 그리고 SAP HANA XS로 보안 서비스를 관리하는 데 있어서 몇 가지 권장 사항을 제시하며 마무리할 것이다.

6.1 역할과 도구

SAP HANA 보안 설계자 페르소나의 역할은 무엇이며, 업무 수행을 위해 어떤 도구를 사용해야 하는가? 이 섹션에서 보안 설계자의 직무 역할에 대해 간략히 설명한다.

6.1.1 SAP HANA 보안 설계자

SAP HANA 보안 설계자는 문자 그대로, 주요한 보안을 만드는 사람이다. 보안 설계자는 보안 개념을 설계하고, 그 구성과 구현까지 감독한다. 그리고 설계자로서 안전한 보안 운영과 구성을 담당할 것이다. 보안 설계자들은 SAP HANA의 모든 보안 측면과 친숙해야 하며, 보안이 전체 IT 시스템 랜드스케이프와 어떻게 관련되는지에 대해 잘 알고 있어야 한다. 한 가지 중요한 고려사항은 네트워크 암호화(전송 데이터)와 백업을 포함한 스토리지 암호화(저장 데이터)를 구분하는 것이다.

보안 설계자는 모든 액세스 포인트를 파악하고 문제없이 제어되고 있는지 확인해, SAP HANA를 실행하는 운영체제와 관련된 모든 하드웨어의 보안을 강화해야 한다. 물론 업무 처리 모범 규준과 보안 표준을 최신 상태로 유지하고, 위협을 예측하며, 가능한 취약점을 파악하고, 관련 컴포넌트에서 취약점이 발견되면 이에 적절하게 대응하는 것도 업무 일부이다. 보안 설계자는 SAP HANA 프로젝트와 관련된 개발자, 관리자, 데이터 공급자, 데이터 사이언티스트, 기타 이해 관계자에게 모든 보안 사항에 대해 조언하고, 전반적인 보안 인식을 강화할 수 있다.

SAP HANA 보안 설계자의 역할은 일반적으로 더 넓은 보안 책임의 일부이지만, 구직 시장에서 전임 SAP HANA 보안 컨설턴트와 개발자를 찾는 수요가 많아지기 시작했다. 대체로 역할이 규정 준수에 더 신경을 써야 하는 상황이라면 거버넌스, 위험, 규정 준수(governance, risk, compliance: GRC)와 같은 SAP 애플리케이션과 일반적인 SAP 보안에 대한 지식이 필요할 수 있다. 운영 측면에서 클라우드 아키텍처의 숙련도와 데이터 센터 보안에서의 전문성이 구직 시장에 내어놓을 주요 경력 사항이 될 것이다.

6.1.2 도구

보안을 위한 전용 SAP HANA 도구는 제공되지 않지만, 관리와 개발 도구에는 보안 관련 기능이 포함돼 있다. SAP HANA 콕핏에는 그림 6.1에서 보듯이, 보안에 대한 다음과 같은 기능이 포함돼 있다.

- 감사 (Auditing)
- 데이터 암호화 (Data Encryption)
- 유저 및 role 관리 (User & Role Management)
- 인증 (Authentication)
- 인증서 관리 (Certificate Management)
- 싱글 사인온 (Single Sign-on)
- 익명화 보고서 (Anonymization Report)

이 단원에서 볼 수 있는 대부분의 캡처 화면은 SAP HANA 콕핏에서 가져온 것이다.

SAP HANA 콕핏과 같은 SAP HANA XS Advanced 애플리케이션 개발을 위해 SAP HANA용 SAP Web IDE 도구를 사용한다.

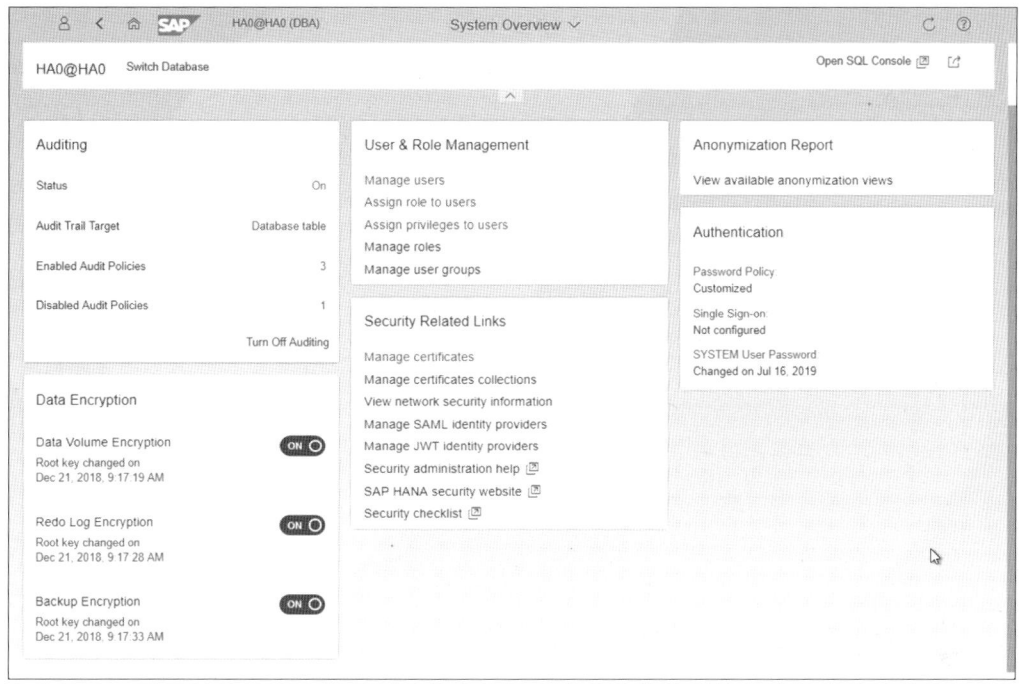

그림 6.1 SAP HANA Cockpit: System Overview, Security

초기 SAP HANA 1.0 릴리스에서는 SAP HANA 스튜디오에서 관리, 모델링, 개발 퍼스펙티브를 사용할 수 있다. 그림 6.2에서 표시된 Security 뷰에는 앞에서 설명한 보안 기능(유저와 role 관리, 패스워드 정책, 감사, ID 공급자[IdPs], 데이터 볼륨 암호화)이 일부 포함돼 있지만 모든 기능이 제공되는 것은 아니다. 예를 들어 security groups은 SAP HANA 2.0에 도입됐고 SAP HANA 스튜디오 인터페이스에는 포함되지 않는다. 대신에 SQL과 SQL 콘솔을 사용해야 한다.

더 알아보기

SAP 보안 개념은 Security Guide에 설명돼 있고, 실제 보안 관련 작업은 SAP HANA Administration Guide에 설명돼 있다. 또한 SAP HANA Security Checklists and Recommendations 가이드를 참조할 수 있다. 모든 SAP HANA 가이드는 SAP HANA 플랫폼용 SAP Help Portal에서 이용할 수 있다.

이 모든 자료가 방대하지만, 이 문서는 아직 완전하지 않다. 하드웨어, 운영체제, 네트워크를 고려해야 한다. SAP HANA는 리눅스에서 실행되므로 Operating System Security Hardening Guide for SAP HANA for SUSE Linux Enterprise Server와 같은 가이드에서도 관련성이 높은 정보를 찾아볼 수 있다.

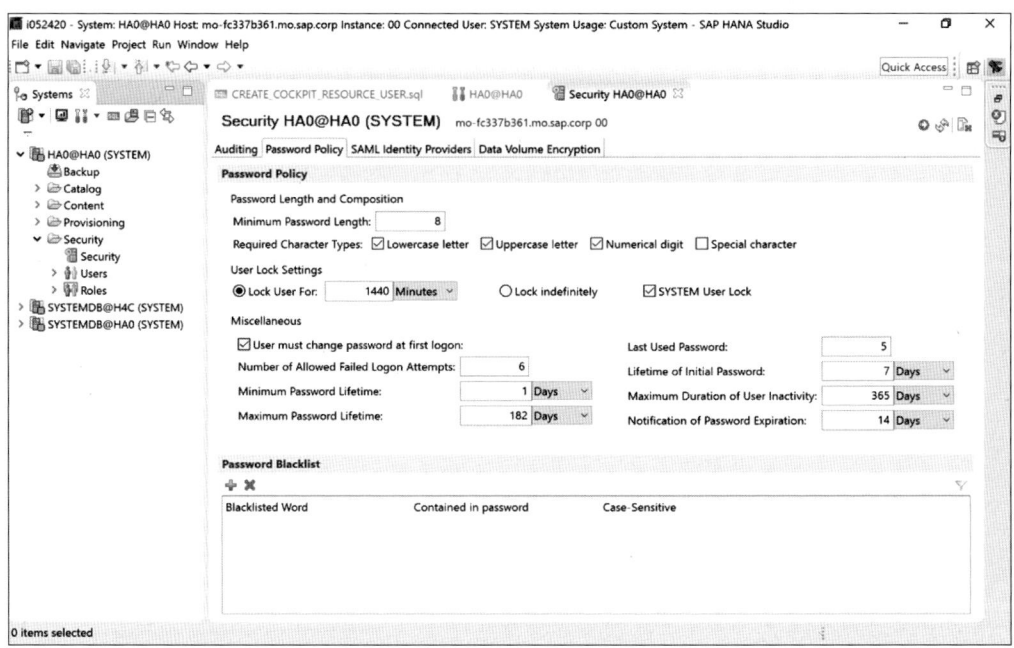

그림 6.2 Security in SAP HANA Studio

6.2 유저 관리

2단원에서 SAP HANA를 이용한 다양한 사례를 살펴보았다. 데이터 마트, 3-tier 아키텍처에서의 데이터베이스, 네이티브 SAP HANA XS 애플리케이션을 위해 결합된 데이터베이스와 애플리케이션 서버 등이 그것이다. SAP HANA가 구현되는 방법은 유저 관리를 위한 보안 모델에 영향을 미친다. 유저를 생성하고 role을 정의하는 방법도 여러 요인에 따라 달라진다. SSO, SAML(Security Assertion Markup Language) 또는 커버로스를 구현하고 싶은가? 인증(authentication - 당신이 누구인지 알려 줘)과 권한 부여(authorization - 당신이 할 수 있는 일을 알려 줄게)에 대한 다양한 옵션이 있다. 이 섹션에서는 SAP HANA 유저 관리의 필수 요소에 관해 설명할 것이다.

6.2.1 구현 시나리오

SAP HANA를 구현하는 방법은 유저 관리에 영향을 미친다. 다음의 3가지 주요 구현 모델을 설정할 수 있다.

■ 데이터 마트로서의 SAP HANA

그림 6.3은 데이터 마트 시나리오에 대한 연결성을 보여준다. 데이터 마트는 일반적으로 다중 테넌트 데이터베이스, 다중 소스 시스템, 다중 클라이언트 유형이 포함된다. SAP HANA 클라이언트에 연결하는 각 사용자는 적절한 권한을 가진 데이터베이스 유저 계정이 필요하다. 다른 방법으로는, 사용자들이 SAP BusinessObjects Business Intelligence (SAP BusinessObjects BI) 서버와 같은 중개자를 통해 연결할 수 있다. 이런 경우는 공유된 데이터베이스 유저 계정이나 개인 계정 또는 이 두 가지의 조합으로 연결을 설정할 수 있다.

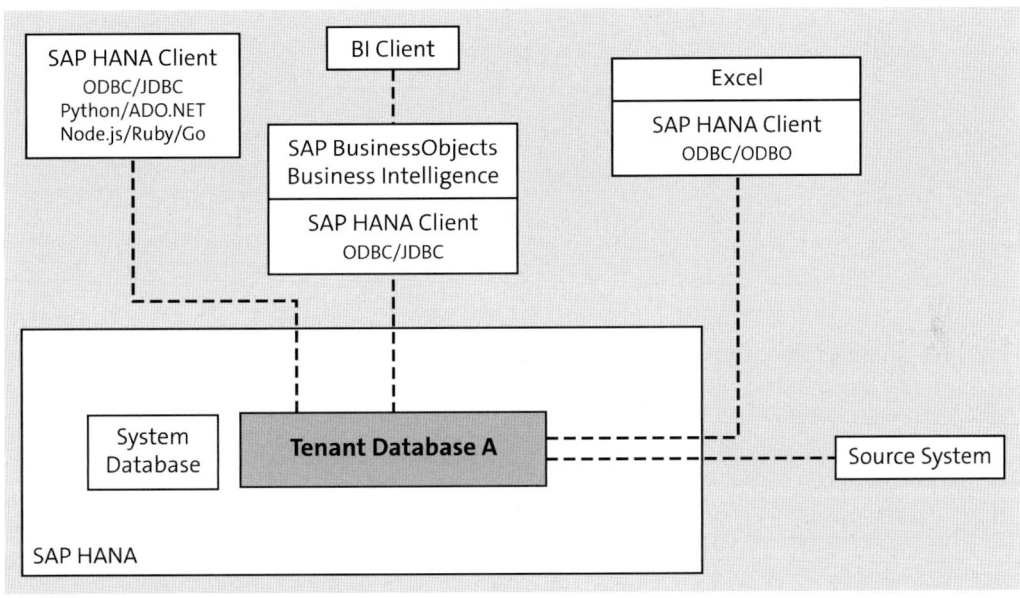

그림 6.3 SAP HANA as a Data Mart

■ 3-tier 아키텍처에서의 SAP HANA

그림 6.4와 같이 3-tier 아키텍처에서 유저 보안은 일반적으로 애플리케이션 서버 계층에서 관리된다. 예를 들어 SAP S/4HANA와 SAP BW(SAP Business Warehouse)에서는, 많은 애플리케이션의 엔드 유저들을 대신해 데이터베이스에 접속하는 하나의 테크니컬 유저만 볼 수 있다. 이런 경우에 유저 관리는 SAP HANA 데이터베이스 관리자가 아닌 Basis 관리자에게 주요 관심사가 된다. 그러나 일부 겹치는 부분이 있을 수 있다. ABAP 공유 비즈니스 권한 부여를 통해 데이터베이스에 대한 애플리케이션 레벨에서 정의된 권한 부여를 사용할 수 있다(6.2.4섹션 참고). 따라서, Python 데이터베이스 API(예를 들면 ODBC)를 사용해 데이터베이스에 직접 접속하는 데이터 사이언티스트는 SAP S/4HANA와 연결할 때와 동일한 권한 부여 관점에서 데이터를 볼 수 있다. 3-tier 아키텍처는 2단원에서 자세히 설명돼 있다.

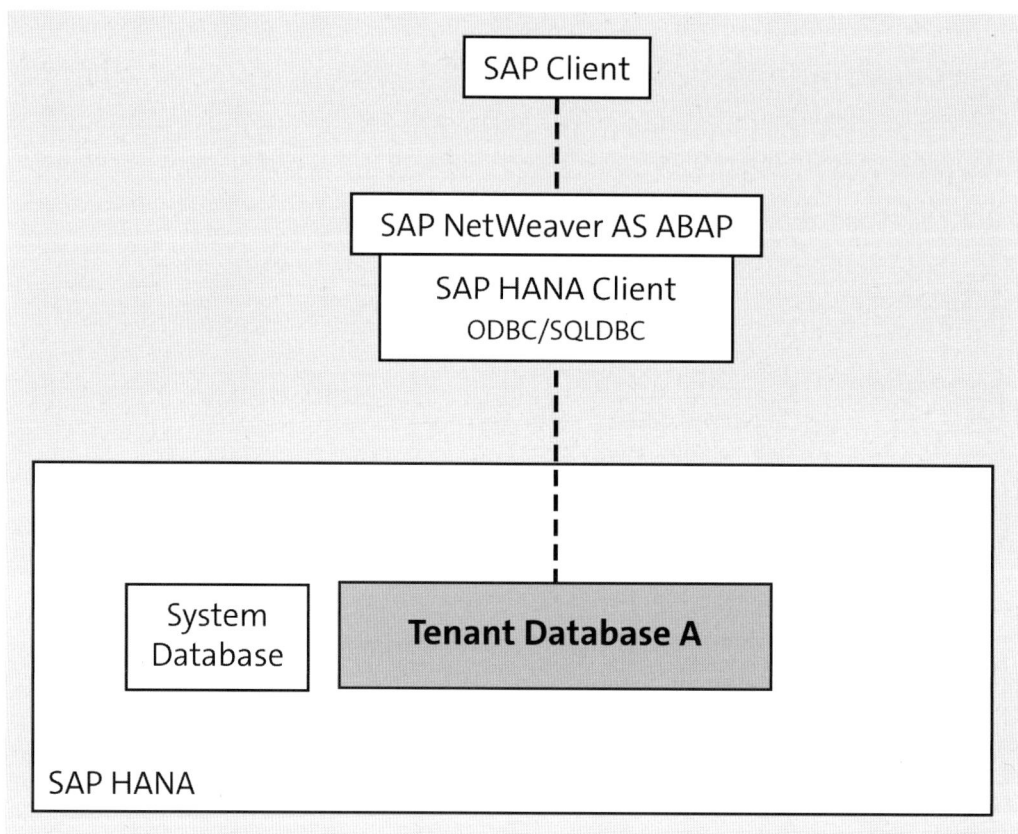

그림 6.4 SAP HANA in a Three-Tier Architecture

■ SAP HANA XS/SAP HANA XS Advanced와 SAP HANA

세 번째 유형의 아키텍처는 그림 6.5와 같이 SAP HANA XS 또는 SAP HANA XS Advanced 애플리케이션 서버를 사용할 때의 연결성과 관련이 있다. 브라우저에서 HTTP(S)를 통해 SAP HANA XS나 SAP HANA XS Advanced에서 관리되는 웹 애플리케이션과 직접 연결할 수 있다. SAP HANA XS Advanced를 사용하면 유저 인증을 위해 외부 IdP를 사용할 수 있다. 외부 IdP를 사용하지 않으려면 SAP HANA 데이터베이스가 유저 인증을 해야 하므로, 이 경우 데이터베이스 유저 계정을 생성해야 한다. 구버전 SAP HANA XS 모델에서는 항상 데이터베이스 유저 계정이 필요하다. SAP HANA XS와 SAP HANA XS Advanced 아키텍처는 4단원 4.4섹션에 설명돼 있다.

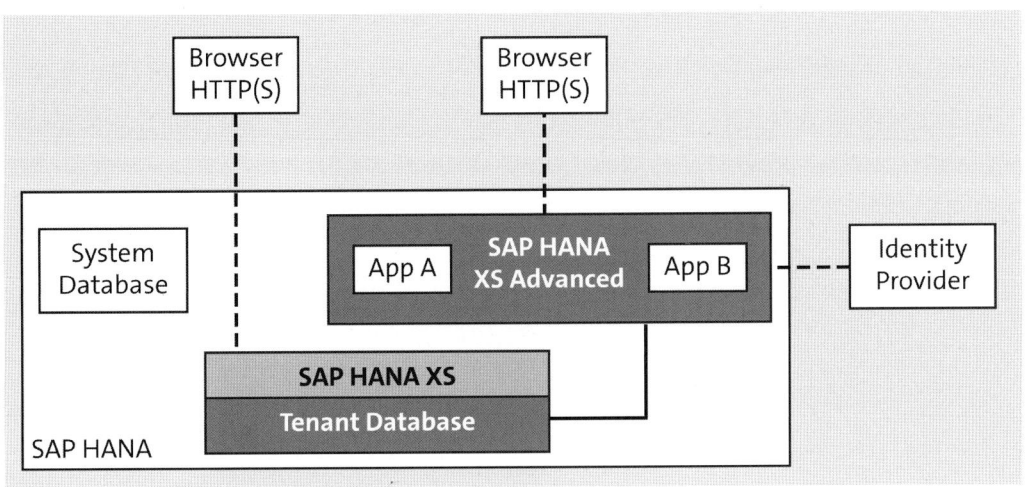

그림 6.5 SAP HANA ith SAP HANA XS/SAP HANA XS Advanced

6.2.2 유저 타입과 유저 그룹

개념적으로는 "실제" 데이터베이스 유저와 테크니컬 유저를 구분할 수 있지만, SAP HANA 데이터베이스의 관점에서 두 유저는 모두 동일하다. SAP HANA는 오직 유저와 제한된 유저만을 구분할 수 있다. 후자는 예를 들면 SAP S/4HANA 비즈니스 유저일 수 있다. 이런 유저는 애플리케이션 서버를 통해서만 데이터베이스에 접속할 수 있고, 그들 자체의 테이블을 생성할 수 없으며 오브젝트 카탈로그도 볼 필요가 없다.

그림 6.6은 SAP HANA 콕핏의 User Management 화면을 보여준다. Creation of Objects in Own Schema 라디오 버튼에서 No를 선택하고 Public Role 라디오 버튼에서 No를 선택하면 일반 데이터베이스 유저가 제한된 유저로 변경된다(그 반대의 경우도 마찬가지이다). 일반적으로 제한된 유저의 경우 Disable ODBC/JDBC Access에 대해서 Yes도 선택되지만, 필수는 아니다.

어떤 아키텍처를 구현하느냐에 따라, SAP HANA 데이터베이스에 개인 데이터베이스 유저 계정을 사용하여 직접 접속하거나, 애플리케이션 서버와 같은 중개자를 통해 접속할 수 있다. 후자의 경우 애플리케이션 서버는 유저를 대신해 (그리고 모든 동료를 대신해) 데이터베이스에 접속할 것이다. 애플리케이션 서버 데이터베이스 유저는 "실제" 유저와 일치되지 않으므로 이런 계정의 형태를 '테크니컬 유저'라고 부른다. 애플리케이션 서버 외에도, 예를 들면 IoT 장치는 (공유된) 테크니컬 유저를 사용해서 접속할 수도 있다. 그러나 SAP HANA 데이터베이스 서버의 관점에서는 데이터베이스 유저 계정과 SAP NetWeaver의 유저 계정 간에는 아무 차이점이 없다. 차이점은 개념적인 것일 뿐이다. 여전히 테크니컬 유저는 그들만의 특성을 가진다. 예를 들어, 데이터베이스 유저에게는 3개월마다 패스워드를 변경하도록 요청하는 메시지가 표시되는 것이 일반적인 모범 원칙이었지만, 테크니컬 유저에게는 그런 메시지는 바람직하지 않다. 테크니컬 유저는 좀처럼 패스워드를 바꾸려 하지 않을 것이다. 따라서 데이터베이스 관리자는 이러한 유저를 다르게 관리해줄 필요가 있으며, 유저 그룹은 이런 유형의 유저를 구분하는 좋은 방법이다.

Chapter 06

그림 6.6 User Management in the SAP HANA Cockpit

유저 그룹을 사용하여 일반 계정과 테크니컬 계정을 분리할 수 있지만, 다른 시나리오도 가능하다. 유저 그룹을 사용하면 파트너사 직원 또는 임시직 직원을 분리해 관리하거나, 교육 목적으로 그룹을 만들 수 있다. 유저 그룹은 자체 전담 관리자를 둘 수도 있다. 따라서 중요한 테크니컬 계정이 사고로 삭제되는 것을 방지할 수 있다. 테크니컬 계정에서는 자주 변경할 필요가 없도록 복잡한 암호를 사용하도록 하고, 일반 유저가 사용하는 계정에게는 보다 완화된 패스워드를 사용하는 등의 방식으로 유저 그룹마다 다양한 패스워드 정책을 할당할 수 있다. 그림 6.7과 같이 SAP HANA 콕핏의 User Groups 인터페이스에서 유저 그룹을 생성할 수 있다.

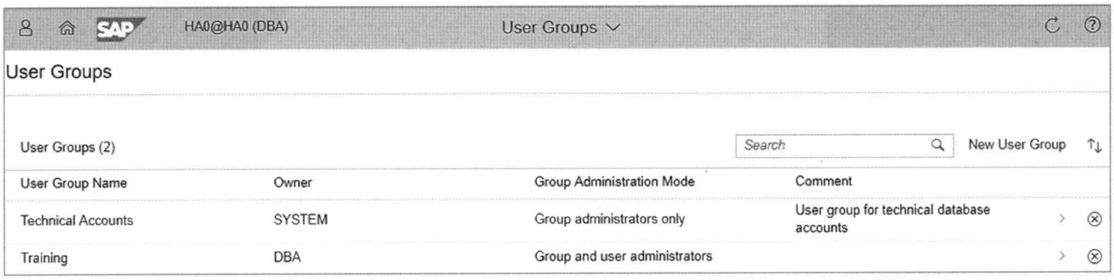
SAP
HA0@HA0 (DBA)
User Groups
User Groups
User Groups (2)
Search
New User Group
User Group Name
Owner
Group Administration Mode
Comment
Technical Accounts
SYSTEM
Group administrators only
User group for technical database accounts
Training
DBA
Group and user administrators
그림 6.7 SAP HANA Cockpit: User Groups

6.2.3 인증 (Authentication)

공항에서 국경 보안 책임자 앞에 서 본 적이 있다면, 인증이 무엇인지 알고 있을 것이다. 통과시키기 전에 그 책임자는 여권에 명시된 사람과 동일한 사람인가를 확인하고 입국시킨다. 이러한 검증은 SAP HANA 데이터베이스가 각 액세스 요청을 받았을 때와 정확히 일치한다. 이런 작업을 위해, SAP HANA는 자체 인증 메커니즘을 사용하거나 작업을 외부 인증 공급자에게 위임할 수도 있다. 빌트인 메커니즘은 유저명과 패스워드를 기반으로 한 기본 인증을 수행한다.

SAP HANA 콕핏의 User Management 화면(그림 6.6 참조)에서는 사용 가능한 인증 메커니즘을 선택할 수 있도록 제공한다. 이 인증 메커니즘에 대해 이번 섹션에서 살펴보기로 하겠다.

Basic 인증

모든 운영체제, 데이터베이스 또는 애플리케이션 서버는 어떤 형태로든 빌트인 인증 메커니즘이 필요하며, SAP HANA도 예외는 아니다. SAP HANA 데이터베이스 인증 컴포넌트는 오직 SQL만 해석하므로, 일반적으로 클라이언트 도구는 유저명과 패스워드를 입력할 수 있는 로그온 화면을 제시한다.

클라이언트가 어떻게 자격 증명을 요청하는지에 상관없이, 인증 컴포넌트는 이런 정보를 SQL로 받아들이고, 내부 SYS.USERS 테이블에 유저명이 존재하는지, 패스워드는 저장된 값과 일치하는지를 확인할 것이다. 패스워드는 암호화된 상태로 저장돼 있으며, SQL이나 선호하는 도구를 사용해 그림 6.8과 같이 유저 테이블을 조회할 수 있다. 테이블에는 유저명과 함께, 유효 기간과 계정의 활성화 여부 같은 추가 메타데이터도 저장돼 있다. 예를 들어, 매월 1일에 신입사원을 출근시킨다면, 그때마다 데이터베이스 관리자를 호출하고 그가 휴무인지 확인하고 싶지 않을 것이다. 대신에, 데이터베이스 관리자는 미리 유저를 생성하고 VALID_FROM 속성 세트에 출근 일자를 입력해 놓는다. 이와 비슷하게, 계약이 만료된 임시 직원에게는 VALID_TO를 활성화해 유효기간을 정해 놓으면 된다. 유저 테이블에는 코멘트를 위한 속성 1개를 포함해 총 35개의 속성이 있다.

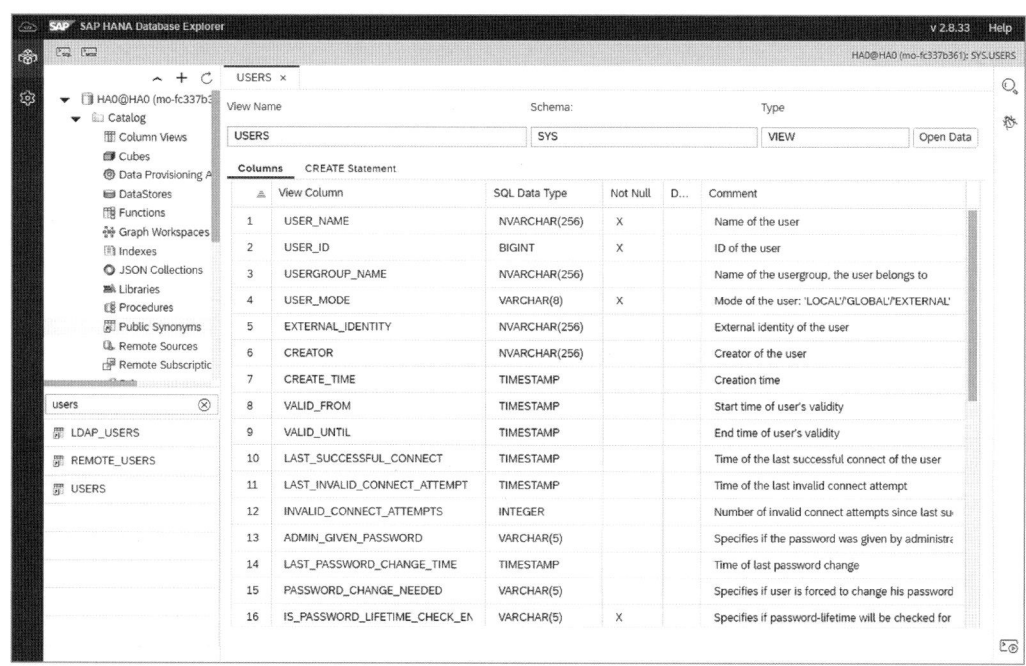

그림 6.8 User Table

사용자가 잘못된 유저명/패스워드 조합을 데이터베이스에 입력하면, 사용자는 재시도할 수 있다. 얼마나 많이 재시도할 수 있는지는 정의된 패스워드 정책에 따라 달라진다. 입력 허용 횟수를 0으로 세팅하면 무제한을 의미하는 것으로 입력 횟수에 제한이 없다. 입력 허용 횟수를 초과하면 계정은 잠기고 USER_DEACTIVATED=TRUE가 되며, 계정 잠금 해제를 위해 데이터베이스 관리자에게 연락해야 할 것이다. 간혹, 앱이나 로그온 웹 페이지에서 잠금 해제에 대한 셀프서비스 메커니즘을 제공하기도 한다.

그림 6.9와 같이 패스워드 정책 에디터에는 다음과 같은 여러 변수가 포함돼 있다.

- **패스워드 길이와 구성 (Password Length and Composition)**

  패스워드와 관련된 규칙이나 규제와 별개로, 패스워드 정책은 패스워드가 어떻게 생겨야 하는지를 정의한다. 최소 길이는 기본 8글자이다. 필수 문자는 소문자, 대문자, 숫자이며, 여러 SAP 시스템이나 애플리케이션과 동일하다. "Welcome1", "Initial1", "Password1"과 "Individual1"이 그 예이다. 특수문자는 디폴트로 적용되지 않지만, 사용 가능으로 설정하면 모든 Unicode 문자를 사용할 수 있다.

- **유저 잠금 세팅 (User Lock Settings)**

  잘못된 패스워드를 입력했을 때 얼마나 대기해야 하는지에 관한 정책이다. 유저 잠금은 1분만 지속될 수도 있고 무기한일 수도 있다. SYSTEM 유저를 잠금에서 면제할지 여부도 지정할 수 있다.

- **패스워드 수명 (Password Lifetime)**

  패스워드의 최소 수명과 최대 수명을 정의할 수 있다. 일반적으로 데이터베이스 관리자나 로그온 스크립트에서 초기 암호를 제공한 경우라면, 이 초기 암호의 수명을 정하고, 최초 로그온 시 암호를 변경할지 여부를 설정한다. 실제 이용자들에게는 처음 로그온할 때 패스워드를 요구하는 것이 바람직하기 때문에, 이 설정은 디폴트로 활성화돼 있다. 그러나 만약 테크니컬 유저에서 연결한다면, 일반적으로 이 설정을 비활성화로 세팅한다. 이 설정은 패스워드 만료에 대한 알림으로도 사용된다.

- **기타 (Miscellaneous)**

  Number Of Allowed Failed Logon Attempts(실패 허용 로그온 횟수)를 정의할 수 있으며, 디폴트로 6이다. 그리고 마지막으로 사용한 패스워드에서 재사용할 수 없는 글자 수 등을 지정할 수 있다.

패스워드에서 약한 고리를 피하기 위한 안전장치가 있다. 뚫리기 쉬운 암호를 선택한 한 명의 유저로부터 시스템과 모든 사용자를 보호하기 위해서, 패스워드 블랙리스트를 사용할 수 있다. 전체 패스워드를 블랙리스트 목록에 추가하거나 패스워드의 일부분만 추가할 수 있다. 예를 들어 블랙리스트에 "pass"를 등록해 놓았다면 p a s s 라고 차례대로 입력된 문자를 패스워드로 사용하면 안 된다. 또 패스워드가 대소문자를 구분하는지 여부를 지정할 수 있다. 언뜻 암호화된 패스워드로 보이는 "!@#$%^&*"과 "1q2w3e4r5t"는 꽤 단순하며 추측하기 쉽다. 블랙리스트에 저런 일반적인 암호를 추가해 놓는 일은 간단하지만, 보다 효과적으로 시스템을 안전하게 만드는 방법이다.

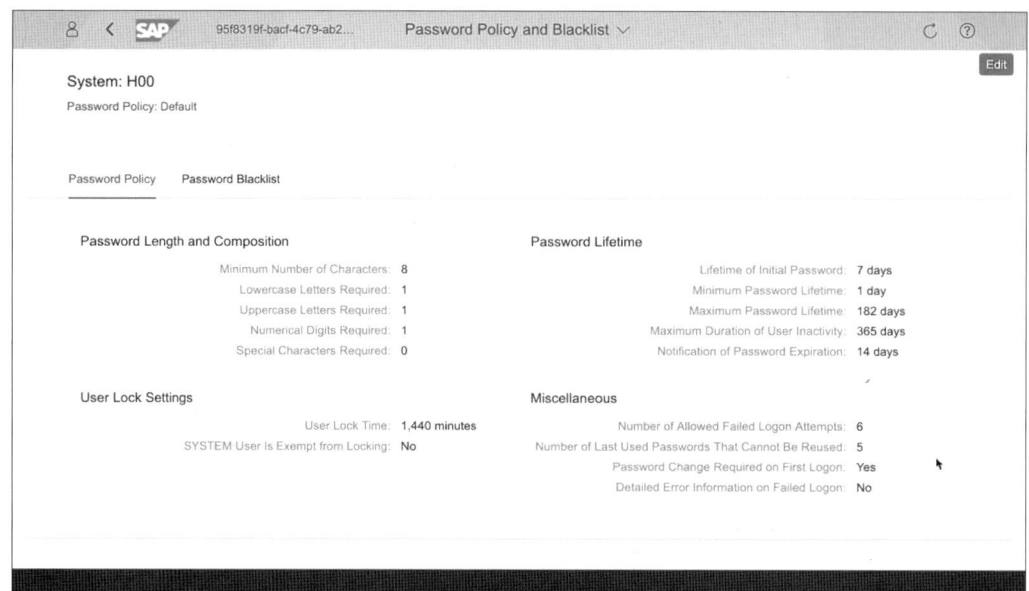

그림 6.9 Password Policy and Blacklist in the SAP HANA Cockpit

외부 인증 (External Authentication)

빌트인 메커니즘 외에도, SAP HANA 데이터베이스는 외부 인증 방법도 지원한다. 이러한 외부 메커니즘이 기본 인증에 비해 갖는 큰 장점은 SSO를 활성화하여, 유저가 한 번 로그온한 다음 매번 로그온할 필요 없이 (웹) 애플리케이션에서 애플리케이션으로 이동할 수 있다는 것이다. 다음과 같은 외부 인증을 방법을 사용할 수 있다.

■ 커버로스 (Kerberos)

커버로스는 일반적으로 클라이언트(애플리케이션 서버일 수도 있음)가 마이크로소프트 윈도우 플랫폼에서 실행되는 환경에서 사용된다. 예를 들어 커버로스를 사용하면, SAP Crystal Reports나 다른 SAP BusinessObjects 애플리케이션에서 SAP HANA 데이터베이스에 직접 연결할 수 있다.

기술 배경

마이크로소프트 윈도우와 다르게 커버로스는 친숙하게 들리지 않을 수 있다. 커버로스는 Windows 2000 이후 운영체제의 디폴트 인증 프로토콜이다. 이 프로토콜은 꽤 오랫동안 사용되어 왔으며, 클라이언트/서버 아키텍처 초기에 보안이 취약한 네트워크 환경에서 컴퓨터를 안전하게 연결하려는 목적으로 설계되었다. 목적에 맞게 잘 작동되었기 때문에 커버로스가 여전히 널리 사용되고 있다. 다른 운영체제에도 포함된 커버로스를 찾아볼 수 있다. 특히 시스템이 마이크로소프트 윈도우 환경과 원활하게 협업해야 하는 경우, 해당 시스템 운영체제에 커버로스가 포함되어 있다. 이러한 이유로 커버로스는 SAP HANA에서도 유용한 인증 메커니즘 중의 하나이다.

■ SAML과 JWT

SAP HANA는 외부 인증 메커니즘(OAuth)으로 SAML과 JSON 웹 토큰(JWT)을 지원한다. 커버로스와 마찬가지로, SAML과 JWT는 일반적으로 웹 클라이언트 SSO를 위한 엔터프라이즈 환경에서 사용된다.

기술 배경

SAML은 인증과 권한 부여 정보를 교환하기 위한 개방형 표준이다. 개방형 표준은 기술이 특정 공급업체와 관련이 없다는 것을 의미한다. 실제로 SAML은 (HTML처럼) XML 계열의 일부로서 둘 다 개방형 표준이다. SAML은 웹 기술이 클라이언트/서버 아키텍처를 추월했던 2000년대 초반으로 거슬러 올라간다. SAML은 서비스 공급자(SP)와 ID 공급자(IdP)와 함께 작동하며 중간에는 브라우저가 있다. SAML은 권한 부여도 다루기 때문에 조금 더 복잡하다.

IdP가 클라이언트를 SP로 되돌리는 방식(HTTP redirect와 HTTP Post)때문에 모바일 환경에서 SAML을 사용하기는 쉽지 않다. 이런 이유로 트위터와 구글과 같은 회사의 연구소에서 OAuth라는 다른 프레임워크가 개발되었다. 실제로 트위터, 구글이나 페이스북 계정을 사용하여 자주 방문하는 인터넷 뉴스나 온라인 상점 사이트에 로그온할 때, OAuth가 사용되고 있다. OAuth는 인증만 수행한다. OAuth에 사용된 토큰은 SAML 형식일 수도 있고 다른 형식일 수도 있다. 또 다른 형식은, JSON(JavaScript Object Notation) 형식으로 JSON 웹 토큰(JWT)을 제공한다.

■ logon 티켓과 assertion 티켓

SAP에서 logon 티켓과 assertion 티켓은 주로 ABAP과 Java 환경을 위한 SAP NetWeaver 애플리케이션 서버에서 사용된다. logon 티켓은 엔드 유저 인증과 SSO에서 사용된다. assertion 티켓은 일반적으로 시스템 간의 인증에 사용되며 커버로스, SAML과 비슷하게 작동한다.

■ X.509 클라이언트 인증서 (X.509 client certificates)

마지막으로, X.509 클라이언트 인증서를 사용하여 SAP HANA XS 애플리케이션 유저를 인증

할 수도 있다(SAP HANA XS와 SAP HANA XS Advanced에서 모두 가능). 암호 같은 이름에
도 불구하고, X.509 인증서는 꽤 흔하다. 예를 들면 HTTPS로 웹 트래픽을 보호하는 데 사용된
다. 인증서에는 인증기관에서 서명한 LDAP(Lightweight Directory Access Protocol) 형식으
로 공개 키와 ID가 포함되어 있다.

마이크로소프트 네트워크용 커버로스, SAP HANA 시스템용 logon 티켓, assertion 티켓, 멀티벤더
엔터프라이즈 환경을 위한 SAML, 최신 및 최고의 웹 애플리케이션을 위한 JWT 또는 X.509를 통해
서, SAP HANA는 가장 일반적인 인증 요구사항을 지원하고 있다.

6.2.4 권한 부여 (Authorization)

이제 인증된 유저로서 시스템에 접속할 수 있게 됐다. 다음으로 SAP HANA는 부여된 권한을 점검
할 것이다. 무엇을 할 수 있나? 어떤 시스템 권한이 있는가? 무엇을 볼 수 있으며 무엇을 변경할 수
있는가? SAP HANA 시스템의 전반적인 보안을 위해서는, 적절한 인증만큼 권한 부여 작업이 중요
하다. 일반적으로 데이터베이스 권한 부여에는 빌트인 메커니즘이 사용되지만, SAP HANA는 외부
권한 부여 공급자로 LDAP도 지원한다.

이 섹션에서는 유저와 role, 사전 정의된 유저와 다양한 유형의 권한에 관해 설명할 것이다.

유저와 Role

유저에게 직접 시스템과 오브젝트 권한을 부여하기는 쉽지만, 일반적으로 최선의 방법은 아니다. 유
저가 퇴사하거나 다른 권한이 필요한 직무로 이동할 때, 모든 권한과 관련된 작업을 처음부터 다시 해
야 하므로, 권한 부여를 올바르게 하는 것은 복잡하고 주의가 필요한 일이다. 이런 이유로 보통 role
에 권한을 부여한 다음, 유저에게 해당 role을 부여하면 다음과 같은 두 가지 장점이 있다.

- 먼저, 비즈니스 역할에 따라 모델링된 권한 계층 구조를 만들 수 있다. 예를 들어 테넌트 데이터
  베이스를 시작 및 중지할 수 있는 TENANT ADMIN 시스템 권한에 대한 role을 만든다. 시스템
  서비스에서도 시작 및 중지 작업을 수행할 수 있는 SERVICE ADMIN 시스템 권한에 대한 role
  을 생성한다. 그런 다음 시스템 데이터베이스와 테넌트 데이터베이스 모두에 대한 서비스를 중
  지 및 시작할 수 있는 시스템 관리자라는 새로운 role에 위 두 가지 role을 모두 부여할 수 있다.
- 두 번째로, 유저 요구사항이 변경되더라도 문제가 없다. 기존 role을 회수하고 새로운 role을
  부여하기만 하면 된다.

이제 재사용이 가능한 권한 부여 개념을 이용해, 실제 비즈니스 기능에 대한 복잡한 요구사항을 구현할 수 있다. 이런 기능의 이면에는 최소 권한의 원칙(principle of least privilege: PoLP)이 있으며, 작업 수행에 필수적인 권한만을 유저에게 부여하는 보안 모범 원칙을 일컫는 말이다.

사전 정의된 데이터베이스 유저

SYSTEM 데이터베이스 유저는 디폴트로 모든 시스템 권한을 가진다. 따라서 SYSTEM 유저는 특정 목적을 위해서 제한된 권한을 가진 유저를 생성하는 데에만 사용해야 한다. 이 특정 목적 후에는 SYSTEM 유저 계정을 비활성화해야 한다.

대부분은 SAP HANA를 업데이트하기 위해 SYSTEM 유저는 필요하지 않으며, 업그레이드 중에 SYSTEM 유저가 액세스하는 전형적인 보안 허점을 해결하기 위해, 권한이 적은 유저를 사용할 수 있다. 업그레이드를 위해 SYSTEM 슈퍼 유저를 사용하도록 설정한다면, 신중하게 만들어 놓았던 PoLP 구현이 일시적으로 중단되며, 이로 인해 취약점이 발생한다. SYSTEM 데이터베이스 유저는 명시적 부여 없이 다른 스키마에서 생성된 오브젝트에 액세스할 수 없으며, 스스로 액세스 권한을 부여할 수도 없다. 그러나 USER ADMIN으로서 유저의 패스워드를 쉽게 변경하고 스키마 액세스 권한을 부여할 수 있다.

SYS, _SYS_REPO 또는 _SYS_STATISTICS와 같은 사전 정의된 다른 데이터베이스 유저는 테크니컬 유저다. 이런 유저는 오브젝트 소유자이거나 특정 기능을 지원한다. 이 계정으로는 데이터베이스에 접속할 수 없다.

사전 정의된 카탈로그 Role

모든 SAP HANA 시스템은 다수의 사전 정의된 카탈로그 role을 디폴트로 가지고 있다. SYSTEM 유저와 마찬가지로, 이러한 role 중 일부는 많은 권한을 가지고 있으며, 더 제한된 role을 만들기 위한 템플릿으로만 사용돼야 한다. CONTENT_ADMIN과 MODELING이 이러한 예이다. Application Function Library(AFL)와 Predictive Analysis Library(PAL)를 위한 AFL_SYS_AFL_AFLPAL_EXECUTE와 같은 특정 목적으로만 사용되는 role도 있다. 이런 role은 확장돼서는 안 되며, 권한을 추가하거나 제한을 해서도 안 된다.

모든 유저는 PUBLIC role을 가지며, 일부 시스템 뷰를 읽기 전용으로 액세스할 수 있게 한다. 유저로부터 PUBLIC role을 회수(CREATE ANY ON OWN SCHEMA와 DISABLE CLIENT CONNECT 권한을 회수)하면 제한된 유저가 생성된다. 제한된 유저는 아무 권한이 없고, 클라이언트 애플리케이션을 통해서만 SAP HANA에 액세스할 수 있으며, 모든 SQL 액세스가 불가하다. 제한된 유저를 조정하고자 한다면, JDBC 또는 ODBC 인터페이스에 대한 액세스를 위해 각각 RESTRICTED_USER_JDBC_ACCESS와 RESTRICTED_USER_ODBC_ACCESS role을 부여할 수 있다.

언급할 만한 또 다른 role은 SAP_INTERNAL_HANA_SUPPORT role로, 모든 메타데이터(고객 데이터는 아님)에 대한 읽기 전용 액세스 권한을 가지고 있다. 이 role은 매우 강력하기 때문에 제한적으로 적용해야 하며(한 유저로 제한되며 SYSTEM이나 다른 role에 부여할 수 없음), role이 부여될 때마다 정보 얼럿이 발생된다.

시스템 권한 (System Privileges)

시스템 권한은 시스템 관리 작업을 수행할 수 있는 권한을 유저에게 부여한다. 디폴트로 SAP HANA 시스템에는 50개의 다양한 시스템 권한이 있다. SAP HANA 다이내믹 티어링과 같은 컴포넌트 옵션을 설치하면 시스템 권한이 추가된다.

일부 권한은 서로 관련돼 있지만 구별된다. 예를 들면, BACKUP ADMIN과 BACKUP OPERATOR는 서로 다르다. 전자는 카탈로그 구성을 포함하여 모든 백업과 복구를 수행할 수 있지만, 후자는 오직 백업만 수행할 수 있다. AUDIT 시스템 권한과 IMPORT와 EXPORT 권한에서도 비슷한 차이점이 있다.

어떤 권한은 강력하다. 예를 들면, INIFILE ADMIN을 사용하면 모든 시스템 설정을 변경할 수 있다. SAP HANA Security Checklist and Recommendations 가이드에는 함께 부여해서는 안 되는 조합, 예를 들면 USER ADMIN과 ROLE ADMIN 또는 AUDIT ADMIN과 AUDIT OPERATOR 등이 나와 있으니 참고가 될 것이다.

시스템 권한 관리는 그림 6.10과 같이 SAP HANA 콕핏에서 수행되며, 여기에서 특정 유저와 role에 부여할 다양한 권한을 선택할 수 있다.

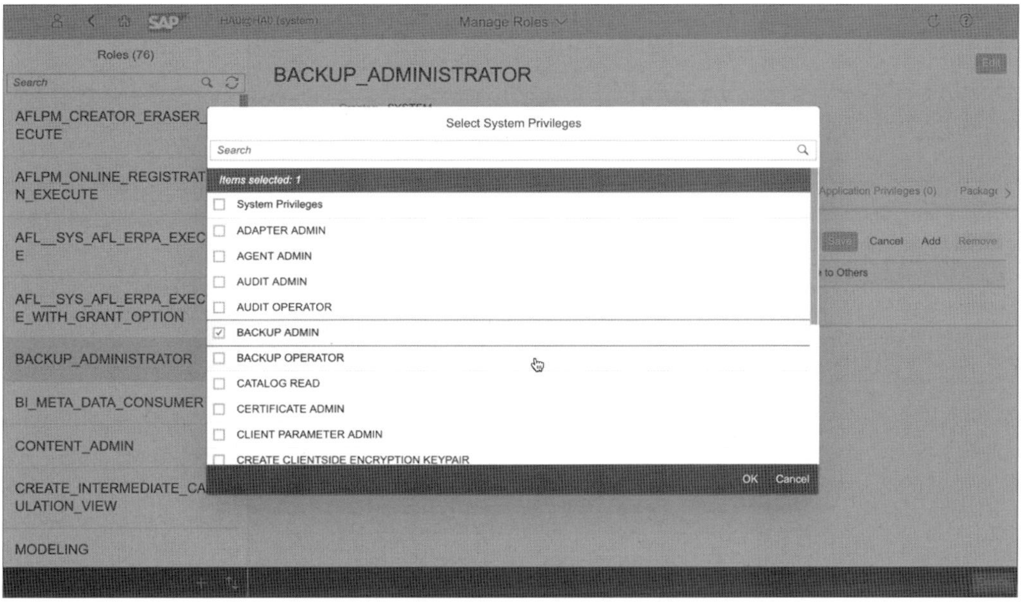

그림 6.10 Select System Privileges, Manage Roles in the SAP HANA Cockpit

오브젝트 권한 (Object Privileges)

데이터베이스 오브젝트는 가장 일반적인 몇 개만 말하자면, 스키마(컨테이너), 테이블, 뷰, 함수/프로시저와 시퀀스 등이다. 이런 오브젝트를 액세스하거나 변경하려면 SQL 권한이 필요하다. 예를 들어, 데이터를 보려면 테이블이나 뷰에 대한 SELECT 권한을 가져야 한다. 새로운 로우를 테이블에 추가하기 위해서는 INSERT 권한이 필요하다. 기존의 로우를 변경하려면 UPDATE 권한이, 로우를 삭제하려면 DELETE 권한이 필요하다. IMPORT 시스템 권한이 있더라도 임포트에 성공하려면 올바른 오브젝트 권한이 필요하다.

지금 언급한 것은 DML(data manipulation language) 유형의 예이다. SQLScript 함수에서 CREATE, ALTER, DROP, EXECUTE와 같은 DDL(data definition language) 유형도 사용할 수 있다. 다른 오브젝트 권한은 원격 소스(CREATE VIRTUAL TABLE), 개발(DEBUG) 또는 보안 기능 (UNMASKED와 USERGROUP OPERATOR)을 관리한다.

그림 6.11은 SAP HANA 콕핏의 Assign Privileges 화면을 보여준다. 디폴트로 데이터베이스 유저는 SYS로부터 자신의 SCHEMA에 CREATE ANY 오브젝트 권한을 부여받고, 테이블, 뷰 등을 생성할 수 있다. 이 유저는 또한 WITH ADMIN OPTION(Grantable to Others) 오브젝트 권한을 받았으므로 다른 유저(또는 role)에게 자신의 스키마에 오브젝트를 만들 수 있는 권한을 직접 부여할 수

있다. SYS가 개입할 필요는 없다. 그림 6.11에서는 JANEDOE가 이 성의 여왕이다.

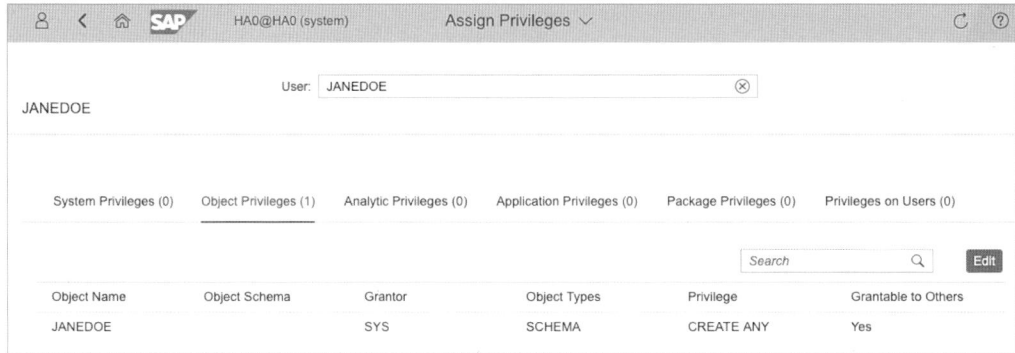

그림 6.11 Assign Privileges, Object Privileges in SAP HANA Cockpit

분석 권한 (Analytical Privileges)

분석 권한으로 데이터 액세스 요구사항에 대한 미세 조정이 가능하다. 이름에서 알 수 있듯이 오브젝트 권한은 오브젝트 액세스(yes 또는 no)를 제어한다. SALARY 컬럼이 EMPLOYEES 테이블의 일부이고, 테이블에 액세스할 수 있다면, salary를 볼 수 있을 것이다. 이런 경우, 분석 권한을 통해 조금 더 세분화된 로우 레벨의 액세스 제어가 가능하다. 예를 들어 HR_MANAGER만이 이 컬럼(SALARY)을 볼 수 있거나, 조금 더 구체적으로 HR_MANAGER_US는 자신의 지역에 해당하는 컬럼에 속하는 로우에만 액세스하도록 허용할 수 있다.

CREATE STRUCTURED PRIVILEGE ⟨name⟩ FOR ⟨action⟩ ON ⟨object⟩ 명령문을 이용해서 분석 권한을 만들 수 있다. 여기서 ⟨action⟩은 전형적인 SQL의 WHERE 절과 비슷하고 ⟨object⟩는 테이블이나 뷰를 참조한다. 하지만 더 일반적으로, 구버전 SAP HANA XS 환경에서는 SAP HANA 스튜디오를 사용하고, SAP HANA XS Advanced 환경에서는 SAP Web IDE를 사용해서, 개발환경에서는 권한을 디자인 타임 산출물로 생성하고, 이 권한은 실제 운영 시스템에서 카탈로그(런타임) 오브젝트로 배포되도록 한다. 런타임 데이터베이스 오브젝트와 디자인 타임 개발 산출물 간의 차이점은 4단원 4.1.2섹션을 참고하도록 한다.

공유 비즈니스 권한 부여 (Shared Business Authorizations)

공유 비즈니스 권한 부여(Shared Business Authorization)를 위해 분석 권한을 사용할 수도 있다. SAP S/4HANA와 같은 ABAP 기반의 SAP 애플리케이션은 권한 부여 오브젝트를 통해 액세스 제어를 정의한다. SAP HANA에서 이러한 ABAP 권한 부여 오브젝트를 활용하여, 새로운 SAP HANA

XS Advanced 애플리케이션과 기존의 ABAP 기반의 SAP 애플리케이션이 동일한 권한 부여 모델을 사용해야 하는 상황을 구현(및 유지보수)하는데 도움이 될 수 있다. 공유 비즈니스 권한 부여는 SAP HANA 2.0 SPS 03에 도입됐다.

추가 권한

SAP HANA XS 애플리케이션의 경우, 추가 권한을 정의할 수 있다. 패키지 권한은 네이티브 리포지토리 패키지와 임포트된 리포지토리 패키지를 읽고 편집하고 활성화하거나 유지보수할 수 있는 권한을 부여한다. 애플리케이션 권한은 예를 들면, View나 Admin role과 같은 특정 사용 권리를 정의한다. 그러나 이런 유형의 권한은 SAP HANA XS Advanced 애플리케이션에 적용되지 않는데, 외부 소스 코드 리포지토리를 사용하고, 애플리케이션 레벨에서 범위와 속성에 관한 권한 부여를 구현하고 있기 때문이다.

또 다른 추가 권한 유형은 ATTACH DEBUGGER 유저 권한으로, 한 유저가 다른 유저 세션의 SQLScript 코드를 디버깅할 수 있으며, 현재 사용할 수 있는 유일한 유저 권한이다.

코드 클리닉

GRANT와 REVOKE 명령문으로 SQL을 직접 사용하거나, SAP HANA 콕핏과 SAP HANA 스튜디오와 같은 클라이언트 도구를 사용해 권한을 부여할 수 있다. 다음은 GRANT 명령문의 예이다.

```
[GRANT CREATE ANY ON SCHEMA tony TO maria]
```

SAP HANA 콕핏과 SAP HANA 스튜디오는 가장 일반적인 기능에 대해 사용하기 쉬운 인터페이스를 제공하지만, SQL 콘솔을 열고 코드를 작성해야 하는 경우도 많다.

WITH ADMIN OPTION 권한을 부여할 때, 이 권한은 지정된 유저 또는 지정된 role을 가진 유저에 의해 다시 부여될 수 있다. 그렇지 않다면 오브젝트 소유자만이 권한을 부여할 수 있다.

오브젝트나 스키마 소유자를 삭제하면, 모든 오브젝트와 (관리자) 오브젝트에 부여된 권한도 함께 삭제된다. 오브젝트 소유권은 양도될 수 있다.

권한 부여에 대한 트러블슈팅

카탈로그 (런타임) 오브젝트에 대한 권한 부여의 트러블슈팅은 복잡하다. SAP HANA 2.0 SPS 03

부터, 데이터베이스 엔진은 오류 메시지에 글로벌 고유 ID를 포함해 제공한다 [258]: insufficient privilege: Detailed info for this error can be found with guid '⟨guid⟩'.

따라서, 관리자는 get_insufficient_privilege_error_details('⟨guid⟩',?) 프로시저를 실행해 이 오류의 원인을 찾을 수 있다.

SAP HANA 초기 버전의 경우, 시스템 뷰인 EFFECTIVE_PRIVILEGES와 STRUCTURED_PRIVILEGES를 조회하거나, SAP HANA 스튜디오에서 권한 부여 트레이스를 활성화할 수 있다. 그림 6.12에 나와 있는 SAP HANA Troubleshooting에 대한 SAP Support's Guided Answers(http://s-prs.co/v488426)가 도움이 될 것이다.

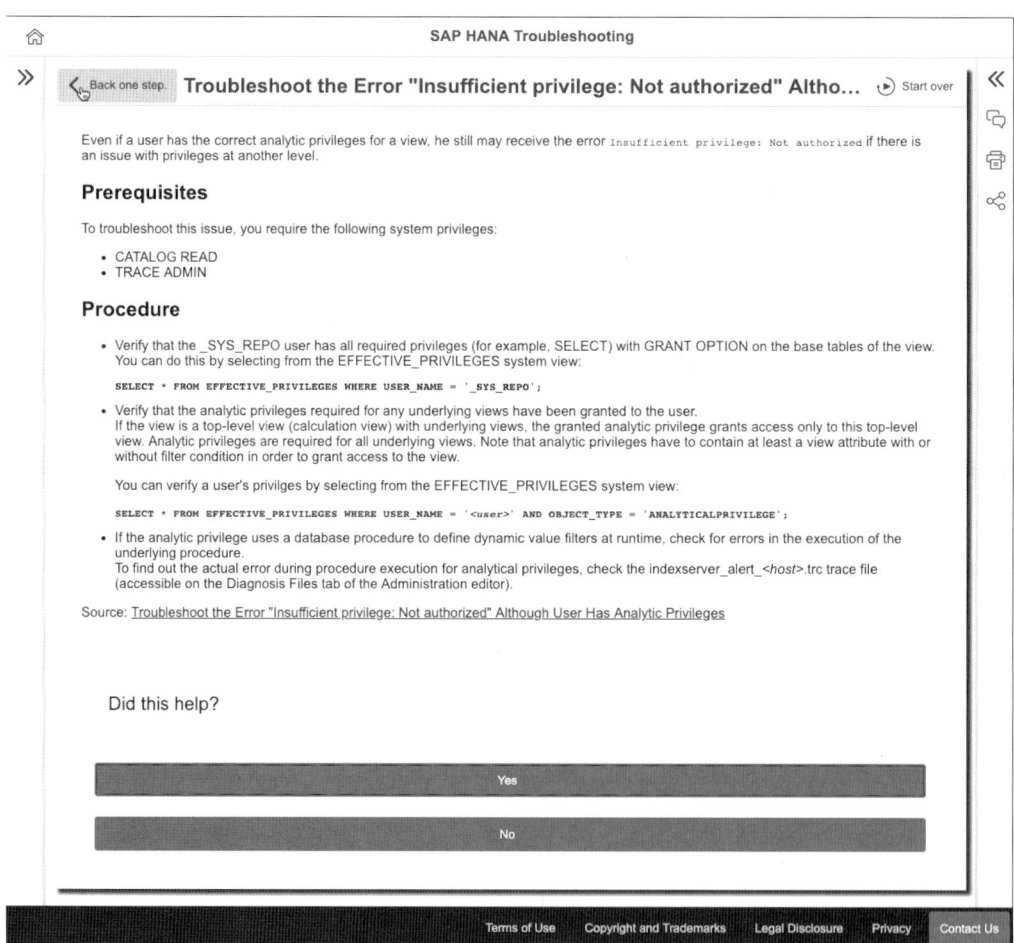

그림 6.12 SAP Support Guided Answers: SAP HANA Troubleshooting

LDAP 유저와 그룹

LDAP은 HTTP, TCP/IP와 함께 인터넷의 선구자다. 오늘날 LDAP 서버는 일반적으로 기업에서 유저명과 비밀번호를 저장할 수 있는 센터로 사용된다. 가장 잘 알려진 LDAP 구현은 Microsoft Active Directory이지만, 다른 많은 LDAP을 사용할 수 있으며, 오픈 소스 LDAP 구현까지 가능하다. LDAP 권한 부여에 대한 지원은 ODBC/JDBC 클라이언트를 이용해서 데이터베이스에 액세스하는 유저를 위해, SAP HANA 2.0에서 도입되었다. LDAP 유저 그룹 구성원을 기반으로 하여, SAP HANA 데이터베이스에서 새로운 유저를 자동으로 생성할 수도 있다.

6.3 데이터 프라이버시와 보호

이 섹션에서는 데이터 프라이버시를 지키기 위한 몇 가지 추가 기능, 즉 데이터 마스킹과 실시간 익명화에 관해 설명하겠다. 그리고 극히 드물게 발생하는 경우이지만, 암호화된 저장 데이터와 전송 데이터에 어떻게 무단 액세스가 가능했는지 알아볼 것이다.

6.3.1 데이터 마스킹 (Data Masking)

데이터 마스킹은 분석 권한처럼 동작하는 특수한 유형의 오브젝트 권한이다. 앞에서 살펴본 바와 같이, 오브젝트 권한은 단순하다. 액세스할 수 있거나 없거나 둘 중 하나이다. 액세스를 할 수 없다면, 오류가 발생한다.

조금 더 세분화된 유형의 액세스 제어를 위해, 분석 권한을 사용할 수 있다. 그러나 이런 유형의 권한은 설계되고 생성돼야 한다. 판매 관리자가 해당 지역의 데이터만 볼 수 있도록 제한하려면 먼저 판매 데이터와 지역이 포함된 테이블이 필요하다. 이 테이블과 분석 권한이 있으면, 유저에게 할당할 수 있다.

직원 테이블의 급여 정보, 고객 테이블의 신용카드 번호 또는 의료 기록과 같은 민감한 데이터(프라이버시 관점에서)를 가진 테이블을 고려해보자. 이 데이터의 액세스 정책은 "누구를 제외하고는 접근 금지"이다. 즉, 액세스가 모두에게 거부되고, 오직 명시적 액세스 권한을 가진 유저만이 데이터를 볼 수 있다. 오브젝트 권한은 이런 정책을 구현하는데 사용할 수 있지만, 이 정책은 오직 민감한 데이터가 전용 테이블에서 분리됐을 때만 작동한다. 그러나 성능상의 이유나 다른 테이블 설계상의 이유로, 테이블에 있는 하나의 민감한 컬럼을 다른 데이터와 함께 유지하는 것이 필수적일 수 있다. 이런 경우 분석 권한을 사용해 민감한 데이터의 액세스 정책을 구현할 수 있지만, 이제는 일부 사용자를 제외한 모든 사용자에게 데이터가 보이지 않도록 하는 권한이 필요한데, 이 방식은 번거로울 수 있다.

이런 경우, 데이터 마스킹은 더욱 세련된 해결책과 유연성을 제공한다. 데이터 마스킹을 사용하면 허가받지 않은 유저가 데이터에 액세스할 때에 오류를 발생시키지 않는 대신에, 데이터를 해당 유저에게 숨기는 것이다. 예를 들어, 신용카드 데이터가 있는 테이블을 고려해볼 때, 카드 번호 컬럼을 완전히 가리는 마스크를 만들 수 있으며, 그 유저가 보는 것은 xxx들일 뿐이다. 그러나 첫 번째 또는 마지막 4자리만 보이도록 마스크를 정의할 수도 있다. 이런 방법으로 고객 서비스 담당자에게 너무 많은 정보를 노출하지 않고도 카드 번호를 사용해 정보 확인이 가능하다.

데이터 마스킹 구현 방법은 유연하며, 간단한 템플릿을 사용하거나 복잡한 함수를 작성할 수도 있다. 함수를 사용하면 테이블이나 뷰 오브젝트 소유자를 마스크 오브젝트 소유자와 분리할 수도 있다.

코드 클리닉

아래와 같이, 마스크는 간단한 템플릿이 될 수 있다. :

```
CREATE VIEW credit_view AS SELECT name, number
FROM cards WITH MASK
    (NAME USING 'AAAA', CREDIT_CARD USING 'XXXX');
```

코드목록 6.1과 같이 마스크는 함수로 구현될 수 있다.

```
CREATE FUNCTION mask_owner.credit_mask(INPUT VARCHAR(19))
    RETURNS OUTPUT VARCHAR(19) LANGUAGE SQLSCRIPT AS
    temp VARCHAR(19);
    BEGIN
        SELECT LEFT(INPUT,4) || '-XXXX-XXXX-' || RIGHT(INPUT,4)
        INTO temp FROM SYS.DUMMY;
        OUTPUT := temp;
END;
```

코드목록 6.1 Create Function

이 함수는 뷰와 마스크 소유자간의 소유권 분리를 가능하게 한다.

```
CREATE VIEW data_owner.credit_view AS SELECT * FROM cards
    WITH MASK
    (CREDIT_CARD USING mask_owner.credit_mask(credit_card));
```

마스크 없이 데이터를 보려면, 테이블이나 뷰에서 UNMASKED 오브젝트 권한이 필요하다.

```
GRANT UNMASKED ON credit_view TO super_user;
```

6.3.2 데이터 익명화 (Data Anonymization)

데이터 익명화는 '통계적 노출 조절기법(Statistical disclosure control)'이라는 문제를 해결한다. 즉, 개인의 프라이버시를 보호하면서 모집단에 대한 정확한 통계를 공개하는 것이다. SAP HANA에서 데이터 익명화는 calculation view를 통해 구현되며(4단원 4.3섹션 참고), K-익명(K-anonymity)과 차등 프라이버시(differential privacy) 메소드를 지원한다. 두 가지 모두 현장에서 잘 알려진 표준이다.

기술 배경

차등 프라이버시는 2003년 Cynthia Dwork에 의해 처음 정의됐다. 이 방법은 한 그룹의 사람들에게서 유용한 정보를 수집하는 동안, 그 시점에 각 개인으로부터는 아는 것이 전혀 없어도 상관이 없게 만들어 준다.

컴퓨터 시대 이전의 사회과학에서는 부끄럽거나 불법적인 행동에 관한 통계 정보를 수집할 때 이와 비슷한 접근법을 사용했다.

예를 들면, "당신은 말 못할 질병을 가지고 있나요?"라는 민감한 질문에 대해 동전 던지기로 "예/아니요"만 답할 수 있다.

1. 동전을 던져서 결과를 자신만 알고 있다.
2. 만약 앞면이면 "예"라고 응답한다.
3. 만약 뒷면이면 진실하게 답한다.

이 지시대로면 민감한 질문에 대해 "예"라고 응답한 사람은 동전의 앞면이 나와서 그렇게 답한 사람과, 정말 자신의 응답을 "예"라고 답한 사람이다. 조사자는 누가 진짜 "예"인지 알 수 없다. 반면에 "아니요"라고 한 응답은 모두 진실한 응답이다. 동전의 뒷면이 나올 확률은 1/2이므로, 진실하게 답한 사람은 설문 대상자의 50%일 것이다. 그렇다면 조사된 "아니오" 응답에 비해, 전체 그룹에서 "아니오"라는 응답의 진짜 수는 대략 2배가 될 것이다. 즉, 진짜 "아니오"의 수는 상당한 신뢰성을 갖고 추정할 수 있다. 진실한 "아니오"의 수를 알 수 있다면 전체 응답자에서 그 수를 빼서 진실한 "예"의 수도 구할 수 있다.

이렇게 그 그룹으로부터 통계적으로 의미 있는 정보를 수집할 수 있지만 반면에 개인들에 대해서는 아무것도 확실히 알지 못한다.

데이터 컨트롤러(데이터 프라이버시의 책임자)는 calculation view를 정의하고 선택된 메소드의 파라미터를 구성한다. 뷰에 액세스하려면 스탠더드 SAP HANA 오브젝트 권한 부여를 사용할 수 있다. SAP HANA용 SAP Web IDE를 사용하여 calculation view에 대해 K-익명을 구성할 수 있다.

그리고 calculation view가 규정에 맞게 사용되는지 확인하기 위해, 그림 6.13에 보이듯이, SAP HANA 콕핏에서는 Anonymization Views 화면에서 메소드가 사용된 위치에 쉽게 액세스할 수 있도록 목록을 제공한다.

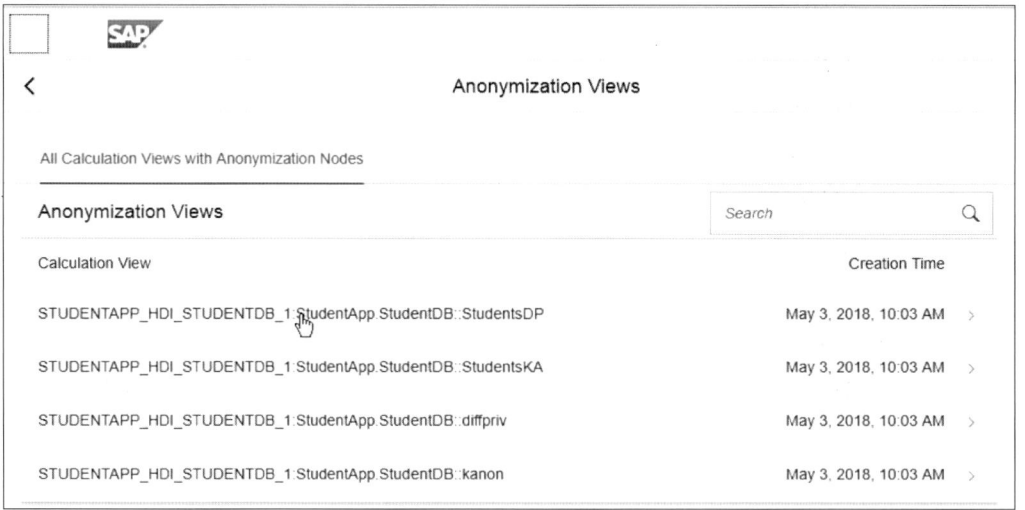

그림 6.13 SAP HANA Cockpit: Anonymization Views

6.3.3 암호화 (Encryption)

암호화는 전송 데이터와 저장 데이터 모두를 보호한다. 데이터가 암호화되지 않은 상태에서 도청 공격을 받으면, 인터넷을 통해(HTTP) 전송되는 유저명과 패스워드 조합은 정교한 네트워크 탐지기 없이도 쉽게 가로챌 수 있다. 데이터베이스 파일에서 가치 있는 데이터를 훔치는 것이 매우 어려운 일은 아니다. 그러나 일단 데이터가 암호화되면, 원시 데이터를 이해하는 것은 거의 불가능하다. 데이터 볼륨의 데이터베이스 파일, 로그 볼륨의 리두 로그 파일, 파일 시스템에 저장된 어떤 데이터나 로그 파일 백업과 같은 모든 저장 데이터를 암호화할 수 있다. 또한, 전송 데이터도 똑같이 암호화할 수 있다. 실제로, 전송 중인 대부분의 데이터는 자동으로 암호화된다. 이 섹션에서는 두 가지 유형의 암호화를 살펴보고 암호화를 구성하는 방법을 설명할 것이다.

기술 배경

SAP HANA 문서에서, 네트워크 암호화에 사용되는 프로토콜은 Transport Layer Security(TLS)/Secure Sockets Layer(SSL)로 설명된다. 우리에게 잘 알려진 SSL은 HTTPS의 Secure "S"와 브라우저에서 녹색 잠금 아이콘을 제공하는 인터넷 프로토콜이다. 이 프로토콜은 월드 와이드 웹과 넷스케이프 네비게이터 웹 브라우저의 초기 시절로 거슬러 올라간다. 오늘날 SSL은 거의 사용하지 않고 대신 TLS가 일반적으로 트래픽을 암호화하고 컴퓨터를 인증하는 데 사용된다. 그러나 TLS라는 이름이 잘 알려지지 않았기 때문에 SSL과 같이 참조되거나(TLS/SSL) 또는 간단히 SSL이라고 부르는 경우가 많다. SAP HANA와 관련하여 SSL, TLS, SSL/TLS 또는 TLS/SSL이라고 쓰인 것을 보게 되면, TLS 프로토콜 한 가지만 언급하고 있다는 점에 유의하자.

네트워크 암호화

SAP HANA 컴포넌트 간의 통신은 기본적으로 TLS를 사용하여 암호화된다. 통신에는 다양한 프로세스(hdbdaemon, hdbnameserver, hdbindexserver 등) 간의 트래픽뿐만 아니라, 확장 스토리지가 있는 SAP HANA 다이내믹 티어링과 같은 서버 컴포넌트 간의 트래픽도 포함된다. 멀티호스트 (분산) 환경에서, 시스템 리플리케이션 사이트들 간에 발생하는 통신은 데이터베이스 테넌트 레벨에서 암호화될 수 있지만, 이런 경우에는 명시적 활성화(global.ini, [communication] ssl = systemPKI)와 몇 가지 추가 단계가 필요하다.

네트워크 영역 (Network Zone)

그림 6.14와 같이 SAP HANA 네트워크는 서로 다른 영역으로 분리함으로써 보안이 강화된다.

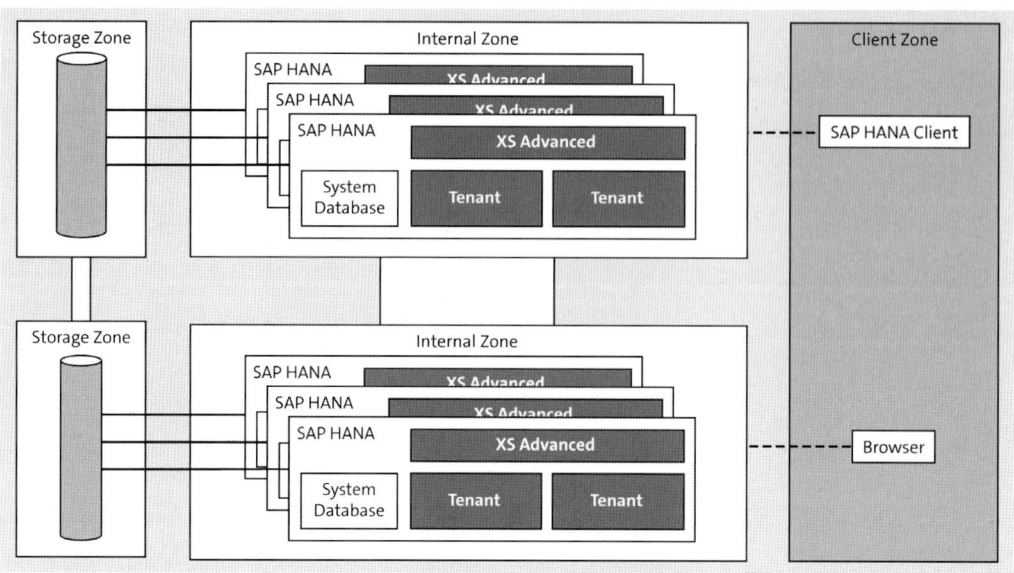

그림 6.14 SAP HANA Network Zone

각 호스트와 분산 시스템의 호스트 간에 SAP HANA 프로세스를 위한 전용 내부 네트워크 영역은 시스템 리플리케이션을 위해서도 사용된다. 그리고 별도의 스토리지 네트워크 영역은 SAP HANA 시스템과 스토리지 전용 네트워크(storage area network: SAN) 장치 또는 네트워크 결합 스토리지(network attached storage: NAS) 장치 사이에서 네트워크 액세스를 제어한다. 또한, 스토리지 네트워크 영역은 엔터프라이즈 백업 도구에서 사용한다. 또 다른 유형의 액세스는 클라이언트 영역에서 발생한다. 각 영역은 자체 네트워크 어댑터를 사용할 수 있으며(따라서 다른 IP주소), 물리적으로 내부 통신을 외부 액세스 채널에서 분리할 수도 있다. 이 분리에 대해서는 9단원 9.11.1섹션에서 자세히 다룰 것이다.

보안상 가장 주의를 기울여야 할 영역은 클라이언트 영역이다. 이 영역에서 다음과 같은 연결을 찾을 수 있다.

■ 관리 목적의 연결 (예: SAP HANA 콕핏 또는 SAP HANA 스튜디오)

■ 비즈니스 유저를 위한 SQL 클라이언트 연결 (예: ODBC/JDBC를 이용한 SAP BusinessObjects BI 클라이언트에서의 연결 또는 다차원 표현식[MDX]을 지원하는 마이크로소프트 엑셀에서의 연결, SAP S/4HANA와 SAP BW 애플리케이션 서버에서의 연결)

■ 비즈니스 유저를 위한 HTTP/S 클라이언트 연결 (예: SAP HANA XS Advanced 웹 클라이언

트 또는 SAP HANA XS 명령줄 도구)

- 데이터 프로비저닝을 위한 연결 (예: SAP Data Services, SAP Replication Server 또는 SAP HANA 스트리밍 애널리틱스)

- 아웃바운드 연결 (예: Solution Manager Diagnostic [SMD] 에이전트와 SAP Solution Manager 간의 연결, R 클라이언트와 external R 서버 간의 연결, 또는 SAP HANA Lifecycle Management 도구와 SAP One Support Launchpad의 Software Downloads의 연결)

SAP HANA 시스템과 외부 환경 간에 방화벽 구성을 신중하게 해야 한다. 예를 들어, 관리 목적의 액세스인 경우, 특정 IP 대역의 트래픽만 허용해야 한다. 네트워크 주소 변환(network address translation: NAT) 또는 IPsec이 있는 가상 사설망(virtual private networks: VPNs)을 사용하여 추가적인 네트워크 보호를 구성하는 방안을 고려해볼 수 있다. NAT로 소프트웨어나 추가 하드웨어를 사용해서 퍼블릭 IP 주소를 내부 IP 주소로 매핑할 수 있으며, VPN은 하나 이상의 컴퓨터 간에 프라이빗 연결을 만들어 LAN(local area network) 연결처럼 동작할 수 있다. 또한, 모든 클라이언트 연결에 대해 네트워크 암호화(TLS)를 구성하는 것을 강력히 권고한다. 이들은 몇 가지 사례일 뿐이며, 다른 사례들도 많으므로 특수한 네트워크를 구현하기 위해 조언이 필요하면 따로 네트워크 관리자에게 문의하는 것이 좋겠다.

시스템 PKI와 SSFS

네트워크 암호화를 지원하는 전용 공개 키 인프라(public key infrastructure: PKI)는 X.509 인증서를 가지고 있으며, SAP HANA를 설치하면서 설정할 수 있다. PKI는 새로운 테넌트 데이터베이스를 만들거나 SAP HANA XS Advanced 호스트를 랜드스케이프에 추가할 때마다 자동으로 확장된다. 또한, PKI는 각 호스트와 테넌트 데이터베이스에 대한 공개 키와 개인 키 한 쌍과, 상호 인증을 위한 공개 키 인증서로 구성된다. 인증 기관은 SAP HANA 인스턴스 자체이며, 모든 인증서에 서명한다. 공개 키는 개인 키와 함께 개인 보안 환경(personal security environment: PSE)에 저장된다.

PKI와 X.509는 일반적인 보안 기술이지만, PSE와 SSFS(secure store in the file system)나 트래픽을 암호화하는데 사용되는 CommonCryptoLib 암호화 라이브러리도 SAP 제품에 고유한 것들이다. 과거에 SAP는 네트워크 암호화와 디지털 서명을 위해 서로 다른 암호화 라이브러리를 사용했다. 2013년부터 이런 개별 라이브러리는 공유 라이브러리인 CommonCryptoLib에 번들로 제공됐다. 이 기본 라이브러리는 SAP HANA의 모든 암호화에 사용된다. SSFS는 SAP NetWeaver 시스템과 공유하는 기술로서, 주요 파일을 보관할 수 있는 안전장치로 생각하면 된다.

하드웨어 파트너로부터 SAP HANA를 어플라이언스로 받거나 클라우드에서 SAP HANA 인스턴스를 활성화하는 경우, PKI SSFS에 대한 새로운 마스터 키를 생성해야 한다.

더 알아보기

이러한 키를 변경하는 절차는 SAP Help Portal의 SAP Administration Guide에 있는 "Change the SSFS Master Keys"에 설명돼 있다.

테넌트 데이터베이스 격리 (Tenant Database Isolation)

테넌트 데이터베이스 보호를 강화하려면, SAP HANA를 높은 격리 모드로 구성할 수 있다. 이 모드에서는 각 테넌트 데이터베이스가 공유 〈sid〉adm: sapsys 계정을 사용하지 않고, 개별 운영체제 유저와 그룹의 컨텍스트에서 실행된다.

테넌트 데이터베이스는 이미 별도의 유저와 오브젝트 카탈로그를 저장하고 있다. 백업에 대한 파일 퍼미션이 다른 것처럼, 높은 격리 모드는 이러한 분리를 더욱 강화해준다. 높은 격리 모드에서는 테넌트 데이터베이스 프로세스끼리 서로 통신할 수 있도록 별도의 PKI가 구성된다(예: scriptserver와 hdbindexserver). 한 테넌트가 다른 테넌트의 데이터를 액세스할 수 있도록 허용하려면 데이터베이스 간의 통신을 명시적으로 활성화해야 한다. 이러한 액세스는 읽기 전용이며 단방향이다(양방향 트래픽도 구성 가능).

더 알아보기

격리 수준을 변경하는 과정은 SAP Help Portal의 SAP Administration Guide에 있는 "Increase the System Isolation Level"에 설명돼 있다.

저장 데이터와 백업 암호화

네트워크 트래픽이 잘 보호되고 있다는 것은 기쁜 일이지만 저장된 데이터는 어떨까? 저장 데이터도 암호화할 수 있다. 실제로 클라우드에서 인메모리 데이터베이스인 SAP 클라우드 플랫폼/SAP HANA 서비스에서는 스토리지 암호화가 디폴트로 사용되고 있고, 이 설정을 끌 수 없다.

SAP HANA 온프레미스의 경우, 데이터 볼륨 암호화, 로그 볼륨 암호화, 백업 암호화 중에서 선택할 수 있다. 백업 암호화는 일반적으로 SAP HANA가 지원하는 3rd 파티 엔터프라이즈 백업 솔루션을 사용할 때 활성화된다. 데이터 볼륨 암호화는 오버헤드가 거의 없이 활성화될 수 있는데, 인메모리 데이터베이스는 작업 중에 대부분 데이터를 메모리에 가지고 있으며, 5분마다 발생하는 세이브포인트 동안 백그라운드 프로세스에 의해 데이터가 스토리지에 쓰이기 때문이다.

암호화된 데이터 파일에 저장된 테이블 때문에 시스템이 기동할 때 로딩에 더 많은 시간이 걸릴 수 있지만, 데이터베이스가 먼저 오픈된 상태에서 백그라운드로 대부분의 로딩 작업이 발생하므로 크게 문제가 되지 않는다. 리두 로그 암호화의 경우, 각 커밋이 쓰기 확인을 기다려야 하므로 성능에 영향을 줄 수 있다. 암호화된 스토리지에서 이러한 처리는 여분의 CPU 사이클을 요구한다. 업무 사용자는 이런 차이를 느끼지 못할 수 있지만, 그 차이는 비교 성능 보고서에서 나타날 수 있다(약 5%의 차이가 합리적임).

데이터, 리두 로그, 백업에 대한 암호화 루트 키도 SSFS에 저장된다. System PKI SSFS의 경우와 마찬가지로, 하드웨어 파트너로부터 SAP HANA를 어플라이언스로 받게 되면, 각 서비스(데이터, 로그, 백업)에 대한 새로운 루트 키와 함께 인스턴스 SSFS에 대한 새로운 마스터 키를 생성해야 한다. 그림 6.15는 암호화를 활성화하는 방법을 보여준다. 마지막으로 키를 변경한 타임스탬프가 보이고, 이 경우 Advanced Encryption Standard(AES)를 이용하여 Cipher Block Chaining(CBC) 모드로 256비트 키를 사용한 알고리즘이 표시되고 있다(AES-256-CBC).

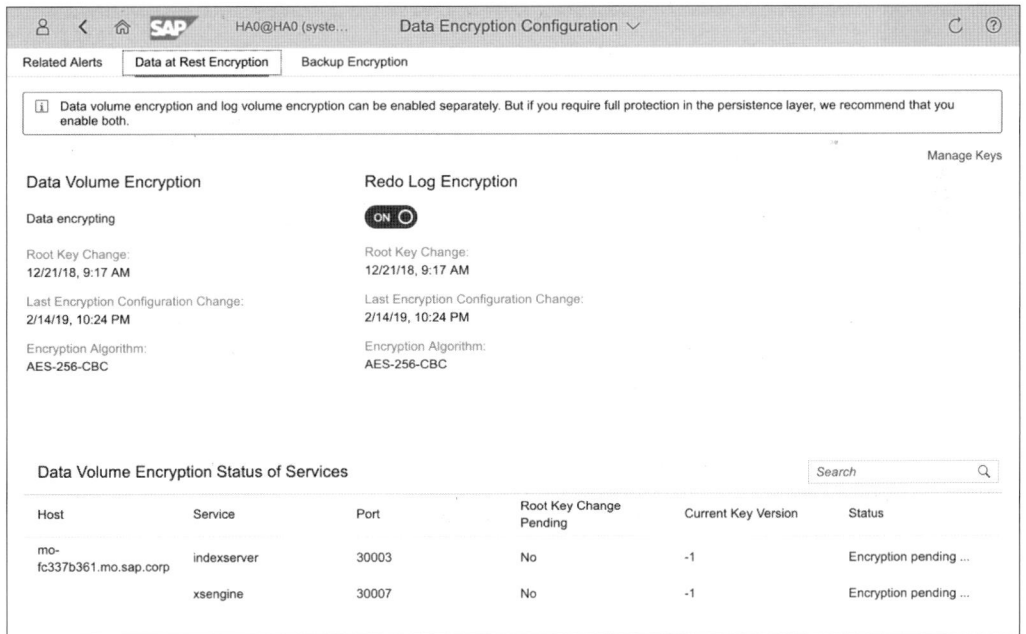

그림 6.15 SAP HANA Cockpit: Data Encryption Configuration

그림 6.16은 시스템 PKI와 SSFS 인스턴스의 위치와 타임스탬프, 그리고 서비스 루트 키의 액티브 버전 등을 보여준다. Change root Keys를 클릭하면 Manage Keys 위저드를 시작하여 다음 단계의 과정들을 안내한다.

1. 루트 키 백업 패스워드를 설정 (백업 루트 키와 혼동하지 말 것)
2. 변경할 암호화 루트 키를 선택 (데이터 볼륨, 리두 로그, 백업, 암호화 서비스)
3. 패스워드가 걸린 루트 키를 외부 장소에 저장
4. 실제로 루트 키가 저장되었는지 확인한다. 루트 키와 그 패스워드 없이는 데이터베이스를 복구할 수 없음을 확실히 인지하고 절대로 패스워드를 잊지 않는다.

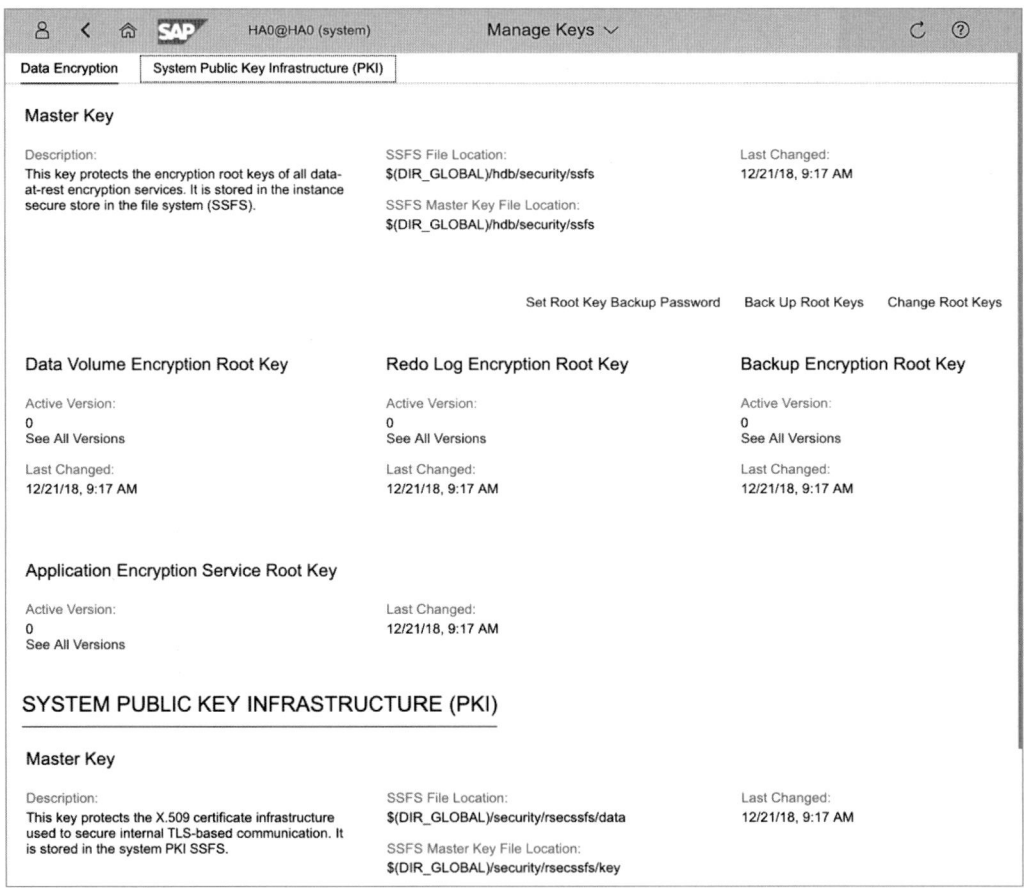

그림 6.16 SAP HANA Cockpit: Manage Keys

애플리케이션 암호화 서비스

Java 애플리케이션에서 암호화된 신용카드 번호를 저장하는 경우처럼, 애플리케이션 암호화 서비스는 SAP HANA XS와 SAP HANA XS Advanced 애플리케이션에서 암호화된 값을 안전하게 네이터베이스에 저장하기 위해 사용할 수 있다. 저장과 검색은 SYS가 소유한 저장 프로시저를 사용해서만 가능하다. SYS는 모든 시스템 테이블, 프로시저, 뷰의 오브젝트 소유자이지만 로그온할 수는 없다. 또한 SAP HANA 스마트 데이터 액세스(SDA)를 통해 아웃바운드 연결에 필요한 자격 증명을 저장할 때나, SAP HANA 서버의 개인 키를 데이터베이스 컬렉션으로 저장할 때 SAP HANA에 의해 내부적으로 애플리케이션 암호화 서비스가 사용된다. 이 서비스는 PSE가 파일시스템이 아닌 데이터베이스에 저장된다는 점만 제외하면 SSFS PSE와 같다. 이 PSE 또는 데이터베이스 컬렉션은 안전한 클라이언트-서버 통신에도 사용되는데, 예를 들면 JDBC 클라이언트(SAP HANA 스튜디오)와 SAP HANA 시스템 간에 사용된다.

6.4 감사 (Auditing)

감사(문자 그대로는 "듣기")는 사건 또는 이벤트의 기록이다. SAP HANA 데이터베이스와 SAP HANA XS 애플리케이션 서버의 경우, 감사는 대상 작업이나 이벤트의 순차적 타임 스탬프 기록이다. 감사 내역 또는 감사 로그는 어떤 일이 일어났는지, 누가 무엇을 했는지, 언제 했는지를 확인할 수 있다. 이런 기록은 규정 준수를 위해 필요하거나, 민감한 데이터가 액세스되지 않았다는 증거로 사용될 수 있다.

감시 카메라처럼, 감사는 그 자체로는 시스템을 보호하지 않는다. 단순히 일어난 일만 기록할 뿐이다. 감사 기능을 on으로 설정한다고 해서 모든 것이 감사의 범위 안에 들어오는 것은 아니다. 예를 들어, SYSTEM 유저 패스워드를 재설정하는 절차(시스템 종료 후 -resetUserSystem 플래그로 nameserver 시작)는 데이터베이스 엔진의 범위 밖에서 실행된다.

시스템 시작과 종료 등 운영체제 레벨에서 실행되는 명령에 대해서 리눅스 syslog를 참조할 수 있으며, syslog는 운영체제의 감사 데이터를 저장하고 있다. 이 과정은 SAP 호스트 에이전트가 수행하는 시스템 업데이트나 컴포넌트 추가와 같은 작업에도 적용된다. 이런 이유로 감사 내역 위치(내부 데이터베이스 테이블이 아님)로 syslog를 사용하도록 구성하는 것이 실용적이고, SAP HANA 감사를 다른 감사 도구와 쉽게 통합할 수도 있다. 그러나 프라이버시를 위해, 테넌트 감사 이벤트는 내부 테이블에 기록된다. 적절한 감사 정책을 설계하려면 어느 정도의 신중한 계획이 필요하다.

SAP HANA 감사 정책은 기록돼야 할 작업을 정의한다. 여러 정책을 정의할 수 있으며, 필요할 때 정책을 실행하거나 중지할 수 있다. 다음과 같은 작업이 보통 감사 대상이 된다.

- **인증:** 누가, 언제 시스템에 액세스했는지 (업무 시간 외)
- **권한 부여:** 누가 누구에게 액세스 권한을 부여했는지, 누가 민감한 데이터를 액세스했는지
- **오브젝트 변경과 삭제:** 운영 시스템에서 유지보수 범위 밖의 예상하지 못한 상황
- **시스템 파라미터 변경:** 미래에 서로 비난하고 책임을 전가하는 경우를 방지하기 위해서

새로운 감사 정책을 만들 때는 먼저 성공한 작업이나 실패한 작업, 또는 둘 다를 감사할지 여부를 지정해야 한다. 다음으로 작업 유형과 어떤 유저를 감사할 것인지를 선택한다. 모든 작업을 감사할 수 있고 모든 유저를 감사할 수 있지만, 이 두 가지를 한꺼번에 할 수는 없다(즉, 모든 유저에 의한 모든 작업을 감사할 수는 없다). 모든 작업 정책은 "firefighter" 정책으로 태그되고 표시된다. 생성되는 데이터의 양이 매우 방대하기 때문에 모래사장에서 바늘 찾기를 자초할 수도 있다. 일반적으로, 각 정책에서 특정 작업만 추적하길 원할 것이다. 예를 들면, 특정 오브젝트(민감한 데이터가 있는 테이블)를 정의하거나 특정한 오브젝트에 대한 작업을 지정할 수도 있다. 각 정책에 대해 레벨(정보 [info], 경고[warning], 얼럿[alert], 크리티컬[critical], 비상사태[emergency])과 감사 내역 위치(데이터베이스 테이블 또는 syslog)를 지정할 수 있다. 이런 유연성을 이용하면, 리포팅 목적의 데이터베이스 내의 정보 항목은 그대로 두면서 크리티컬과 비상사태 항목을 syslog에 직접 기록할 수 있다.

감사와 관련해서 몇 가지 명심해야 할 모범 원칙은 다음과 같다.

- 가능한 한 적은 수의 감사 정책을 만든다(여러 개의 단순한 감사 정책보다 하나의 복잡한 정책이 낫다).
- DML은 피한다. DDL보다 성능에 더 큰 영향을 미친다.
- 이미 디폴트로 감사된 작업에 대한 정책은 만들지 않는다(감사 로그 지우기).
- 직접 액세스가 허용되지 않는 오브젝트는 생성하지 않는다(SYS.P_USER_PASSWROD).

그림 6.17에는 SAP HANA 콕핏의 Auditing 페이지를 보여준다. 여기서는 감사 정책을 생성하고 실행하며, 감사 내역(데이터베이스 또는 로그)을 구성하고 감사 내역 기록을 볼 수 있다.

Audit Trail 탭에는 SAP HANA 데이터베이스와 SAP HANA XS Advanced 애플리케이션 서버에

대한 감사 내역이 표시된다. 그림 6.18은 All Logs 뷰에서 기록된 SQL 명령문을 보여준다.

더 알아보기

자세한 내용과 향후 참조를 위해서 SAP HANA Security Guide의 "Auditing Activity in SAP HANA Systems"를 참고하면 된다.

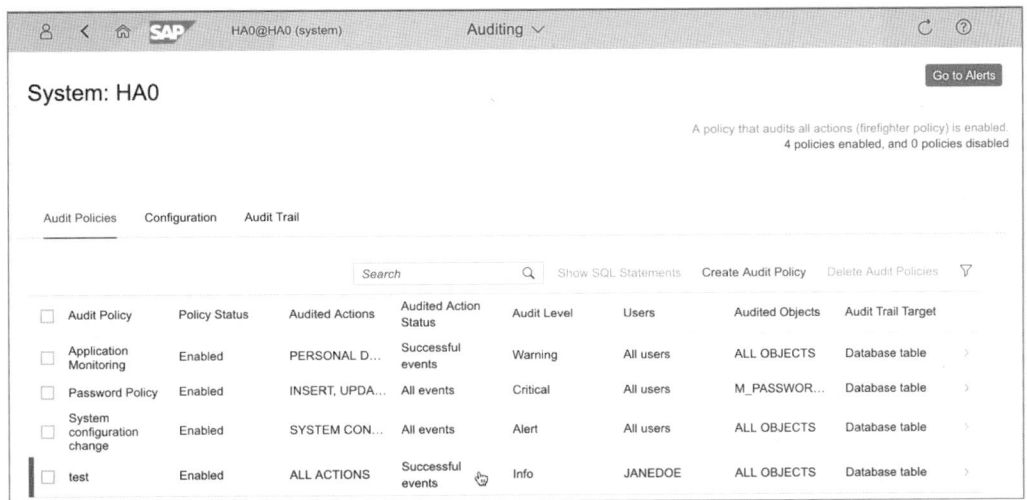

그림 6.17 Audit Policies in Auditing, SAP HANA Cockpit

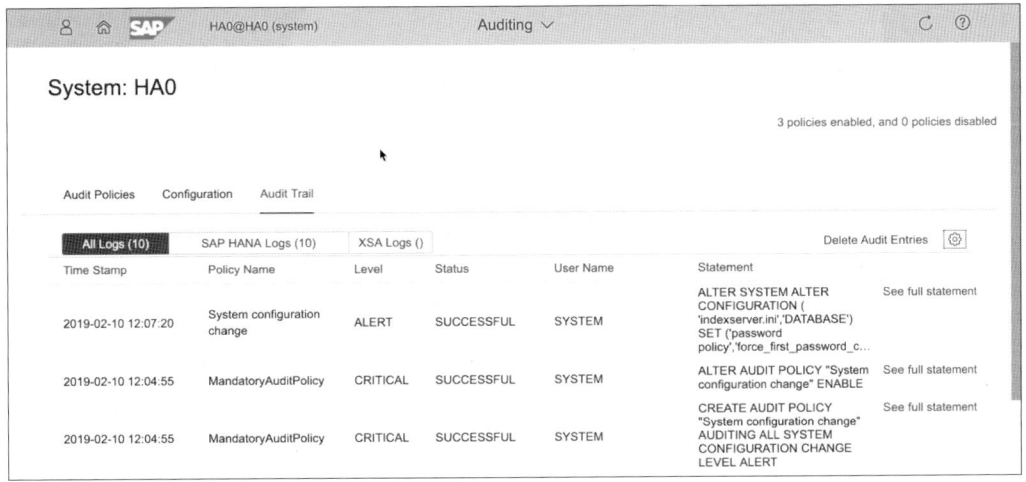

그림 6.18 Audit Trail in Auditing, SAP HANA Cockpit

6.5 SAP HANA XS 보안

SAP HANA XS (구버전 및 Advanced 모델 모두) 애플리케이션 서버는 플랫폼의 일부이며, 데이터 베이스와 많은 보안 기능을 공유한다. 예를 들면, 네트워크 암호화는 시스템 레벨에서 구성된다. 하나의 〈sid〉adm 운영체제 계정이 데이터베이스와 애플리케이션 서버 소프트웨어 모두를 소유한다. SAP HANA XS Advanced의 경우에, 애플리케이션 서버의 디폴트 IdP(인증 서비스)는 SAP HANA 데이터베이스이다. 그러나 2단원 2.2.5섹션에서 설명했듯이, SAP HANA XS와 SAP HANA XS Advanced 애플리케이션 서버가 서로 상당히 다르고 이는 보안 관리에도 영향을 준다.

인증 작업과 권한 부여 작업은 서로 다르게 구현됐다. 즉, SAP HANA XS 구버전 모델과 SAP HANA XS Advanced 모델을 비교할 때뿐만 아니라, 각 애플리케이션 서버를 SAP HANA 데이터베이스 와 비교할 때도 다르다. 이번 단원에서 인증과 권한 부여 설명이 길었고, 혼동을 피하고자 애플리케 이션 개발과 관련한 보안에 대해서는 4단원 4.4섹션에서 애플리케이션 서버를 다룰 때 언급했다.

6.6 추가 보안 고려사항과 염려

지금까지 이 단원에서 SAP HANA 플랫폼에서 가장 중요한 보안에 대해 데이터베이스에 중점을 두어 설명했다. 데이터베이스 보안이 시작점이 되는 것은 좋지만, 보안에 대한 고려사항이 여기서 끝나서는 안 된다. SAP HANA 컴포넌트(SAP HANA 서버, SAP HANA 클라이언트, SAP HANA 콕 핏, SAP HANA XS Advanced, AFL 등)를 설치하고 업데이트 하려면, 유일한 도구인 'SAP HANA Lifecycle Management'를 사용한다(3단원 3.3섹션 참고). 이 도구에는 소프트웨어 신뢰성 검증과 업데이트 작업에 권한이 적은 유저(SYSTEM 유저를 비활성화한 상태)를 사용하는 것처럼, 자체 보안 기능이 포함돼 있다. 또한, 이 도구는 운영체제의 root 유저 액세스와 방화벽에서 새 포트를 열어야 하는 요구가 있을 때는 새로운 보안 고려사항을 제시한다.

한 개의 SAP HANA 콕핏 시스템으로 전체 SAP HANA 랜드스케이프를 관리할 수 있다. 그런데 SAP HANA 콕핏 유저는 어떤 권한을 가져야 하는가? 그리고 사용 중인 시스템에 접속을 위한 테 크니컬 유저는 어떻게 구성해야 하나? SSO를 사용하도록 설정하고 강화해야 하나? 데이터베이스 탐색기와 마찬가지로, SAP HANA 콕핏에는 자체 보안에 대한 요구사항과 고려사항이 함께 제공 되고 있다. SAP HANA용 SAP Web IDE가 SAP HANA 콕핏으로 통합되었지만, 여전히 SAP Web

IDE에는 인증, 권한 부여, 보안 연결과 관련된 자체 보안에 대한 고려사항이 갖추어져 있다. 또한 연합(federation)을 위한 SDA 또는 SAP Data Service와 SAP Landscape Transformation Replication Server와 같은 리플리케이션 기술, SAP HANA 랜드스케이프와 SAP HANA Data Warehousing Foundation을 사용한 R과 Hadoop 통합 등 복잡한 아키텍처가 보안 관리를 어렵게 만들고 있음에 주목하자. 목록은 더 늘어날 것이다.

SAP HANA 보안 설계자의 책임은 플랫폼에 관련된 옵션과 에디션 컴포넌트에만 국한된 것이 아니다. 이 단원에서는 SAP S/4HANA, SAP HANA용 SAP BW, SAP BusinessObjects 통합과 EPMMDS 플러그인 또는 클라우드 애플리케이션과 온프레미스 SAP HANA 시스템 간의 액세스에 관련된 보안 주제들은 언급조차 하지 않았다.

그리고 SAP HANA가 사이버 보안과 GRC 분야의 다른 SAP 제품과 어떻게 관련되는지에 대해서도 논의하지 않았다. 입문 수준을 넘어서면, SAP Access Control이나 SAP Identity Management와 같은 제품과의 통합을 다루어야 하며, 보안 최적화 서비스의 일부인 SAP EarlyWatch Alert과 같은 서비스와의 통합도 해결해야 한다. 또는, 유저 그룹을 사용해 조직 간의 보안, 데이터 보호, 프라이버시에 대해서도 관리해야 한다. 보안은 복잡하고, 우리는 아직 수박 겉핥기만 했을 뿐이다.

> **더 알아보기**
>
> SAP HANA 제품 관리에서는 IT 전문가(보안 설계자 페르소나)를 위해 보안 관련 정보가 포함된 마이크로 사이트를 운영하고 있다. 자세한 내용은 http://s-prs.co/v488427를 방문하면 된다.

> **SAP Note**
>
> 추가 정보를 위해 SAP HANA 보안에 관한 기술 자료 문서를 검색할 수 있다. SAP Note 2159014- FAQ: SAP HANA Security를 참고하기 바란다. SAP HANA 보안 주제에 대한 컴포넌트는 HAN-DB_SEC이다.

6.7 요약

이 단원에서는 데이터베이스 관점에서 가장 중요한 SAP HANA 보안 개념을 다루었다. 직무 역할과 연관된 SAP HANA 보안 설계자 페르소나와 이와 관련된 도구들을 소개했다. SAP HANA 유저 관리를 구현하기 위해, 유저명과 패스워드 정책을 통한 빌트인 인증 옵션과 커버로스, SAML, JWT와 같은 외부 메커니즘을 통한 인증 옵션에 대해서 빠르게 알아보았다. 또한 ABAP 공유 비즈니스 권한 부여와 같은 하이브리드와 인증과 권한 부여 공급자로서 LDAP을 사용하는 등의 다양한 권한 부여 옵션을 조사했다. 보안 액세스에 대한 주제 이외에, 데이터 마스킹과 데이터 익명화라는 흥미롭고 새로운 기능을 사용하여 데이터 프라이버시와 보호 문제를 다루었다. 그런 다음, TLS/SSL, PKI, SSFS, 루트 키, 마스터 키를 이용하여 저장 데이터 암호화와 전송 데이터 암호화에 대해 살펴보았다. 그리고 규정을 준수하기 위해 감사 기능을 알아보았다.

다음 단원에서는 SAP HANA 시스템을 외부 세계와 연결하고, 데이터를 소스 시스템으로부터 리플리케이션하고, 빅데이터와 통합하거나, SDA를 이용해 원격 데이터 소스의 가상화를 책임지는 페르소나를 만나 볼 것이다. 이제 SAP HANA 데이터 통합 설계자를 만나 볼 시간이 됐다.

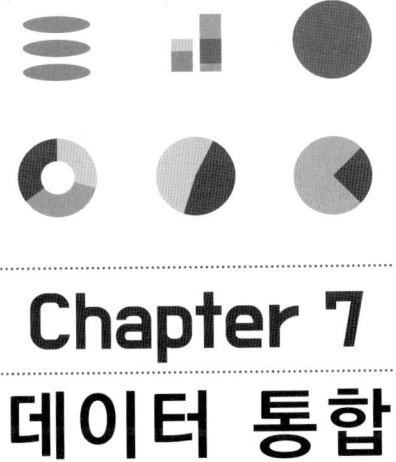

Chapter 7
데이터 통합

나는 아직 데이터가 없다. 데이터를 얻기 전에 이론화하는 것은 큰 실수다.
당연하게도 사람들은 사실에 근거한 이론 대신,
이론에 맞게 사실을 왜곡하기 시작한다.
- Sherlock Holmes

Garbage in, Garbage out (GIGO)
- Wilf Hey

Chapter 7
데이터 통합

SAP HANA 초창기에 SAP S/4HANA나 SAP BW/4HANA와 같은 플랫폼용 네이티브 애플리케이션을 아직 사용할 수 없었을 때, 데이터 액세스에 대한 주제는 상당한 관심을 받았다. SAP Help Portal에서 SAP HANA Master Guide를 읽어 본다면, 3가지 활용 사례에서 SAP HANA의 여러 가지 활용 방법 중 두 가지(데이터 마트로 사용하는 것과 액셀러레이터〈역자_주: 애플리케이션 작업 중 일부를 더 빠르게 처리할 수 있도록 중간에서 데이터를 처리해주는 별도의 보조 시스템〉로 사용하는 것)는 주로 데이터 프로비저닝과 관련이 있다는 것을 알 수 있을 것이다. '프로비저닝'은 일반적으로 데이터 액세스 보안을 유지하면서 유저(또는 애플리케이션)가 데이터를 사용할 수 있도록 하는 과정으로 이해한다. 사용자들은 그저 한 시스템에서 다른 시스템으로 데이터를 이동하거나 복사하는 것만을 원하는 것이 아니라, 데이터 액세스에 대한 제어도 유지키길 원한다.

데이터 통합은 일관성 있는 단일 뷰를 제공할 목적으로, 서로 다른 이기종의 소스로부터 데이터를 끌어모으는 것이다. SAP HANA는 리플리케이션, 연합(federation), 데이터 품질 관리, 동기화를 포함해 이런 목적을 달성하도록 몇 가지 기술을 지원한다. 데이터 통합 액세스를 통해 기업의 전체 시스템을 한 지붕 아래에 모아서 분석할 수 있다. 이런 데이터 중 일부 주가나 재고와 같이 타이밍이 중요한 데이터는 실시간으로 리플리케이션해야 할 수도 있다. 어떤 데이터 소스는 "오염된(dirty)" 데이터일 수 있으며, 먼저 제대로 정제해야 데이터베이스에 들어갈 수 있다. 가치를 높이기 위해 데이터 소스를 결합해야 할 수도 있고, 데이터 레이크에 데이터를 그대로 두는 것을 선호할 수도 있겠지만, 필요할 때에는 언제든지 연결할 수 있어야 한다.

이 단원에서는 SAP HANA Data Management Suite, 엔터프라이즈 정보 관리(EIM), 데이터 연합(federation), 데이터 동기화, 데이터 리플리케이션, 빅데이터를 비롯해 SAP HANA에서 현재 사용할 수 있는 데이터 액세스 기술에 관해 설명할 것이다.

7.1 역할과 도구

SAP HANA 데이터 통합 설계자의 책임은 무엇이며 어떤 도구를 사용해 작업할 수 있을까? 이 섹션에서는 데이터 통합 설계자 페르소나의 역할을 간략하게 설명한다.

7.1.1. SAP HANA 데이터 통합 설계자

데이터 통합 설계자는 SAP HANA 데이터베이스와 다른 데이터 소스 간에 데이터를 주고받으며, 데이터 통합 과정을 계획하는 데 책임이 있다. SAP HANA (솔루션/엔터프라이즈) 설계자가 자신의 광범위한 업무의 일부로 이 일을 맡거나, 데이터 통합 컨설턴트가 자신의 풀타임 업무로써 수행할 수 있다. 엔터프라이즈 정보 관리(EIM) 개념과 비슷하게 생각할 수 있겠다.

EIM용 SAP 제품 포트폴리오를 보면, 마스터 데이터 관리, 엔터프라이즈 콘텐츠 관리, 추출/변환/적재(ETL) 처리를 위한 제품들이 있다. 조직의 규모에 따라 이러한 다양한 업무와 책임은 전문팀 간에 서로 공유될 수 있다.

데이터 통합 설계자의 역할은 SAP HANA를 엔터프라이즈에 통합할 때 최적의 접근 방식을 조언하는 것이다. 예를 들어, 빅데이터와 관련해, 어느 단계에서 Hive ODBC를 SAP HANA Spark Controller로 업그레이드해야 하는가? 비정형 데이터를 어떻게 처리할 수 있는가? 데이터를 옮기지 않고도 데이터 액세스를 제공할 수 있는가? 아니면 (일부) 데이터를 통합해야 하는가? 어떤 변환을 적용해야 할까? 데이터 품질을 개선하기 위한 옵션은 무엇인가? SAP ERP 시스템에 연결해야 한다면, 트리거 기반 리플리케이션과 리두 로그 기반 리플리케이션 중에 어느 것이 더 나은가?

이 단원에서 이러한 모든 질문에 답변할 수는 없지만, 다양한 EIM 기술을 알아보고, 데이터 통합과 SAP HANA의 인메모리 플랫폼과의 관련성에 대해서 포괄적인 개요를 제공하고자 한다.

7.1.2 도구

스탠더드 SAP HANA 도구(SAP HANA 콕핏 또는 SAP HANA 1.0만 사용하는 경우는 SAP HANA 스튜디오)에는 데이터 액세스와 데이터 통합 기능이 대부분 포함되어 있다. 예를 들어, SAP HANA용 SAP Web IDE로 데이터 통합 플로우를 설계할 수 있다. 원격 데이터 소스와 가상 테이블을 생성하려면, SQL을 사용하거나 데이터베이스 탐색기와 SAP HANA 스튜디오의 전용 에디터를 사용할 수 있다.

하지만 또 다른 작업을 위해서는, SAP HANA 콕핏이나 SAP HANA 스튜디오를 사용하지 않고, SAP Landscape Transformation Replication Server, SAP Enterprise Architecture Designer(SAP EA Designer), SAP Data Hub와 같은 새로운 도구 기술을 연마해야 할 수도 있다. 이 단원에서는 SAP HANA와 함께 사용할 수 있는 다양한 데이터 통합 기술과 관련 도구에 관해 설명할 것이다.

데이터 통합 설계자의 작업을 쉽게 하기 위해서, SAP는 SAP Data Hub를 출시했고 이는 SAP HANA Data Management Suite에 포함돼 있다. 7.2.1섹션에서 SAP Data Hub를 자세히 다룰 것이다.

7.2 SAP HANA Data Management Suite

SAP HANA Data Management Suite는 2018년 초에 도입된 데이터 관리, 데이터 오케스트레이션 〈역자_주: 데이터를 준비하고, 해당 데이터를 기반으로 의사 결정을 내리고, 해당 의사 결정에 따라 조치를 하는 등 데이터 중심적 프로세스의 처음부터 끝까지를 자동화하는 것〉, 데이터 거버넌스 솔루션이다. 데이터 관리는 데이터 자산의 저장, 보안, 통합, 품질, 이동과 같은 주제와 관련이 있으며, 주로 최고 정보 관리자(CIO)의 책임이다. 데이터 거버넌스 문제는 조금 더 최근의 관심사이지만(일반적으로 데이터 관리의 일부로 간주됨), 책임을 포함한 데이터 품질, 무결성, 보안에 중점을 둔다. 데이터 프라이버시, 규정 준수, 규칙, 규제 등은 데이터 거버넌스의 주제이다. 데이터 오케스트레이션의 개념은 심지어 훨씬 더 최신이고 정의는 아직 초보적인 수준이지만, 핵심 개념은 클라우드 컴퓨팅, 특히 멀티클라우드와 하이브리드 클라우드/온프레미스 환경에서 도입된 스토리지와 컴퓨팅의 분리이다. 이러한 발전을 거쳐오면서 데이터 관리와 데이터 거버넌스에 완전히 새로운 차원이 추가되었다. 데이터는 어디에 저장되나? 어떻게 저장되는가? 조직 내부의 모든 사람이 액세스 (그 외 아무도 액세스 금지) 권한을 갖도록 어떻게 보장할 수 있을까? 보안, 거버넌스, 성능, 가용성과 같은 데이터 관리에 완전히 새로운 복잡한 계층이 추가되었으며 이에 대한 비용 측면도 고려해야 한다.

앞에서 언급했듯이, SAP HANA Data Management Suite의 두 가지 핵심 컴포넌트는 SAP HANA 와 SAP Data Hub(온프레미스 또는 클라우드 서비스형)이다. 여기에 SAP EA Designer와 SAP Cloud Platform Big Data Services라는 2개의 제품을 추가해서 데이터 관리 역량을 키웠다. "Suite" 자체는 제품이 아니지만(SAP One Support Launchpad의 제품 가용성 매트릭스(PAM)

또는 Software Downloads 목록에 없음), 여러 컴포넌트가 모두 일관성 있게 묶이거나, 마케팅에서 말하는 end-to-end 솔루션을 말한다. 2019년에 이 Suite는 재정의되어, 새로운 SAP HANA Cloud Services와 SAP Data Intelligence(두 제품은 2019년 SAPPHIRE NOW에서 발표됨)가 SAP HANA Data Management Suite에 포함되었다. SAP HANA Cloud Services는 1단원 1.6섹션에서 설명했다.

SAP Data Intelligence 클라우드 서비스는 인공지능과 머신 러닝의 생산적인 활용에 중점을 둔다. 앞에서 설명한 오케스트레이션은 데이터 사이언스 프로젝트, 특히 사일로화된 데이터(siloed data), 다양한 도구 및 기술에도 영향을 미친다. 생산적으로 프로젝트를 다루고, 확장하고, 비용을 관리하는 방법은 일반적인 관심사이다. SAP Data Intelligence 솔루션은 데이터 사이언스를 IT 부서에 적용해서, AI 개발과 배포를 가속화하는 것을 목표로 한다.

> **더 알아보기**
>
> SAP HANA Data Management Suite에 대해 더 알아보려면 http://s-prs.co/v488428를 방문하면 된다.
>
> SAP Data Intelligence에 대해 더 알아보려면 http://s-prs.co/v488429를 참고할 수 있다.
>
> SAP HANA Cloud Services에 대해 더 알아보려면 http://s-prs.co/v488430로 이동하길 바란다.

7.2.1 SAP Data Hub

옛날에, 데이터 웨어하우스는 분석을 위해 ETL 과정(그 자체로 완전한 제품 카테고리임)을 거쳐 여러 데이터 소스를 모았다. 앞서 언급했듯이, 현재 하이브리드와 멀티클라우드 분산 데이터 랜드스케이프가 성장함에 따라, 이러한 기존 처리로는 더 이상 충분하지 않게 되었다. 엔터프라이즈 데이터는 어디에서나 찾을 수 있어야 하며, 빈번하게 사일로에 저장돼야 하는데, 이 모든 빅데이터를 비즈니스 데이터로 연결하고 처리하려면 복잡하고 비용도 많이 든다. 이러한 이유로 end-to-end 데이터 거버넌스는 불가능하진 않으나 어렵다.

이런 문제를 해결하기 위해, 데이터 오케스트레이션 솔루션인 SAP Data Hub는 분산된 데이터 자산으로부터 가치를 추출하고, 전체 데이터 랜드스케이프에서 자동화된 데이터 처리를 제공할 수 있다. SAP Data Hub의 주요한 역량(기능)은 다음과 같다.

- **데이터 검색 (data discovery):** 이 모든 것이 어떻게 연관돼 있는가?

■ **데이터 정제 (data refinement):** 원시 데이터를 어떻게 (재사용 가능한) 자산으로 만드는가?

■ **데이터 거버넌스 (data governance):** 어떻게 신뢰와 규정 준수를 제공하는가?

■ **데이터 오케스트레이션 (data orchestration):** 스케줄링과 모니터링, 데이터 전송, 원격 작업 실행

SAP Data Hub는 데이터베이스, 데이터 웨어하우스, 데이터 마트, 클라우드 데이터스토어(데이터 레이크), 내부 또는 외부 애플리케이션, 비정형 데이터, 이벤트 스트림, 지리 공간, 3rd 파티 데이터 등을 포함한 모든 유형의 대량 데이터를 입력데이터로 사용한다.

SAP Data Hub는 그림 7.1과 같이 단일 인터페이스를 통해 모니터링, 시스템, 라이선스 관리, 연결 관리, 메타데이터 탐색, 감사 로그 보기 등의 다양한 애플리케이션을 제공한다. SAP Data Hub는 SAP Vora도 통합한다(7.7섹션 참고).

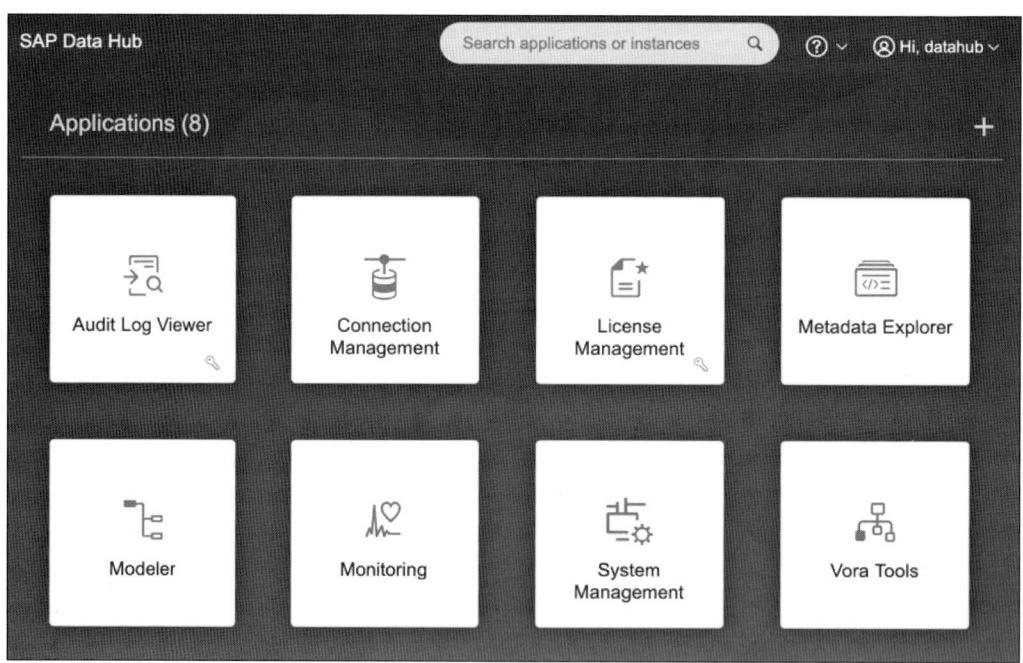

그림 7.1 SAP Data Hub Launchpad

SAP Data Hub는 도커 컨테이너와 쿠버네티스 기술의 여러 기능을 유연하게 적용해, 온프레미스 와 클라우드 모두에서 사용할 수 있다. 기본적으로 메타데이터 지속성을 위해 SAP Data Hub에는 SAP HANA도 임베딩돼 있다.

그림 7.2는 SAP Data Hub 평가판 에디션의 런치패드 Modeling 타일에서 제공하는 Data Pipelines 앱을 보여준다. 이 앱에서는 데이터 오케스트레이션이 동작하는 모습을 볼 수 있고, 데이터 정제를 모델링하는 방법도 배울 수 있다.

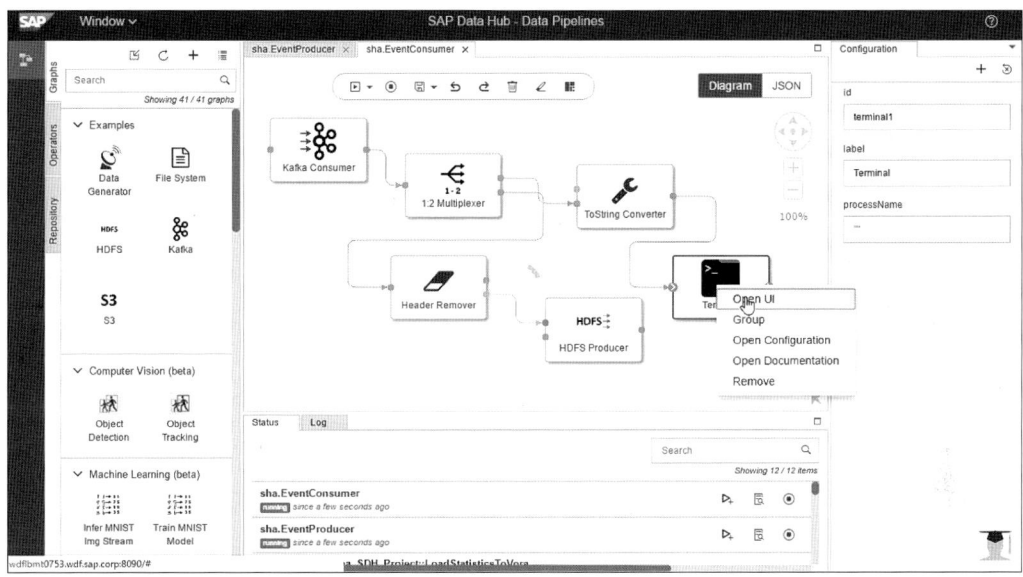

그림 7.2 SAP Data Hub: Data Pipelines

7.2.2 SAP Enterprise Architecture Designer

SAP EA Designer는 SAP HANA Data Management Suite의 컴포넌트 옵션이며, 독립형 (standalone) 또는 "SAP HANA용 에디션"으로 사용할 수 있는 데이터 모델링 도구이다. 이 도구를 사용하면 엔터프라이즈 아키텍처, 비즈니스 프로세스, 정보 아키텍처를 설계할 수 있다. 이 도구는 8단원 8.2섹션에서 자세히 설명한다.

7.2.3 SAP Cloud Platform Big Data Services

SAP Cloud Platform Big Data Services는 SAP HANA Data Management Suite의 4번째 컴포넌트이다. 순수하게 클라우드 기반인 이 서비스에는 온프레미스에 해당하는 서비스가 없다. SAP Cloud Platform Big Data Services는 IoT 장치와 센서 등의 데이터를 저장하고 관리한다. 이 컴포넌트는 오래된 데이터나 SAP HANA에서 실행되는 SAP ERP나 엔터프라이즈 애플리케이션에서 자주 액세스하지 않는 데이터를 오프로드할 수도 있다.

> **기술 배경**
>
> 2016년 SAP가 알티스케일을 인수해 SAP Cloud Platform Big Data Services 기술을 획득했다. 알티스케일은 2012년에 설립됐으며, 캘리포니아 팔로알토에 본사를 둔 실리콘밸리 회사로, 다음과 같은 두 가지 빅데이터 서비스를 제공했다.
>
> – Altiscale Data Cloud (서비스용 하둡[Hadoop-as-a-service: HaaS]으로 분류)
> – Altiscale Insight Cloud (서비스용 빅데이터[big data-as-a-service: BDaaS]로 분류)

> **더 알아보기**
>
> 자세한 내용은 SAP Help Portal의 SAP Cloud Platform Big Data Services를 참고하면 된다.

7.3 엔터프라이즈 정보 관리
(Enterprise Information Management: EIM)

EIM은 일반적인 정보 기술 용어로, 7.2섹션에서 설명한 데이터 관리와 동의어로 사용된다. EIM이 비디지털 리소스도 다루고 있다는 논쟁도 있지만(데이터 관리를 정보 관리, 엔터프라이즈 콘텐츠 관리, 비즈니스 프로세스 관리, 비즈니스 인텔리전스의 하위 집합으로 간주), SAP가 EIM이라는 용어를 사용해 여러 관련 제품을 포트폴리오로 묶는 방법에 중점을 둘 것이다.

SAP의 데이터 관리를 위한 몇 가지 주요 도구와 솔루션은 다음과 같다.

- SAP HANA Data Management Suite/SAP HANA Cloud Services
- SAP HANA

- SAP Data Hub

- SAP Data Intelligence

반면에 SAP의 엔터프라이즈 정보 관리(EIM)에는 다음과 같은 도구와 솔루션이 포함된다.

- **SAP Master Data Governance (SAP MDG)**

  SAP S/4HANA 또는 SAP ERP에서의 마스터 데이터 관리를 위한 솔루션

- **SAP Data Service**

  SAP BusinessObjects BI 플랫폼 기술을 사용한 데이터 통합과 데이터 품질을 위한 솔루션

- **SAP Information Steward**

  SAP BusinessObjects BI 플랫폼 기술을 사용한 데이터 프로파일링과 메타데이터 관리를 제공

- **SAP Agile Data Preparation**

  데이터 검색, 준비, 품질을 위한 셀프서비스 도구 (SAP HANA 플랫폼)

- **SAP Information Lifecycle Management**

  데이터 보존 정책을 관리하는 데이터 관리의 확장 (SAP NetWeaver)

7.3.1 SAP HANA 스마트 데이터 통합과 SAP HANA 스마트 데이터 품질

SAP HANA 스마트 데이터 통합(SAP HANA smart data integration: SDI)과 SAP HANA 스마트 데이터 품질(SAP HANA smart data quality: SDQ)은 서로 다른 제품이지만, SDQ는 사실상 SDI를 위한 플러그인으로 볼 수 있다. SDQ는 독립적으로 사용할 수 없기 때문에, 두 제품을 이번 섹션에서 함께 다루겠다.

SAP HANA 엔터프라이즈 에디션에서는 SDI와 SDQ가 SAP HANA 엔터프라이즈 에디션의 일부인 SAP HANA 엔터프라이즈 정보 관리 제품에 번들로 포함됐다. SDI(SDQ 제외)는 무료인 SAP HANA 익스프레스 에디션에 포함돼 있다.

SAP HANA 스마트 데이터 통합 (SDI)

SDI를 사용하면 어떤 데이터 소스와도 연결할 수 있고, 변환을 적용하고, 데이터를 SAP HANA(온프레미스와 클라우드)에 로딩할 수 있다. 가장 일반적인 연결 어댑터는 다음과 같다.

- ABAP

- SAP Business Warehouse (SAP BW)

- 기존 데이터베이스 (IBM DB2, 오라클, Microsoft SQL Server, 테라데이타)

- 소셜 미디어 (페이스북, 트위터)

- SOAP와 OData

- Apache Hive

- 마이크로소프트 오피스

- 파일 (예: 마이크로소프트 엑셀)

- JDBC

이외 다른 연결 어댑터도 다수 있다. 표준 커넥터는 SAP HANA Data Provisioning Adapter 소프트웨어 개발키트(SDK)를 사용해서, 자체 어댑터를 직접 빌드할 수 있다. SAP Data Services와 마찬가지로, SDI는 Data Provisioning Agent와 함께 작동한다. Data Provisioning Agent는 데이터 소스 시스템에 설치 및 실행되며, 데이터 소스와 데이터 프로비저닝 서버(SAP HANA 서버에서 실행되는) 사이에서 안전한 연결을 제공한다.

SDI는 SAP HANA에 완벽하게 통합되어 있으며, 설치 및 업데이트할 때 동일한 플랫폼 라이프사이클 관리 도구를 사용한다(3단원 3.3.3섹션 참조). 관리와 모니터링을 위해 SAP HANA 콕핏을 사용하거나, 원하는 경우 SAP HANA 스튜디오를 사용할 수 있다.

SDI를 사용하려면 먼저 Data Provisioning Agent를 타깃 서버에 설치하고, 에이전트를 데이터 프로비저닝 서버 및 어댑터에 등록해야 한다. 이러한 일회성 설정이 끝나면 실제 작업을 시작할 수 있으며, 그림 7.3과 같이 데이터 통합 프로세스를 정의할 수 있다. 플로우그래프에서 할 수 있는 일은 다음과 같다. 데이터 소스 매핑, UNION/조인/변환 수행, 데이터 정리 수행, 그리고 원하는 결과를 얻을 때까지 데이터 품질을 제어한다.

Chapter 07

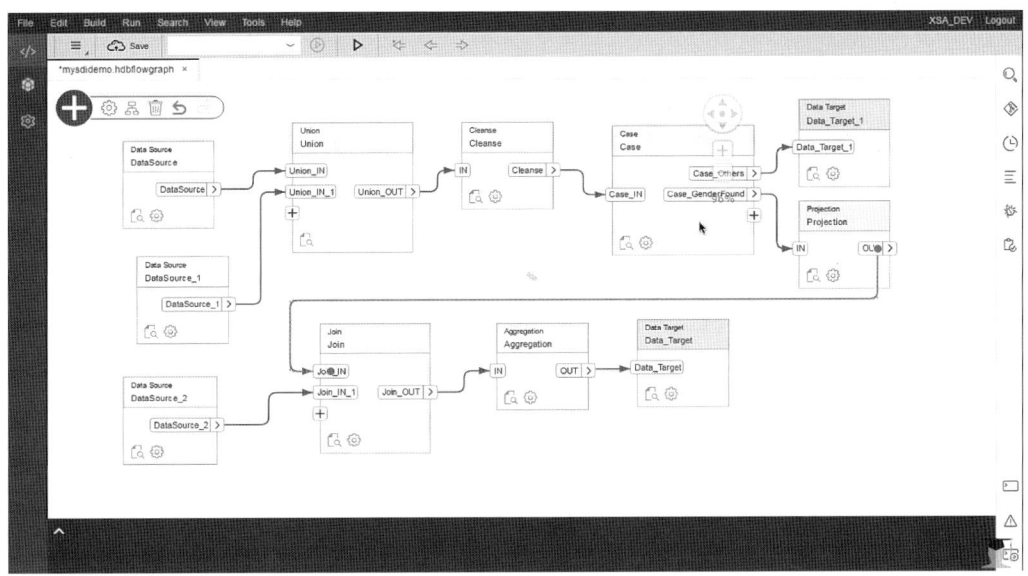

그림 7.3 SDI Flowgraph in the SAP Web IDE for SAP HANA

SAP HANA 스마트 데이터 품질 (SDQ)

데이터 품질 프로세스에 대한 공통적인 대상은 이름, 주소, 기타 연락처 정보이다. 목표는 데이터에 대한 신뢰를 확립하고 유지하는 것이다. 고객 데이터베이스에는 일반적으로 불완전하고 부정확하고 중복된 레코드가 많이 있다. 잘못되거나 오염된 데이터는 운영 효율(콜 센터 운영자가 적절한 고객 데이터를 제대로 확인하는 데 시간을 낭비함)과 데이터 분석(데이터가 잘못된 버킷에 할당됨)에 부정적인 영향을 미치거나 데이터 거버넌스와 규정 준수에 문제를 일으킬 수 있다.

SDQ를 사용하여 데이터 집합을 적절한 형식으로 정리하고 표준화할 수 있으며(데이터 정제), 중복 레코드를 식별하며 지역코드 데이터를 추가(또는 지리적 좌표를 기반으로 유효한 주소를 반환)할 수 있다. 정교한 매칭 규칙을 설정하면, 여러 개의 중복 레코드를 제거하는 데 도움이 된다. SAP Agile Data Preparation, SAP MDG, SAP Data Quality Management와 같은 제품에도 동일한 SDQ 기술이 임베딩돼 있다.

> **더 알아보기**
>
> 자세한 내용은 SAP Help Portal의 SAP HANA Smart Data Integration and SAP HANA Smart Data Quality를 참고하면 된다.

7.3.2 SAP Data Services

SAP HANA의 초기 릴리스에서, SAP Data Service는 SAP Landscape Transformation Server, SAP Replication Server와 함께 3가지 데이터 프로비저닝 기술 중 하나로 자리 잡았다. SAP Data Service는 배치(batch) 로드, 복잡한 변환, 다른 데이터 소스와 연계하는 ETL 옵션으로 사용되었다. 사용자들은 ETL과 SAP Data Service로 많은 일을 할 수 있다. 독립형 제품으로서 SAP Data Service는 그림 7.4와 같이, 구글 BigQuery를 비롯해 어떤 소스와 타깃이라도 서비스를 제공할 수 있으며, 웹 서비스 URL과 인증 세부 정보를 제공하는 동시에, 새로운 데이터스토어(소스)를 생성한다. 일단 정의하고 데이터스토어를 캔버스로 드래그하기만 하면, 데이터 통합 플로우에서 데이터 입력으로 사용할 수 있다.

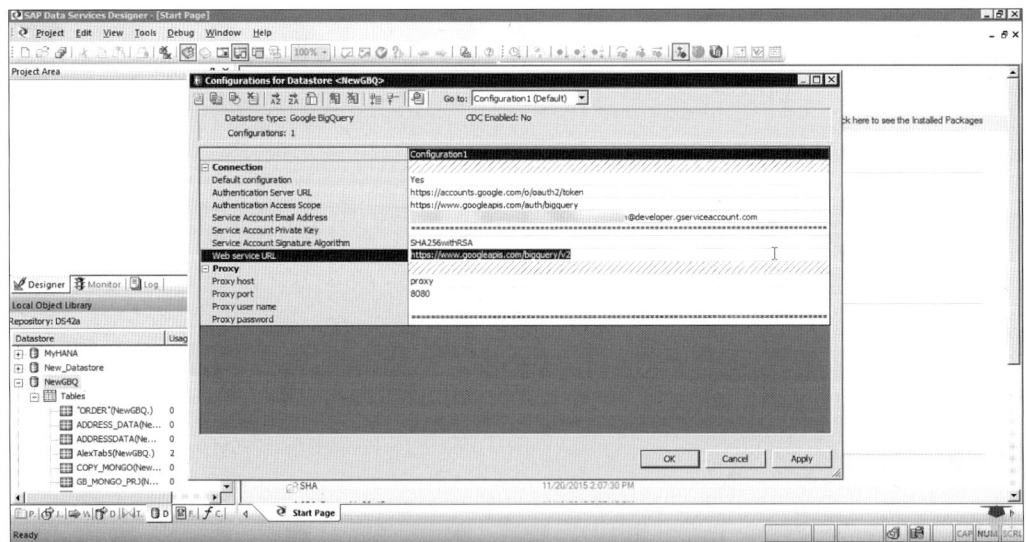

그림 7.4 SAP Data Service Designer

7.3.3 SAP Agile Data Preparation

SAP Agile Data Preparation은 비즈니스 유저를 대상으로 한 셀프서비스 데이터 준비 애플리케이션이다. SAP HANA에 의해 구동되는 이 웹 애플리케이션은 사용이 간편하고, 앞서 언급한 데이터 통합, 데이터 품질의 기술과 기능을 활용하고 있다. 또한, Enterprise Semantic Services(ESS)라는 컴포넌트는 시맨틱 검색(자연어 키워드 쿼리)과 데이터 프로파일링(콘텐츠 유형을 결정하기 위해)을 지원하고, API를 통해 데이터를 공개할 수 있다.

그림 7.5는 SAP Agile Data Preparation에 대한 유저 인터페이스(UI)를 보여준다. 이 도구는 평범한 비즈니스 유저라 하더라도 새로운 데이터 소스를 추가하고, 클립보드의 데이터를 붙여넣거나, 워크시트 또는 피벗 테이블 결합(컬럼을 로우로 변경하거나 그 반대)과 같은 일부 변환 기능을 사용하여 마이크로소프트 엑셀에서 파일을 업로드할 수 있다. 일단 데이터가 로딩되면 SAP Agile Data Preparation은 IT 담당자의 도움 없이, 쉽게 데이터를 정제하고 집계할 수 있으며 중복을 제거하는 등의 모든 종류의 데이터 준비 작업을 처리할 수 있다.

SAP Agile Data Preparation은 온프레미스 활용과 SAP 클라우드 플랫폼의 서비스로 사용할 수 있으며, 로드맵 상에서 보면 한층 더 강화된 통합 기능을 가진 SAP Data Hub와 함께 작동한다. SAP Agile Data Preparation은 SAP HANA의 EIM 기능과 밀접하게 관련이 있지만, 자체 문서, PAM, 로드맵 등을 가진 별도의 제품이다.

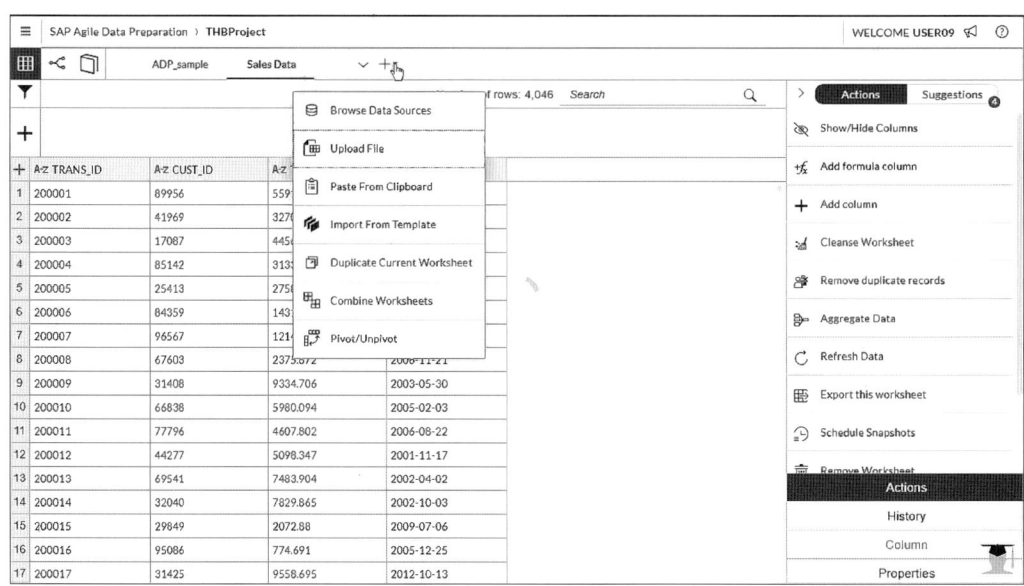

그림 7.5 SAP Agile Data Preparation

7.4 SAP HANA 스마트 데이터 액세스를 통한 데이터 연합

데이터 연합(federation) 기술을 사용하면 다양하고 상이한 소스 데이터를 가상 데이터베이스로 병합함으로써, 데이터를 리플리케이션(또는 마이그레이션)하지 않고도 데이터에 액세스할 수 있다. SAP HANA에서 데이터 연합 기술을 SAP HANA 스마트 데이터 액세스(SDA)라고 부르지만, 때때로 SAP Note나 관련 설명서에서는 "linked databases"라는 용어가 같은 의미로 사용되고 있다.

SDA를 사용하려면 먼저 원격 데이터 소스를 생성해야 한다. SDA는 ODBC를 이용하여 원격을 연결하므로, 이론상으로 ODBC를 지원하는 모든 데이터베이스는 SDA의 데이터 소스가 될 수 있다. 하지만, SDA의 스마트한 기능을 활용하기 위해서, 원격 소스로 가능한 데이터는 현재 SAP 데이터베이스(SAP HANA, SAP IQ, SAP ASE, SAP MaxDB)와 일반적으로 사용되는 데이터베이스(오라클, Microsoft SQL Server, 테라데이타, IBM DB2, 네티자) 등이 있다. 또한 SDA는 구글 BigQuery,

하둡, Apache Spark도 지원한다.

원격 데이터 소스를 생성한 후, 다음 단계는 가상 테이블을 생성하는 것이다. 가상 테이블을 생성할 때, 테이블의 메타데이터(테이블명, 컬럼명, 데이터 타입)가 일반 로컬 테이블처럼 SAP HANA 카탈로그에 로컬로 저장된다. 따라서 동의어(synonym)를 생성할 수 있고, 함수와 프로시저에서 테이블을 사용할 수 있으며, 로컬 테이블과 동일한 방식으로 오브젝트 액세스를 정의할 수 있다. 그러나 실제 데이터는 원격 위치에 그대로 남아 있다. 따라서 데이터 연합은 메타데이터를 재생성하거나 리플리케이션하는 작업만 이루어진다.

쿼리 프로세서에 의해 실행되는 원격 데이터 소스 쿼리를 최적화하기 위해 원격 오브젝트에 대한 통계를 이용할 수 있으며, 조인 쿼리는 가장 효율적인 위치에서 처리된다. SDA는 SELECT와 DML 명령문(INSERT, UPDATE, DELETE)을 모두 지원한다.

더 알아보기

자세한 내용은 SAP Help Portal의 SAP HANA Administration Guide에서 "SAP HANA Smart Data Access"를 참조하면 된다.

튜토리얼

실전 연습 튜토리얼은 SAP HANA Academy 유튜브 채널의 비디오 "SAP HANA Smart Data Access" 재생목록을 참고할 수 있다.

7.5 원격 데이터 동기화

SAP HANA 원격 데이터 동기화를 사용하면, SAP HANA 마스터 데이터베이스와 SAP SQL Anywhere 클라이언트 데이터베이스 간에 데이터를 동기화할 수 있다. 또한, 원격 데이터 동기화는 원격 오피스와 모바일 장치에서 엔터프라이즈 네트워크로 연결할 수 있다.

기술 배경

SAP SQL Anywhere는 원래 휴대용 컴파일러 및 도구의 일부로, 와트컴에서 Watcom SQL(크로스 플랫폼 임베드형 SQL 데이터베이스)로 개발되었다. 와트컴은 1994년에 파워소프트에 인수된 후, 1995년 사이베이스(버전 4~11은 SQL Anywhere로)에 인수되었고, 다시 2010년 SAP(버전 12 이상)로 인수되었다.

SAP SQL Anywhere는 가볍고, 작은 메모리를 사용하는 데이터베이스로, 외부나 모바일 장치용 애플리케이션에 적합하다. SAP SQL Anywhere 데이터베이스는 애플리케이션에 임베딩된 형태로 자주 볼 수 있으며, 셀프 관리와 셀프 튜닝 기능이 있어서 운영하는데 그다지 어렵지 않다.

SAP SQL Anywhere는 어디에서나 실행이 된다. 즉, 스마트폰(Mobilink)을 포함한 많은 플랫폼에서 사용할 수 있으며, 가장 일반적인 데이터베이스 인터페이스(예: ODBC, JDBC, .NET, JavaScript)와 애플리케이션 개발 도구(Visual Studio, 이클립스, PowerBuilder)를 지원한다.

원격 데이터 동기화를 이용해, SAP HANA가 SAP SQL Anywhere 랜드스케이프에서 통합 데이터베이스 역할을 할 수 있다. 원격 데이터 동기화 클라이언트를 SAP SQL Anywhere 데이터베이스로 설치할 수 있으며, 일반적으로 작은 업무용 서버나 데스크톱 컴퓨터 또는 UltraLite 데이터베이스(모바일 장치용 SAP SQL Anywhere)에 설치할 수 있다.

SAP HANA 서버나 별도의 머신에서 실행되는 원격 데이터 동기화 서버 프로세스는 동기화 프로세스를 관리하고 데이터베이스에 클라이언트 상태 정보를 유지한다. 데이터베이스에는 인증을 결정하고 데이터를 업로드, 다운로드, 처리하는 동기화 스크립트가 제공된다.

원격 데이터 동기화는 SAP HANA 스탠더드 에디션의 일부이고 개발자를 위한 무료 SAP HANA 익스프레스 에디션에 포함돼 있다. SAP SQL Anywhere 원격 데이터베이스(동기화 클라이언트)는 별도의 라이선스가 필요하다.

더 알아보기
자세한 내용은 SAP Help Portal의 다음 주제를 참고하기 바란다.
- "SAP HANA Remote Data Sync"
- "SAP SQL Anywhere"

튜토리얼
실전 연습 튜토리얼은 SAP Technology 유튜브 채널의 SAP D&T Academy 비디오를 참고할 수 있다.

7.6 데이터 리플리케이션

리플리케이션은 지속적인 백업 과정으로 이해하는 것이 가장 좋다. 복구 시간 목표(recovery time objective: RTO)를 단축하기 위해 수행되는 증분(델타) 백업과 같이, 백업은 특정 시점에서 수행되지만, 일반적으로 리플리케이션은 진행 중인 과정이다. 이 과정은 소스 시스템의 변경된 데이터를 밀리세컨드 단위로 보장하는 동기식으로 실행하거나, 논리적 오류를 감지하고 네트워크 지연 시간을 고려하여 비동기식으로 실행할 수 있다. 데이터 센터에서는 동기식 리플리케이션을, 원격 위치에서는 비동기식 리플리케이션을 선택하는 것처럼 이 두 가지 방식의 조합을 사용하는 경우가 많다. SAP HANA 시스템 리플리케이션과 스토리지 리플리케이션은 9단원에서 설명할 것이다. 이 단원에서는 이와 대조적으로, 트랜잭션 소스 시스템에서 BI 리포팅과 분석을 위한 데이터 마트용 SAP HANA로 동기화를 제공하는 데이터 리플리케이션에 대해 설명할 것이다. 이 섹션에서는 이런 목적을 위해 사용되는 주요 도구를 살펴보도록 하겠다.

7.6.1 SAP Landscape Transformation Replication Server

SAP Landscape Transformation Replication Server를 사용하면, ABAP 기반 SAP 애플리케이션(SAP Business Suite, SAP BW, SAP S/4HANA)에서 SAP HANA로 실시간으로 데이터를 리플리케이션할 수 있다. 초기 활용 사례는 SAP HANA를 데이터 마트(사이드카 구현에서)로 사용하거나, SAP HANA를 액셀러레이터(2단원 2.2.1섹션 참고)로 사용하는 것이었다. 전자의 경우, 일반적으로 데이터 마트를 만들기 위해, 애플리케이션에서 대부분 데이터와 메타데이터를 리플리케이션한다. 후자의 경우는, 인메모리 컴퓨팅의 이점을 많이 활용할 수 있는 여러 보고서나 비즈니스 프로세스에 주로 사용됐다.

> **기술 배경**
>
> SAP Landscape Transformation Replication Server는 SAP 소스와 non-SAP 소스에서 SAP 타깃과 non-SAP 타깃으로 실시간 리플리케이션을 제공하므로, 활용 가치가 높은 정교한 제품이다. 기술적으로 SAP Landscape Transformation Replication Server는 SAP NetWeaver용 Data Migration Server(DMIS) 애드온을 통해 구현된다. SAP Landscape Transformation Replication Server는 원격 함수 호출(remote function calls: RFC)을 사용하거나 직접 데이터베이스에 접속하여, 소스와 타깃 시스템을 연결하며, SAP S/4HANA 환경의 일부로 사용할 수도 있다.

SAP Landscape Transformation Replication Server는 ABAP 애플리케이션 레벨에서 작동하며

SAP 애플리케이션 로직을 완벽하게 해석하므로, 구성에 필요한 시간과 노력이 절감된다.

데이터 필터링과 변환을 위해 리플리케이션되는 데이터 레코드의 수를 변경, 증가, 감소시킬 수 있도록 ABAP 코드를 작성할 수 있다. SAP NetWeaver 애플리케이션 서버처럼 SAP Landscape Transformation Replication Server는 해외에 분산된 시스템 랜드스케이프에도 모든 엔터프라이즈 기능을 지원한다.

그림 7.6은 SAP NetWeaver 애플리케이션의 SAP GUI 환경에서 SAP Landscape Transformation Replication Server의 다양한 구성 대화 상자(탭)를 보여준다.

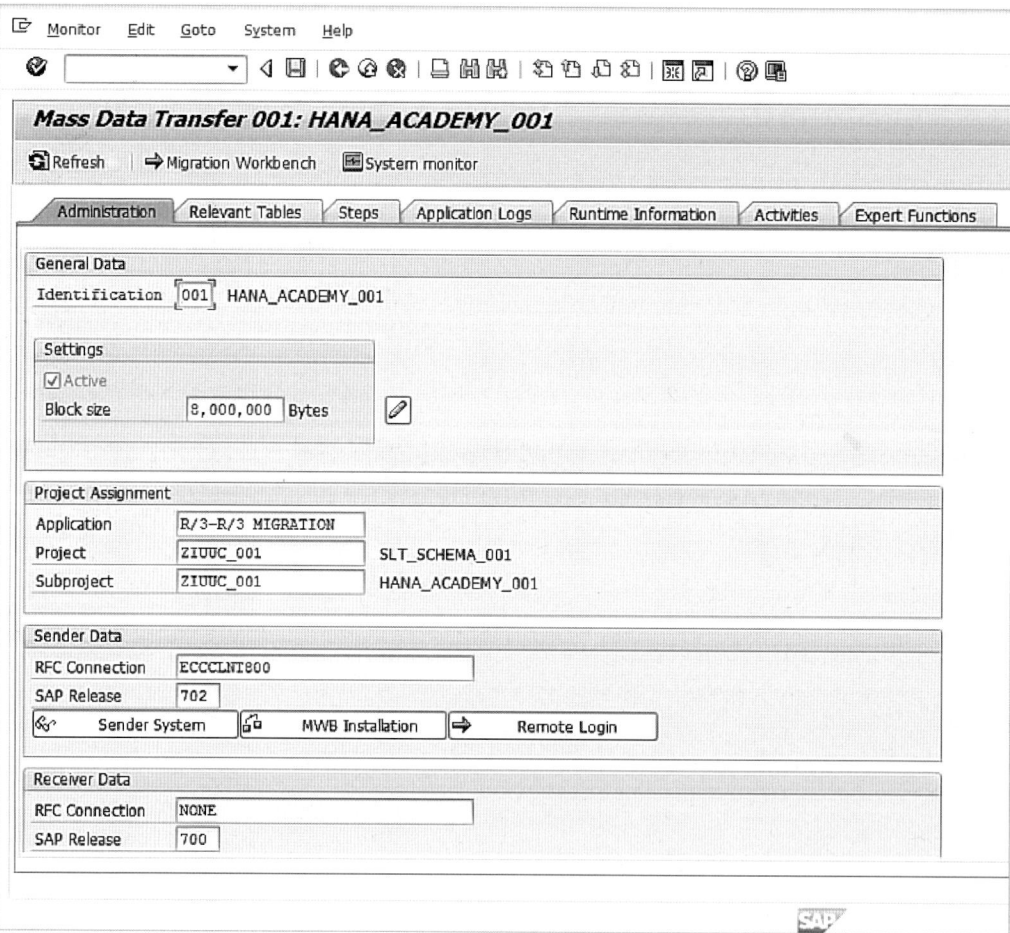

그림 7.6 SAP Landscape Transformation Replication Server: Configuration

데이터 마트 리플리케이션은 SAP HANA의 초기 구현 시나리오 중의 하나였기 때문에 그림 7.7

에서 보듯이, SAP Landscape Transformation Replication Server를 위한 UI는 SAP HANA 스튜디오에서 제공되며 리플리케이션 프로세스를 모니터링할 수 있다. 실제로 SAP Landscape Transformation Replication Server를 이용한 데이터 리플리케이션은 SAP HANA 콕핏에는 동등한 기능이 없으며 SAP HANA 스튜디오에서만 지원하는 몇 안 되는 영역 중의 하나이다.

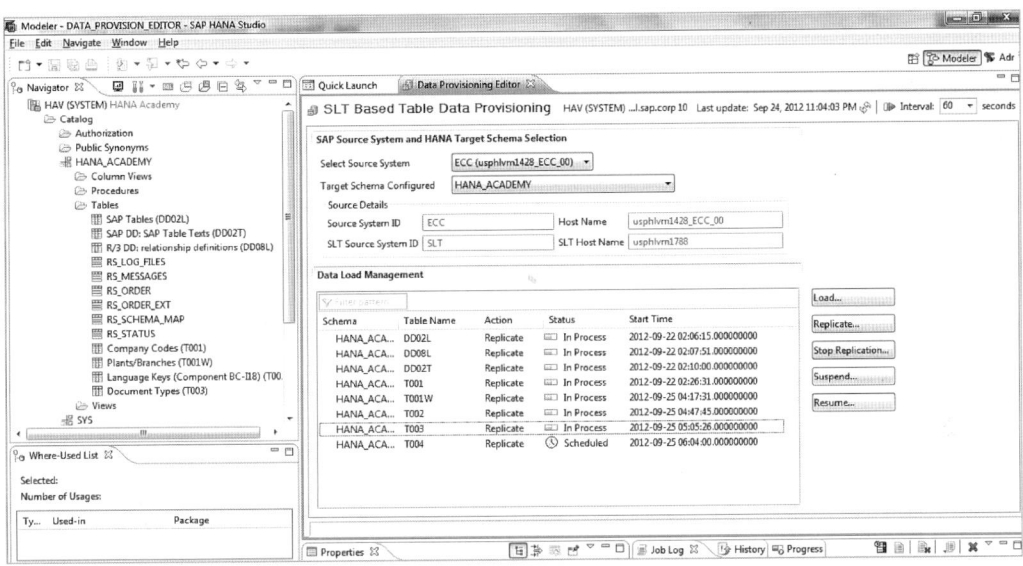

그림 7.7 SAP Landscape Transformation Replication Server: Monitoring in SAP HANA Studio

더 알아보기

자세한 내용은 SAP Help Portal의 SAP Landscape Transformation Replication Server를 참고하면 된다.

7.6.2 SAP Replication Server

SAP Replication Server는 로그 기반 리플리케이션을 사용하여 소스 데이터베이스에서 SAP HANA로 데이터를 전송한다. SAP HANA 2.0 SPS 03까지 SAP Replication Server는 SAP HANA 엔터프라이즈 에디션에 포함되었는데, SAP Data Services 통합 서비스 및 SAP Landscape Transformation Replication Server와 함께 리플리케이션 옵션 중의 하나였다.

SAP Replication Server를 사용하면 전송을 보장하고 리플리케이션을 위한 다운타임이 없으며, 소스 시스템에서는 리플리케이션이 진행 중인지를 전혀 인식하지 못할 정도의 성능 등 여러 장점이 있다.

SAP Data Services와 마찬가지로 SAP Replication Server는 어떤 소스와 타깃 데이터베이스에도 작동하는 독립형 제품이다. 하지만, SAP HANA 에디션의 일부로서 사용되는 경우에는 타깃은 SAP HANA로 제한된다.

기술 배경

SAP Replication Server는 원래 사이베이스 제품으로 1990년대에 개발됐다. 현재의 릴리스 버전은 16.0 이고 2017년에 출시됐다. 지원되는 소스와 타깃 데이터베이스의 매트릭스는 SAP Support Portal의 PAM 을 참고하면 된다.

SAP Replication Server는 커밋된 트랜잭션을 리플리케이션한다. 소스 데이터베이스 서버에 설치된 리플 리케이션 에이전트는 리플리케이션 대상으로 마킹된 트랜잭션을 지속해서 모니터링한다. 이 기술은 많은 소스와 데이터베이스에 대한 양방향 리플리케이션을 지원하지만, SAP HANA 엔터프라이즈 에디션용 라 이선스 버전은 SAP HANA만 타깃으로 지원한다.

사용된 리플리케이션 모델은 publish-subscribe(발행-구독) 모델로써, 전체 데이터베이스 또는 한두 개의 테이블을 리플리케이션하도록 설정할 수 있고 단일 소스에서 여러 타깃으로 리플리케이션할 수 있으므로 유 연성이 뛰어나다. 또한 타깃 측에서 추가 처리가 가능하도록 맞춤형 작업을 정의할 수 있다.

더 알아보기

자세한 내용은 SAP Help Portal의 SAP Replication Server를 참고하면 된다.

7.7 빅데이터

기술 개념과 제품 카테고리 관점에서 빅데이터는 하둡이 막 태동하고 야후가 오픈 소스 Apache 프 로젝트로 주목받았던 시기 즈음의 2012년경에 수면 위로 떠올랐다. 빅데이터는 그 크기만 가지고 정의되는 것은 아니다(초기에는 기가바이트로 시작했다가 테라바이트, 페타바이트, 엑사바이트로, 이제는 제타바이트). 빅데이터는 항상 다음과 같은 3개의 V에 의해 표현된다.

- **Volume(볼륨):** 데이터의 크기 또는 양
- **Variety(다양성):** 데이터 형식(대부분의 경우 비정형 데이터)

■ **Velocity(속도):** 자주 변경되는 데이터 특성(특히 IoT와 소셜 미디어 고려)

이 특징 외에 SAP는 또 다른 V를 추가했다. 바로 SAP Vora이다.

이 섹션에서는 SAP Vora와 하둡 통합에 대해 자세히 살펴볼 것이다.

7.7.1 SAP Vora

빅데이터에 관하여 SAP의 초기 초점은 엔터프라이즈 데이터와 빅데이터를 함께 가져와서 분석하는데 목적이 있었다. 예를 들어, SDA 연합(federation) 기술은 Hive에 연결할 수 있는 어댑터를 지원한다. SAP Vora는 SAP HANA가 Apache Spark에 직접 연결할 수 있도록 추가된 제품이다. 참고로, Apache Spark는 하둡에 저장된 비정형 데이터를 조회하기 위해 SQL 형태의 데이터 쿼리를 실행할 수 있는 인메모리 쿼리 엔진이다.

2017년에 출시된 SAP Vora의 2번째 주요 릴리스는 컨테이너형 아키텍처를 선보였는데, 쿠버네티스 클러스터에서 실행되는 분산 런타임을 지원한다. 이 기술에 익숙하지 않은 사람들을 위해 간략히 설명하자면, 컨테이너는 컴퓨팅 스택의 하드웨어 부분뿐만 아니라, 애플리케이션을 실행하기 위해 필요한 운영체제, 프로그램 파일, 라이브러리를 가상화한다.

SAP Vora의 기능은 7.2.1섹션에서 설명한 SAP Data Hub에 통합되었다.

기술 배경

하둡은 2006년 처음 출시되었지만, 그 이후로 Apache에서 오픈 소스로서 개발되었다. 두 가지 주요한 컴포넌트는 스토리지와 프로세싱이다. 스토리지는 하둡 분산 파일 시스템(Hadoop Distributed File system: HDFS)에서 제공하며, 수천 대의 실제 컴퓨터가 호스팅하는 하나의 논리적인 디스크를 상상할 수 있다. 프로세싱은 MapReduce 프로그래밍 모델을 사용하며, 작업은 로컬 단위로 수행된다. 야후에서 시작된 프로젝트인 YARN(Yet Another Resource Negotiator)에서는 오케스트레이션을 제공한다.

Apache Hive는 하둡 상단에 구축된 데이터 웨어하우스로, 데이터베이스를 쿼리할 수 있도록 SQL 형태의 인터페이스를 지원한다.

Apache Spark는 MapReduce의 대안을 제공한다. MapReduce가 배치(batch) 처리로 작업을 수행하는

반면에, Apache Spark은 말하자면, "실시간"으로 데이터를 직접 주고받을 수 있다. 이들은 상호보완적인 기술이다. Apache Spark는 스피드를 제공하지만 MapReduce는 훨씬 큰 데이터집합을 처리할 수 있다.

더 알아보기

제품 설명서는 SAP Help Portal의 다음 주제를 참고하기 바란다.

- "SAP Vora"
- "SAP Data Hub"

SAP Vora에 대한 과정은 여전히 openSAP에서 제공되지만, 우선 SAP Data Hub에 대한 openSAP과정을 살펴보는 것이 좋을 것이다.

7.7.2 SAP HANA 하둡 통합

처음부터 SAP HANA의 인메모리 처리 능력(및 플랫폼의 분석 기능)과 하둡의 대규모 데이터(대부분 비정형화된) 저장 능력을 결합한 강력한 비즈니스 사례가 존재했다. 초기에 이런 통합은 오직 Hive ODBC(Simba)로만 가능했었지만, 이 드라이버는 데이터베이스의 종류에 독립적이며 SAP HANA에 최적화되지 않았다. 이런 한계를 해결하기 위해, SAP는 그림 7.8과 같이 SAP HANA 하둡 통합을 위한 권장안을 바탕으로 Spark Controller를 개발했다.

SAP HANA는 Spark Controller를 사용해서 HDFS 데이터를 쿼리하고 결과 집합을 다시 컬럼 형식(SQL)으로 다시 가져올 수 있다. 가상 테이블 구조와 SDA를 함께 사용할 때, HDFS 파일에 저장된 데이터를 일반 SAP HANA 테이블과 조인할 수 있다. Spark Controller는 주요한 하둡 배포판인 클라우데라, 호튼웍스, MapR을 지원하며 제한적으로 마이크로소프트 애저 HDInsight와 아마존 Elastic Map Reduce(EMR)를 지원한다. SAP Data Hub를 사용한 접근 방식과 비슷하게 하둡이 오래되거나 자주 액세스하지 않는 데이터의 목적지가 된다면(SAP IQ와 SAP HANA 다이내믹 티어링도 잠재적인 목적지이다), Data Lifecycle Manager(DLM) 도구인 SAP HANA Data Warehousing Foundation(8단원 8.6섹션 참고)에서 제공하는 SAP HANA Spark Controller도 사용할 수 있다.

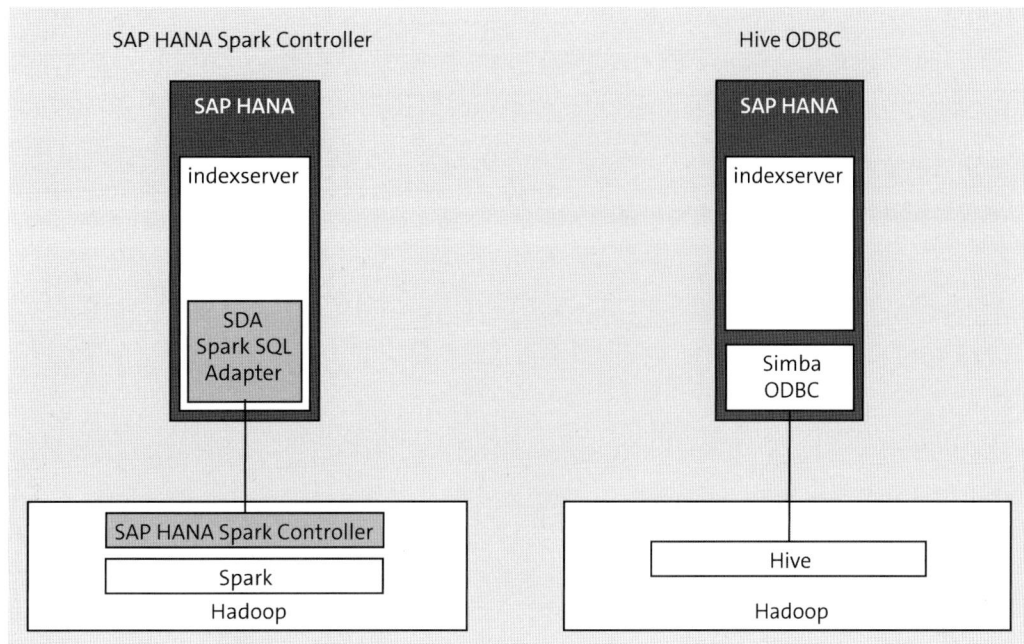

그림 7.8 SAP HANA Hadoop Integration

7.8 요약

이 단원에서 SAP 데이터 액세스와 통합 기술의 전체 범위를 다루었다. SAP HANA, SAP Data Hub, SAP EA Designer, SAP Cloud Platform Big Data Services를 번들로 제공하는 새로운 SAP HANA Data Management Suite으로 시작했다. 그다음 SAP HANA라는 상자를 개봉해서 EIM, ETL, SDI, SDQ를 탐색하고 SAP HANA에서 EIM의 데이터 통합과 데이터 품질 기능이 어떻게 SAP Data Services와 SAP Agile Data Preparation과 관련되는지를 설명했다. SAP Agile Data Preparation은 비즈니스 유저에게 셀프서비스 데이터 관리를 제공한다.

그다음에는 데이터 연합으로 화제를 돌려, 가상 테이블과 어댑터를 사용한 SDA를 설명했다. SDA를 사용하면 SAP HANA를 훨씬 큰 데이터 랜드스케이프로 통합할 수 있으므로 관계형 데이터 소스와 빅데이터 클러스터 어디에서든 인메모리 분석이 가능하다. 원격 데이터 동기화 기능도 마찬가지이다. 이 기능을 사용하면 SAP HANA를 모바일 장치의 UltraLite 데이터베이스와 원격(엣지) 네트워크에 임베딩된 SQL Anywhere 데이터베이스와 접속하고 동기화할 수 있다. SAP ERP 시스템의 실시간 리플리케이션을 위해 논리적 레벨에서 트리거 기반 리플리케이션을 제공하는 SAP Landscape Transformation Replication Server를 활용하거나, 물리적 레벨에서 로그 기반 리플리케이션을 제공하는 SAP Replication Server를 사용할 수 있다.

마지막으로, SAP HANA가 빅데이터에 어떻게 연결하는지 설명했으며, SAP Data Hub(SAP Vora)로 SAP HANA Data Management Suite의 전체 그림을 완성했다.

다음 단원에서도 SAP HANA 페르소나에 대한 소개를 계속 진행할 것이며, 이제는 데이터 분산과 데이터 티어링을 다루는 데이터 설계자 페르소나를 만나볼 시간이다.

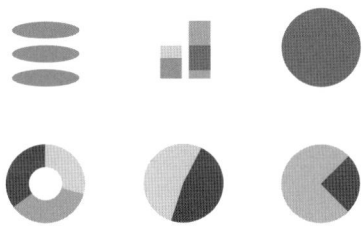

Chapter 8
데 이 터
아 키 텍 처

간결하고 단순한 것이 더 아름답다.
- Ad Reinhard

이것이 나를 설레게 하는가?
- Marie Kondo

Chapter 8
데 이 터
아 키 텍 처

Chapter
08

데이터 아키텍처는 데이터 분산, 성능 그리고 비용 관리에 대한 것이다. 데이터베이스의 성장은 멈추지 않으므로, 데이터 설계자는 다음과 같은 문제에 직면할 수 있다. 바로 한 서버에 더 많은 리소스를 추가해 시스템을 스케일업할지, 더 많은 서버를 추가해서 시스템을 스케일아웃할지에 관한 것이다. 스케일링 작업은 일반적으로 상당한 하드웨어 비용이 발생한다. 데이터 티어링과 데이터 라이프사이클 관리와 같은 소프트웨어 솔루션을 통해, 자주 사용되지 않는 일부 데이터를 확장된 "warm" 스토리지나 오프라인 "cold" 스토리지로 오프로드함으로써, "hot" 인메모리 스토어의 메모리 공간을 줄이고 확장 시기를 미룰 수 있다. 한 단계 더 나아가 스케일업 또는 스케일아웃하기 위해서, 새로 분산된 시스템의 모든 호스트들이 최적의 밸런스를 유지하도록 테이블 배치, 파티셔닝, 기타 데이터 아키텍처 기술을 포함하여 데이터 분산을 고려해야 한다.

이 단원에서는 시스템 랜드스케이프의 성장 및 확장 관리와 같은 데이터 관리의 주요 관심사에 대해 다룰 것이다. 이를 위해 데이터 티어링과 데이터 라이프사이클 관리에서의 데이터 관리를 알아보고, 어떻게 SAP HANA 플랫폼에서 작동되는지를 설명하겠다. 마지막으로 네이티브 익스텐션 노드와 다이내믹 티어링, 분산 시스템, 데이터 분산을 살펴볼 것이다. 데이터 아키텍처 설명을 시작하기 위해, 먼저 데이터 설계자 페르소나를 소개하겠다.

8.1 역할과 도구

SAP HANA 데이터 설계자의 역할이 무엇이며 어떤 도구를 사용하는가? 이 섹션에서는 데이터 설계자 페르소나의 역할을 간략하게 설명한다.

8.1.1 SAP HANA 데이터 설계자

데이터 설계자는 SAP HANA에서의 데이터 관리에 책임이 있다. 데이터 티어링, 데이터 라이프사이클 관리(hot, warm, cold 데이터 관리), 분산 시스템에서의 데이터 분산(테이블 파티셔닝과 할당),

스케일링 등이 데이터 설계자의 주요 업무이다. 대기업에서는 SAP HANA 데이터 설계 업무만 전담하는 담당자를 상상할 수 있다. 그러나 이 역할은 데이터 센터 설계자(9단원 9.1섹션 참고)나 데이터베이스 관리자 페르소나(3단원 3.1섹션 참고) 업무의 일부가 되는 경우가 더 많다. 즉, 운영 측면이 강하다고 볼 수 있다. 또는, 데이터 설계자 페르소나는 SAP Business Warehouse(powered by HANA), SAP BW/4HANA, SAP S/4HANA와 같이, SAP HANA에서 실행되는 애플리케이션에 대한 책임을 함께 맡는 데이터 웨어하우스 설계자 역할의 일부가 될 수 있다. 건전한 아키텍처는 시스템 성능을 크게 향상시키고 불필요한 비용을 방지하며 최적의 총소유 비용(TCO)을 가져오기 때문에 데이터 설계자의 역할이 중요하다.

8.1.2 도구

데이터 설계자 페르소나를 위한 두 가지 핵심 도구부터 설명하겠다.

- **SAP Enterprise Architecture Designer(SAP EA Designer)**

  이 도구를 사용해 데이터 아키텍처를 설계하고 공동으로 작업이 가능하므로, 최고의 결과를 얻을 수 있다(8.2섹션 참고).

- **SAP HANA Data Warehousing Foundation**

  이 도구는 데이터 분산과 라이프사이클 관리 기능에 초점이 맞추어져 있으며, 엔터프라이즈 데이터 웨어하우스(EDW)에 대한 구성 요소를 제공한다. Data Distribution Optimizer(DDO)와 Data Lifecycle Management(DLM) 도구는 모두 네이티브 SAP HANA 애플리케이션(8.6섹션 참고)이다.

추가로, 데이터 설계자 툴키트를 위한 유용한 도구는 다음과 같다.

- **SQL**

  SQL은 데이터 설계자에게 필수다. 예를 들어, 테이블 파티션을 생성(8.5.1섹션 참고)하려면, SQL 콘솔(SAP HANA에서 데이터베이스 탐색기)이나 SQL 프롬프트(SAP HANA 스튜디오)만 있으면 된다.

- **SAP HANA 콕핏**

  SAP HANA 콕핏에는 분산 시스템 관리를 위한 도구가 포함돼 있고, 확장 스토리지 관리를 위한 SAP HANA 다이내믹 티어링을 제공하며, 테이블 파티셔닝과 데이터 에이징을 모니터링할 수 있다. 데이터 분산 옵티마이저(SAP HANA Data Warehousing Foundation의 DDO보다는 낮은 수준이긴 하지만)도 제공한다.

■ SAP HANA 스튜디오

SAP HANA 콕핏에 있는 대부분의 기능은 SAP HANA 스튜디오에도 있다. 2016년 SAP HANA 1.0 릴리스에서 SAP HANA 스튜디오의 개발이 중단되어, 더 이상 최신 기능이 포함되지는 않지만, SQL은 그대로 SQL일 뿐이고 이러한 변화는 유저 인터페이스(UI)에 대한 변경에 불과하다.

■ SAP HANA Lifecycle Management(hdblcm)

처음 분산 시스템을 생성하거나 분산 시스템에 호스트를 추가하려면, 싱글호스트 시스템에 설치된 것과 동일한 SAP HANA Lifecycle Management 도구를 사용하면 된다(3단원 3.3.3섹션 참고). 예를 들어, hdblcm을 사용하면 호스트 역할을 워커(worker)에서 스탠바이(standby)로 변경하거나, 분산 시스템의 내부 네트워크를 구성할 수도 있다. 웹 애플리케이션인 hdblcm은 SAP HANA 콕핏과 SAP HANA 스튜디오에서 액세스할 수 있다.

■ SAP Web IDE

SAP HANA용 SAP Web IDE는 이 책의 다른 역할만큼 중요하지는 않더라도, 데이터 설계자에게 적합한 도구이다. 예를 들어, SAP Web IDE를 사용해 플로우그래프 작업이 가능하다.

8.2 SAP Enterprise Architecture Designer

SAP EA Designer를 사용하면, 표준 표기법과 기술들을 사용해야 하는 협업 환경에서 엔터프라이즈 랜드스케이프, 요건, 처리 과정, 모델링과 다이어그램에서의 산출물을 파악하고, 분석하며 제공할 수 있다.

산출물은 활용 사례, 비즈니스 사례, 요건, 설계 문서에서부터 프로젝트 계획과 문서화 작업에 이르기까지, 소프트웨어 개발의 모든 부산물이 될 수 있다. 즉, 코드를 제외한 모든 것(일부 정의에서는 공개된 코드도 포함)이 산출물이다. SAP EA Designer를 사용하면 이런 산출물을 단일 환경에서 생성할 수 있다.

그림 8.1에는 SAP EA Designer 홈페이지를 보여주며, Quick Links에서 새 다이어그램을 생성하거나, 리포지토리를 탐색해 현재 작업 중인 다이어그램과 동료들이 공유하는 최신 다이어그램을 찾아볼 수 있다.

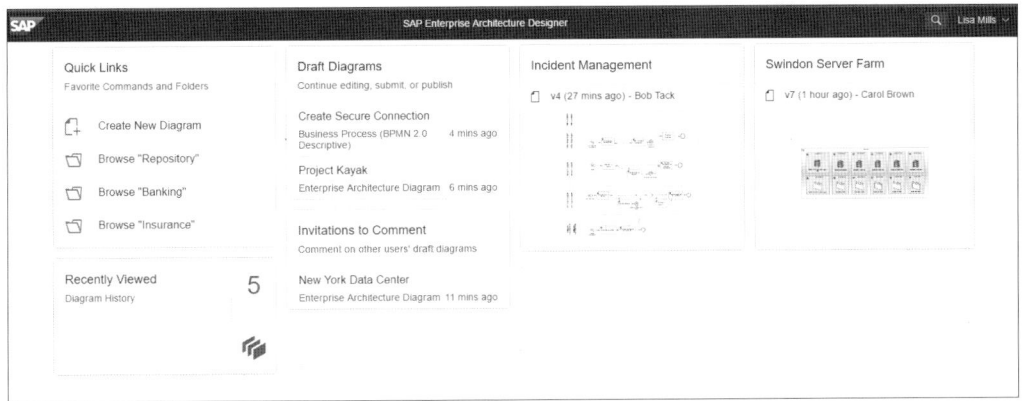

그림 8.1 SAP Enterprise Architecture Designer, Edition for SAP HANA

다음의 다이어그램이 지원된다.

■ **Data movement**

데이터스토어 간의 데이터 전송 및 변환을 설계하고 분석한다. 모델로부터 플로우그래프 파일을 생성하거나, 플로우그래프 파일을 입력받아 리버스 엔지니어링 할 수 있다.

■ **Conceptual data**

개념 데이터 모델(conceptual data model: CDM)로써 엔터티 관계 다이어그램(entity relation diagram: ERD)이다.

■ **Physical data**

데이터베이스 구조를 설계하고 분석한다. 지원되는 데이터베이스를 리버스 엔지니어링할 수 있고, SAP HANA용 런타임 오브젝트를 재생성하기 위한 SQL을 만들어 낸다.

■ **NoSQL (JSON)**

JSON 구조를 설계, 분석, 문서화한다. NoSQL 다이어그램은 JSON 생성과 리버스 엔지니어링을 지원한다.

■ **Business process**

Business Process Modeling Notation(BPMN) 형식을 이용하여 비즈니스 프로세스를 식별하고 설명하며 분석한다.

■ **Enterprise architecture**

조직, 목표와 프로젝트, 프로세스, 애플리케이션, 시스템, 지원되는 물리적 아키텍처를 분석하고 문서화한다.

■ **Process map**

비즈니스 아키텍처(사람, 조직, 프로세스)의 그래픽 뷰를 제공한다.

■ **Requirements lists**

요구사항 문서 목록을 제공한다.

앞에서 설명한 것처럼, SAP EA Designer가 리버스 엔지니어링으로 산출물을 생성할 수 있기 때문에, 다음과 같은 경우에는 산출물을 수동으로 생성할 필요가 없다.

■ ReqIF 파일로부터 요건(Requirement), 즉, 다른 요건 관리 도구와 요건(Requirement)을 교환하기 위한 XML 파일의 생성은 필요 없다.

■ 4단원 4.6섹션에서 설명된 SAP HANA Deployment Infrastructure(HDI) 또는 SAP HANA 데이터베이스 카탈로그(및 기타 지원되는 데이터베이스)로부터 물리적 데이터 다이어그램

■ SAP Web IDE 플로우그래프와 JSON 스키마 다이어그램으로부터 데이터 이동 다이어그램

■ 비즈니스 프로세스 다이어그램은 SAP Business Process Management(SAP BPM)와 SAP Solution Manager 또는 일반 CSV파일로부터 임포트될 수 있다.

게다가, SAP EA Designer에서 이러한 다양한 유형의 산출물을 링크할 수 있다.

소프트웨어 개발이나 시스템 마이그레이션 프로젝트에서 다양한 형식의 문서가 얼마나 많이 작성되는지 상상할 수 있을 것이다. 이런 이유로, SAP EA Designer의 또 다른 자산이라 할 수 있는 '콘텐츠를 보고, 분석하고, 공유하는 기능'도 중요하다. SAP EA Designer는 사용자가 다이어그램을 찾아서 공유하며, 의견을 게시하고, 리포트를 생성하고, 영향도 분석을 실행하고, 히트맵 색채를 변경할 수 있는 등의 중앙 리포지토리 역할을 수행할 수 있다.

이 도구는 두 가지 버전으로 제공된다.

■ SAP HANA용 SAP EA Designer 에디션
■ SAP EA Designer 클라우드 에디션

기술 배경

SAP EA Designer는 SAP PowerDesigner라고 불리는 SAP(사이베이스)의 엔터프라이즈 모델링 기술을 기반으로 한다. 2010년 SAP에 인수된 사이베이스는 파워소프트로부터 기술을 차례대로 구입했다. 그러나 이 도구가 원래 프랑스 회사인 SDT 테크놀로지에 의해 만들어졌고 1989년에 처음 출시됐기 때문에 진정한 기원은 여기로 봐야 한다.

SAP PowerDesigner와 비교해보면 SAP EA Designer는 범위가 더 제한되고 한정적이다. SAP HANA용 에디션의 경우, 예를 들면 오직 SAP HANA 데이터베이스용 SQL 규격 코드만 생성할 수 있다. 다이어그램 익스포트는 SAP Solution Manager(또는 다른 SAP NetWeaver ABAP 시스템)로 제한된다.

더 알아보기

자세한 내용은 SAP Help Portal의 SAP Enterprise Architecture Designer, Edition for SAP HANA 를 참고하면 된다. 제품에 대해 더 알고 싶으면 openSAP 과정 "Introduction to SAP Enterprise Architecture Designer"에 등록할 수 있다.

8.3 SAP HANA 스케일링

SAP HANA 시스템이 더 이상 현재의 워크로드를 처리할 수 있는 용량이 아니라면, 다음의 두 가지 중에 선택할 수 있다.

- 스케일업(scale-up)은 수직 확장이라고도 하며, 메모리와 프로세서를 더 추가하여 단일 물리적 머신의 성능과 용량을 늘리는 것을 의미한다.
- 스케일아웃(scale-out)은 수평 확장으로, 여러 서버와 클러스터 또는 분산 시스템으로 워크로드를 분산한다는 것을 의미한다.

스케일아웃을 원하지 않더라도 기술적으로 또는 가격과 성능의 이유로 더 이상 스케일업할 수 없는 경우에는 어쩔 수 없이 스케일아웃을 해야만 할 수 있다. 일반적으로 단일 시스템을 관리하는 것이 공유 스토리지를 가진 멀티노드 시스템을 관리하는 것보다 덜 복잡하기 때문에, 스케일아웃하기 전에 먼저 스케일업하는 것이 권장된다.

SAP HANA XS Advanced에서 스케일아웃의 구성과 잠재적 영향을 논의하기에 앞서, 분산 시스템과 스케일업, 스케일아웃의 과정을 자세히 살펴보겠다.

8.3.1 분산 시스템

스케일아웃을 피할 수 있는 한가지 방법으로는 바로 데이터 티어링을 구현하는 것이다(8.4섹션 참고). 데이터 티어링을 사용하면, 데이터가 얼마나 자주 액세스되는지에 따라 서로 다른 버킷에 데이터를 저장한다. 일반적으로 온도로 비유하는데, 메모리에 hot 데이터를, 확장 스토리지에 warm 데이터를, 빅데이터 클러스터 어딘가에 cold 데이터를 저장하는 방식이다. 물리적으로는 데이터가 서로 다른 장소에 저장되지만, 논리적으로는 데이터 티어링 기술로 인하여 마치 데이터가 단일 시스템에 존재하는 것처럼 작동하고 보이게 된다.

반면에 분산 시스템을 구성할 경우 얻을 수 있는 장점 중 하나는 바로 데이터베이스를 파티셔닝할 수 있다는 것이다(8.5.1섹션 참고). 데이터 파티셔닝으로 여러 호스트에 다른 테이블을 할당해 성능을 향상시키고 응답 시간을 줄일 수 있다. 하나의 테이블을 파티셔닝할 수도 있으며 목적에 따라 여러 옵션이 있다. 성능 외의 고려사항으로는, 테이블 사이즈가 단일 시스템이 지원할 수 있는 한계에 도달하게 되면, 테이블 파티셔닝을 선택해야 할 수도 있다. 데이터 티어링이나 데이터 파티셔닝의 사용 여부는 활용 사례에 따라 다르며, 데이터 설계자 페르소나가 내려야 할 가장 중요한 결정 중의 하나이다.

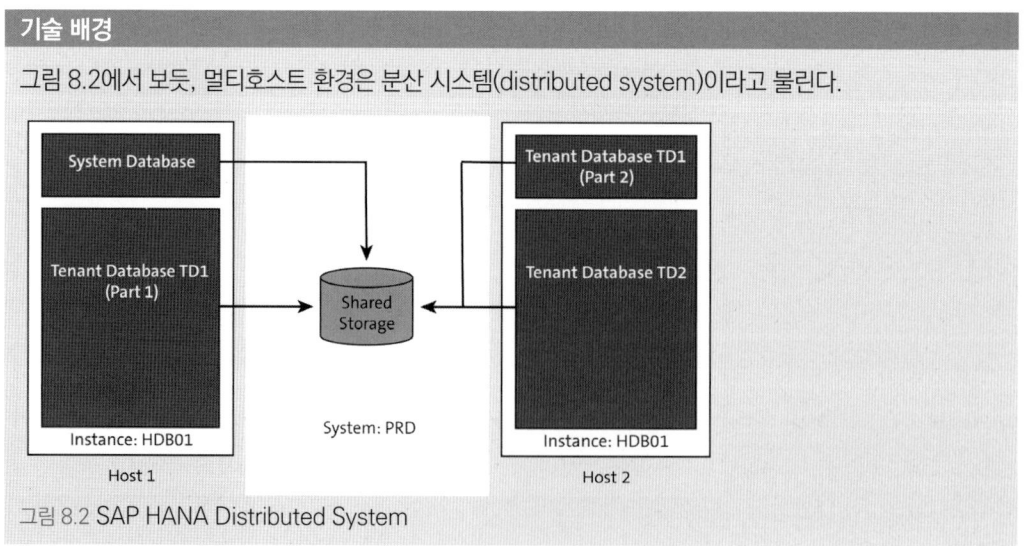

기술 배경

그림 8.2에서 보듯, 멀티호스트 환경은 분산 시스템(distributed system)이라고 불린다.

그림 8.2 SAP HANA Distributed System

다른 벤더와 기술에서 동일한 개념이 있는데, "노드들을 가진 클러스터"라고 불린다(2단원 2.2.4섹션 참고). 비록 SAP 문서는 일관성이 있지만, 몇몇 백서나 블로그에선 SAP HANA 클러스터, 스케일아웃 시스템, 멀티노드 시스템, 익스텐션 노드 등을 볼 수 있다. 다르게 명시되지 않는 한 이러한 용어는 모두 동일한 개념을 의미한다고 가정할 수 있다.

분산 시스템은 두 개 이상의 호스트를 가지고 있으며, 여러 개의 호스트로 구성되지만, 동일한 시스템 ID(SID)를 사용하는 단일 시스템으로 생각할 수 있다. 각 호스트는 (같은 인스턴스 넘버로) 한 개의 SAP HANA 인스턴스를 관리한다. SAP HANA 시스템은 단일 시스템 데이터베이스와 하나 이상의 테넌트 데이터베이스를 포함한다. 테넌트 데이터베이스는 호스트 간에 분산되거나 싱글호스트에 존재할 수 있다.

SAP HANA 분산 시스템을 연합(federated) 데이터베이스와 혼동하지 말자. 7단원에서 설명한 대로 SAP HANA의 연합 데이터베이스 기술은 SAP HANA 스마트 데이터 액세스(SDA)와 원격 데이터 동기화에 의해 구현된다. SDA를 사용하면 원격 데이터베이스(SAP HANA를 포함한 여러 데이터베이스)에 액세스하고 가상 테이블을 이용해 메타데이터를 로컬에 저장함으로써 테이블 조인과 테이블 액세스를 쉽게 할 수 있다. 원격 데이터 동기화를 사용하면 SAP HANA 데이터베이스(전체 또는 일부)를 원격 사이트 또는 SAP SQL Anywhere를 실행하는 모바일 장치와 동기화할 수 있다. 다른 벤더에서는 SDA와 원격 데이터 동기화라는 두 가지의 연합 기술을 때때로 분산 데이터베이스라고 부른다.

8.3.2 스케일업

앞에서 언급한 대로, 스케일아웃하기 전에 먼저 스케일업을 추천한다. 스케일업은 다음의 3가지 장점이 있다.

- **더 나은 성능**

  대부분의 쿼리는 여러 테이블에 액세스하는데, 단일 시스템의 메모리 내에서 조인하는 것이 노드 간의 조인보다 항상 빠르므로 성능이 향상된다.

- **더 단순한 관리**

  단일 시스템만 설치, 업데이트, 모니터링, 관리하면 되므로 관리가 쉽다. 공유 스토리지와 내부 네트워크를 관리하지 않아도 된다. 데이터 분산 시나리오도 고려할 필요가 없다. 필요한 경우, end-to-end 디버깅과 쿼리 분석이 더 쉬워진다.

- **더 낮은 비용**

  하드웨어가 더 적게 필요하고 관리도 덜 필요하므로, 일반적으로 소유 비용이 낮아진다.

지원되는 스케일업 구성은 SAP HANA 하드웨어 디렉토리(http://s-prs.co/v488432)에서 볼 수 있다. 그림 8.3에서는 SAP BW/4HANA, SAP S/4HANA, SAP Business Suite, SAP HANA에 의해 구동되는 SAP BW에 대해 나열된 특정한 스케일업 구성을 볼 수 있다.

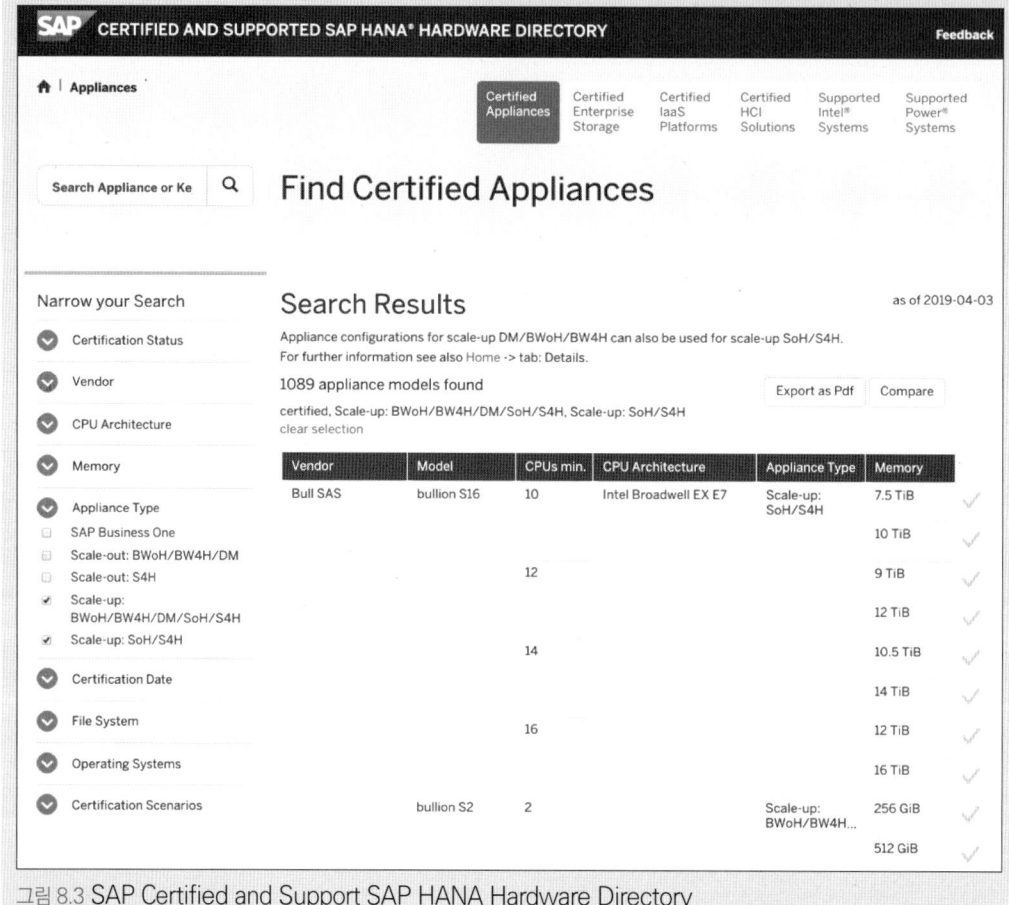

그림 8.3 SAP Certified and Support SAP HANA Hardware Directory

8.3.3 스케일아웃

스케일업이 더 선호되고 권장되는 솔루션이라 해도, 스케일아웃에는 다음과 같은 몇 가지 장점이 있다.

■ **고가용성**

분산 시스템은 단일 장애점(SPOF)을 방지한다. SAP HANA 시스템에 노드를 추가하면 분산 시스템이 만들어지며, 시스템 중 하나에 문제가 생길 경우, 다운타임으로부터 보호할 수 있다. 클러스터를 만들기는 매우 쉽다. 단일 노드 설정과 마찬가지로, 분산 시스템의 설치와 관리에 동일한 도구를 사용할 수 있다. 호스트 자동 페일오버는 자동으로 활성화되며, 추가적인 보호를 위해 스탠바이 시스템까지 추가할 수 있다. 고가용성은 9단원 9.9섹션에서 다시 설명할 것이다.

■ **확장성**

스케일아웃의 두 번째 장점은 단일 노드에서 지원되는 것 이상으로 시스템을 확장할 수 있다는 것이다. 싱글호스트 시스템은 최대 16TB의 메모리만 지원하고 있는데, 빠르게 증가해 이러한 제약에 금방 도달할 수 있는 테이블들이 있다면, 스케일아웃이 유일한 선택 사항일 수 있다. 가용성을 염두에 두고 이러한 한계에 도달하기 전에 스케일아웃하는 것이 좋다.

■ **가격**

일반적으로 스케일업(싱글호스트 시스템의 일반적인 TCO가 낮아짐)을 권장하지만, 최상위 시스템의 스케일업은 너무 비쌀 수 있다. 2TB 호스트 8개와 2개의 스탠바이 호스트로 구성된 분산 시스템은 16TB 시스템 2개를 핫-스탠바이 호스트 역할로 구성하는 것보다 가격 경쟁력을 높일 수 있다.

8.3.4 스케일아웃 시스템 구성하기

스케일아웃 시스템을 구성하는 일은 매우 쉽다. 싱글호스트에서 사용한 것과 동일한 SAP HANA Lifecycle Management 도구를 사용해 호스트를 설치하고 추가/제거할 수 있으며, 동일한 SAP HANA 콕핏 또는 SAP HANA 스튜디오 도구를 사용해 분산 시스템을 관리할 수 있다(3단원 참조). 분산 시스템 아키텍처는 원래 SAP HANA 릴리스의 일부였으므로 별도의 라이선스 옵션이 필요하지 않다.

네트워크나 스토리지 측면에서 구성은 조금 더 복잡할 수 있다. 단일 SAP HANA 시스템이 단순하게 내부 스토리지에 의존하는 반면에, 분산 시스템의 경우 모든 호스트가 동일한 데이터를 액세스할 수 있도록 공유 스토리지가 필요하다. 실제로, 싱글호스트 SAP HANA 시스템도 일반적으로 공유 스토리지 서브시스템을 사용하며, 이런 경우의 구성은 더 쉽다. 특히, 스탠바이 환경을 구성하는데 있어서, 공유 스토리지는 펜싱(fencing)〈역자 주: 공유 스토리지에서부터 노드에 대한 연결을 끊는 것〉도 지원하므로, 페일오버의 경우 장애가 난 호스트는 더 이상 스토리지에 액세스할 수 없도록 보장한다. 스탠바이 환경 구성에 있어서 호스트를 분산 시스템에 추가하면, 문자 그대로 스탠바이 상태가 되고 아무것도 하지 않는다. 이 스탠바이 시스템은 접속되지 않고 트랜잭션에 참여하지도 않으며, 이 시스템은 다른 싱글호스트 응답이 멈추었을 때를 대비해 백업용으로만 사용할 수 있다. 펜싱도 같은 상황에서 제공된다. 만약 어떤 호스트가 더 이상 응답하지 않으면 스탠바이 호스트가 테이크오버(take-over)를 위해 활성화되며, 동시에 원래 호스트는 이전에 소유했던 데이터로부터 차단된다. 장애가 발생한 호스트가 갑자기 재기동 된다면, 트랜잭션에 참여하려고 시도할 수 있으며, 2개의 호스트가 동일한 데이터에 액세스하는 상황(데이터 손상의 확실한 방법)을 막기 위해서 펜싱은 중요하다. SAP HANA는 내부 통신을 위해 분리된 전용 네트워크 영역을 사용한다. 분산 시스템에 호스트를 추가하거나 호스트 역할을 스탠바이(standby)에서 워커(worker)로 변경하는 것과 마찬가지로, SAP HANA Lifecycle Management(hdblcm)를 사용해서 SAP HANA에서 서비스 간에 통신을 구성할 수 있다. 네트워크 관리에 대한 자세한 내용은 9단원 9.11.1섹션을 참고하면 된다.

> **더 알아보기**
>
> 이 주제에 대한 자세한 내용은 SAP HANA Administration Guide에 있는 다음 백서를 참조하길 바란다.
> - SAP HANA Storage Requirements
> - SAP HANA Fiber Channel Storage Connector Admin Guide

8.3.5 SAP HANA XS Advanced를 위한 스케일아웃

앞에서 언급했듯이, SAP HANA XS Advanced용 애플리케이션 서버 아키텍처는 SAP HANA와 통합됐지만, 구버전 SAP HANA XS 구현 모델과 같은 방식이 아니다(두 버전 모두 4단원 4.4섹션 참고). 두 모델의 차이는 SAP HANA XS Advanced와 달리, 구버전 SAP HANA XS 엔진은 각 SAP HANA 인스턴스에 포함돼 있기 때문이다(테넌트 데이터베이스의 경우, xsengine 프로세스는 indexserver 프로세스에 임베딩돼 있음).

SAP HANA XS Advanced를 사용하면 유연성이 높아진다. 우선 런타임의 설치는 선택 사항이다. 분산 시스템에서 SAP HANA XS Advanced를 설치하기로 한 경우에는 다음과 같은 선택 사항이 있다.

- **SAP HANA XS Advanced에 전용 호스트 할당**

  이 구성에서 서버는 SAP HANA XS Advanced 런타임에 대한 작업만 수행한다

- **SAP HANA XS Advanced에 대한 스탠바이 전용 호스트를 할당**

  이 구성에서 서버는 데이터베이스 스탠바이 호스트와 동일한 방식으로 작동한다. 즉, 휴면 상태로 있다가 장애가 발생한 SAP HANA XS Advanced 호스트의 작업을 테이크오버하기 위해

활성화된다.

■ **다양한 SAP HANA XS Advanced 프로세스를 여러 호스트에 할당하고 조정**

SAP HANA XS Controller, SAP HANA XS User Account and Authentication(UAA) 서버, 실행 에이전트, 플랫폼 라우터(4단원 4,4,2섹션 참고)와 같은 다양한 SAP HANA XS Advanced 프로세스를 여러 호스트에 할당할 수 있으며, 이는 SAP HANA XS Advanced의 마이크로서비스 아키텍처의 특징을 잘 보여준다. 하나의 큰 애플리케이션(또한 싱글 스톤이나 모노리스[monolith]로 알려진) 대신에, 마이크로서비스 아키텍처에서 애플리케이션은 작고 분리된 서비스로 구성된다. 이 아키텍처의 장점 중 하나는 스케일업이나 스케일아웃이 쉽고, 배포가 용이하다는 것이다.

8.4 데이터 티어링

데이터 티어링은 데이터 액세스 빈도에 따라 서로 다른 스토리지와 프로세싱 시스템(티어)을 할당하는 것을 말한다. 이미 데이터 에이징에 대해 언급했고, 또 온도 비유를 사용해 hot, warm, cold 스토리지에 대해 설명했다(2단원 2.2.6섹션 참고).

그림 8.4는 SAP HANA의 데이터 티어링 옵션을 보여준다. Hot 스토어는 메모리이며, Warm 스토어는 데이터베이스(SAP HANA 다이내믹 티어링) 또는 파일 기반(SAP HANA 네이티브 스토리지 익스텐션)이다.

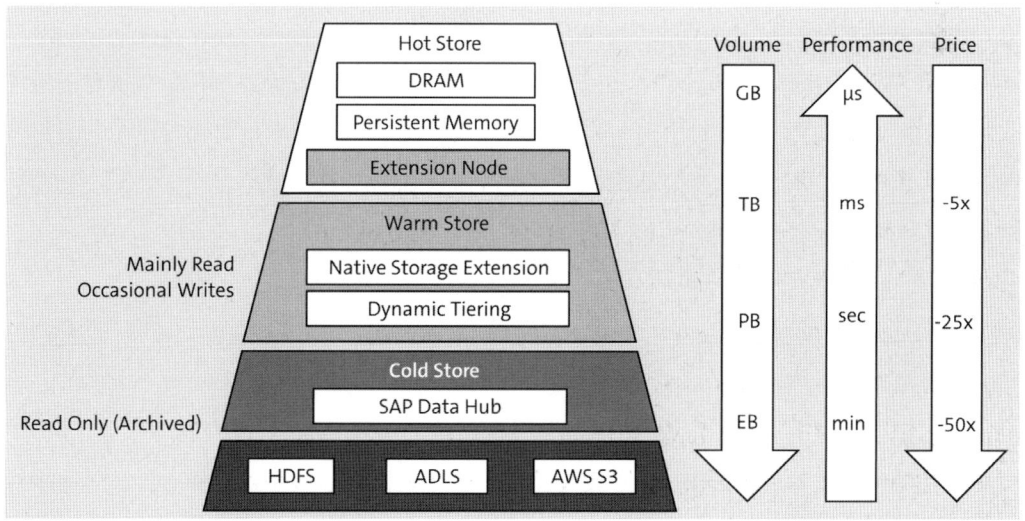

그림 8.4 Data Tiering with SAP HANA

Cold 스토어는 파일 기반(HDFS)이나 아마존 웹 서비스(AWS) S3, Microsoft Azure Data Lake Storage(ADLS)와 같은 로우 스토리지(raw storage)이다.

이 섹션에서는 SAP HANA에서 다중 계층형(multitemperature) 데이터스토어 관리에 사용할 수 있는 다양한 옵션을 자세히 살펴보겠다.

8.4.1 영구 메모리 (Persistent Memory)

SAP HANA 문서에서 언급된 영구 메모리는 일반적인 용어로는 PMEM이라고도 하며, 보통은 dynamic random-access memory(DRAM) 종류의 일반 컴퓨터 메모리보다 저렴한 가격으로 더 많은 용량을 제공한다. 엄밀하게 말하면, 영구 메모리는 데이터 티어링 솔루션은 아니지만, 단일 시스템에 더 많은 데이터를 저장할 수 있기 때문에 스케일업이나 스케일아웃에 대한 고민을 뒤로 미룰 수도 있다.

2단원에서 컬럼 스토어의 메인 섹션과 델타 섹션에 대해 설명했다. 평균적으로, 테이블에 있는 데이터의 약 90%는 메인 영역에 유지된다. 영구 메모리를 사용할 수 있으면, SAP HANA는 메인 섹션을 영구 메모리(비휘발성 랜덤 액세스 메모리[non-volatile random-access memory: NVRAM])에 저장하고 델타 섹션은 DRAM에 저장한다.

컴퓨터 전원이 갑자기 꺼졌을 때 영구 메모리는 DRAM과는 반대로 저장된 어떤 내용도 휘발되지 않고 지속된다. 결과적으로, 영구 메모리는 대용량 데이터베이스의 경우, 시스템의 재시작 속도를 크게 높인다. 따라서 영구 메모리는 흔치 않은 데이터 센터 재해의 경우보다는 대부분 예정된 유지보수 작업(시스템 업데이트 또는 하드웨어 교체)을 해야 하는 경우에 더 쓸모가 있다. 9단원 9.5.1섹션에서 영구 메모리에 대해 자세하게 설명할 것이다.

8.4.2 SAP HANA 익스텐션 노드

SAP HANA 익스텐션 노드는 액세스 빈도가 낮은 데이터를 "hot" 인메모리 스토어에서 "warm" 스토어로 오프로드하는 데이터 티어링 기능을 위해 또 다른 접근 방식을 제공한다. 이 아키텍처는 본래 SAP BW용(초기에는 powered by HANA용, 이후에는 SAP BW/4HANA용)으로 설계되었지만 지금은 네이티브 SAP HANA 애플리케이션도 지원한다. SAP BW는 애플리케이션 서버 레벨에서 데이터 분산과 파티셔닝을 관리하므로 이 아키텍처에 적합하다고 할 수 있다. 네이티브 애플리케이션의 경우, 데이터를 관리하기 위해 직접 코드를 작성하거나, SAP HANA Data Warehousing Foundation의 DDO와 같은 서비스를 적용한 솔루션을 사용해야 한다(8.6섹션 참고).

익스텐션 노드란, 일반적인 분산 시스템으로 구성한 호스트와 동일한 기능이 있지만, "warm" 데이터 전용으로 할당하도록 메모리와 CPU 요건이 비교적 느슨한 구성이다. SAP HANA 사이징 가이드는 보통 메모리 대 데이터 볼륨 비율을 2:1로 추천한다. 즉, 데이터베이스 크기보다 2배 더 많은 RAM을 권장한다는 뜻이다(메모리의 나머지 부분은 애플리케이션 코드, 임시 공간, 프로세싱, 델타 스토어 등으로 예약됨). 익스텐션 노드의 경우 1:1 또는 1:2(200% 과부하)의 비율을 사용할 수 있다. 다시 말해, 더 작은 메모리가 필요하므로, 데이터 볼륨이 메모리보다 훨씬 클 수 있는데, 이는 익스텐션 노드를 사용할 때의 주요 이점이다. SAP BW에서는 익스텐션 노드에 대한 서로 다른 하드웨어 구성도 지원이 된다.

기술적으로, 익스텐션 노드를 구성할 때 호스트에 'worker_dt' role을 부여한다(다른 데이터베이스 role은 worker와 standby). 익스텐션 노드는 다른 SAP HANA 호스트처럼 동일하게 작동하고 관리된다. 익스텐션 노드로 데이터를 이동하려면, SAP HANA 콕핏(및 SAP HANA 스튜디오)의 랜드스케이프 재배포 도구, SQL, 8.6섹션에서 설명할 DDO 도구를 사용할 수 있다.

더 알아보기

자세한 내용은 SAP HANA Administration Guide의 "Extension Node"를 참조하면 된다.

8.4.3 SAP HANA 네이티브 스토리지 익스텐션

SAP HANA 네이티브 스토리지 익스텐션은 SAP HANA 2.0 SPS 04에 새롭게 도입된 기술이며, SAP HANA에 내장된 데이터스토어로, warm 데이터 관리에 사용된다. SAP HANA 네이티브 스토리지 익스텐션은 원래 SAP BW용으로 개발된 익스텐션 노드와는 달리 "범용(general-purpose)"이다. 설치와 구성이 필요한 SAP HANA 다이내믹 티어링과 다르게, SAP HANA 네이티브 스토리지 익스텐션은 '빌트인'되어 있다. SAP HANA 네이티브 스토리지 익스텐션은 (약간의 마케팅 관점을 추가하면) SAP HANA의 데이터 티어링을 향상시키고 강화하므로, 대부분 선호하는 솔루션이다. SAP HANA 네이티브 스토리지 익스텐션이 없다면, SAP HANA 인메모리 데이터베이스의 크기는 RAM의 크기와 같다. SAP HANA 네이티브 스토리지 익스텐션을 통해, 디스크나 플래시 드라이브 기반의 스토리지를 활용하여 낮은 가격으로 데이터베이스 용량을 증대(약 4배까지)시킬 수 있다. SAP HANA 네이티브 스토리지 익스텐션은 인메모리와 퍼시스턴스 계층(디스크 또는 플래시 드라이브) 양쪽에 데이터 페이지를 저장하는 지능형 버퍼 캐시로 생각하면 된다. 이러한 버퍼 캐시에 대한 통계는 시스템 뷰를 통해 모니터링할 수 있으며, 어드바이저는 부하에 대한 권고 사항을 제시한다. SAP HANA 네이티브 스토리지 익스텐션은 애플리케이션에 대해 자동으로 활성화되지 않으므로, 구성과 튜닝이 필요하다.

> **더 알아보기**
>
> 더 많은 정보는 SAP HANA Administration Guide를 참조하면 된다.

8.4.4 SAP HANA 다이내믹 티어링

SAP HANA 다이내믹 티어링은 자주 액세스 되지 않는 "warm" 데이터를 디스크 기반의 컬럼형 데이터스토어에 저장함으로써, 인메모리 데이터베이스를 확장한다. 이 컴포넌트 옵션은 동일한 SAP HANA 서버 또는 별도의 전용 확장 스토리지(extended storage: ES) 서버에 설치할 수 있다.

그림 8.5에서 볼 수 있듯이, SAP HANA 다이내믹 티어링을 사용하면, 데이터는 확장(extended) 테이블과 멀티스토어 테이블(파티션 테이블의 파티션들이 인메모리와 확장(extended) 스토리지에 저장)에 저장될 수 있다. 양쪽 스토어(인메모리, 확장 테이블, 멀티스토어 테이블) 간에 데이터를 이동할 수 있고 테이블을 변환하고 데이터를 로딩할 수 있다.

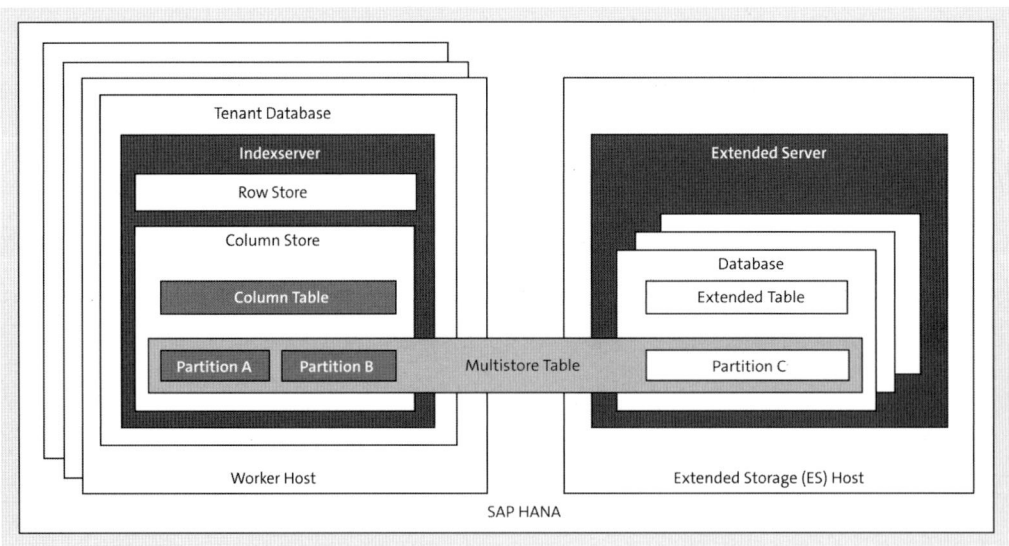

그림 8.5 SAP HANA Dynamic Tiering Architecture

기술 배경

SAP HANA 다이내믹 티어링은 SAP HANA 1.0 SPS 09(2014년 12월)에 SAP HANA 스마트 데이터 액세스(SDA), SAP HANA 스마트 데이터 스트리밍(SDS), 원격 데이터 동기화와 함께 도입됐다. SAP HANA 다이내믹 티어링은 SAP/사이베이스 IQ와 동일한 기술을 활용하는데, IQ는 비즈니스 인텔리전스(BI)와 데이터 웨어하우징에서 사용되는 컬럼 기반의 온라인 분석처리(OLAP) 유형의 데이터베이스이다. 다른 사이베이스 제품과 마찬가지로, 기술은 오래됐으며, IQ의 기원은 1990년대 초반까지 거슬러 올라간다.

SAP HANA 다이내믹 티어링을 설치하거나 업데이트하고, 호스트를 추가/제거하고, 스탠바이 호스트를 추가하고, 다른 플랫폼 관리 작업을 수행하려면 SAP HANA Lifecycle Management(hdblcm)를 사용해야 한다. 모니터링, 백업과 복구, 시스템 리플리케이션 등의 관리를 위해 SAP HANA 콕핏이나 SAP HANA 스튜디오(SAP HANA1.0 릴리스 이전 버전)를 사용한다.

확장 스토리지 서버를 포함한 SAP HANA 다이내믹 티어링 아키텍처는 다음에도 적용된다.

- 백업과 복구
- 스탠바이 호스트를 통한 고가용성
- 자동 호스트 페일오버
- 시스템 리플리케이션

더 알아보기

자세한 내용은 SAP Help Portal의 SAP HANA 플랫폼용 SAP HANA Dynamic Tiering을 참고하면 된다. 제품에 대해 더 알고 싶으면 openSAP 과정 "SAP HANA Dynamic Tiering"(2018)에 등록하길 바란다.

튜토리얼

SAP HANA 다이내믹 티어링을 직접 실전 연습해 보려면, SAP Developer Center의 튜토리얼 "SAP HANA Dynamic Tiering"을 확인하기 바란다. SAP HANA Academy의 실습 "사용법(how-to)" 비디오 튜토리얼은 SAP HANA Dynamic Tiering 재생목록을 참고할 수 있다.

8.4.5 SAP Data Hub와 Spark Controller

거의 액세스되지 않는 cold 데이터의 경우, 하둡 분산파일 시스템(HDFS) 또는 오늘날 더 일반적인 로우(raw) 클라우드 스토리지와 같은 저렴한 미디어를 사용할 수 있다. 데이터에 액세스하려면, Spark Controller 또는 최근에 출시한 SAP Data Hub를 사용할 수 있다. 두 옵션 모두는 7단원 7.7.2섹션과 7.2.1섹션에서 자세히 설명했지만, 8단원의 목적을 위하여 간단하게 개요만 살펴보겠다.

Spark Controller는 MapR, 클라우데라, 호튼웍스, 마이크로소프트 애저 HDInsight 또는 SAP Cloud Platform Big Data Services를 포함한 모든 하둡 환경에 설치할 수 있다. SparkSQL SDA 어댑터를 통해서 데이터에 액세스할 수 있으며, Spark Controller는 하둡 환경에 설치해야 하며, 그렇지 않으면 오픈 소스 소프트웨어에 대한 종속성이 발생한다.

SAP Data Hub가 더 최근에 출시된 솔루션이며, SAP HANA와 통합되어 있다. SAP Data Hub는 하둡에 연결하기 위해 SDA가 필요하며, 그림 8.6에서 보듯이 SAP HANA Wire 프로토콜을 사용한다.

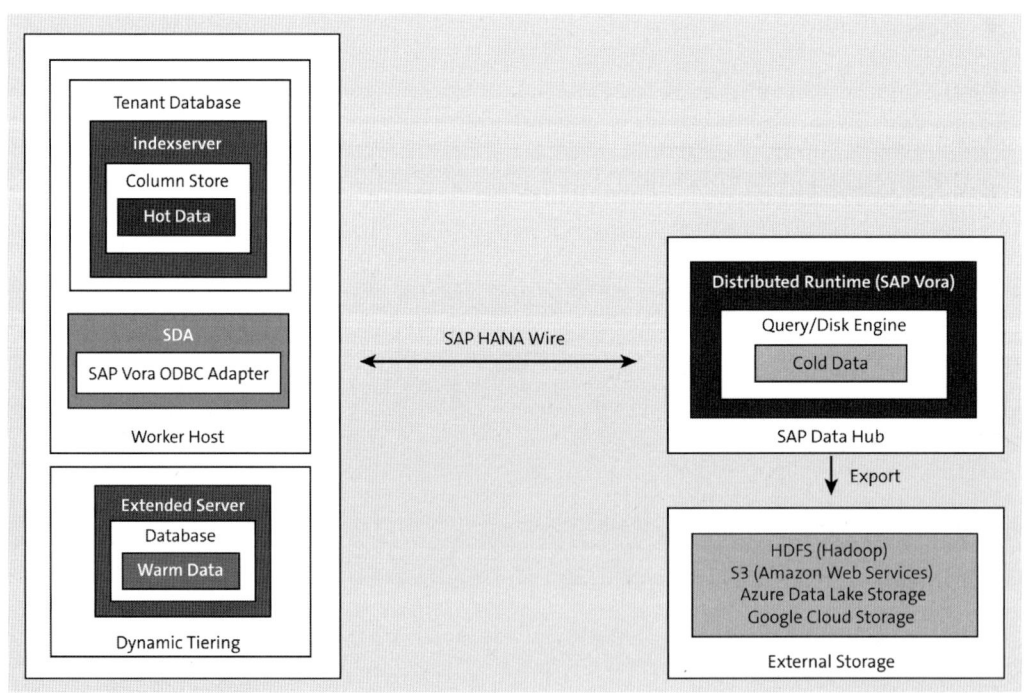

그림 8.6 Cold Data Tiering with SAP Data Hub

이 프로토콜은 최신 유형의 JDBC/ODBC 구현이며, 애플리케이션과 데이터베이스 사이에 직접 연결을 제공하고, 별도 설치할 필요가 없다. 따라서 프로토콜은 플랫폼 독립적이며, 일반 애플리케이션 호출을 특정 데이터베이스 호출로 변환하기 위한 미들웨어가 필요하지 않다. Wire 프로토콜 외에도 SAP Data Hub를 사용할 때에는 다음과 같은 장점이 있다.

- Spark Controller는 파일 레벨로 액세스하지만, SAP Data Hub는 레코드 레벨로 cold 데이터를 액세스할 수 있다.
- Spark Controller는 읽기 전용 액세스만 지원하고 조인은 지원하지 않는 것에 비해서, SAP Data Hub는 데이터 수정과 데이터 분석을 지원하고 다른 (cold) 데이터스토어 소스와 데이터 조인이 가능하다.

8.5 데이터 분산

데이터 분산은 "데이터를 어디에 어떻게 저장하는가?"에 대한 질문과 관련이 있다. 그러나 우리는 이 맥락에서 보듯이, 데이터 온도와 데이터 티어에는 관심이 없고, 오로지 데이터베이스 자체에만 관심이 있다.

데이터 분산은 분산 시스템에서 작업할 때 중요한 주제이다. 왜냐하면 데이터 지역성 때문이다. 테이블은 쿼리에서 자주 조인된다. 최고의 성능을 위해 함께 쿼리되는 모든 테이블은 동일한 호스트에 위치해 있어야 하지만, 그게 항상 가능하지는 않다. 이러한 한계를 극복하려면, 테이블 리플리케이션을 사용하는 방안을 고려해볼 수 있다.

또 다른 고려사항은 매우 큰 테이블에 대한 데이터 분산이다. 다양한 소비재를 판매하는 글로벌 회사라고 상상해보자. 대용량의 판매 테이블이 있을 것이다. 작년의 판매 수치는 벌써 warm 데이터스토어에서 오프로드됐고, 이 테이블에서는 현재의 수치만 관리하면 된다. 대부분의 읽기와 쓰기 작업은 지역별로 차이가 있다. 만약 지역마다 다른 호스트를 할당할 수 있다면 어떨까? 이런 아이디어는 테이블 파티셔닝을 통해 구현할 수 있으며, 성능과 응답 시간을 개선할 수 있을 것이다. 최적의 결과를 위해서는 테이블 배치와 분산이 적절하게 이뤄져야 한다.

이 섹션에서는 테이블 파티셔닝, 테이블 분산, 테이블 리플리케이션에 대해 설명할 것이다.

8.5.1 테이블 파티셔닝

테이블 파티셔닝을 사용하면 그림 8.7과 같이 컬럼 스토어 테이블을 수평으로 작게 쪼갤 수 있으며, 다루기 쉬워진 이것을 '파티션'이라고 한다. 이 같은 맥락에 따르면, "수평"이란 각 파티션에 서로 다른 로우 집합이 포함돼 있음을 의미한다. 파티션은 애플리케이션에 대해 투명성이 제공되며, 데이터베이스에 의해 관리된다.

파티셔닝을 구현하는 여러 이유 중 하나는 약 20억 로우(정확히 231 = 2,147,483,648)에 불과한 컬럼 스토어 테이블의 사이즈 제한을 극복하기 위해서이다. 파티션마다 같은 제한이 있지만, 테이블은 최대 16,000개의 파티션을 지원한다. 계산이 정확하다면, 이제 테이블은 34조 개의 로우를 지원하는 것이다. 더 중요한 것은 대부분 파티셔닝은 성능상 뛰어난 이점이 있다는 것이다. 분산 시스템에서 파티셔닝은 로드 밸런싱을 가능하게 한다. 많은 쿼리가 동일한 파티션 테이블에 액세스하고자 할 때, 싱글호스트 대신 모든 호스트에서 나누어 처리할 수 있다.

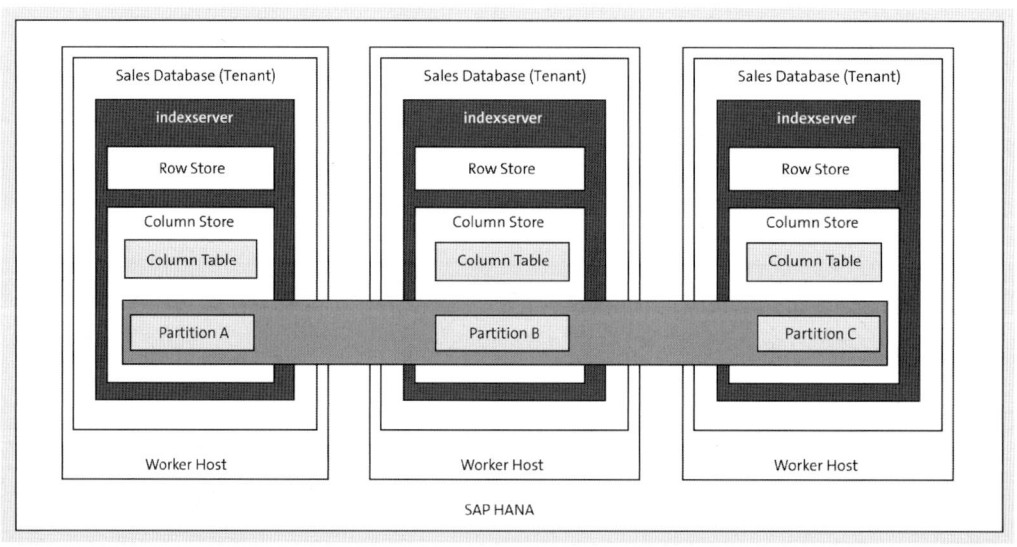

그림 8.7 Partitioned Table

또한, 파티셔닝은 병렬로 작업을 처리할 수 있는데, 이것은 하나의 작업이 여러 개의 쓰레드를 사용해 병렬로 수행될 수 있다는 것을 의미한다. 판매 테이블 이야기로 다시 돌아가서, 호스트 A에는 아메리카, 호스트 B에는 아시아 퍼시픽(APAC), 호스트 C에는 유럽과 중앙아시아와 아프리카(EMEA)에 대한 데이터를 읽을 수 있다고 가정하자. 병렬 작업은 델타 머지 작업의 성능도 향상시키는데, 이런 작업이 이제 테이블 레벨이 아닌 파티션 레벨에서 일어나기 때문이다. 이러한 이유로, 싱글호스트와 분산 시스템은 병렬 처리와 파티션 레벨의 델타 머지라는 장점을 가지게 된다.

또한, 파티션 프루닝(pruning)을 통해서도 쿼리 실행 성능이 개선되며, 다음과 같은 두 가지 유형의 파티션 프루닝이 있다.

- 정적 파티션 프루닝은 파티션 정의를 기반으로 한다. 쿼리 옵티마이저는 쿼리의 WHERE 절을 사용해 쿼리 실행 계획을 최적화한다.
- 동적 파티션 프루닝은 콘텐츠를 기반으로 한다. 이 방식은 통계를 바탕으로 런타임 시 실행 계획을 세우며, 예를 들면 SAP Business Suite 애플리케이션에서 데이터 에이징에 사용된다.

파티션을 위해 몇 가지 방식이 사용될 수 있다.

- **라운드-로빈 파티셔닝**

  라운드-로빈 파티셔닝은 각 파티션에서 테이블 로우를 균등하게 분산한다. 새로운 로우는 순환하면서 파티션에 할당되므로 이런 이름이 붙여졌다.

- **해시 파티셔닝**

  해시 파티셔닝도 로우를 균등하게 분산하지만 이번에는 해시 함수를 이용한다. 컬럼과 기본 키(primary key)를 지정해야 한다. 이 방식은 옵티마이저에 의해 파티션 프루닝을 하므로, 라운드-로빈보다는 일반적으로 더 유리하다.

- **레인지 파티셔닝**

  레인지 파티셔닝은 카테고리나 시간 파티션을 위해 사용되며, 해시 파티셔닝보다는 로드 밸런싱 능력이 떨어진다. 레인지 파티셔닝의 예로는, 시간을 파티션 키로 할 경우 년 또는 월로, 카테고리를 파티션 키로 할 경우는 국가 또는 제품을 들 수 있다.

여러 장점을 혼합해서 멀티레벨 파티셔닝 방식을 구현할 수도 있다. 멀티레벨 파티셔닝 방식에서는 날짜별로 파티셔닝하여 hot 데이터로부터 warm 데이터를 분리하여 묶은 다음, 해시 파티션으로 분리해 로드 밸런싱을 할 수 있다(해시 파티션과 레인지 파티션이 혼합된 예). 또한 해시-해시 또는 레인지-레인지로 선택하거나, 일부 파티션은 메모리 내에 저장하고, 다른 파티션은 확장 스토리지(다이내믹 티어링)에 저장하는 동적 레인지 파티션 또는 복합(heterogenous) 파티션을 구현하는 등 많은 선택이 가능하다.

다음 코드는 테이블 파티셔닝 구문의 예이다.

```
CREATE COLUMN TABLE MY_TABLE (a INT, b INT, c INT, PRIMARY KEY (a,b))
PARTITION BY RANGE (a)(PARTITION 1 <= VALUES < 5,
PARTITION 5 <= VALUES < 20, PARTITION VALUE = 44, PARTITION OTHERS)
```

자세한 내용은 SAP HANA Administration Guide의 "Table Partitioning"을 참고하면 된다.

8.5.2 테이블 배치와 분산

애플리케이션은 쿼리에 어떤 테이블이 함께 속해 있는지를 이미 알고 있으며, 이 테이블 배치 정보를 데이터베이스에게, 더 정확히는 SAP HANA 쿼리 옵티마이저에게 제공할 수 있다. 최적의 쿼리 성능과 최적의 테이블 분산을 위해 어떤 테이블이 자주 조인되고 함께 쿼리되는지를 아는 것은 아주 중요하다.

SAP BW, SAP Business Suite(powered by HANA), SAP S/4HANA, SAP BW/4HANA의 경우, 사전 정의된 테이블 배치 시나리오를 사용할 수 있다. 다른 애플리케이션의 경우, SAP HANA 콕핏(그림 8.8 참고)과 SAP HANA 스튜디오에서 테이블 재배포 도구를 사용하거나 수동으로 SQL을 사용할 수 있다.

SAP HANA Data Warehousing Foundation의 일부인 DDO 도구(8.6섹션에서 설명됨)는 작업 스케줄링을 포함하여 더 완벽한 기능을 제공한다.

다음 코드는 테이블 배치의 예시 구문이다.

```
CREATE COLUMN TABLE TABLE_A (COL_A INT PRIMARY KEY) GROUP TYPE ZFIGL
GROUP SUBTYPE CHANGE_LOG
```

자세한 내용은 SAP HANA Administration Guide의 "Table Placement"를 참고하면 된다.

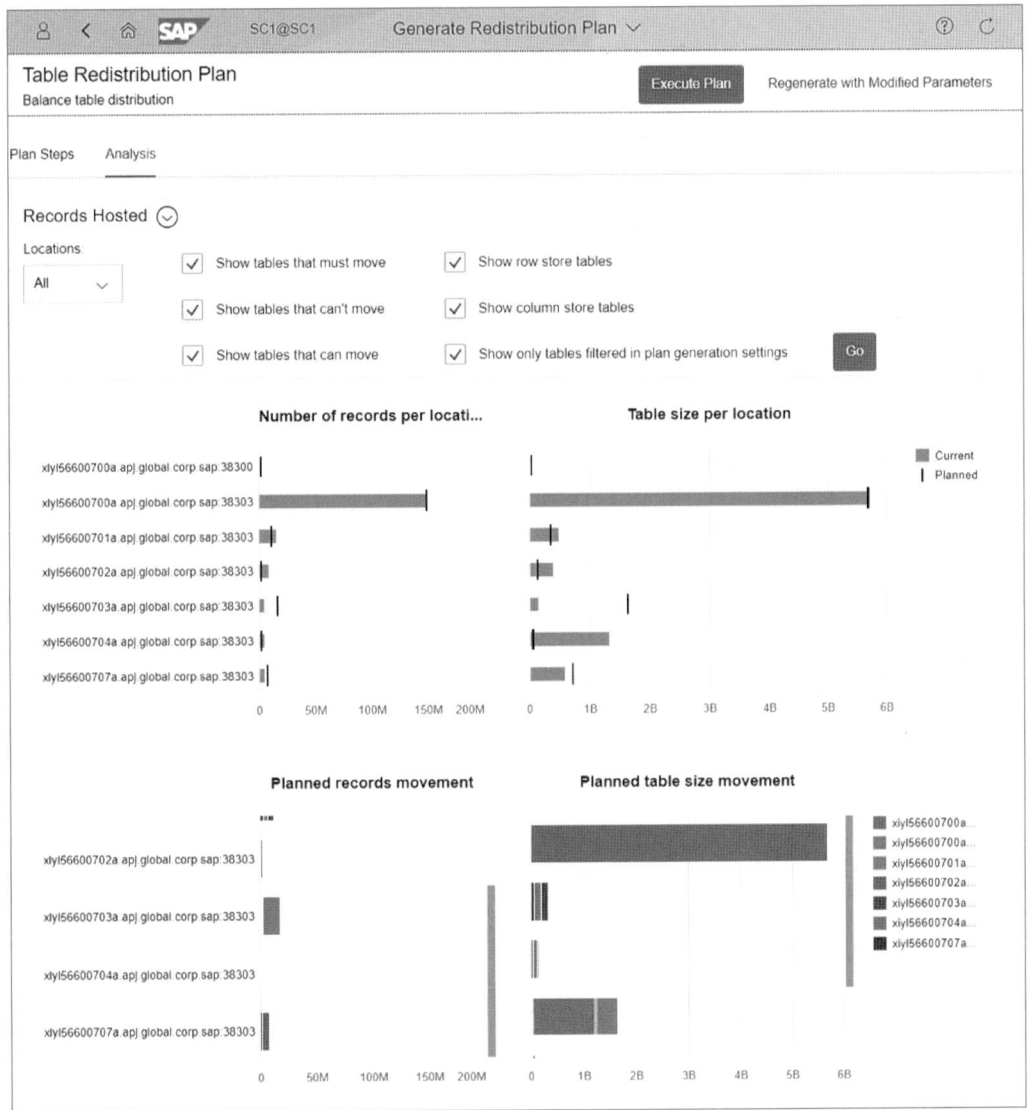

그림 8.8 SAP HANA Cockpit: Table Redistribution Plan

8.5.3 테이블 리플리케이션

테이블 리플리케이션은 분산 시스템에서 성능을 향상시키는 또 다른 기능이다. 네트워크 대기시간은 멀티호스트 시스템의 단점 중 하나이다. 광섬유 채널이라도, 네트워크는 로컬 메모리보다 여전히 느리다. 이런 영향을 완화하기 위해서, 테이블(또는 테이블 컬럼)을 여러 호스트에 리플리케이션할 수 있다.

테이블 리플리케이션의 일반적인 후보는 마스터 데이터 테이블이다. 이 테이블의 데이터는 비교적 안정적이지만, 이 테이블은 주로 변동이 심한 데이터(예: 판매 데이터)와 조인된다. 그러므로 각 호스트에 판매 테이블(파티션)과 함께 마스터 데이터의 로컬 복제본이 존재한다면, 네트워크 대기시간이 해소돼 성능이 향상된다.

테이블은 동기식과 비동기식으로 리플리케이션될 수 있다. 동기식 리플리케이션은 소스 테이블과 타깃 테이블의 트랜잭션이 동시에 커밋되는 것을 의미한다. 쿼리하는 테이블의 버전에 상관없이 결과 집합은 항상 동일하다. 하지만, 동기식 리플리케이션으로 인해 지연이 발생할 수도 있다. 그래서, 정확하고 동일한 복사본이 필수적이지 않고, 신속한 커밋 시간이 더 중요하다면, 비동기식 리플리케이션을 선택할 수 있다. 이 구성에서는 소스 테이블의 트랜잭션이 먼저 커밋되고, 미세한 시간 간격(흔히 마이크로세컨드 단위로 표현됨)으로 결과에 차이가 발생할 수 있다. 일반적으로 동시에 소스와 타깃 테이블이 쿼리될 가능성이 거의 없으므로, 비동기 리플리케이션에 따른 아주 약간의 지연은 받아들일 만하다.

코드 클리닉

다음 코드는 테이블 리플리케이션의 예시 구문이다.

```
CREATE COLUMN TABLE TABLE_A (COL_A INT PRIMARY KEY) REPLICA AT ALL
LOCATIONS
```

테이블 리플리케이션과 시스템 리플리케이션 또는 스토리지 리플리케이션을 혼동하지 않으려면 다음의 내용을 염두에 두어야 한다.

- 테이블 리플리케이션은 데이터베이스 내부 작업으로, 테이블 또는 테이블 컬럼의 내용을 동일한 분산 시스템의 하나 이상의 호스트에 실시간으로 리플리케이션할 수 있다. 목표는 더 나은 성능을 보장하는 것이다.
- 시스템 리플리케이션은 SAP HANA 시스템에서 작동하며 데이터베이스 전체(모든 테이블)를 복사하는 것이다. 동일한 데이터 센터 내부로 또는 원격 사이트로 리플리케이션할 수 있다. 목표는 고가용성을 보장하는 것이다.
- 스토리지 리플리케이션은 SAP HANA 범위 밖에서 작동한다. 스토리지 리플리케이션은 일반적으로 SAP 하드웨어 파트너사의 솔루션이다. 목표는 역시 고가용성에 있다.

- SAP Landscape Transformation Server는 ABAP 시스템에서 SAP HANA로 트리거 기반의 데이터 리플리케이션을 가능하게 한다. 이 도구는 유연하게 전체 데이터베이스를 리플리케이션하거나 특정 테이블 또는 특정 테이블 컬럼만 리플리케이션할 수 있다. 목표는 운영 데이터 마트를 생성하여 비즈니스 인텔리전스 리포팅과 분석을 향상하는 것이다.

> **더 알아보기**
>
> 자세한 내용은 SAP HANA Administration Guide의 "Table Replication"을 참고하면 된다.

8.6 SAP HANA Data Warehousing Foundation

그림 8.9와 같이 SAP HANA로 EDW(Enterprise Data Warehouse)를 만드는 방법은 다양하다. 애플리케이션(솔루션)을 사용해 EDW를 만들거나, 일부 도구의 도움을 받아 SQL을 이용해 직접 데이터 모델링을 할 수도 있다. 좋은 결과를 위해서 물론 복합적인 접근법도 가능하다. SAP HANA Data Warehousing Foundation은 네이티브 SAP SQL 데이터 웨어하우스를 만들기 위한 도구를 제공한다.

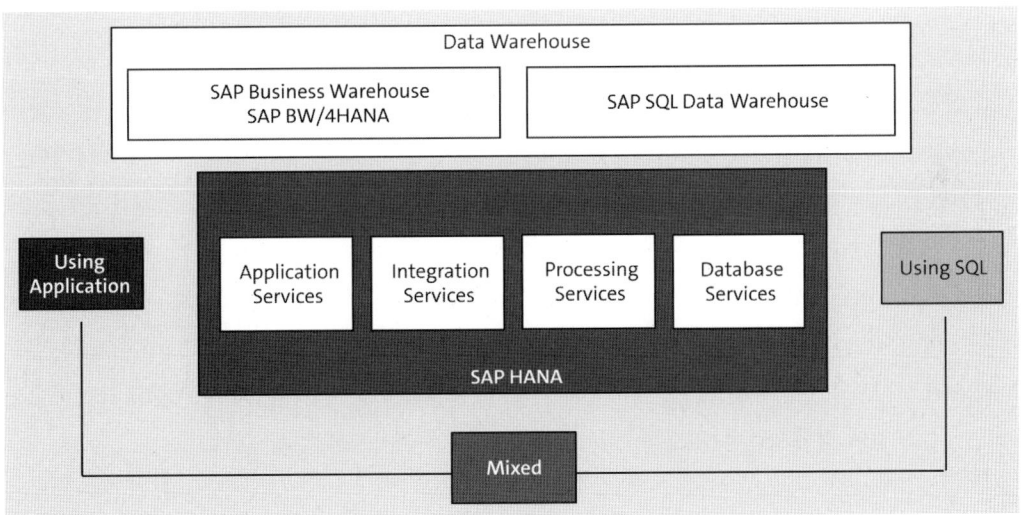

그림 8.9 Different Approaches to Create a Data Warehouse

SAP HANA Data Warehousing Foundation은 2015년 11월에 SAP HANA 1.0 SPS 10에서 소개되었다. SAP HANA 2.0용으로 지원되는 최신 버전의 SAP HANA Data Warehousing Foundation

2.0 릴리스의 경우, 모든 애플리케이션이 SAP HANA XS Advanced로 업데이트됐다.

SAP HANA Data Warehousing Foundation의 상세한 내용은 데이터 웨어하우스 설계자 페르소나의 영역에 속하는데, 이것은 이 책에서 다룰 수 있는 범위가 아니다. 그러나 데이터 설계자를 위해, SAP HANA Data Warehousing Foundation에 포함된 두 가지 도구인 DDO와 DLM은 언급되어야 한다. DDO와 DLM은 네이티브 SAP HANA XS Advanced 애플리케이션이며 SAP EA Designer와 함께 작동한다. SAP HANA Data Warehousing Foundation은 데이터 웨어하우스 스케줄러, 데이터 웨어하우스 모니터, 네이티브 데이터스토어 오브젝트(native datastore objects: NDSOs)용 에디터도 포함하고 있는데, 이에 대해 이번 섹션에서 설명할 것이다.

8.6.1 Data Distribution Optimizer (DDO)

DDO는 메모리 사용률, 테이블 그룹화, 파티셔닝 정보를 이용해서, SAP 시스템에 대한 알맞은 랜드스케이프 개요를 제공할 수 있다. 스마트 알고리즘을 이용해 테이블 파티션이 골고루 분산되도록 재배포 계획을 수립함으로써 실제 시스템 랜드스케이프와 비교 시뮬레이션을 할 수 있다. 결과가 만족스러우면 재배포 계획을 예약하고 모니터링할 수 있다.

8.6.2 Data Lifecycle Manager (DLM)

DLM의 주요 목표는 SAP HANA에서 데이터의 메모리 공간을 최적화하는 것이다. DLM 도구는 액세스 빈도, 성능 요구사항, 데이터 운영상 유용한 정도에 따라 데이터 재배치를 해야 하는 후보들을 고르는 데 도움이 될 것이다. 네이티브 SAP HANA 애플리케이션과 SQL 데이터 웨어하우스 애플리케이션에 DLM을 사용할 수 있다. DLM 도구는 소스와 타깃 데이터스토어 위치와 재배치 규칙을 설명하는 프로파일을 이용해 작동한다. 데이터 재배치는 일반적으로 데이터를 인메모리 hot 스토어에서 warm, cold 스토어로 이동시키지만, 다른 방향으로 가는 트래픽도 옵션으로 제공한다. 프로파일이 생성되면, 스케줄러는 프로파일을 실행해 데이터 재배치가 시작된다. DLM 프로파일은 SAP HANA 프로시저로 저장된다. 데이터 재배치 이후 데이터집합이 분산되더라도, 애플리케이션에서 아무런 수정 없이 액세스할 수 있도록 calculation view가 자동으로 생성된다.

8.6.3 Native Datastore Objects (NDSO)

SAP 데이터 웨어하우징에는 자체 어휘가 많이 나온다. SAP BW에서는 데이터를 관리하고 유지하기 위해서 HybridProviders, 데이터스토어 오브젝트, persistent staging areas(PSAs)를 활용해왔다. SAP BW 랜드스케이프를 단순화하기 위해, ADSO(advanced datastore objects)가 소개됐다.

이런 ADSO에는 인바운드 큐를 위한 테이블과, 변경 로그를 위한 테이블, 델타 변경분을 계산하거나 롤백에 사용되는 액티브 데이터를 위한 테이블이 포함돼 있다.

이름에서 알 수 있듯이, SAP HANA Data Warehousing Foundation에서 사용되는 NDSO는 구조가 비슷하지만, 이번에는 "네이티브" SAP HANA SQL 오브젝트이다. 그림 8.10과 같이, SAP Web IDE에서 템플릿을 사용하여, 핵심 데이터 서비스(CDS) 엔터티로 표현된 테이블로 NDSO를 생성하고, 플로우그래프를 사용하여 NDSO에 데이터를 로딩하거나 NDSO로부터 데이터를 추출할 수 있다. 앞서 언급했듯이, NDSO 설계는 이 단원의 데이터 설계자의 작업과 데이터 웨어하우스 설계자 페르소나의 작업이 중복되는 위치이며, 이는 SQL 데이터 웨어하우스와 SAP HANA Data Warehousing Foundation의 정교함을 보여준다.

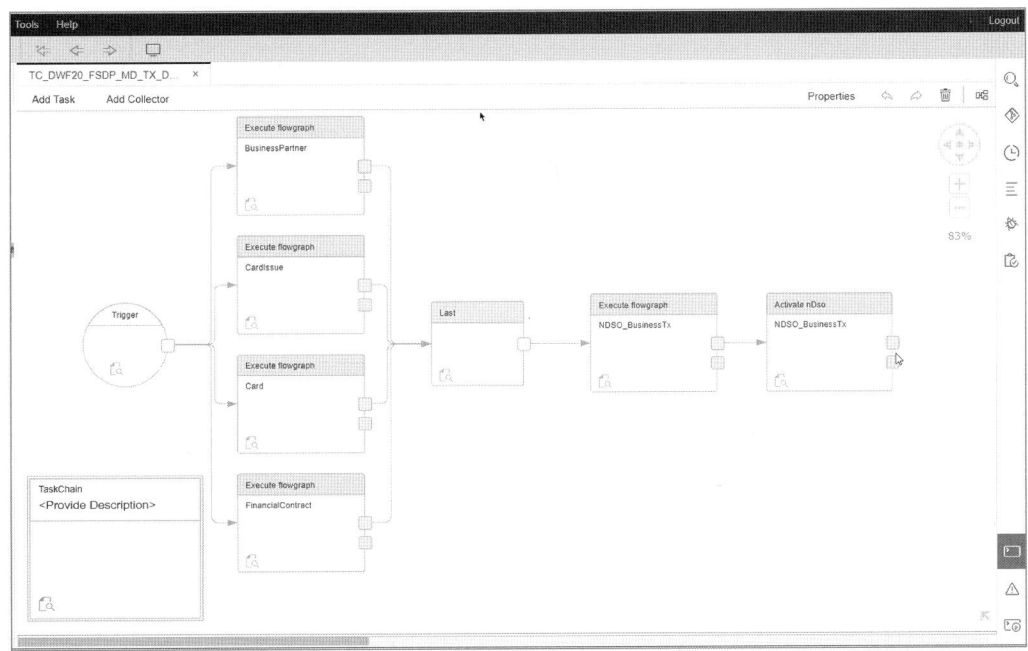

그림 8.10 Designing NDSO Flowgraphs in the SAP Web IDE for SAP HANA

더 알아보기

자세한 내용은 SAP Help Portal의 SAP HANA 플랫폼용 SAP HANA Data warehousing Foundation 을 참고하면 된다.

SAP HANA Data Warehousing Foundation의 평가판 버전(SAP HANA용 SAP EA Designer 에디션

을 포함)은 그림 8.11과 같이, SAP Cloud Appliance Library에서 사전 구성된 시스템(솔루션)으로 사용할 수 있다. 여기에서, 평가판 라이선스로 사전 구성된 자체 인스턴스를 몇 분 안에 배포할 수 있으며, 이 제품이 어떻게 사용되는지 확인할 수 있다.

시작하려면 SAP Community의 SAP HANA Data Warehousing Foundation 주제 영역을 방문하면 된다.

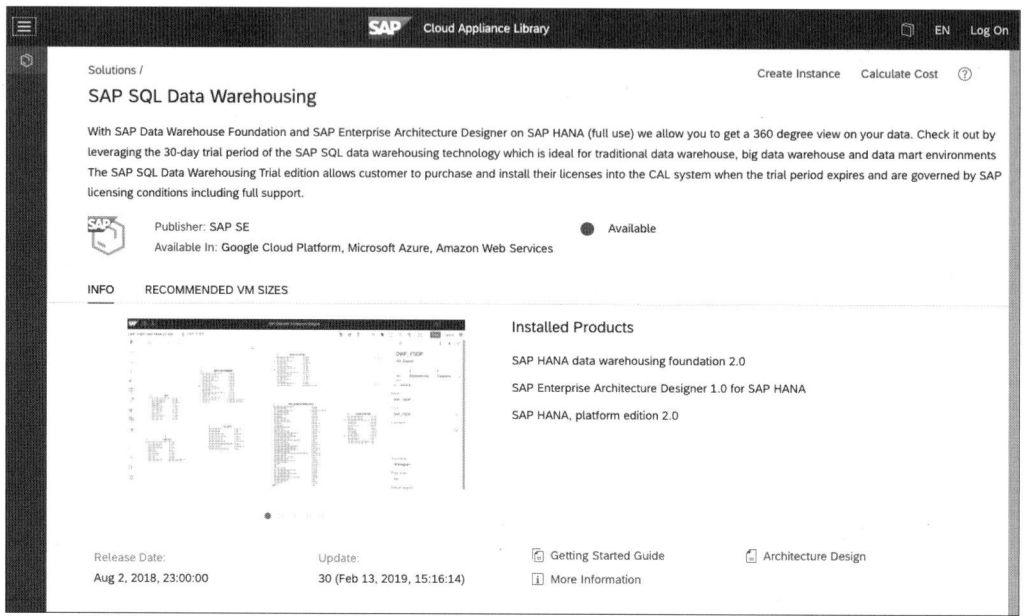

그림 8.11 SAP SQL Data Warehousing Trial in the SAP Cloud Appliance Library

8.7 요약

이 단원에서는 SAP HANA의 데이터 아키텍처를 살펴보고 스케일링, 데이터 티어링, 데이터 분산을 설명했다. 일반적으로 스케일아웃하기 전에 스케일업하는 것을 권장하지만, 두 접근법 모두 장점이 있다. 문제 해결의 최적 솔루션은 이슈 발생 전에 대책을 강구하고, SAP HANA 메모리 공간을 엄격하게 제어하는 것이다.

데이터 티어링으로, 자주 액세스되지 않는 데이터를 위해 "warm" 데이터스토어를 생성함으로써 SAP HANA 메모리 요구사항을 줄일 수 있다. 이러한 데이터 티어링을 구현하는데, SAP HANA 네이티브 스토리지 익스텐션과 SAP HANA 다이내믹 티어링 솔루션을 사용할 수 있다. 더 많은 데이터를 하둡 스토리지 또는 저렴한 클라우드 스토리지와 데이터 레이크로 오프로드해야 한다면, SDA를 사용하여 데이터를 추적할 수 있다. 이 같은 환경에서, SAP HANA Spark Controller를 선택하여 Apache Spark에 연결하거나, 최신 SAP Data Hub를 선택해서 SAP HANA Wire로 직접 SAP Vora 분산 런타임에 연결할 수 있다.

스케일아웃을 해야 한다면, 어떻게 최적의 성능을 얻을 수 있는가? 데이터 설계자 페르소나의 역할 중 하나는 데이터 파티셔닝과 데이터 배치를 적절하게 설계하는 것이다. 어떤 경우에는, 테이블 리플리케이션이 응답 시간을 증가시킬 수도 있다. SAP HANA Data Warehousing Foundation의 DDO와 DLM 도구는 데이터 티어링과 자동화된 데이터 분산 관리를 지원한다. 마지막으로 SAP EA Designer는 다이어그램, 모델, 기타 산출물을 생성하고 SAP HANA 랜드스케이프의 현재 상태를 문서화하거나, 다음에 나올 SAP HANA 3.0 설계에 협업을 위한 훌륭한 도구이다.

다음 단원에서는 초점을 다시 변경해서 온프레미스 또는 클라우드에서 SAP HANA 플랫폼을 어떻게 구현할 수 있는지에 대해 알아볼 것이며, 이에 관련된 데이터 센터 설계자 페르소나를 만나보도록 하겠다.

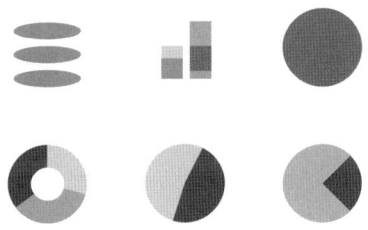

Chapter 9
데 이 터 센 터
아 키 텍 처

전문가들은 앞을 내다 본다.
- Gordon E. Moore

인생에 지름길은 없다.
- J.R.R. Tolkien

Chapter 9
데이터 센터
아키텍처

고대 그리스인들은 설계자(architect)를 "최고 건설자(chief builder)"라고 불렀는데, 이는 2,500년이 지난 지금에도 이 직업에 대한 적절한 묘사이다. 설계자는 필요한 도구와 기술에 관한 경험을 쌓고, 엄격한 연구를 통해서만 기술을 습득할 수 있다. 이 말은 SAP HANA 설계자가 새로운 구현을 위한 랜드스케이프의 크기와 사양을 조정할 때, 마이그레이션 범위를 정할 때, 네트워크 보안 설계 초안을 작성할 때에도 반드시 적용된다. 직면할 수 있는 어떤 상황에 대한 개념과 시나리오를 철저히 이해해야 하는 것처럼, 경험은 중요하다.

SAP HANA 신입사원에게 사이징 작업이 맡겨진다면 정확한 예측이 어려울 수밖에 없을 것이며, 프로젝트가 미처 끝나기도 전에 하드웨어를 업그레이드해야 하는 상황을 맞을 수도 있다. 어떤 클라이언트 연결 엔드포인트를 설정해야 하는지 알 수 없다는 이유로, 방화벽에서 단 1초라도 모든 TCP 포트를 열게 되면, 시스템은 월드 와이드 웹의 해커에게 위험하게 노출될 것이다. 이처럼 적절한 준비 없이 엔터프라이즈 IT 시스템을 가동하는 것은 위험한 일이다. SAP HANA도 예외가 아니다. 이제 데이터 센터 설계자를 만날 시간이다.

이 단원에서는 SAP HANA 데이터 센터 아키텍처를 소개하고, 데이터 센터 설계자의 역할을 설명하며, 이런 작업과 활동을 수행하는데 사용되는 몇 가지 도구들을 살펴볼 것이다. SAP HANA 사이징, 배포 옵션, 표준 어플라이언스 구성과 맞춤형 구성, 최신의 하드웨어 기술, 운영체제, 마이그레이션 도구와 서비스, 고가용성과 재해 복구, 시스템 리플리케이션, 랜드스케이프 관리, 네트워크 관리 등의 주제를 다룰 것이다.

9.1 역할과 도구

SAP HANA 데이터 센터 설계자의 책임은 무엇이며, 그 일을 하기 위해 어떤 도구를 사용할 수 있을까? 이 섹션에서는 데이터 센터 설계자 페르소나의 직무 역할을 간략하게 살펴보겠다.

9.1.1 SAP HANA 데이터 센터 설계자

SAP HANA 데이터 센터 설계자는 인메모리 플랫폼의 가용성과 응답성을 보장해야 하는 책임이 있다. 누구나 최상의 성능을 원하고, 가능한 한 합리적 수준의 비즈니스 연속성을 원한다. 예산에 따라 허용되는 연간 다운타임을 시, 분, 초 단위로 정의할 수도 있다.

데이터 센터 설계자는 8단원에서 소개한 데이터 설계자, 6단원의 보안 설계자와 함께 긴밀히 협력해야 한다. 소규모 조직에서 이런 책임은 한 사람이 모두 담당하거나 역할을 묶어 담당할 수 있지만, 대기업에는 네트워크 보안, 스토리지 관리, 비즈니스 연속성 등 다양한 분야에 전담팀을 보유하고 있을 것이다. 데이터 센터 설계자는 설계자로서, SAP HANA 랜드스케이프의 사이징을 전문으로 다루며 데이터 웨어하우스 환경과 비즈니스 애플리케이션의 다양한 요구사항을 잘 알고 있을 것이다. 또는 사이징 프로젝트는 특별한 경우에만 관리하면서 대신에 조직 외부의 컨설턴트(SAP Digital Business Service 또는 SAP의 많은 구현 파트너 중 하나)에게 필요한 전문 지식을 구할 수도 있다. 사이징은 일반적으로 마이그레이션 프로젝트의 일부이다. 시스템 랜드스케이프와 애플리케이션에 대한 프로세서 아키텍처, 배포, 라이프사이클 관리 모범 원칙과 관련된 전문 지식을 제공하는 데 있어서, 데이터 센터 설계자 페르소나가 크게 관여하는 것을 알 수 있다.

클라우드 컴퓨팅으로 SAP HANA 데이터 센터 설계자의 일이 없어지는 것은 아니다. 오히려 그와 정반대라고 할 수 있다. SAP에 관한 한, 하이브리드와 멀티클라우드가 미래이다. SAP는 데이터 센터 설계자의 책임에 클라우드 배포, 프라이빗과 퍼블릭 클라우드 환경, 온프레미스와 클라우드 기반 시스템 간의 상호연결성을 추가했다.

8단원에서는 데이터 설계자 페르소나를 다루었다. 데이터 설계자와 데이터 센터 설계자의 차이점은 무엇인가? 건축에 대한 비유를 고수하자면 데이터 설계자를 인테리어 디자이너로, 데이터 센터 설계자를 실제 건축가라 생각해 보자. 데이터 설계자는 데이터에 대해 잘 알고 있으며 테이블이 어떻게 연관돼 있는지, 어떻게 데이터를 분할하고 분산하는지, 데이터가 어떻게 에이징 관리가 되는지 알고 있다. 역할 관점에서 보면, 데이터 센터 설계자는 SAP HANA라는 상자 안에 무엇이 있는지 거의 알지 못할 것이다. 데이터 센터 설계자는 시스템이 요구하는 하드웨어, 전반적인 엔터프라이즈 IT 랜드스케이프에서 SAP HANA를 통합하는 방법과 인메모리 플랫폼을 보호하면서 99.999%의 가용성을 얻는 방법에 신경을 써야 한다. 이 주제들은 데이터 설계자와는 모두 상관이 없는 것이다.

데이터 설계자와 데이터 센터 설계자 모두 똑같이 중요하며, 실제 업무환경에서는 한 사람이나 전체 팀이 두 역할을 수행하기도 한다. 예를 들어 시스템에서 스케일아웃이 필요할 경우나 여러 시스템에 걸쳐 데이터 티어링(hot, warm, cold 데이터 조정)을 설계할 경우에 두 페르소나는 서로 긴밀히 협력해야 한다.

9.1.2 도구

데이터 센터 설계자에게는 일상적인 작업을 보조할 수 있는 맥가이버 칼과 같은 만능 도구는 없지만, 몇 가지 편리한 도구가 있다. 8단원에서는 데이터 설계자의 도구 중에서 SAP HANA용 SAP Enterprise Architecture Designer(SAP EA Designer) 에디션을 설명했다(사촌 격인 SAP PowerDesigner 포함). 이 도구는 데이터 센터 설계자도 유용하게 활용할 수 있다. 바로, 그림 9.1과 같이 SAP EA Designer를 사용해서 IT 랜드스케이프를 설계하고, 인벤토리를 보관하고, 동료와 협업하는 데 사용할 수 있기 때문이다.

또한, SAP 시스템 랜드스케이프와 SAP의 모든 비즈니스 애플리케이션, 데이터 웨어하우스를 완벽하게 관리하기 위해 특별히 고안된 SAP Solution Manager와 SAP Landscape Management라는 두 가지 도구가 있다. SAP Solution Manager로 SAP HANA 데이터베이스를 관리하고, SAP HANA를 데이터베이스(powered by HANA)로 사용할 수 있다. 하지만, SAP Solution Manager의 범위는 SAP HANA로만 국한되지 않는다. 두 도구에 관해서는 9.11섹션에서 설명할 것이다.

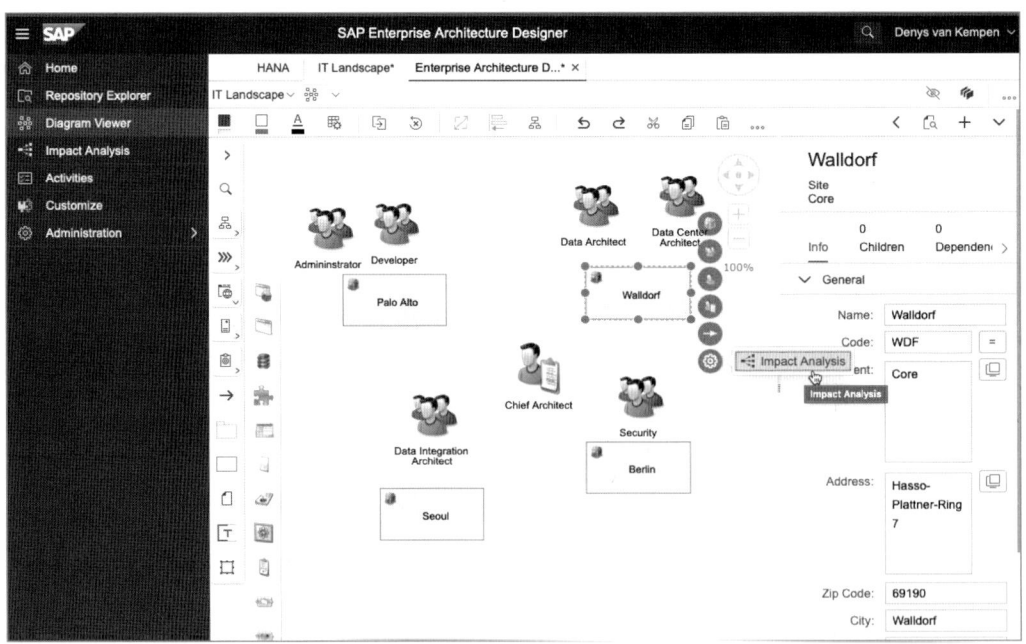

그림 9.1 SAP Enterprise Architecture Designer

9.2 구현 개요

SAP HANA를 구현한다는 것은 하나의 프로젝트이며, 다른 프로젝트와 마찬가지로 성공을 위해서는 계획이 필요하다. 데이터 센터 설계자로서 SAP HANA 구현에 관한 많은 정보를 활용하고, 시스템을 정확하게 사이징해야 한다. 즉, 비즈니스 요구사항을 하드웨어로 변환해야 한다. 또한, 다양한 배포 옵션을 이해하고 있어야 프로젝트에서 올바른 옵션을 선택할 수 있다. 어쩌면 어려운 작업일 수 있지만, SAP 또는 구현 파트너와 협력하여 수년간 SAP HANA를 구현한 축적된 경험과 많은 자료를 활용할 수 있다. 이번 섹션에서 사이징과 구현 파트너에 대해 다룰 것이다.

9.2.1 SAP HANA 사이징

운영환경에서 엔터프라이즈 비즈니스 애플리케이션을 실행하려면, 상당한 컴퓨팅 리소스가 필요하다. 리소스에 대한 투자를 제대로 하려면, 구현 계획을 세우는 동안 플랫폼의 사이즈를 적절하게 계산해야 한다. 프로세서, 메모리, 스토리지, 네트워크 등 모든 하드웨어는 비즈니스 요구사항과 일치해야 한다. 너무 관대하게 사이징하면 SAP HANA 플랫폼의 주요 이점 중의 하나인 총소유 비용(TCO)에 부정적인 영향을 미칠 수 있다. 반대로 너무 작게 사이징하면 우리가 기대하는 성능에 도달하지 못할 것이다. 둘 다 좋은 것은 아니다. 하지만 비즈니스 요구사항은 변하기 때문에 사이징을 계속 고민하고 반복하는 과정을 겪어야 할 것이다. SAP HANA의 사이징은 다른 데이터베이스를 사용하는 SAP 비즈니스 애플리케이션 사이징과 크게 다르지 않다. 즉, 같은 방법론과 동일한 종류의 도구를 사용한다.

완전히 새로운 환경을 구현하기 위해, 그림 9.2의 Quick Sizer 도구를 사용할 수 있다. 이 도구로 SAP S/4HANA와 SAP BW/4HANA(또는 이전 SAP Business Suite와 SAP Business Warehouse[powered by HANA])의 최신 버전에 대한 초기 예산 계획을 세울 수 있다. Quick Sizer 도구는 웹 애플리케이션으로, 비즈니스 요구사항을 입력하면 기술 사양이 출력된다. 여기에서는 SAP Business Suite와 non-SAP NetWeaver 애플리케이션에 대해서 특정 산업, 분석, 모바일 시나리오, 기타 활용 사례에 관한 다수의 사이징 가이드라인을 제공한다.

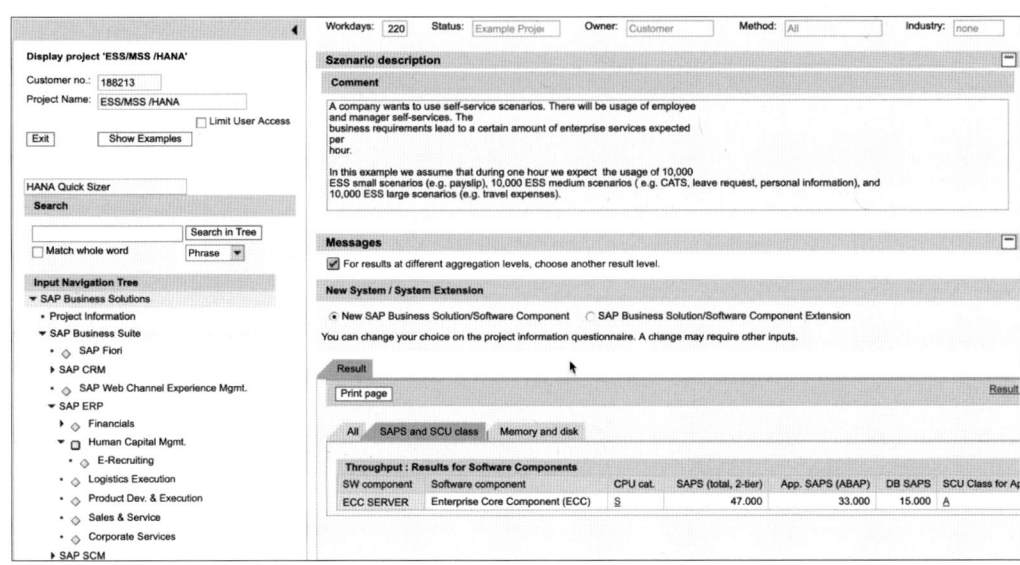

그림 9.2 Quick Sizer for SAP HANA

마이그레이션을 위해서 특정 SAP Note에 사이징 리포트가 첨부돼 있는데, 이 사이징 리포트는 소스 시스템에서 실행돼야 한다. SAP Business Suite와 SAP Business Warehouse(SAP BW)의 다양한 버전에 대한 각각의 리포트가 존재하므로, 올바른 리포트를 선택해서 참조해야 한다.

더 알아보기

하드웨어를 사이징하는 의사결정 트리는 완전히 새로운 환경의 구현과 생산적인 사이징(사이징 용어, FAQ, 특정 SAP 애플리케이션 사이징에 대한 검색 도구를 포함)에 대해 배우는 데 도움이 될 것이다. 더 자세한 정보는 http://s-prs.co/v488433를 참조하면 된다.

SAP HANA 사이징은 SAP HANA 플랫폼용 SAP HANA Master Guide에 설명돼 있다. 그 단락에는 관련된 SAP Note와 Quick Sizer 도구에 대한 링크가 있다. 애플리케이션 서버 컴포넌트에 대해서는 SAP HANA Administration Guide를 참조하면 된다. 다음의 리소스를 참고하기 바란다.

- SAP HANA Master Guide에서의 "Sizing SAP HANA"
- SAP HANA Administration Guide에서의 "Platform Sizing in XS Advanced"

9.2.2 구현 파트너

SAP와 많은 서비스 파트너는 수년 동안 시스템 사이징에 관한 전문 지식을 축적해 왔으며, SAP Note, 백서, 학습 블로그, 제품 문서에 기록돼 있다. 그뿐만 아니라 강의실 교육도 가능하며, 사이징 전용 마이크로사이트(서브 웹 페이지)를 이용할 수도 있다. SAP는 심지어 하드웨어와 독립적으로 사용할 수 있는 자체 측정 단위인 SAP Application Performance Standard(SAPS)까지 개발했다. 이처럼 많은 전문 지식을 활용할 준비가 돼 있다.

대규모 시스템과 복잡한 환경에서는 표준 보고서가 최상의 결과를 제공하지 못할 수 있으므로, 더 많은 맞춤형 솔루션이 필요할 수 있다. 이러한 경우에 SAP Digital Business Services 또는 해당 서비스 파트너의 전문 지식을 활용할 수 있다. 그림 9.3에 표시된 SAP PartnerEdge 포털의 SAP Partner Finder 도구를 사용하면 적합한 파트너를 찾는 데 도움이 될 것이다.

> **더 알아보기**
>
> SAP 파트너의 세계를 알고 싶으면 http://s-prs.co/v488434의 SAP PartnerEdge 포털을 방문하면 된다. SAP Partner Finder에 대한 자세한 내용은 http://s-prs.co/v488435를 방문하면 된다.

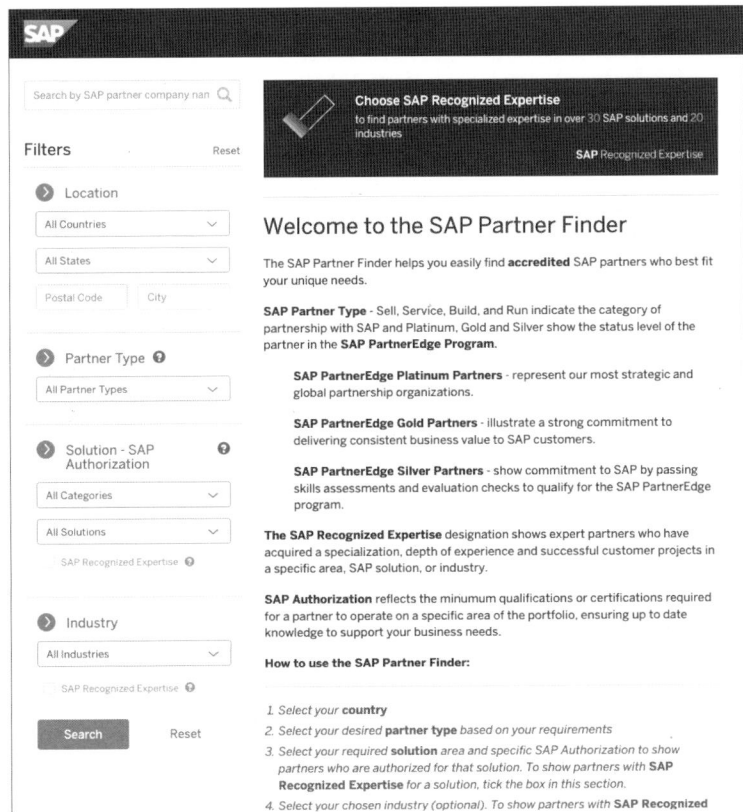

그림 9.3 SAP Partner Finder

9.3 배포 옵션

기업 데이터 센터나 프라이빗/퍼블릭 클라우드에 SAP HANA를 배포할 수 있고, 이러한 배포 옵션을 믹스 앤 매치(mix and match)할 수도 있다. 어디에 배포하는지에 상관없이, 다양한 기술적 배포 옵션은 배포 계획에 따라 달라지며, 이는 서버, 시스템, 데이터베이스, 애플리케이션(powered by HANA) 간의 경계를 결정한다. 이 섹션에서는 모든 배포 옵션을 다룰 것이다.

9.3.1 하이브리드 클라우드와 멀티클라우드

기업의 IT 환경에서는 다양한 클라우드 환경에서 서로 다른 솔루션을 실행하고 이를 온프레미스 배포와 결합하는 것이 점차 보편화되고 있다. 따라서 이러한 멀티클라우드는 SAP에 의해 지능형 제품군 전략의 일환으로 받아들여지고, SAP HANA는 하이브리드 및 멀티클라우드 데이터 플랫폼으로 자리 잡고 있다. "하이브리드"와 "멀티클라우드" 환경이 자주 헷갈리고 혼용되는 경우가 많지만, 이 둘은 서로 다르다. 하이브리드 클라우드는 개발 개념이며, 퍼블릭 클라우드 환경과 프라이빗 클라우드 환경(두 환경 모두 온프레미스와 클라우드)을 같이 사용하면서 마이크로서비스를 결합하는 것을 중시한다. 멀티클라우드 환경은 모든 달걀을 한 바구니에 담지 않는 것을 선호하는 최고 정보 관리자(CIO)의 비즈니스 전략에 의한 접근방식으로, 여러 공급자와 일하는 멀티클라우드 방식을 택한다면, 클라우드 서비스에 대한 협상을 통하여 잠재적으로 더 많은 이익을 얻을 수도 있을 것이다.

9.3.2 싱글호스트와 분산 시스템 멀티호스트

8단원에서 싱글호스트 SAP HANA 시스템을 멀티호스트, 분산 시스템으로 스케일아웃하는 방법을 설명했다. 최상의 성능을 위한 대부분 시나리오에서는 싱글호스트에서 구동되는 SAP HANA 시스템이 선호되는 옵션이다. 또한, 단일 컴퓨터에서 모든 관련 데이터는 메모리 내에 저장되며 메모리 슬롯은 CPU와 물리적으로 근접해 있다.

그러나 여러 가지 이유로 멀티호스트로 스케일아웃을 선택해야 할 수도 있다. 대표적으로 분산 시스템은 고가용성을 제공하기 때문이다. 한 서버의 인스턴스가 더 이상 응답이 없다면, 스탠바이 노드로 페일오버를 할 수 있다. 그뿐만 아니라, 분산 시스템은 싱글호스트의 용량의 한계를 벗어날 수 있게 해주어, 더 많은 메모리를 통해 더 많은 처리가 가능해진다. 다른 장점으로는 분산 시스템은 쉽게 만들 수 있다. 설치할 때나 시스템이 가동 중일 때, 플랫폼 라이프사이클 관리 도구를 사용하여 호스트를 추가하거나 제거할 수 있다. 분산 시스템에서는 테이블 배치, 분산, 심지어 리플리케이션까지 데이터 설계자의 전문 지식과 경험이 필요할 수 있으며, 데이터 설계자는 SAP HANA 콕핏과 SAP HANA 스튜디오에서 제공되는 테이블 분산 어드바이저를 사용하거나, SAP HANA Data Warehousing Foundation의 Data Distribution Optimizer(DDO)와 같은 더 정교한 도구를 사용한다.

멀티호스트 분산 시스템은 온프레미스와 가상 환경 모두에서 지원된다. 그러나 가상 환경에서는 공유 스토리지 서브시스템, 가상 호스트, 가상 네트워크 모두를 가상화하는 작업이 복잡하기 때문에 싱글호스트 시스템이 훨씬 더 일반적이다.

9.3.3 기술적 배포 (MCOS와 MCOD)

애플리케이션을 SAP HANA에 다양한 방식으로 배포할 수 있는데 이를 "기술적" 배포라고 하며, 이전에 논의했던 온프레미스, 클라우드 또는 하이브리드 배포 옵션과 구별할 수 있다.

가장 기본적인 구성은 그림 9.4 왼쪽의 single database system에서 볼 수 있다. 이 예에서는 애플리케이션(예: SAP Cash Forecasting)은 ABAP용 SAP NetWeaver 애플리케이션 서버에서 실행 중이고, 단일 데이터베이스 스키마에 배포됐으며, 이 스키마는 전용 하드웨어에서 운영 중인 SAP HANA 시스템의 일부분이다. 이웃인 SAP Operational Process Intelligence는 다른 시스템에서 실행된다. 이러한 애플리케이션은 하나의 컴포넌트도 공유되지 않고, 완전히 분리된 환경에서 존재한다. 이 예에서 SAP Cash Forecasting은 오래된 SAP HANA 1.0 환경에서 실행되고 있으며, 이 환경은 각 시스템이 오직 단일 데이터베이스("시스템"과 "데이터베이스" 용어는 자주 동의어로 간주)만 지원한다. 그래서 SAP Operational Process Intelligence는 테넌트 데이터베이스 시스템에서 실행되고 있다. 참고로, 테넌트 데이터베이스 시스템은 2015년에 리소스 사용을 최적화하기 위해 도입됐고, 2년 후 SPS HANA 2.0 서포트 패키지 스택(SPS) 01의 디폴트이자 유일한 데이터베이스 모드가 됐다.

복잡한 애플리케이션의 경우에는, 그림 9.4의 왼쪽과 같이 전용 SAP HANA 시스템을 사용하는 것이 완벽하게 적합할 수 있고, 여러 호스트로 스케일아웃해야 할 수도 있다. 그러나 전용 시스템을 구축하고서 간단한 애플리케이션만 실행한다면, 이는 다른 이야기가 되며 비용 측면에서 효율이 많이 떨어질 것이다. 이런 경우를 예로 들면, 하루 24시간 7일 내내 수행되는 것이 아닌 주기적으로만 사용되는 애플리케이션을 생각해 볼 수 있겠다. 이 문제에 대한 차선책은 단일 SAP HANA 데이터베이스에 여러 애플리케이션을 배포하거나, 단일 서버에 여러 SAP HANA 시스템을 설치하는 것이다. 전자는 하나의 데이터베이스에 다중 컴포넌트(multiple components in one database: MCOD)라고 불리며 후자는 하나의 시스템에 다중 컴포넌트(multiple components in one system: MCOS)라고 불린다. "컴포넌트"(독립적인 설치 가능한 단위)라는 단어는 SAP NetWeaver 용어에서 유래되었지만, 여기서는 컴포넌트를 애플리케이션이라고 생각하면 된다. 즉, 그림 9.4의 오른쪽에 보듯이 여러 애플리케이션이 단일 데이터베이스(MCOD)나 단일 서버(MCOS)에서 작동할 수 있다.

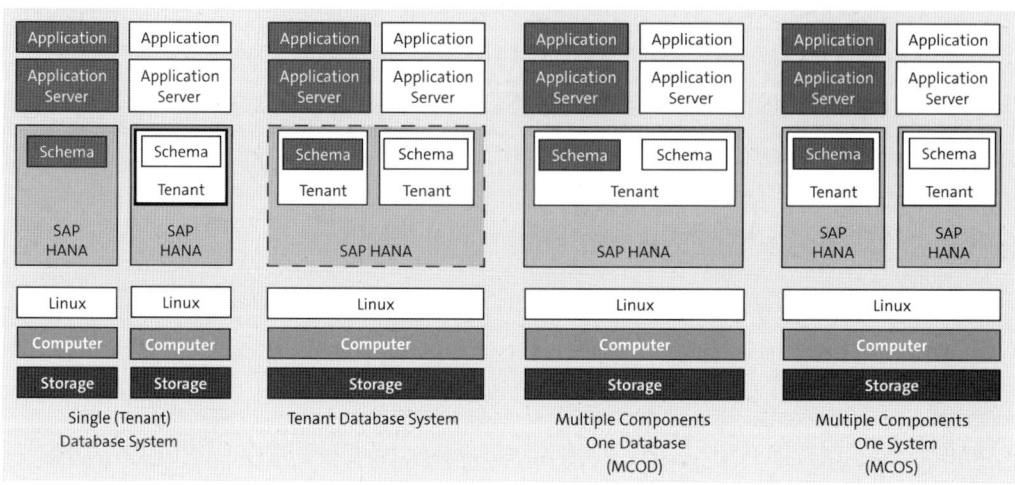

그림 9.4 SAP HANA Technical Deployment Types

그렇다면 테넌트 데이터베이스 시스템과 비교해 MCOD/MCOS 배포의 상대적인 장점이 무엇인지 궁금할 것이다. 사실상 이것은 분명하지 않다. MCOD/MCOS 배포의 비즈니스 사례는 테넌트 데이터베이스 이전의 SAP HANA 초기에 많이 사용됐다. MCOD/MCOS 배포는 모두 단일 SAP HANA 데이터베이스 시스템보다 리소스 사용 면에서 더 효과적이다. 그러나 MCOS의 한 가지 부작용은 오버헤드이다. 모든 SAP HANA 프로세스가 중복된다는 점에서 그렇다. MCOD의 한 가지 부작용은 개인 정보 보호와 보안이다. MCOD와 MCOS 배포는 민감한 주제이며, 전용 SAP Note에서 배포 조건에 대한 설명과 지원되는 SAP 애플리케이션의 화이트리스트를 제공한다. 테넌트 데이터베이스는 MCOS의 오버헤드와 MCOD의 부족한 격리 수준을 보완해, 여러 애플리케이션의 리소스 사용을 최적화한다.

그림 9.4에 포함되지 않은 또 다른 기술적 배포 옵션은 가상화이며, 이에 대해선 9.3.5섹션에서 다룰 것이다. 이 옵션은 컴퓨터와 리눅스 운영체제 사이에 하이퍼바이저 계층을 배치한다. 모든 배포 옵션을 가상화할 수 있으며 별도의 구성이 필요하지 않다. Cloud Foundry 환경에서의 SAP 클라우드 플랫폼/SAP HANA 서비스는 단일 테넌트 데이터베이스 시스템으로 그림 9.4의 Single(Tenant) Database System의 강조 표시된 흰색 상자로 표현돼 있으며, SAP 클라우드 플랫폼 콕핏으로 테

넌트 데이터베이스에 직접 액세스한다. 시스템 데이터베이스는 SAP에 의해 관리되며, 테넌트를 더 추가할 수는 없다. 반대로 Neo 환경에서는 전체 테넌트 데이터베이스 시스템(그림 9.4 Tenant Database System의 점선 상자)을 배포하고 자신의 테넌트를 추가/삭제할 수 있다.

SAP Note

SAP ONE Support Launchpad에서 다음의 SAP Note를 참고하기 바란다.
- SAP Note 1661202 – Support multiple applications one SAP HANA database/ tenant DB
- SAP Note 1681092 – Multiple SAP HANA systems (SIDs) on the same underlying server(s)

9.3.4 테넌트 데이터베이스

테넌트 데이터베이스는 보안과 개인 정보를 유지하면서 리소스 사용을 최적화한다. 모든 테넌트 데이터베이스는 자신의 유저, 스키마, 카탈로그를 자체 보유하고 있다. SAP HANA 테넌트 데이터베이스를 설치할 때, 시스템 데이터베이스가 테넌트 데이터베이스와 함께 생성된다. SQL이나 SAP HANA 콕핏을 사용해 테넌트를 시작/중지할 수 있고 추가 테넌트를 생성(또는 삭제)할 수 있다. 시스템 데이터베이스에서 테넌트를 관리할 수 있지만, 데이터에 액세스할 수는 없다. 이 데이터는 완전히 격리돼 있으며, 읽기 전용 쿼리(SELECT)로 데이터베이스 간 액세스를 할 수 있다. 더욱 강력한 데이터베이스 격리를 제공하기 위해, 운영체제 어드민 계정인 〈sid〉adm(SAP HANA 소프트웨어 오너 계정)과 분리해서, 전용 운영체제 계정으로 실행하도록 테넌트 데이터베이스를 구성할 수 있다.

시스템 데이터베이스는 마스터 데이터만 포함하고 사용자 데이터는 없으며 오버헤드는 최소화돼 있다. 멀티호스트의 경우에 첫 번째 호스트는 항상 시스템 데이터베이스를 가지고 있다. 테넌트 데이터베이스들의 유연한 로드밸런싱을 위해 각 테넌트는 하나의 호스트에만 지정되거나, 여러 호스트들에 분산 지정될 수도 있다.

더 알아보기

테넌트 데이터베이스 개념은 SAP HANA Master Guide에 설명돼 있으며, 테넌트 데이터베이스를 관리하는 것은 SAP Help Portal의 SAP HANA Administration Guide에 문서화돼 있다.

SAP Note

SAP ONE Support Launchpad에서 관련 기술 자료 문서는 SAP Note 2101244 – FAQ: SAP HANA Multitenant Database Containers(MDC)를 참고하면 된다. MDC는 현재 "테넌트 데이터베이스"라고

부르기 전의 원래 이름이었다.

9.3.5 가상화

가상화는 사용자가 하드웨어를 시뮬레이션할 수 있게 한다. 이 기술은 가상화에 기반을 둔 클라우드 컴퓨팅의 성장과 함께 지난 20년간 폭발적으로 성장했다. 운영환경을 지원하는 가상화 SAP HANA 시스템은 개발에 많은 시간이 걸렸지만, 오늘날에 이르러서는 앞에서 언급한 모든 배포 유형들을 스케일아웃 시스템뿐만 아닌 가상화 시스템에서도 사용할 수 있게 됐다.

그림 9.5는 SAP HANA를 포함한 SAP 솔루션에 대한 VMware 기술을 광고하는 화면이다.

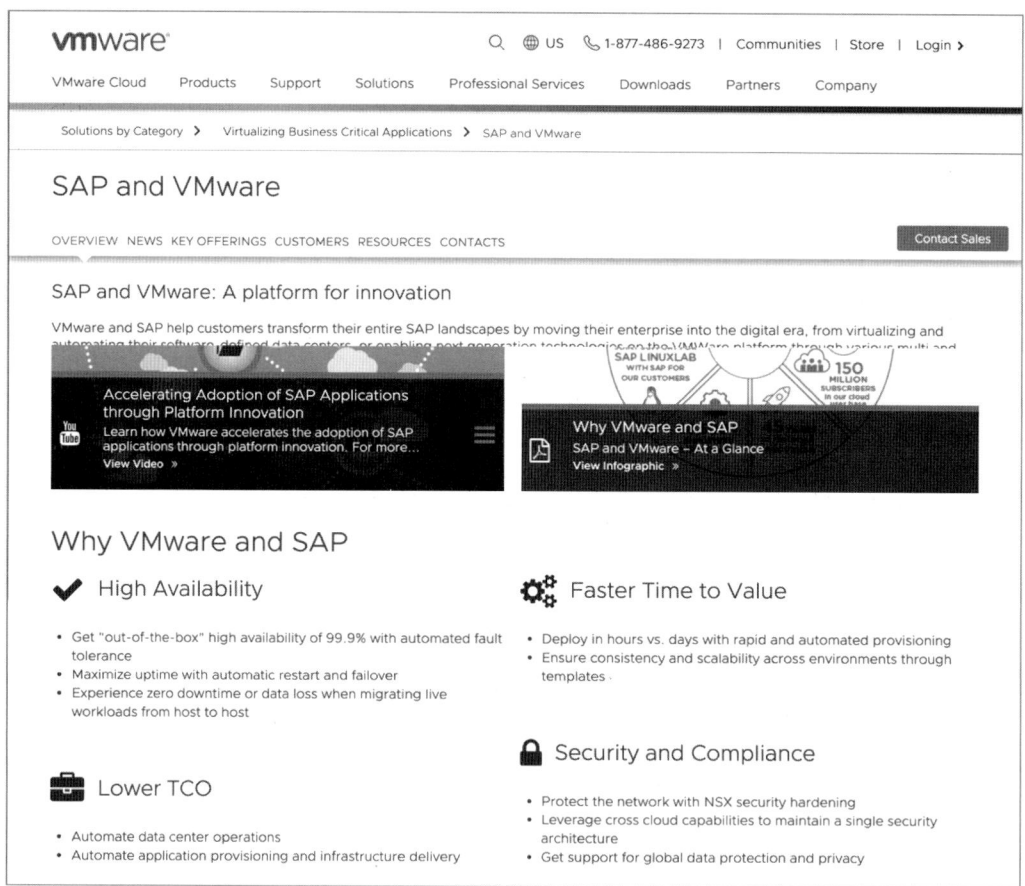

그림 9.5 SAP and VMware

VMware는 가장 널리 알려진 가상화 소프트웨어 벤더이지만, SAP HANA는 다른 SAP 하드웨어외

소프트웨어 파트너의 가상화 솔루션에서도 지원된다.

9.4 온프레미스 SAP HANA

SAP HANA가 2011년 6월에 처음 고객에게 출시되었을 때, 어플라이언스로만 제공됐다. 이는 SAP

가 그 몇 해 전에 SAP Business Warehouse Accelerator(SAP BW Accelerator)에 도입한 배포 방식이었다. 이 방식은 SAP와 그 하드웨어 벤더에 적합하지만(어플라이언스는 운영환경을 엄격하게 제어할 수 있으므로, 개발과 품질 보증을 촉진하고 혁신을 가속한다), 모든 고객이 이 방식을 환영하진 않았다. 고객의 요청과 선호하는 방식을 수용하기 위해, SAP는 맞춤형 데이터 센터 통합(TDI)을 도입해, 더 많은 유연성을 제공하고 기존 하드웨어와 인프라를 SAP HANA 배포에 활용하도록 지원했다. SAP HANA 하드웨어 디렉토리 웹 사이트에 인증된 어플라이언스와 TDI 구성 목록이 게재돼 있다.

9.4.1 어플라이언스

컴퓨터 어플라이언스는 사전 설치된 소프트웨어가 있는 사전 정의된 하드웨어이다. SAP는 하드웨어 벤더가 아니기 때문에, 어플라이언스 배포 방식에는 여러 하드웨어 파트너가 참여해야 했다. 후지쯔와 HP는 인증된 구성을 제공하는 최초 업체였으며, 시스코, 델, 히타치가 그 뒤를 이었다. 구체적인 모델명, CPU 아키텍처, 메모리 크기, 기타 세부사항은 SAP HANA 하드웨어 디렉토리에 게재돼 있다(8.3섹션 참고).

인증은 만료되고 새로운 인증이 계속해서 추가되므로, 먼저 디렉토리 웹 사이트를 확인해야 한다. 현재 1,400개 이상의 인증된 어플라이언스가 나열돼 있으며, 다른 500여 개는 만료됐다. 예를 들어 CPU 아키텍처에서는 Skylake와 Broadwell 다음을 이은 최신 Intel Cascade Lake 프로세서를 찾을 수 있고, Haswell, Ivy Bridge, Westmere 아키텍처는 더 이상 유효하지 않다. 메모리 구성은 인증된 IaaS(infrastructure-as-a-service) 솔루션의 9TiB에 비교하면 최대 24TiB까지이다. 8단원에서 설명한 것처럼 스케일아웃과 스케일업을 위해 다양한 어플라이언스 유형을 사용할 수 있다. 또 SAP HANA 하드웨어 디렉토리에는 네트워크 결합 스토리지(network attached storage: NAS)와 스토리지 전용 네트워크(storage area network: SAN)에 대한 인증된 엔터프라이즈 스토리지 구성 목록이 있다. NAS와 SAN은 컴퓨터 시스템에 원격 스토리지를 제공하는 데 사용되는 가장 일반적인 기술이다. 광섬유 연결을 사용하면 원격 스토리지에 액세스하는 것이 로컬 스토리지 장치에 액세스하는 것만큼 빠르다. 어쨌든, SAN과 NAS는 엔터프라이즈 환경을 위해 더 관리가 쉽고 비용 효율적인 스토리지 인프라를 제공한다.

9.4.2 맞춤형 데이터 센터 통합 (Tailored Data Center Integration: TDI)

TDI 프로그램은 SAP 고객이 기존 스토리지 솔루션과 네트워크 인프라를 SAP HANA와 함께 사용할 수 있도록 2013년에 시작되었디(1, 2단계). 2015년에 엔트리급 히드웨어 상품에 대한 지원이 추가

되자, 본격적으로 TDI 프로그램이 가동되기 시작했다(3단계). 이후 인텔 프로세서 아키텍처 이외의 IBM Power System과 맞춤형 고객 사이징에 대한 지원 사항이 프로그램에 추가되었다(4, 5단계).

TDI는 다음의 몇 가지 장점이 있다.

- 기존 하드웨어 컴포넌트와 운영 프로세스를 재사용하여 하드웨어와 운영 비용을 절감한다.
- SAP HANA 구현을 위해 기존 IT 관리 프로세스를 사용하여 리스크를 완화하고 가치를 실현 하는데 걸리는 시간(time-to-value)을 최적화한다.
- 기존의 시스템을 활용해 하드웨어 벤더를 보다 유연하게 선택할 수 있다.

TDI는 좋은 기술이지만, TDI의 이면에는 고객이 직접 운영체제와 SAP HANA를 제대로 설치해야 하며, 하드웨어 파트너와 OS 공급자로부터 적절한 지원과 서비스를 받아야 할 책임이 따른다. TDI를 구현하려는 고객을 지원하기 위해(SAP HANA 하드웨어 디렉토리와 별개로) SAP Certified Technology Specialist - SAP HANA라는 인증 제도를 도입했는데, 이것은 SAP에서 설치 전문가에게 부여하는 것이다.

또한, 설치 미디어에는 하드웨어 구성 점검 도구(hardware configuration check tool)가 포함되어 있다. 이 도구는 SAP Digital Business Services에서 제공하는 것으로, SAP HANA 신규 시스템의 오픈 점검(go-live check)을 위해 이 도구를 사용할 것을 강력히 권장한다. 하드웨어 구성 점검 도구는 명령줄 도구로, 그림 9.6과 같이 하드웨어(프로세서, 메모리, 네트워크, 스토리지)와 소프트웨어(필요한 패키지와 업데이트)가 SAP HANA의 요구사항을 준수하는지를 확인한다.

더 알아보기

TDI 프로그램에 대한 자세한 내용은 다음을 참고하기 바란다.
- SAP HANA Tailored Data Center Integration – Frequently Asked Questions
- SAP HANA Network Requirements – white paper (2018)
- SAP HANA Storage Requirements – white paper (2017)

SAP Note

SAP ONE Support Launchpad에서 관련 SAP Note 및 기술 자료 문서는 다음을 참고할 수 있다.
- SAP Note 2613646 – SAP HANA TDI Phase 5

```
root@mo-fc337b361.mo.sap.corp:...igurationCheckTool                                    —  □  ×
mo-fc337b361:/hana/install/SERVER/hardwareConfigurationCheckTool # ./hwcct -f landscape_test_cfg_template.json
hwcct-2.00.041.00.1560320256 (2019-06-12 08:26:49)

Tests will be running with following configurations:
useHdb: false
printUsage: false
blades: localhost
output directory: /hana/shared/hwcct_outputDir

Configured tests:
1 EvalOS

Creating Test instance EvalOS...
Setting test configuration:
{
}

Estimated test duration:
 3 seconds
Start running test:
 EvalOS
EvalOS run OK.
=====================================================================================
EVALUATED SYSTEM SETUP ON mo-fc337b361.mo.sap.corp:
=====================================================================================
validateOS                     :
-------------------------------------------------------------------------------------
validateDistribution           :
-------------------------------------------------------------------------------------
validateLinuxKernelVersion     :                               FAILED
        Severity:  HIGH
        Reason:   Kernelversion is too low and might have bugs
 related to XFS. For more details review SAP Note: 2205917

 Linux kernel version:      3.12.62-60.64.8-default
 Minimum required version: 3.12.74-60.64.40.1
-------------------------------------------------------------------------------------
validateClocksource            :
```

그림 9.6 The Hardware Configuration Check Tool

9.5 하드웨어 기술

최적의 성능과 가장 빠른 응답 시간을 위해, SAP HANA는 최신 하드웨어 기술을 사용함으로써 많은 이점을 얻는다. 그런데 이 하드웨어 기술 대부분은 상당히 모호해서 매우 높은 수준의 관련 지식이 필요할 수 있다. 그러나 적어도 두 가지 특정 하드웨어 기술은 숙지해야 한다. 바로, Intel Optane 영구 메모리와 IBM Power System이다. 다른 많은 하드웨어 기술들도 이 섹션에서 설명할 후보였지만, 이 책에서는 두 가지 기술에만 주목해서 설명하겠다.

9.5.1 Intel Optane 영구 메모리

영구 메모리(persistent memory, SAP HANA 문서에는 약어로 PMEM이 사용됨)는 데이터 센터용으로 설계된 새로운 종류의 메모리와 스토리지 기술이다. 영구 메모리는 DRAM에 가까운 속도를 제공하지만, 솔리드 스테이트 디스크(SSD)나 일반 하드디스크 드라이브(HDD)와 같은 스토리지의 지속성을 제공한다. 또한 영구 메모리 모듈을 사용하면 메모리 용량을 늘릴 수 있다.

영구 메모리 지원은 SAP HANA 2.0 SPS 03 (2018년)과 함께 도입됐다. Intel Optane DC 영구 메모리 모듈은 2019년 4월부터 사용할 수 있다.

이 새로운 기술은 SAP HANA 데이터베이스에 몇 가지 장점을 제공한다. 대용량 시스템의 부팅 시간이 크게 단축되어, 계획된 다운타임과 예기치 않은 다운타임 모두에 큰 영향을 미친다. 영구 메모리는 데이터 티어링 아키텍처에도 영향을 미치는데, 훨씬 더 많은 "warm" 데이터를 메모리 내에 저장할 수 있어서 테이블을 (확장)스토리지로 오프로드할 필요가 없기 때문이다.

또한 스케일링에 대해서도 다시 고려할 점이 있다. 일반적으로 스케일아웃에서 기성품으로 출시된 하드웨어를 사용하는 경우에는, 최상위 스케일업 시스템을 위한 프리미엄 하드웨어보다 비용 면에서는 훨씬 효율적이다. 그러나 안타깝게도 스케일아웃 시스템은 최상위 스케일업 시스템에 비해 성능이 낮으며, 절약한 하드웨어 비용을 관리 작업에만 쏟아붓는 것을 피하기 위해서는 신중하게 테이블 배치, 분산, 리플리케이션해야만 한다. 또한 7단원에서 언급했듯이, 모든 SAP 솔루션이 스케일아웃 시스템을 지원하는 것은 아니다. 영구 메모리를 사용함으로써, 스케일업 비용은 저렴해지며, 낮은 TCO로 간소화된 랜드스케이프를 구성할 수 있다.

SAP HANA를 위한 영구 메모리를 구현하기는 매우 쉽다. 설치하는 동안에 영구 메모리를 추가 마운트 포인트로 설정하기만 하면 된다. 이것은 리눅스 시스템 관리에 익숙하지 않은 사용자를 위해, 스토리지에 액세스를 제공하는 방법과 같은 것이다. 시스템이 기동되고 운영되면 모든 테이블은 디폴트로 영구 메모리를 사용한다. 컬럼 스토어의 메인 영역(모든 테이블 데이터의 90%)은 영구 메모리에 저장되고, 데이터가 수정된 델타 영역만 DRAM에 저장된다(2단원 참고). 그러나 디폴트 동작을 재정의하고, 간단한 SQL 명령문으로 컬럼, 파티션, 테이블 레벨에서 영구 메모리를 적용할 수 있으므로, 영구 메모리는 상당히 유연한 편이다.

코드 클리닉

다음은 영구 메모리 스토리지를 적용한 컬럼을 가진 테이블을 생성하는 구문을 보여주는 예이다.

```
CREATE COLUMN TABLE PMTABLE (C1 INT PERSISTENT MEMORY ON, C2 VARCHAR (10), C3 INT
PERSISTENT MEMORY OFF)
```

다음의 예는 메모리에서 테이블을 언로드하는 방법을 보여준다.

```
UNLOAD PMTABLE DELETE PERSISTENT MEMORY;
```

더 알아보기

SAP HANA와 Intel Optane DC 영구 메모리에 더 알고 싶으면 http://s-prs.co/v488436와 http://s-prs.co/v488437를 방문하면 된다.

자세한 내용은 SAP Help Portal에서 SAP HANA Administration Guide의 "Persistent Memory"를 참조하면 된다.

스탠더드와 엔터프라이즈 에디션의 데이터베이스 서비스 기능에는 영구 메모리에 "hot" 데이터를 저장하기 위한 여러 PMEM 하드웨어에 대한 지원이 포함되어 있으며, 기능 범위 설명에 나열돼 있다.

SAP Note

SAP ONE Support Launchpad에서 관련 기술 자료 문서는 SAP Note 2700084 – FAQ: SAP HANA Persistent Memory를 참고하면 된다.

9.5.2 IBM Power System

오늘날 사용자들은 인텔의 x86 아키텍처의 압도적인 지배력과 보급률 때문에 다른 대안이 존재한다는 것을 전혀 모를 수도 있다. 이런 대안 중 하나는 RISC 아키텍처로, 예를 들면 모바일 장치(Advanced RISC Machine: ARM)와 게임 콘솔(PowerPCs)에서 사용되며, 워크스테이션용, 서버용, 슈퍼컴퓨터용으로도 사용된다. IBM Power System에서도 이러한 RISC 아키텍처를 사용하고 있으며, 세계에서 가장 빠른 슈퍼컴퓨터는 9,216개의 Power9 CPU를 장착했다.

IBM Power System이 인텔 CPU와 다른 점과 장점에 대해 자세히 설명하진 않겠지만, 다음과 같은 3가지 테마가 돋보인다.

- **복원력**: 장애나 중단이 발생하더라도 신속하게 복구하고 계속 작동할 수 있는 기능
- **스케일링과 성능**: 이 아키텍처는 스케일업에 유리하여, 기술적으로 더욱 복잡한 스케일아웃 구성을 피할 수 있다.
- **가상화**: 칩에는 오버헤드가 거의 없는 하이퍼바이저가 내장된 것이 특징이다.

그림 9.7은 SAP HANA 서버 인프라에 대한 IBM 홈페이지를 보여준다.

더 알아보기

IBM Power System용 SAP HANA에 대한 자세한 정보는 http://s-prs.co/v488438를 방문하면 된다.

SAP Note

SAP ONE Support Launchpad에서 기술 자료 문서는 SAP Note 2055470 -HANA on POWER Planning and Installation Specifics-Central Note를 참고하면 된다.

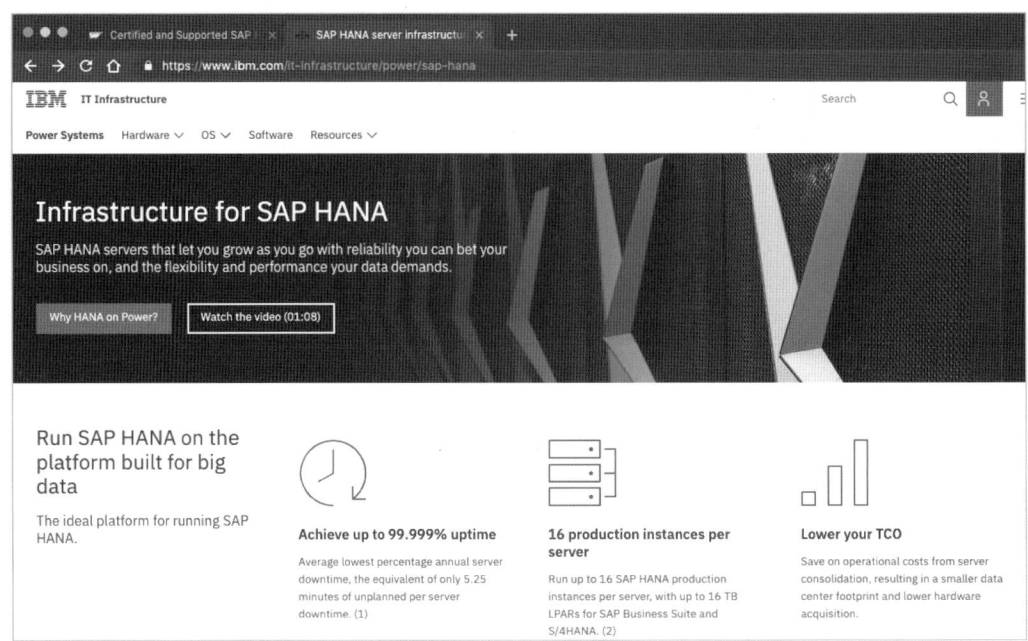

그림 9.7 IBM.com: SAP HANA Server Infrastructure

9.6 운영체제 플랫폼

SAP HANA를 어플라이언스로 구매하면, SAP HANA를 실행하는 운영체제는 하드웨어 공급업체의 책임이기 때문에, 사용자는 크게 신경을 쓰지 않아도 된다. 그러나 9.4.2섹션에 설명된 TDI 프로그램이 도입됨으로써, TDI 프로그램을 사용하는 경우에는 호스트 환경을 적절하게 구성해야 할 책임이 생겼다.

서버 측면에서 SAP HANA는 리눅스에서만 실행된다. 리눅스는 1991년 처음 출시된 유닉스와 비슷한 오픈 소스 OS로, 서버 시장의 약 2/3를 점유하고 있다. 리눅스는 오픈 소스이므로, 웹 서버나 데스크톱 컴퓨터에 최적화된 여러 기능들이 번들로 묶인 리눅스 배포판이 다양하게 나와 있다.

이 섹션에서는 글로벌 기술 파트너이자 SAP의 엔터프라이즈 리눅스 공급업체인 SUSE와 레드햇을 간략히 소개하겠다.

9.6.1 SUSE

SAP 애플리케이션용 SUSE Linux Enterprise Server(SLES)는 SAP NetWeaver, SAP HANA, SAP S/4HANA를 위해 최적화된 리눅스 플랫폼이다. SLES는 SUSE의 프라이머리 서버 리눅스 배포를 기반으로 하며, 온프레미스와 클라우드 배포를 위해 인텔 x86과 IBM Power System 아키텍처에서 사용할 수 있다.

그림 9.8에서 보듯이, SUSE는 SAP HANA를 위한 레퍼런스 플랫폼으로 SAP 애플리케이션용 SLES를 홍보하고 있으며, SUSE는 SAP 환경의 90%에서 실행이 가능하다(그리고 SAP 클라우드 플랫폼의 기본 OS이다).

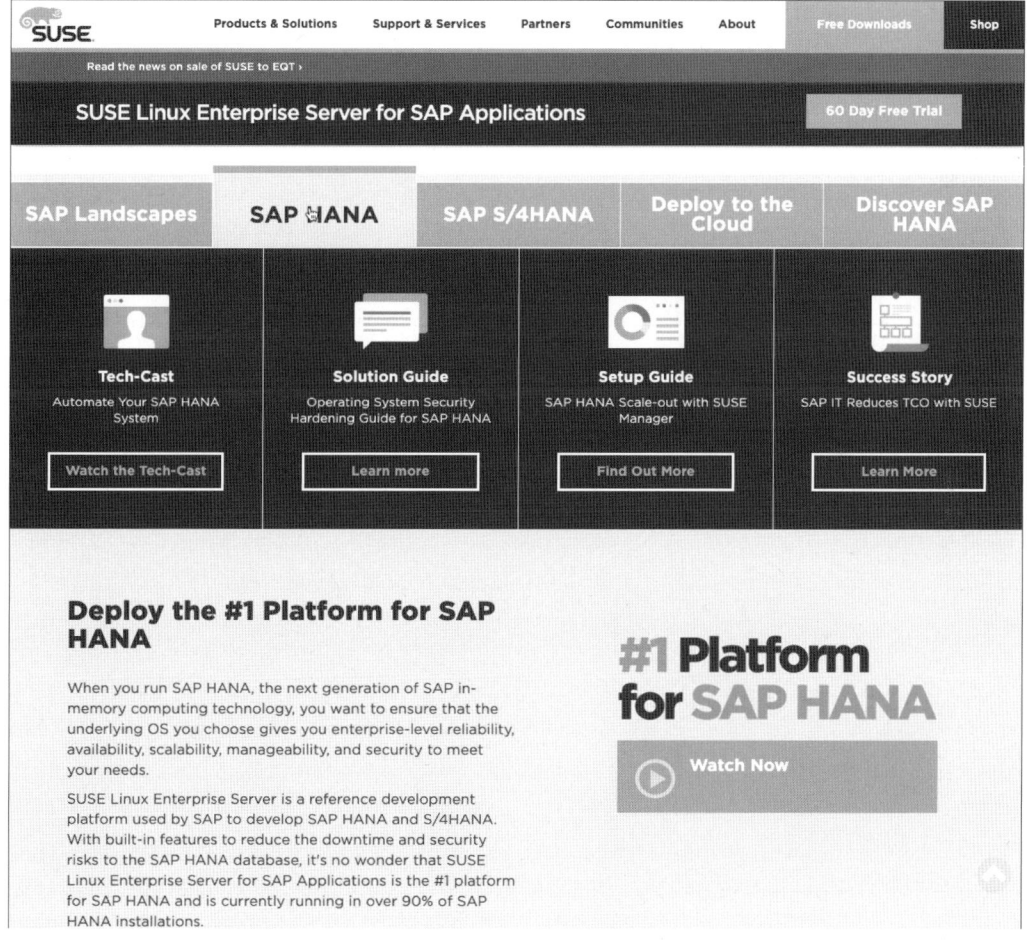

그림 9.8 SUSE Linux Enterprise Server for SAP Applications

추가적인 주요 장점은 다음과 같다.

- **안정성과 보안**: SUSE는 자동 페일오버와 복구를 위한 시스템 리플리케이션 에이전트, 빌트인 SAP HANA 방화벽, 원격 스토리지 암호화 관리 기능을 제공한다.
- **편리한 사용과 배포**: 클라우드 배포를 위한 설치 위저드와 사전 구성된 솔루션을 이용할 수 있다.
- **성능**: SUSE는 튜닝 패키지와 워크로드 메모리 보호 기능을 제공한다.

기술 배경

SUSE는 1992년에 설립된 독일 소프트웨어 회사로 엔터프라이즈용 리눅스를 판매한다. 약어(원래 SuSE)는 독일어로 Software- und System-Entwicklung (소프트웨어와 시스템 개발)에서 유래했으며, SAP의 시스템, 애플리케이션, 데이터 처리와 관련된 제품들을 반영하고 있다. SUSE의 주요 배포는 SUSE Linux Enterprise Server(SLES)를 통해서이다. 오픈 소스 커뮤니티를 위해 SUSE는 openSUSE 프로젝트를 후원한다.

더 알아보기

SUSE는 20년 이상 SAP 글로벌 기술 파트너였다. SAP HANA와 SUSE에 대한 자세한 내용은 http://s-prs.co/v488439를 참고하면 된다.

SLES에 대한 자세한 정보는 http://s-prs.co/v488440을 참조할 수 있다. 이 페이지에는 모범 사례를 담은 문서의 링크가 포함되어 있다.

SAP Note

SAP ONE Support Launchpad에서 기술 자료 문서는 SAP Note 1944799 – SAP HANA Guidelines for SLES Operating System Installation을 참조하면 된다.

9.6.2 레드햇

레드햇은 SAP에 최적화된 버전의 리눅스 운영체제를 서브스크립션으로 제공한다. 바로, Red Hat Enterprise Linux(RHEL) for SAP Solutions이다. 이 서브스크립션에는 SAP HANA용 특정 소프트웨어 컴포넌트, 고가용성과 라이프사이클 관리를 위한 솔루션과 그림 9.9와 같이 홈페이지를 통한 업데이트 서비스와 지원이 포함된다. RHEL은 클라우드 배포 및 인텔 x86과 IBM Power System의 온프레미스 아키텍처에도 사용할 수 있다.

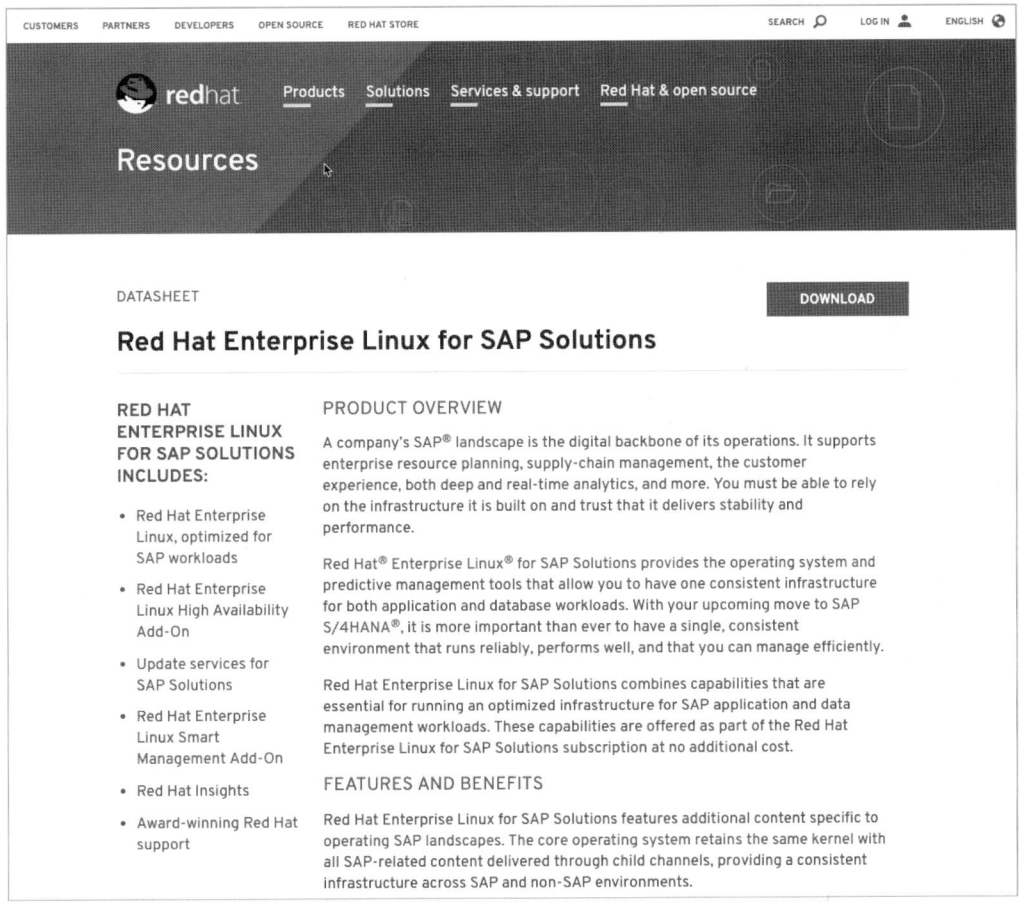

그림 9.9 Red Hat Enterprise Linux for SAP Solutions

SAP 솔루션용 RHEL 서브스크립션에는 SAP 애플리케이션용 채널과 SAP HANA용 채널이 포함되어 있다. SAP HANA 채널에는 다음과 같은 소프트웨어 컴포넌트가 포함되어 있다.

■ XFS 파일 시스템

■ 필수 C++ 런타임 호환 라이브러리

■ "sap-hana"와 "sap-hana-vmware"(특정 워크로드를 위해 사전 구성된 운영체제)를 위한 튜닝된 프로파일

■ 모니터링을 위한 리소스 에이전트

레드햇은 1993년에 설립된 미국의 소프트웨어 회사이며, 오픈 소스인 엔터프라이즈 리눅스 운영체제와 JBoss Java 애플리케이션 서버로 잘 알려져 있다. 이 회사는 이러한 플랫폼을 중심으로 다양한 제품과 서비스를 제공하며, 리눅스 커널에 크게 기여하고 있다. 레드햇은 17년 동안 SAP의 글로벌 기술 파트너였고, IBM은 2019년에 레드햇을 인수했다.

SAP HANA와 RHEL에 대한 자세한 정보는 http://s-prs.co/v488441을 참고하면 된다.

SAP ONE Support Launchpad에서 기술 자료 문서를 위해 다음을 참고하기 바란다.

- SAP Note 2397039 – FAQ: SAP on RHEL
- SAP Note 2009879 – SAP HANA Guidelines for Red Hat Enterprise Linux (RHEL) Operating System

9.7 서비스로서의 인프라 공급자 (Infrastructure-as-a-Service Providers)

2단원 2.5섹션에서 SAP HANA Enterprise Cloud, SAP 클라우드 플랫폼/SAP HANA 서비스, 사용자 라이선스 사용(bring your own license: BYOL), SAP HANA 익스프레스 에디션 등 다양한 클라우드 배포 옵션을 설명했다. 이번 섹션에서는 서비스로서의 인프라(IaaS)를 위해 가장 중요한 하이퍼스케일러라고 불리는 클라우드 공급자를 소개하겠다.

SAP HANA IaaS 공급자 옵션으로 시작해보자.

9.7.1 아마존 웹 서비스 (AWS)

AWS는 2012년 SAP TechEd에서 발표된 SAP HANA One과 함께 SAP HANA 클라우드 기반 서비스를 최초로 공개하였다. 오늘날 SAP HANA One은 AWS 마켓플레이스에서 더는 찾아볼 수 없지만, 다양한 SAP HANA 제품들과 SAP S/4HANA, SAP C/4HANA, SAP Business Suite 등과 같이 호스팅되는 여러 SAP 솔루션 중에서 선택할 수 있다. SAP HANA의 경우, 옵션으로는 BYOL, SAP

HANA 익스프레스 에디션과 SAP 클라우드 플랫폼/SAP HANA 서비스, 그리고 SAP HANA용 다양한 평가판과 SAP Cloud Appliance Library를 이용한 SAP HANA 기반 솔루션이 제공된다. 처음 시작을 돕기 위해 AWS는 그림 9.10과 같이 우수한 문서와 템플릿을 제공한다.

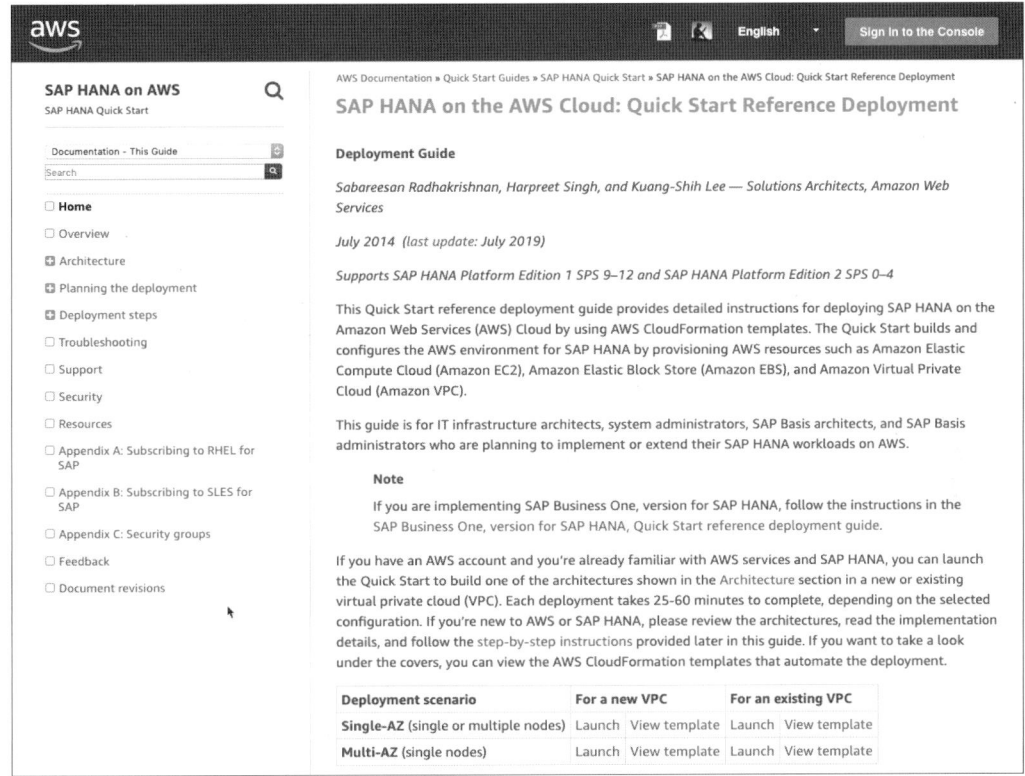

그림 9.10 SAP HANA on AWS

더 알아보기

AWS의 SAP HANA에 대한 정보는 http://s-prs.co/v488442를 방문하면 된다. 자세한 내용은 http://s-prs.co/v488443을 참고하면 된다.

SAP Note

SAP ONE Support Launchpad에서 관련 기술 자료 문서는 다음을 참고하기 바란다.

- SAP Note 1656250 – SAP on AWS: Support prerequisites
- SAP Note 1964437 – SAP HANA on AWS: Supported AWS EC2 products

9.7.2 마이크로소프트 애저 (Microsoft Azure)

마이크로소프트 애저에서 SAP 소프트웨어 실행을 위한 지원은 2014년으로 거슬러 올라간다. 2014년 클라우드 공급자인 애저에 SAP Cloud Appliance Library를 제공함으로써 SAP HANA One을 사용할 수 있게 됐다. 현재 애저 마켓플레이스의 제품은 AWS와 유사하며, 주로 개발을 위한 SAP HANA 익스프레스 에디션과 대규모 배포를 위한 SAP HANA 플랫폼 BYOL이다.

또한 AWS 제품과 마찬가지로, 마이크로소프트 애저를 클라우드 공급자로 해 대부분의 SAP Cloud Appliance Library 솔루션을 실행할 수 있고, Azure Cloud Foundry 환경에 SAP 클라우드 플랫폼/SAP HANA 서비스를 배포할 수 있다. 물론 서비스 제공 조건이 다르기 때문에 정확한 구성은 다를 수 있고, 세부 항목까지 주의 깊게 검토해야 한다.

> **더 알아보기**
>
> 애저에서 SAP HANA에 대한 자세한 내용은 http://s-prs.co/v488444 (문서 링크 포함)를 방문하면 된다.

> **SAP Note**
>
> SAP ONE Support Launchpad에서 기술 자료 문서는 다음을 참고하기 바란다.
> - SAP Note 2015553 – SAP on Microsoft Azure: Support prerequisites
> - SAP Note 2316233 – SAP HANA on Microsoft Azure(Large Instances)

9.7.3 구글 클라우드 플랫폼 (GCP)

2017년 GCP는 SAP 애플리케이션, SAP 클라우드 플랫폼, SAP HANA를 서비스하기 위한 인증을 받았다. AWS나 애저와 마찬가지로, SAP Cloud Appliance Library 솔루션을 위한 클라우드 공급자로서 GCP를 사용할 수 있으며, SAP HANA 서비스에 대한 Cloud Foundry 환경으로 사용할 수도 있다. 또한, GCP 마켓플레이스에서 SAP HANA 익스프레스 에디션을 찾을 수 있다. SAP HANA BYOL은 싱글호스트 시스템(GCP는 "노드"라는 단어를 사용)과 멀티호스트 분산 스케일아웃 구성(매니지드 서비스를 통해 제공된 베어메탈 호스트)으로 제공된다.

> **더 알아보기**
>
> GCP의 SAP HANA에 대한 자세한 내용은 http://s-prs.co/v488445를 방문하면 된다. 그림 9.11과

같이 다양한 SAP HANA 가이드(계획, 배포, 운영, 고가용성, 재해 복구 계획 등)에 대한 자세한 내용은 http://s-prs.co/v488446을 참고하면 된다.

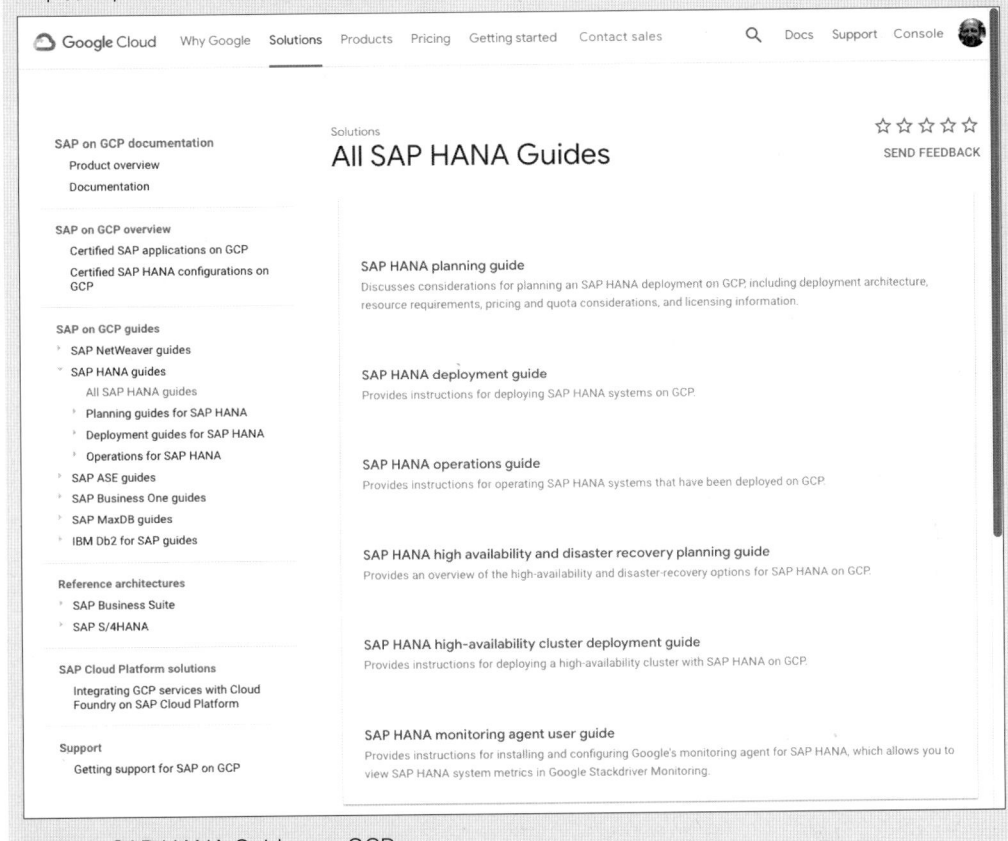

그림 9.11 SAP HANA Guides on GCP

SAP Note

SAP ONE Support Launchpad에서 기술 자료 문서는 SAP Note 2456406 – SAP on Google Cloud Platform: Support Prerequisites을 참고하면 된다.

9.7.4 퍼블릭 클라우드 공급자

AWS, 마이크로소프트 애저, GCP는 현재 SAP 솔루션을 위한 가장 큰 하이퍼스케일러이지만, 다른 솔루션도 사용할 수 있다. 예를 들어 SAP HANA를 IBM 클라우드, 알리바바 클라우드 또는 화웨이/오픈 텔레콤(Open Telekom) 클라우드에 배포할 수도 있다. IaaS 플랫폼의 인증된 구성은 SAP HANA 하드웨어 디렉토리에서 확인할 수 있다.

9.8 마이그레이션

SAP HANA 마이그레이션 프로젝트에는 여러 가지 유형이 있다. 어디서 출발해야 하는지, 목표가 무엇인지에 따라 마이그레이션 범위가 달라진다. SAP 비즈니스 애플리케이션을 전통적 타입의 데이터베이스에서 SAP HANA로 이동시키고 싶은가? 아니면 기존의 데이터베이스 애플리케이션을 업그레이드하는 것이 목표인가? 애플리케이션 벤더를 변경해서 비즈니스 애플리케이션 제품군을 마이그레이션할까? 아니면 온프레미스에서 클라우드로 전환하여 SAP Business Suite를 SAP S/4HANA 클라우드로 마이그레이션하고 싶은가? 소스와 타깃 환경이 무엇이든, 확실한 계획 없이는 마이그레이션은 거의 성공할 수 없다. 수년간의 사내 경험이 있는 대규모 조직을 제외하고, 대부분의 회사는 마이그레이션 프로젝트에서 SAP나 다른 파트너와 협업해, 그들의 전문 지식을 활용하고 모범 사례의 이점을 얻는 것을 선호할 것이다.

이번 섹션에서는 SAP HANA와 가장 관련성 있는 마이그레이션 주제를 살펴보겠다.

9.8.1 AnyDB에서 SAP HANA로

SAP NetWeaver 애플리케이션 서버 시절에는 SAP 비즈니스 애플리케이션은 AnyDB에서 실행됐다. AnyDB란 SAP 용어로 SAP에서 지원되는 모든 데이터베이스를 말한다. 대부분의 애플리케이션 코드는 일반적으로 데이터베이스의 종류에 별 영향을 받지 않았으며, 코드의 일부분만 실제 데이터베이스의 특성에 맞게 적용하면 됐다. 대부분의 Basis 관리자들도 마찬가지이다. ABAP 트랜잭션 코드와 DBA Cockpit(모니터링, 구성, 데이터베이스 관리용)과 같은 플랫폼 독립적 도구에 익숙하지만, 데이터베이스 엔진의 모델과 타입에 대해서는 특별히 관심을 두지 않았다.

SAP HANA로 인하여 AnyDB에서 그림 9.12와 같이 바뀌었고, 데이터베이스와 인메모리 플랫폼이 중심이 되었다. 인메모리 플랫폼 출시 이후로 SAP 개발은 SAP HANA에서 실행되도록 SAP 비즈니스 애플리케이션을 포팅하는 데 중점을 두고 있다. 초기 단계에서는 대부분의 애플리케이션 코드는 여전히 데이터베이스에 독립적으로 남아 있었고(특정 SAP HANA 최적화가 이미 도입됐지만), 새로운 데이터베이스 엔진 실행 계층만 추가됐다. SAP 애플리케이션 "powered by HANA"는 이 단계부터이다.

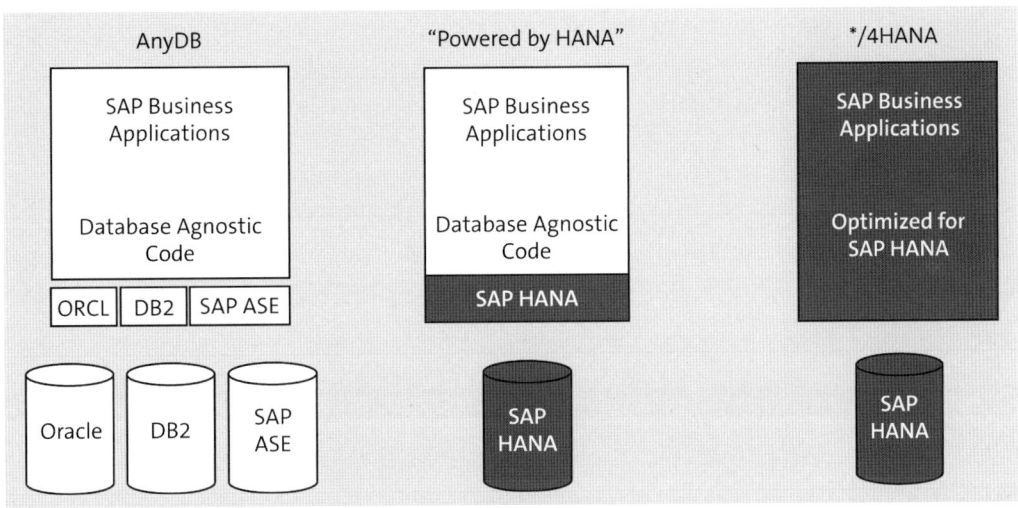

그림 9.12 From AnyDB to Optimized for SAP HANA

두 번째 변화에서는 중복된 집계와 인덱스를 제거한 인메모리 플랫폼에서 실행되도록 애플리케이션 코드를 최적화하기 위해 코드 분할이 이루어졌다. 그 결과로, SAP 비즈니스 애플리케이션 중에 Simple Finance와 같은 제품의 예를 들어 보자면, "simple"하게 변경된 코드 라인은 "Simple" 브랜드에 반영되었다. "Run Simple"은 그 당시 SAP의 메인 테마였고, 이는 사용하기 쉬운 SAP Fiori 유저 인터페이스와 다른 비즈니스 운영 측면에도 적용되었다. 얼마 후에 "S/4" 브랜드가 도입돼, S/4 비즈니스 애플리케이션 제품군을 SAP R/3와 명확히 구분했다(S/4 제품군 예: SAP S/4HANA[SAP HANA용 SAP Business Suite]와 SAP BW/4HANA[SAP HANA용 SAP BW]). 동시에 클라우드에서 실행할 코드를 최적화하기 위한 개발 프로젝트가 시작됐으며, SAP S/4HANA 클라우드와 기타 클라우드 기반의 애플리케이션을 제공하게 됐다.

9.8.2 Software Update Manager(SUM)와 Database Migration Option(DMO)

Software Update Manager(SUM)은 SAP NetWeaver 시스템을 유지하는 데 사용되는 도구로, (주요)릴리스 업그레이드, (서비스팩) 시스템 업데이트, 패치와 시스템 변환에 사용된다. SAP 시스템을 SAP HANA로 간편하게 마이그레이션할 수 있도록 Database Migration Option(DMO)이 SUM에 추가되었다. "전통적인 마이그레이션 방식"은 소스 데이터베이스와 소스 시스템(ABAP)을 최신 릴리스로 업그레이드 한 다음, 소스 데이터베이스를 SAP HANA로 마이그레이션하는 과정을 진행해야 한다. 하지만, DMO는 소스 시스템을 그대로 유지하면서 시스템 업데이트와 데이터 마이그레이션을 병행한다. DMO를 사용하면 다음과 같은 장점이 있다.

- 간소화된 마이그레이션 단계
- 비즈니스 다운타임 감소
- 빠른 재설정 옵션

DMO는 또한 온프레미스 시스템을 클라우드 기반의 환경으로 마이그레이션하는 데도 사용된다.

> **더 알아보기**
>
> SUM을 다운로드하려면 http://s-prs.co/v488450를 방문하면 된다. DMO에 대한 자세한 내용은 SAP Help Portal에서 Database Migration Option of Software Update Manager 2.0, User Guides for System Maintenance Tools을 참고할 수 있다. 타깃 데이터베이스를 위한 SAP HANA용 DMO 가이드는 PDF 파일로 포함돼 있다.

> **SAP Note**
>
> SAP One Support Launchpad에서 관련된 기술 자료 문서는 SAP Note 2644872 –Database Migration Option (DMO) of SUM 2.0 SP04를 참고하면 된다.

9.8.3 커스텀 애플리케이션

커스텀 애플리케이션을 SAP HANA를 포함한 SAP 데이터베이스로 쉽게 마이그레이션하기 위해서, SAP는 SAP Advanced SQL Migration 도구를 개발했다. 이 도구는 소스 또는 타깃 애플리케이션이 온프레미스나 클라우드 어디에서 실행 중이든 관계없이, 데이터베이스 마이그레이션의 노력, 복잡성, 위험을 감소시킨다.

이름에서 알 수 있듯이 이 도구는 SQL 마이그레이션에 중점을 둔다. 특정 목적의 특정 고객을 위한 것으로, 오래전에 개발된 일회용 애플리케이션이 이러한 종류의 마이그레이션에 적합하다. 일반적으로 이러한 OLTP 타입 애플리케이션은 Java Bean이나 PHP가 아닌, 대부분의 애플리케이션 로직이 데이터베이스에 있는 SQL 저장 프로시저를 기반으로 한다. SAP Advanced SQL Migration 도구는 SAP 비즈니스 애플리케이션을 마이그레이션하거나(이런 목적으로는 SUM을 사용), 경쟁업체의 소프트웨어를 마이그레이션하기 위한 것이 아니다. 이 도구를 전체 마이그레이션 프로젝트의 일부로 사용할 수 있으며, 대부분의 코드를 100%에 가깝게 자동 변환한다. 마이그레이션 프로젝트를 시작하기 전에 이 도구를 실행해서 마이그레이션의 복잡성을 신속하게 평가할 수 있다. 대부분의 코드가 자동으로 변환된다면, 프로젝트는 비교적 짧은 시간에 끝낼 수 있다. 그러나 많은 부분을 수동으로 변환해야 한다면 그에 따른 예산을 책정할 필요가 있을 것이다(또는 다른 솔루션 고려).

지원되는 소스 데이터베이스는 다음과 같다.

- 오라클
- Microsoft SQL Server
- IBM DB2 (LUW용 UDB)
- 테라데이타(타깃 데이터베이스는 SAP HANA만 지원)

지원되는 타깃 데이터베이스는 다음과 같다.

- SAP HANA
- SAP IQ
- SAP ASE
- SAP SQL Anywhere

SUM과 다르게, SAP Advanced SQL Migration 도구는 소프트웨어 로지스틱스 제품군에 속해 있지 않다. 이 도구는 SAP 파트너에게는 무료로 제공되지만, 액세스와 지원을 받으려면 SAP 마이그레이션 솔루션 팀에 문의해야 한다.

더 알아보기

SAP Advanced SQL Migration 도구에 대한 자세한 내용은 http://s-prs.co/v488451 "Simplify SQL Database Migration to SAP Databases" 정보 시트를 확인하기 바란다.

9.8.4 3rd 파티 애플리케이션

좋은 도구를 갖는 것은 유용한 일이다. 도구를 언제 어떻게 사용해야 하는지를 아는 것은 더욱 유용한 일이다. 적절한 도구 사용을 위해 SAP는 Database Migration Factory 프로그램을 제공하고 있다. 이 프로그램은 3rd 파티 데이터베이스에서 SAP HANA(또는 SAP Adaptive Server Enterprise[SAP ASE])로 모든 애플리케이션을 간편하게 마이그레이션하는 것을 목표로 한다. 이 프로그램은 SAP와 SAP 소프트웨어의 기술 파트너가 지원하는 데이터베이스 마이그레이션, 액셀러레이터, 산업 모범 원칙을 위한 자동화 도구를 제공한다. 이러한 지원 프로그램을 통해 사용자는 여러 도구를 사용할 수 있을 뿐만 아니라, PoC(proofs of concept, 개념 증명)나 프로토타입을 통해 TCO를 절감하고 투자 자본 수익률(Return On Investment: ROI)을 높일 수 있다. Database Migration Factory는 마이그레이션을 올바르게 수행하도록 보장하고, 해당 마이그레이션이 반드시 해야 할 올바른 작업인지도 확인한다.

더 알아보기

Database Migration Factory에 대한 자세한 내용은 http://s-prs.co/v488452에서 "Migrate applications to SAP Databases with Help from SAP and Partners" 정보 시트를 확인하기 바란다.

9.9 고가용성과 재해 복구

고가용성과 재해 복구는 비즈니스 연속성을 보장하고 "비즈니스에서 어느 정도의 다운타임을 감당할 수 있는가?"라는 질문에 해결책을 제시한다.

고가용성이란, 시스템이 장애로부터 빠르게 회복할 수 있는 속성이다. 하드웨어와 소프트웨어의 여분을 두어 장애 허용(fault tolerant) 시스템을 만들고, 장애 회복(fault resilience: 시스템 중단 후 신속하게 운영을 재개할 수 있는 기능)을 구축함으로써 단일 장애점(SPOF)을 제거할 수 있다. 이런 방식으로 가동 시간을 보장할 수 있으며, 종종 가용성 백분율로 표시된다. 예를 들어 99.99%는 최대 다운타임이 1주일에 1분 또는 1년에 1시간 미만인 경우이다. 고가용성은 단일 제품으로 구현할 수 있는 것이 아니라 하드웨어, 소프트웨어, 운영 작업이 함께 어우러져 구성되는 것이다. 재해 복구는 지진, 폭발, 산불, 허리케인, 테러, 정전 등의 발생 이후에 시스템이 작동을 재개하는 능력을 말한다. 다시 말하자면, 재해 복구는 시스템이 재해로 인한 파괴로부터 복구될 수 있는 속성이자, 복구를 위한 정책과 절차이다.

고가용성과 재해 복구를 위한 SAP HANA의 두 가지 중요한 측정값은 다음과 같다.

- **복구 시점 목표 (recovery point objective: RPO)**
  복구에서 어느 정도까지 데이터 손실을 허용할 것인지를 정한 최대 허용 시간이다(예: 백업 주기).

- **복구 시간 목표 (recovery time objective: RTO)**
  시스템이 복구하는데 필요한 최대 허용 시간이다. 시스템 복원이 너무 오래 걸리면 동기식 시스템 리플리케이션 구현이 필요할 수도 있다.

SAP HANA를 위한 완전한 고가용성 솔루션에는 다음과 같은 요소가 포함된다.

- 하드웨어 파트너 또는 클라우드 공급업체
- 운영체제
- 데이터 센터 관리를 위한 모범 원칙
- 많은 중복 컴포넌트 허용
- 모니터링 시스템

목록은 계속 늘어나며, 한 가지 공통점이 있는데, 이 솔루션은 제품으로서 SAP HANA에 투명하다는 것이다.

고가용성을 지원하기 위해 SAP HANA가 제공하는 기능을 살펴보겠다.

- **서비스 자동 재시작**
  서비스 자동 재시작은 hdbdaemon이라는 왓치독 프로세스에 의해 제공된다. 이 운영체제 프로세스는 모든 SAP HANA 시스템의 일부로 각 호스트에서 실행되며, 자동으로 시작되고 다른 모든 프로세스의 가용성을 지속해서 모니터링한다. 어떤 프로세스가 다운되면 hdbdaemon은 해당 프로세스를 다시 시작한다.

■ 호스트 자동 페일오버

호스트 자동 페일오버는 스탠바이 호스트를 가진 분산(스케일아웃) 시스템에 대한 장애 복구를 제공한다. 서비스 자동 재시작과 마찬가지로, 호스트 자동 페일오버는 내장돼 있고 자동화된다. 액티브 워커(active worker) 호스트에게 장애가 발생하면 스탠바이 호스트가 개입하며, 이 기능은 서비스 레벨이 아닌 호스트 레벨에서 수행되고 외부 클러스터 관리자는 필요하지 않다. SAP HANA Storage Connector API는 하트비트(프라이머리 호스트가 마스터로 active 상태인지 정기적으로 확인하는 TCP 통신)와 펜싱(프라이머리 호스트가 데이터, 로그 볼륨에 액세스하지 못하도록 하는 프로세스) 구현을 제공한다. 하트비트는 모든 서비스가 실행 중인지를 확인하기 위해 지속해서 체크한다. 하트비트 체크에 응답하지 않으면 페일오버 작업이 촉발된다. 펜싱은 응답하지 않는 호스트가 다시 온라인 상태가 돼 손상을 일으킬 가능성을 차단한다. 지속적인 서비스를 위해 호스트 자동 페일오버가 발생한 경우를 대비하려면, SAP HANA 클라이언트를 이에 맞게 구성해야 한다.

■ 시스템 리플리케이션

운영 시스템의 동일한 복사본을 만든다. 이 기능에 대해서는 9.10섹션에서 자세히 설명된다.

재해 복구를 위해 SAP HANA는 다음 기능을 제공한다.

■ 백업

3단원 3.25섹션에서 SAP HANA 백업을 설명했다. 물론 백업은 재해 복구 솔루션에서 필수적이지만, 상대적으로 RTO(복구 시간 목표)가 높다. 정상적 상황에서는 0(zero)의 RPO(복구 시점 목표)가 가능하지만, 항상 보장할 수는 없다(예: 리두 로그의 로컬 스토리지가 손상된 경우). 전체 데이터 센터 장애로부터 시스템을 보호하기 위해, 원격지로 백업을 전송하는 일은 간단하고 저렴한 재해 복구 솔루션이 될 수 있지만, RPO가 높아질 수 있다.

■ 스토리지 리플리케이션

스토리지 리플리케이션은 백업의 한계를 해결하고 훨씬 더 나은 RTO와 RPO를 제공한다. SAP HANA는 원격 스토리지 미러링을 지원하지만, 대부분의 경우 하드웨어 솔루션을 채택한다. 호스트 자동 페일오버와 마찬가지로, 펜싱과 클라이언트 연결을 적절하게 구성해야 한다.

더 알아보기

고가용성은 SAP Help Portal에 있는 SAP HANA Administration Guide의 "Availability and Scalability"

단원에 설명되어 있다. 또한 SAP 제품 그룹은 이 주제에 대한 여러 백서를 게재하고 있다. openSAP 과정에서 고가용성과 복구를 주제로 한 "High Availability and Disaster Recovery with the SAP HANA Platform"이 제공된다. 최신 정보를 위해 openSAP.com을 방문하면 된다.

9.10 시스템 리플리케이션

시스템 리플리케이션은 고가용성과 재해 복구 솔루션을 모두 제공한다. 즉, 시스템 리플리케이션은 RPO가 0초, RTO가 분 단위로 측정되는 만큼 SAP에서 권장하는 구성이며, 업그레이드부터 지진에 이르기까지 계획된 다운타임과 예기치 않은 다운타임을 해결할 수 있다. 계획된 다운타임의 경우, 시스템 리플리케이션을 사용해서 예를 들면, SAP Landscape Management 솔루션과 연동하여 제로에 가까운 다운타임 유지(near-zero downtime maintenance: nZDM)를 달성할 수 있다. 예기치 않은 다운타임을 위해서, 시스템 리플리케이션을 멀티타깃 환경으로 구성하고 원격 위치로 동기화할 수 있다. 투자 자본 수익률(ROI)을 최적화하기 위해, 세컨더리 시스템을 읽기 전용 작업(SAP S/4HANA와 기타 SAP 애플리케이션에서 기본적으로 지원하는 기능)에 활용할 수도 있다.

이 섹션에서는 시스템 리플리케이션의 의미와 작동 방식을 다룰 것이다. 또한 구성, 멀티티어와 멀티타깃 시스템 리플리케이션, active/active read-enabled 시스템 리플리케이션에 대해서도 살펴보겠다.

9.10.1 구성

명령줄 도구, SAP HANA 콕핏(또는 이전 릴리스의 경우 SAP HANA 스튜디오)의 익숙한 관리 환경이나 SAP Landscape Management를 사용하여 시스템 리플리케이션을 구성할 수 있다. 다음 모드 중 하나로 로그 리플리케이션 작업을 정의해야 한다.

■ **메모리 동기 모드(Synchronous in memory)**

세컨더리 시스템에서 로그가 수신되어 메모리에 저장되었다는 응답을 받은 후, 프라이머리 시스템에서 트랜잭션이 커밋된다.

■ **디스크 동기 모드(Synchronous in disk)**

세컨더리 시스템에서 로그가 수신돼 디스크에 기록됐다는 응답을 받은 후, 프라이머리 시스템에서 트랜잭션이 커밋된다. 이 방법은 일관성을 보장하지만, 트랜잭션이 조금 지연된다. 메모리 동기 모드 같은 경우에는 로그 반영을 보장하지 않으므로, 두 시스템이 동시에 장애가 난다면 세컨더리 로그에서 데이터 손실이 발생할 수 있다. 추가적으로, 디스크 동기 모드는 전체를 동기화하는 옵션(full sync, 프라이머리와 세컨더리 시스템에서 모두 로그 버퍼를 기록)으로 운영할 수도 있다.

■ **비동기 모드(Asynchronous)**

프라이머리 시스템에서 로그를 보낸 후 응답을 기다리지 않고 트랜잭션이 커밋된다. 커밋 지연은 발생하지 않지만, 이 모드는 데이터 손실에 더욱 취약하다.

RPO(데이터 손실)와 RTO(다운타임)는 성능을 고려하고 사이트의 위치를 조정하여 적절히 균형을 유지해야 한다. 프라이머리 시스템을 더 사용할 수 없는 경우, 테이크오버라고 불리는 작업에서 세컨더리 시스템을 새로운 마스터로 구성할 수 있다. 테이크오버는 클라이언트 애플리케이션에 투명하게 작동한다(서비스 중단 없는 테이크오버[invisible takeover]). 테이크오버 핸드셰이크는 테이크오버가 실행되기 전에 세컨더리 시스템이 프라이머리 시스템과 완전히 동기화되도록 보장하여, 메모리 구성에서 동기식으로 발생하는 데이터 손실을 방지할 수 있다. 프라이머리 시스템이 복구돼 연결되면, '페일백' 작업을 수행할 수 있다. 즉, 본래의 프라이머리 시스템이 다시 프라이머리가 됐음을 의미한다.

시스템 리플리케이션의 또 다른 재미있는 특징은 세컨더리 타임 트래블(secondary time travel)로, 원래 시스템에서 이미 삭제된 데이터를 세컨더리 시스템에서 액세스할 수 있다. 세컨더리 시스템을 중지하고 특정 타임 스탬프에서 재기동하면, 타임 트래블 기능을 수행할 수 있다. 그런 다음 캡처하고 싶은 지점에 도달할 때까지(예: 중요한 삭제 작업 직전) 로그 항목의 재생이 가능하다. 모든 작업이 완료되면 일반 모드에서 리플리케이션을 다시 시작할 수 있다. 타임 트래블을 수행하는 동안에도, 로그는 프라이머리 시스템에서 계속해서 수신되므로, 세컨더리에서는 로그 파일을 저장하기 위한 디스크 공간이 충분해야 한다.

9.10.2 멀티티어와 멀티타깃

멀티티어 시스템 리플리케이션은 지오클러스터링(geoclustering)〈역자_주: 물리적으로 분리된 위치에 있는 서버의 클러스터 구축〉을 가능하게 하고, 프라이머리 데이터 센터를 지리적으로 원격 사이트와 연결해 단일 고가용성/재해 복구 환경을 만든다. 그림 9.13과 같이, 여러 시스템이 멀티티어 환경으로 묶일 수 있다. 이 구성에서 데이터 센터 A(tier 1)의 프라이머리 시스템에 데이터 센터 B(tier 2)의 세컨더리 시스템을 연결하고, 데이터 센터 B의 세컨더리 시스템에 데이터 센터 C(tier 3)의 세컨더리 시스템을 연결함으로써, 데이터의 중복을 허용하고 단일 장애점(SPOF)을 방지한다.

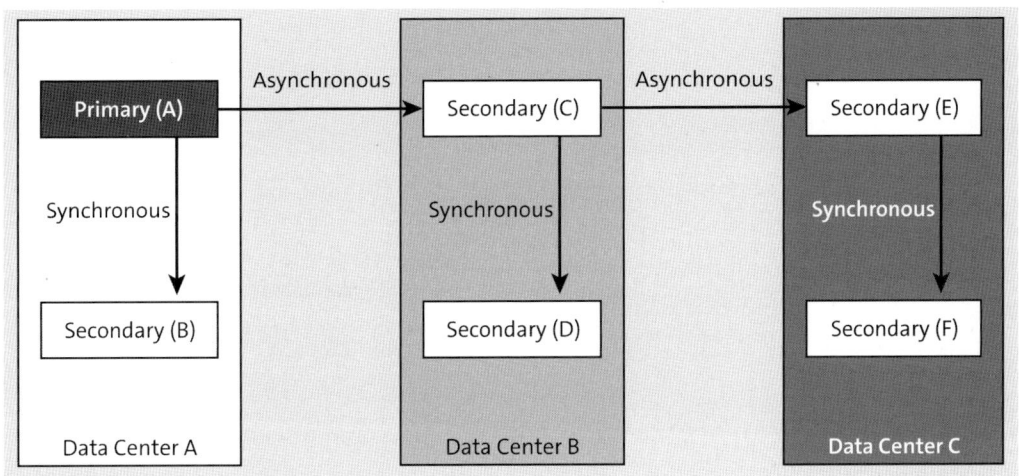

그림 9.13 SAP HANA Multitarget System Replication

멀티타깃 구성에서는 프라이머리 시스템은 데이터를 두 개의 세컨더리 시스템에 동시에 리플리케이션한다(동기식 또는 비동기식으로 설정 가능). 이 아키텍처는 멀티티어 연결을 재배치하거나, 더 높은 가용성을 위한 시나리오로 사용할 수 있다.

9.10.3 Active/Active Read-Enabled 시스템 리플리케이션

Active/Active Read-Enabled 시스템 리플리케이션은 SAP HANA 2.0에 추가된 특수 기능으로, 시스템 리플리케이션 환경에서 유휴 세컨더리 시스템을 활용하여 여분의 리포팅 작업을 할 수 있다.

일반적인 구성에서는 세컨더리 시스템은 계획된 또는 예기치 않은 다운타임을 최소화하기 위해 스탠바이 상태이다. 하지만 active/active read-enabled 리플리케이션을 사용하면, 세컨더리 시스템이 기동되어 읽기 전용 호스트로 작동하며 프라이머리 시스템의 읽기 집약적인 작업 부하를 줄이는 데 사용될 수 있다. 이 기능은 기본적으로 50개 이상의 SAP S/4HANA 분석 애플리케이션, SAP Business Suite(powered by HANA), 대시보드 또는 비정형 보고서를 위한 커스텀 애플리케이션에 대해 지원된다. 세컨더리 시스템은 프라이머리 시스템과 이미 동기화되어 있으므로 추가적인 복구가 필요하지 않다. 따라서 페일오버의 위험이 감소하는 이점이 있다.

> **더 알아보기**
>
> SAP HANA 시스템 리플리케이션은 SAP Help Portal의 전용 가이드에서 제공된다. 이 가이드는 기본 개념, 설정 방법, 테이크오버와 페일백 수행방법, 세컨더리 타임 트래블, 운영과 유지보수, 트러블슈팅, 보안 측면, 시스템 뷰 참조에 관해 설명하고 있다.

> **SAP Note**
>
> SAP One Support Launchpad에서 HAN-DB-HA 컴포넌트에 대한 관련 노트와 문서는 다음을 참고하기 바란다.
> - SAP Note 1999880 – FAQ: SAP HANA System Replication
> - SAP Note 1984882 – Using HANA System Replication for Hardware Exchange with minimum/zero Downtime
> - SAP Note 2405182 – List of Analytical Apps that are enabled to read from Active/Active (read enabled) SAP HANA node in SAP S/4HANA

9.11 네트워크 관리와 랜드스케이프 관리

네트워크 없이는 데이터 센터와 클라우드 컴퓨팅은 존재할 수 없다. 네트워크는 모든 데이터 센터 아키텍처의 핵심 컴포넌트이고 엔터프라이즈 애플리케이션의 성능, 보안, 비즈니스 연속성에 있어서 필수적이다. 물론 SAP HANA 네트워킹으로 국한될 때에도, 네트워크 관리는 큰 주제이다. 랜드스케이프 관리는 일련의 도구와 제품군, 이상적으로는 모든 부품까지 조화롭게 운영되도록 한다. SAP의 경우, 랜드스케이프 관리에는 다음 도구가 포함된다.

- **SAP Solution Manager**

    SAP 비즈니스 애플리케이션을 위해 애플리케이션 라이프사이클 관리를 한다.

- **SAP Landscape Management**

가상화 및 클라우드 인프라에서 SAP 시스템을 가동할 수 있게 한다.

SAP HANA용으로 특별히 설계된 것은 아니지만, 두 도구 모두 인메모리 플랫폼에서 실행되며 랜드 스케이프 관리의 여러 방면을 제어하는 데 사용한다. 이번 섹션에서 이 도구들에 대해 설명하겠지만, 먼저 네트워크 관리에 대해 자세히 살펴볼 것이다.

9.11.1 네트워크 관리

네트워크 구성과 관리는 데이터 센터 설계자에게 있어 전문 작업이며 중요한 기술이다. 6단원에서 네트워크 보안을 다루었지만, 안전한 액세스 포인트, 전송 데이터의 보호 외에도, 호스트 네임 확인, 가상 호스트 네임, 클라이언트 로드 밸런싱, 리버스 프록시 구성, 연결에 필요한 인증서를 고려해야 한다. 이러한 영역에서 가상화와 클라우드 환경은 복잡성을 가중시킬 것이다.

테넌트(또는 시스템) 데이터베이스에 대한 액세스는 SQL 포트를 통해 이루어지며, Python, ADO. NET, Node.js, Go 또는 더 일반적인 ODBC와 JDBC 기술을 사용한 연결 여부와 별 상관이 없다. 이 것은 다차원 식(multidimensional expression: MDX)을 가진 Excel과 OLAP용 OLE DB(ODBO) 드라이버를 사용하더라도 마찬가지이다. 각 테넌트 데이터베이스의 인덱스 서버 프로세스는 각기 다른 SQL 포트를 수신하며, 이 포트는 변경할 수 있다. 분산 시스템과 시스템 리플리케이션 환경의 경우, SAP HANA 클라이언트가 서버와 서비스에 맞게 연결하도록 구성해야 하며, 클라이언트 로드 밸런싱을 구성할 수도 있다.

SAP HANA 스마트 데이터 통합(SDI), SAP Data Services, SAP Replication Server 또는 SAP Landscape Transformation Replication Server와 같은 리플리케이션 기술을 사용할 때에도, SQL 인터페이스를 통해 데이터 소스에 연결한다. 7단원 7.3섹션에서 설명한 Streaming Analytics Agent 또는 Data Provisioning Agent와 같은 특정 구성의 경우, 방화벽을 통한 연결을 위해 추가 포트가 필요하다. 마찬가지로, SAP Solution Manager로 System Landscape Directory를 사용할 때 또는 SAProuter를 이용해 SAP Support에 직접 연결해야 할 때도 추가 포트가 필요하다.

웹 기반 액세스를 위해서, 구버전 SAP HANA XS를 위한 HTTP와 HTTPS용 웹 디스패처 포트뿐만 아니라, SAP HANA XS Advanced를 위한 포트도 고려해야 한다. 런타임과 애플리케이션이 많은 경우, 포트 기반의 라우팅을 사용하면, 전체 범위의 포트를 열어야 할 수 있다. 이러한 이유로, 운영 환경에서는 호스트 기반의 라우팅이 더 일반적이다. 즉, 각 애플리케이션은 고유한 가상 호스트 네임을 받고, SAP HANA XS 컨트롤러 프로세스는 SAP HANA XS Advanced 애플리케이션과 가상 호스트를 올바르게 매핑한다. 결과적으로, 방화벽에서 단일 포트에 대한 액세스만 허용하게 되며, 훨씬 더 안전한 환경을 유지할 수 있다.

언급된 모든 트래픽은 클라이언트 네트워크 영역에서 발생하지만, 6단원에 설명한 대로 스토리지와 내부 영역의 트래픽도 고려해야 한다. 디폴트로, SAP HANA 시스템은 3개의 개별 네트워크 인터페이스를 서로 다른 영역으로 연결하는 기능을 제공한다.

더 알아보기

자세한 내용은 SAP Help Portal에서 SAP HANA Administration Guide의 "Network Administration" 단원과 SAP HANA Security Guide의 네트워크 관련 단원을 보면 된다.
추가 정보는 2018년의 SAP HANA Network Requirements 백서를 참고하기 바란다.

SAP Note

SAP One Support Launchpad에서 관련 노트와 문서는 다음을 참고할 수 있다.
- SAP Note 2477204 – FAQ: SAP HANA Services and Ports
- SAP Note 2222200 – FAQ: SAP HANA Network

9.11.2 SAP Landscape Management

SAP Landscape Management는 Basis 관리자가 SAP 시스템 관리와 운영(예: 반복적이고 시간이 오래 걸리는 시스템 복사)을 단순화하고 자동화하는 데 사용하는 도구이다. 이 도구를 사용하면, 전체 SAP 랜드스케이프를 단일 콘솔에서 한눈에 확인하고 제어할 수 있는 것처럼, 중앙 집중식으로 관리할 수 있는 것이 또 다른 비즈니스의 이점이다.

SAP Landscape Management는 SAP NetWeaver Java 애드온이며, 시스템 랜드스케이프(예: 단일 테넌트나 멀티테넌트, 싱글호스트나 멀티호스트, ABAP 기반 애플리케이션)를 감지하려면, 매니지드 시스템에 SAP 호스트 에이전트가 필요하다. SAP Landscape Management는 상태 모니터링, 시작/중지 작업 지원, 시스템 프로비저닝(복사, 클론[clone], 리프레쉬), 테넌트 프로비저닝, 노드 재배치(분산 시스템), 시스템 리플리케이션을 위한 테이크오버의 구성 지원 등을 제공한다.

그림 9.14는 SAP에서 정의한 13개의 커스텀 프로세스 중 하나인 SAP Landscape Management의 Automation Studio를 보여준다(커스텀 프로세스는 사용자가 직접 추가 가능). 또한, SAP HANA

의 시스템 리플리케이션 절차 중 페일백에 대해서, 정의된 63단계를 자동화하고 있다. 마찬가지로 업그레이드, 테이크오버, 테넌트 이동 등을 위해 다운타임이 제로에 가깝게 자동화할 수 있다. 또한 왼쪽 메뉴에서 볼 수 있듯이, SAP Landscape Management는 대시보드, 모니터링, 데이터베이스 관리 기능(예: 시작/중지 작업)을 제공하여, 랜드스케이프를 관리할 때 단일 도구에서 작업할 수 있는 편리함이 있다.

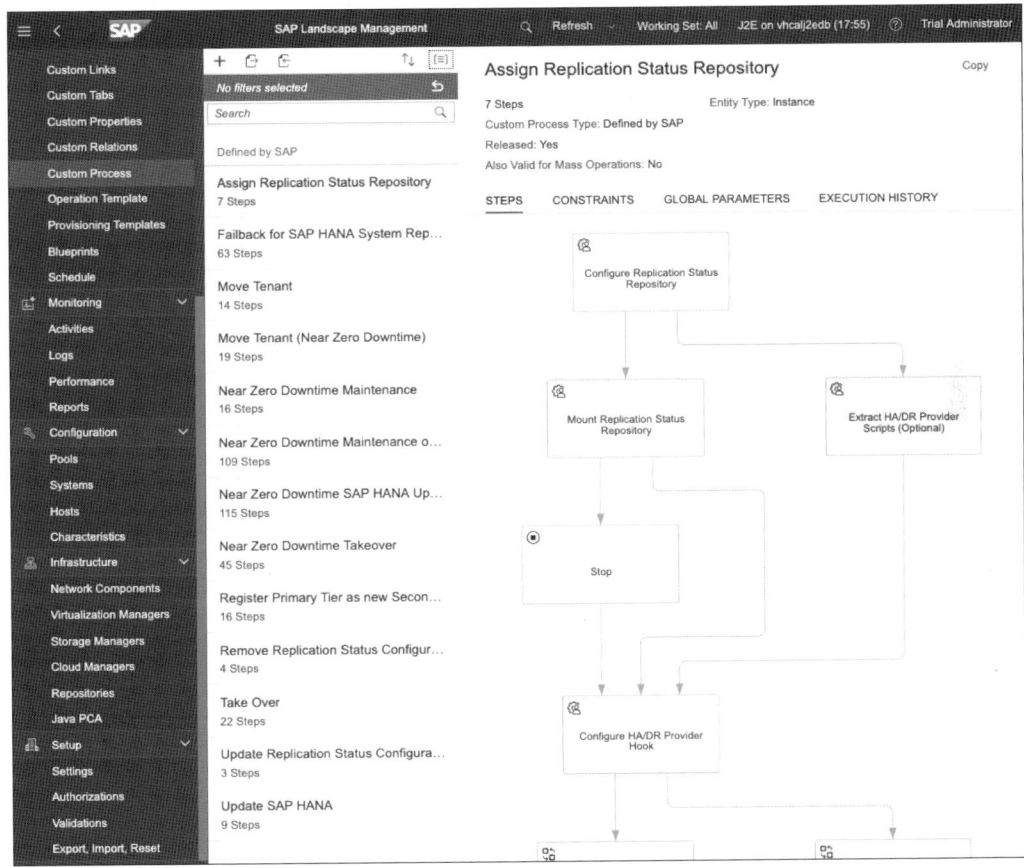

그림 9.14 SAP Landscape Management

9.11.3 SAP Solution Manager

SAP HANA 데이터 센터 아키텍처를 완성하기 위해서는 SAP Solution Manager에 대한 설명을 절대 빠트릴 수 없다. 대부분의 Basis 관리자는 중앙 지원과 시스템 관리 플랫폼에 익숙할 것이다. SAP Solution Manager는 오랫동안 SAP Business Suite 애플리케이션을 관리하는 도구로 사용되어 왔고, SAP HANA를 포함하여 다양한 플랫폼에서 실행되는 SAP NetWeaver 시스템이다. SAP Solution Manager에는 그림 9.15와 같이 DBA Cockpit이 포함돼 있다.

Basis 관리자는 익숙한 DBA Cockpit을 사용해서 구성과 SAP HANA 시스템 관리 작업을 하겠지만, 일반적으로 SAP Solution Manager를 사용해서 SAP 호스트 에이전트나 System Landscape Directory(SLD) 진단 에이전트에 연결하여, 다른 데이터베이스처럼 SAP HANA 시스템을 관리할 수 있다. 한동안 SAP Solution Manager는 SAP HANA 데이터베이스 백업을 스케줄링할 때 쓸 수 있는 유일한 도구였다(3rd 파티 백업 솔루션 제외).

SAP Landscape Management의 초점이 SAP 시스템 레벨에 맞춰져 있는데 비해, SAP Solution Manager는 주로 애플리케이션 라이프사이클 관리 도구로서 역할을 한다.

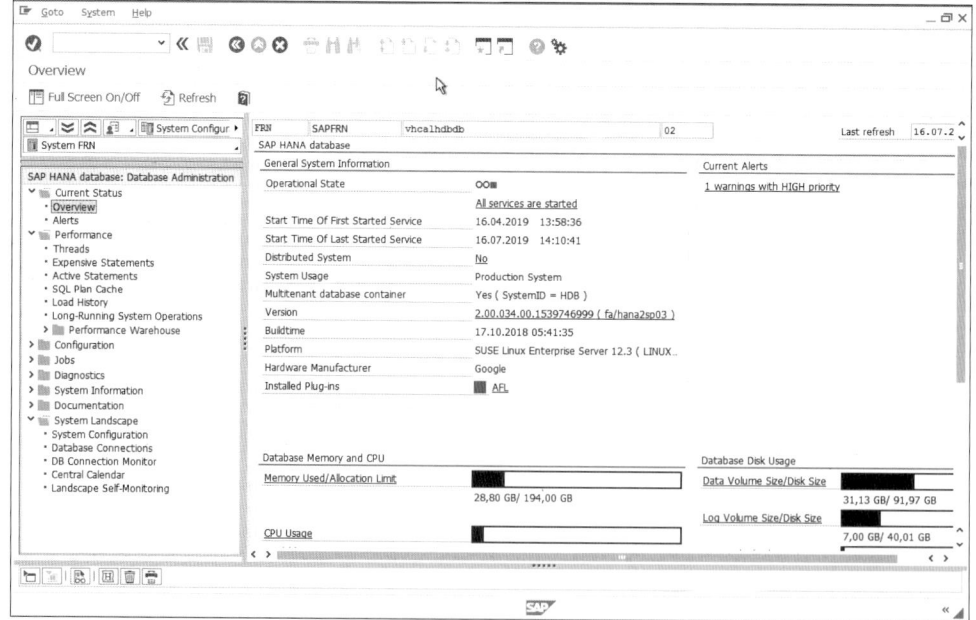

그림 9.15 SAP HANA Administration with DBA Cockpit

SAP HANA 모니터링과 시작/중지 작업에 DBA Cockpit을 사용할 수 있지만, DBA Cockpit은 SAP Landscape Management의 테넌트 프로비저닝과 시스템 리플리케이션에 대해서는 지원하지 않는다. 반면에 SAP Landscape Management는 전체 스택과 근본 원인 분석을 위한 end-to-end 트레이싱을 제공하지 않는다.

> **더 알아보기**
>
> SAP Solution Manager에 대한 자세한 정보는 제품 홈페이지를 방문하거나, SAP Support Portal의 SAP Solution Manager for SAP HANA를 방문하면 된다.

> **SAP Note**
>
> SAP ONE Support Launchpad에서 노트와 문서는 SAP Note 2222220 – FAQ: SAP HANA DBACOCKPIT을 참고하면 된다.

9.12 요약

이 단원에서 SAP HANA 데이터 센터 설계자의 다양한 관점을 다루었고, 사이징, 기술적 배포 옵션(MCOD, MCOS), 데이터베이스 테넌트(MDC), 가상화, 어플라이언스, 데이터 센터 통합 프로그램인 TDI를 살펴보았다. 인텔의 영구 메모리에서 최신 하드웨어 혁신을 강조하고, IBM Power System의 프로세서 아키텍처를 설명하고, 지원되는 SUSE와 레드햇 리눅스 운영체제의 개요를 다루었다. 그리고 몇몇 서비스로서의 인프라(IaaS) 공급자를 소개했다. 하이퍼스케일러인 AWS, 마이크로소프트 애저, GCP는 클라우드에서도 SAP HANA를 실행할 수 있게 지원한다. 다음으로, AnyDB에서 마이그레이션, SUM DMO, SAP Advanced SQL Migration 도구, SAP Digital Business Services와 다양한 SAP 서비스 파트너뿐만 아니라, 글로벌 SAP 하드웨어와 소프트웨어 파트너가 제공하는 마이그레이션 서비스에 대해 살펴보았다. 그런 다음, 고가용성 지원, 비즈니스 연속성, 시스템 리플리케이션을 알아보았다. 마지막으로 SAP 시스템을 위한 SAP Landscape Management와 SAP 비즈니스 애플리케이션을 위한 SAP Solution Manager를 통해 네트워크 관리와 랜드스케이프 관리에 관한 주제를 다루었다.

지금까지 다양한 SAP HANA 페르소나를 만났으므로 이 책의 마지막 단원에서는 교육과 제품 지원을 위한 몇 가지 옵션과 다른 SAP 사용자 등과 만날 수 있는 기회를 살펴보겠다.

Chapter 10
교 육 과　지 원

당신이 그것을 이해할 때만 그것을 보게 될 것이다.
- Johan Cruyff

Chapter 10
교육과 지원

마지막 단원의 주제는 교육과 지원이다. 이전 단원들에서 추가 정보, 교육, 교재, 튜토리얼에 관한 자료는 이미 해당 단원의 필요한 부분에서 SAP Note나 튜토리얼 텍스트박스 등을 통해 제시했다. 이 단원에서는 교육과 지원에 관한 여러 옵션을 포괄적으로 살펴볼 수 있도록, 더 넓은 관점에서 설명할 것이다.

SAP Education에서 제공하는 SAP HANA 과정과 다양한 SAP HANA 인증은 어떤 것들이 있는지 살펴보는 것으로 시작하겠다. 인증에 관심이 없거나 예산이 제한된 사람들을 위해, openSAP 과정과 SAP HANA Academy의 유튜브 교육 동영상과 같은 무료 온라인 교육 옵션도 알아본다.

SAP Support와 SAP 서비스 조직이 제공하는 다양한 서비스를 살펴보고, 특히 SAP Support Portal 에서 제공되는 몇 가지 도구를 설명할 것이다.

이 단원의 마지막 섹션에서 온라인 커뮤니티, 이벤트, 연합체의 더 넓은 세계로 탐험해 보자. 매년 SAP와 그 파트너 등이 수백, 수천 건의 이벤트를 주최하고 있으며, 거기에서 SAP HANA 여행의 동반자를 만나는 일은 새로운 즐거움이 될 것이다.

10.1 교육

오늘 무엇을 배우고 싶은가? SAP Education 웹사이트는 이 질문에 대해서 커다란 검색창을 통해, 가능한 한 빠르게 답변을 찾을 수 있도록 도와준다. 1,500개 이상의 많은 제품이 출시돼 있기 때문에, 아직 시작조차 하지 않은 사람들, 즉 일반적으로 SAP를 처음 사용하거나 특히 SAP HANA를 처음 접하는 사용자는 겁이 날 수도 있다. 이 섹션에서는 SAP Education에 대해 알아야 할 내용을 다루겠다.

유료보다 무료가 훨씬 쉽게 와 닿기 때문에, SAP Education에도 무료 교육이 제공된다. 교육을 받기 위해 강의실로 이동하던 시대는 지나갔다. 지금은 훌륭한 온라인 교육이 존재한다. Coursera와 edX와 같은 플랫폼에서 제공하는 대규모 온라인 오픈 교육용 프로그램(massive online open courseware: MOOC)에 익숙할 것이다. SAP에서는 openSAP라는 유사한 제품을 제공한다. 또한 openSAP만큼 체계적이지는 않지만, SAP HANA Academy, SAP Technology 채널, SAP Community, 기타 채널의 튜토리얼 영상과 함께 유튜브에서도 무료 온라인 교육이 제공된다.

10.1.1 SAP Education

SAP 제품에 대한 교육을 찾고 있다면, SAP Education은 당연한 선택이며, 더욱이 인증을 받고 싶을 때, 인증 기관의 공식 강좌와 밀접하게 연계되어 있어 이곳에서 수강하는 것이 유리하다.

SAP Education은 몇 가지 교육 옵션을 제공한다. 이번 섹션에서 자세히 살펴보겠다.

학습 여정(Learning Journeys)

SAP Education은 첫 번째 릴리스부터 SAP HANA에 대한 과정을 개설해왔으며, 현재 이 교육 과정은 몇 가지 학습 여정으로 이루어져 있다. 학습 여정은 순서대로 과정을 밟을 것을 제안하고 있으며, 인증이 포함될 수 있는 시각적 가이드이다. SAP HANA에 대해서 제공되는 3가지 학습 여정은 다음과 같다.

- SAP HANA
- SAP HANA 데이터 프로비저닝
- SAP HANA 모델링

이 책 전체에서 언급해왔던 페르소나와 유사한 방식으로 개발자, 관리자, 컨설턴트를 위한 다양한 트랙이 제공되며, 각각 관련 기술과 주제 영역을 다루고 있다. 그림 10.1은 SAP HANA 학습 여정의 개발자 트랙을 보여준다.

> **더 알아보기**
>
> 학습 여정에 대한 자세한 정보와 현재 제공되는 200개의 학습 여정 중에 올바른 정보를 검색하려면 http://s-prs.co/v488453을 방문하면 된다.

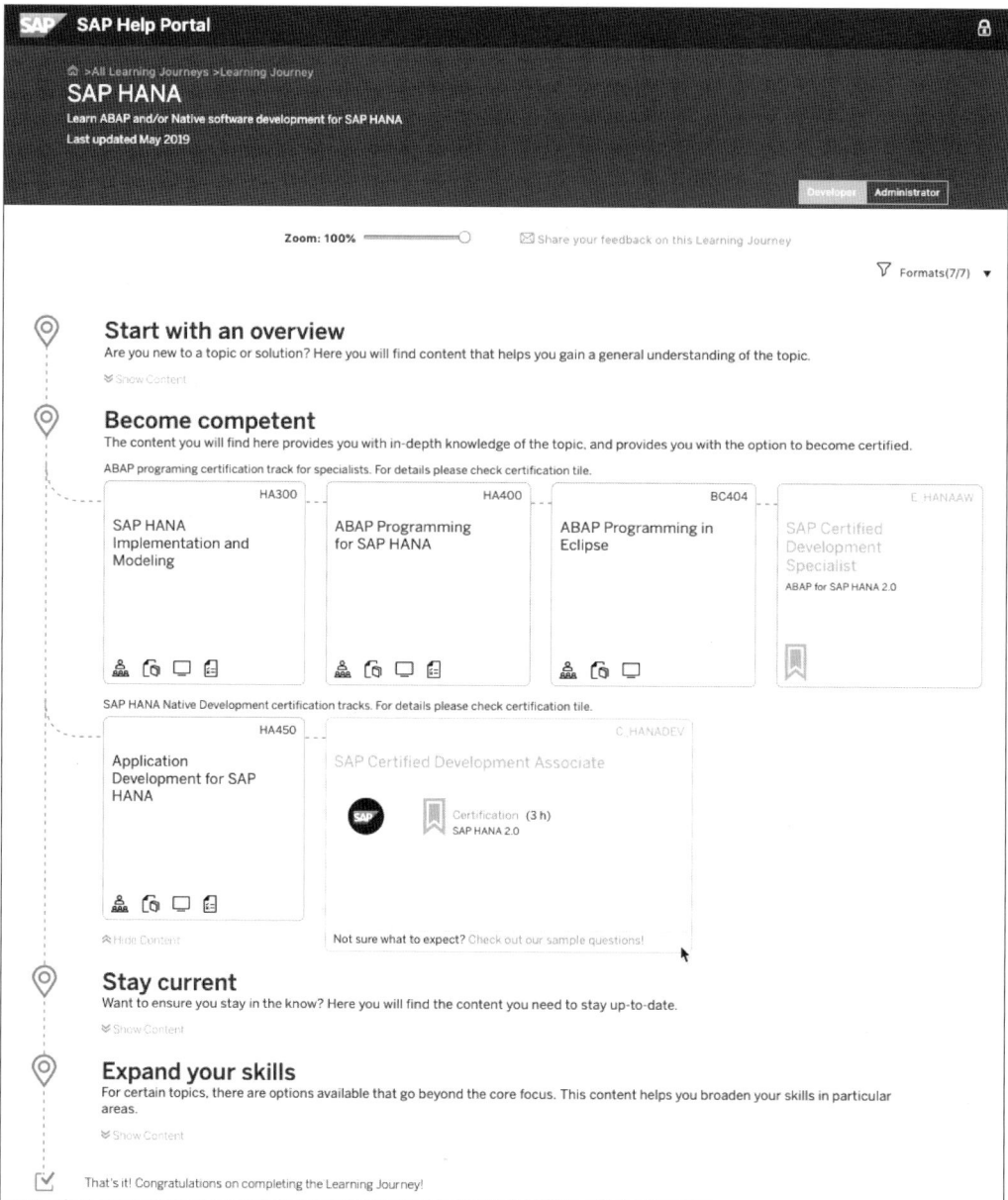

그림 10.1 SAP HANA Learning Journeys

오래된 방식인 강의실 교육은 강사가 주도해서 진행하지만, 여전히 최고의 교육 방식 중의 하나로 선호되기도 한다. 강의실에서 이메일과 페이스북을 사용하지 않도록 절제한다면, 강사와 직접 대면하여 강사가 제시한 자료를 배우고 흡수할 수 있는 좋은 기회가 될 것이다. 강의실에서는 또한 어려운 질문을 하는 동료로부터 서로 배울 수도 있다. 교육 시설은 세계 어디서나 이용할 수 있으며 일부는

SAP 사무실이고, 다른 일부는 선별된 SAP Education 파트너의 사무실일 수도 있다.

시설을 제공하고 직원을 고용해야 하므로, 안타깝게도 강의실 교육은 더 비싼 선택 사항이며 예산에 맞지 않을 수 있다. 이런 경우, 원하는 속도로 자신만의 장소에서 배우기를 선호한다면, SAP는 "e-format"방식으로 교육을 제공한다. 단일 코스인 E-Learning 중 하나를 선택하거나, 자격증 시험을 준비하려는 사람은 E-Academy 번들을 선택할 수도 있다. E-Academy 번들에는 교육 시스템(SAP Live Access), 대화형 콘텐츠, 예약된 라이브 강좌 세션과 함께 e-book(매뉴얼)이 포함된다.

SAP Learning Hub

지속적인 교육을 위해 SAP Education은 그림 10.2에 나와 있는 SAP Learning Hub를 제공한다. 여기에서 교육 시스템에 대한 접근, 번들로 제공되는 모든 콘텐츠, 소셜 학습을 위한 학습실(Q&A가 있는 포럼과 라이브 세션)을 찾을 수 있다. SAP Learning Hub에 대한 다양한 에디션(전문가용, 학생용, 비즈니스용, 솔루션용), SAP 파트너 전용 허브(SAP PartnerEdge 포털), SAP Enterprise Support 서비스의 고객 전용 허브는 모두 각각 다른 조건과 가격표를 가지고 있다. 디스커버리 에디션도 있어서 SAP Learning Hub를 무료로 체험해볼 수 있다.

더 알아보기

SAP Learning Hub에 대한 자세한 정보는 다음을 방문하기 바란다.
- http://s-prs.co/v488454
- http://s-prs.co/v488455

SAP Learning Hub의 실전 연습을 위해서는 다음을 참고할 수 있다.
- http://s-prs.co/v488456

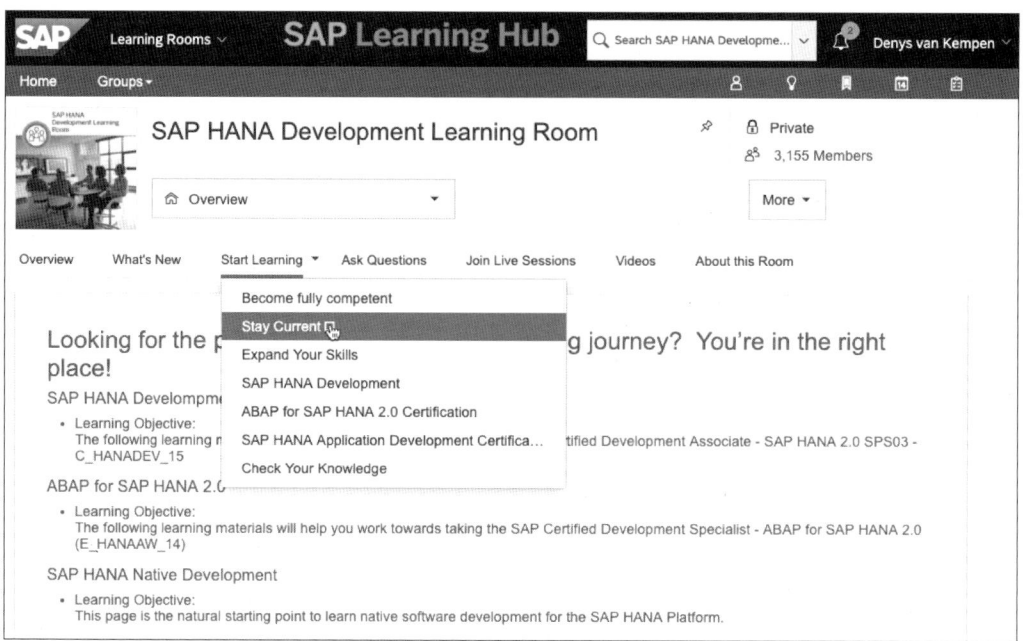

그림 10.2 SAP Learning Hub

교육 과정(Training Courses)

SAP HANA 관련 교육을 위해 개설된 교육과정을 표 10.1에서 보여주고 있다. "SAP HANA 2.0 SPS 04"와 같이 과정명에는 일반적으로 릴리스까지 포함되는데, 이 표에는 생략돼 있다는 것을 감안하기 바란다. 과정 코드는 특정 릴리스에 한정되지 않으며 SAP Education 웹사이트에서 교육 과정을 검색하기 위한 참고용이다.

코드	과정명	설명
HA100	Introduction	아키텍처, 모델링, 데이터 관리, 개발에 관한 개요 (2일)
HA150	SQL and SQLScript for SAP HANA	SQLScript 중점 과정(2일)
HA200	Installation and Administration	SAP HANA 콕핏을 사용한 설치, 시스템 관리, 백업과 복구, 구성, 트러블슈팅의 세부 과정(5일).
HA201	High Availability and Disaster Tolerance Administration	스케일아웃, 시스템 리플리케이션, 멀티테넌트 데이터베이스 컨테이너(MDC)를 다루는 고급 과정(3일)

HA215	Using Monitoring and Performance Tools	트러블슈팅, 근본 원인 분석, SAP캡처와 재생, 워크로드 관리를 포함하는 고급 과정(2일)
HA240	Authorizations, Scenarios & Security Requirements	보안 관련 주제를 다루는 고급 과정(2일)
HA250	Database Migration	SAP 시스템의 유지보수를 위한 Software Update Manager(SUM)의 Database Migration Option(DMO)을 다루는 고급 과정(2일)
HA300	Modeling	calculation view, 모델링 기능, 핵심 데이터 서비스(CDS), 모델 관리와 보안을 다루는 세부 과정(5일)
HA301	Advanced Modeling	Predictive Analysis Library(PAL), 공간, 그래프, 텍스트 분석, 시리즈 데이터를 다루는 고급 과정(3일)
HA350	Data Management	연합(federation)과 추출, 변환, 적재(ETL) 에 대한 고급 과정(4일), 예를 들면 SAP HANA 스마트 데이터 액세스(SDA), SAP HANA 스마트 데이터 통합(SDI), SAP HANA 스트리밍 애널리틱스, SAP HANA Landscape Transformation Replication Server
HA360	Hands-on Lab	대규모 데이터집합에 대한 실무 경험 모델링 과정(2일)
HA400	ABAP Programming for SAP HANA	SAP HANA용 ABAP 코드 개발과 최적화에 중점을 둔 고급 과정(3일)
HA450	Application Development for SAP HANA	SAP HANA와 SAP 클라우드 플랫폼(OData, SAPUI5, Node.js)의 네이티브 개발을 다루는 고급 과정(3일)

표 10.1 SAP Education Course for SAP HANA

그림 10.3은 SAP Education에서 "HANA"를 검색어로 입력한 후, SAP HANA 소프트웨어 솔루션에 대한 검색 결과를 보여준다. SAP Operational Process Intelligence 또는 SAP Business Warehouse(SAP BW)와 같은 제품(powered by HANA)과 200개가 넘는 교육이 나열된다. Guaranteed to Run(교육 개설 보장) 필터를 빼고 전체를 조회하면, (무료) openSAP 과정이나 특수 형식(반나절 교육)도 확인할 수 있다.

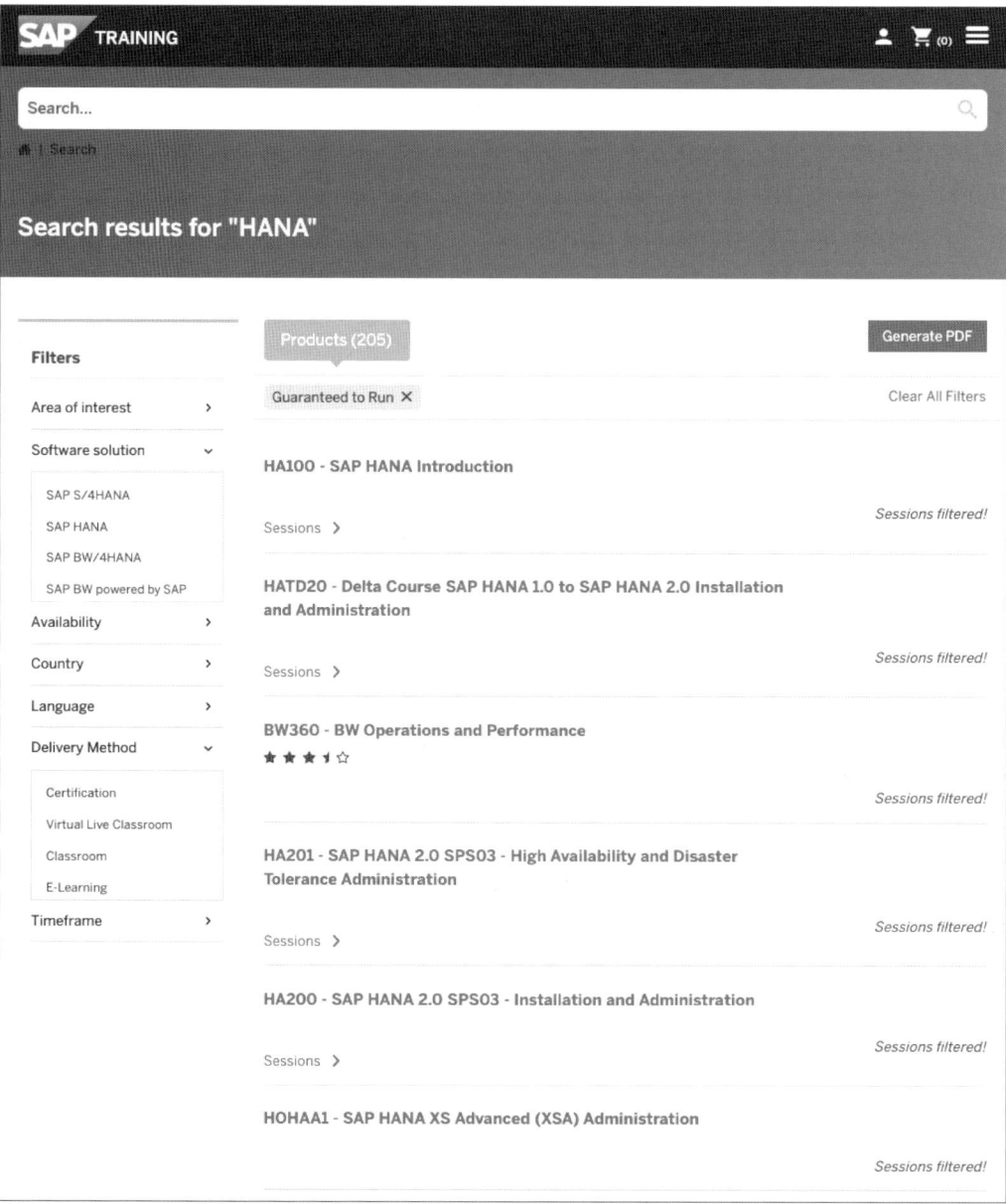

그림 10.3 SAP Education: Search Results for SAP HANA

SAP 인증

인증을 받으면 경력을 향상시킬 수 있으며, SAP 인증은 구직 시장에서 매우 가치 있는 자산이다. 그러나 모든 사람이 인증을 원하는 것은 아니다. 시험은 오직 지식만을 테스트하는 것이며 경험을 테스트하는 것이 아니라고 말하는 사람도 있다. 운전을 예로 들면 인증이란 필기 시험일 뿐이며, 실제

주행과는 상관없다고 생각하는 것이다. 대부분의 IT 인증 프로그램이 그렇듯이(사실 우리는 경험 많은 전문가라도 공부 부족으로 시험에서 떨어질 수 있다는 것에 공감할 수 있지만), 인증을 위해 공부한다는 것은 본인이 알고 있는 모든 지식을 평가해 볼 수 있고, 편안함에 안주하지 않을 수 있는 좋은 기회이다. 플랫폼을 얼마나 오래 사용했는지에 상관없이, 공부를 열심히 하지 않으면 SAP HANA 시험에 합격하지 못할 수도 있다. 문제가 너무 구체적이고 세밀해서, 숙제를 열심히 해야 하고 매뉴얼의 작은 글씨까지도 숙독해야 한다.

오직 SAP만이 SAP HANA를 인증한다. 즉, SAP HANA 인증과 이와 관련된 SAP HANA 교육 과정 사이에는 직접적인 관계가 있다는 뜻이다. 그러나 꼭 오프라인 교육에 참석할 필요는 없다. 대부분의 자료는 무료로 제공되는 SAP HANA 문서에 포함되어 있으므로, 여러 가이드를 찾아서 혼자 공부할 수도 있다. 이 방법을 사용할 경우, 시험의 주제 영역을 주의 깊게 살펴보고 관련 교육 과정의 목차를 다운로드해서 무엇을 공부해야 하는지, 무엇을 건너뛰어야 하는지 정확히 알고 공부하는 것이 좋겠다.

준비하기 전에 항상 SAP Education 웹사이트의 인증 페이지를 확인하기 바란다. 그림 10.4는 C_HANATEC_15 시험의 예를 보여주지만, 최신 버전은 웹사이트에서 확인할 필요가 있다. 이 웹사이트에서는 시험의 주제 영역과 상대적 가중치에 대한 정보를 찾을 수 있으므로, 어디에 집중해야 하는지 알 수 있다. 각 주제 영역별로 관련 교육 과정이 나열되며, 샘플 문제, 시험 기간, 커트라인도 확인할 수 있다. SAP Education에서 시험을 직접 예약할 수도 있다.

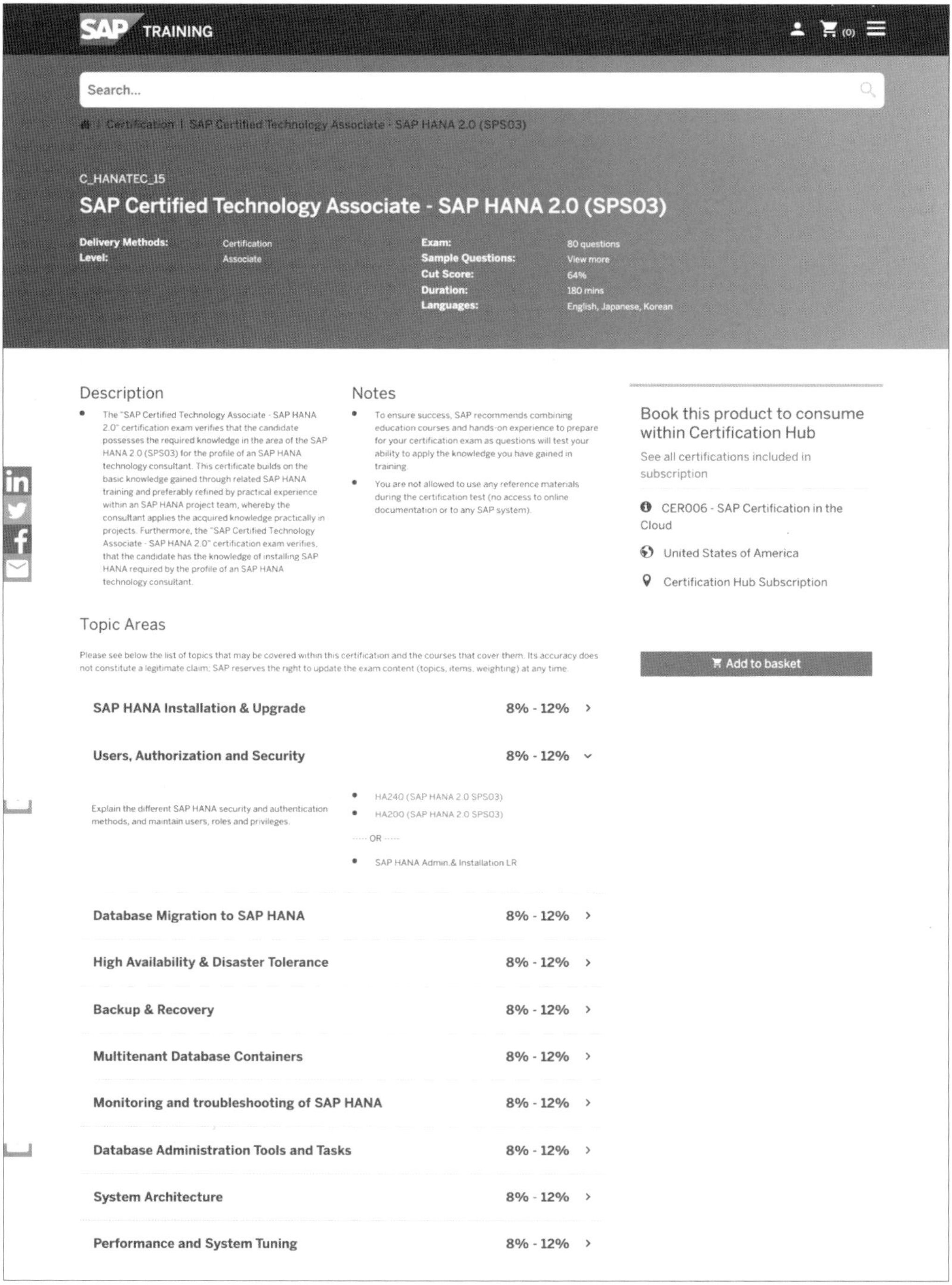

SAP Certified Technology Associate - SAP HANA 2.0 (SPS03)

C_HANATEC_15

SAP Certified Technology Associate - SAP HANA 2.0 (SPS03)

Delivery Methods:	Certification	**Exam:**	80 questions
Level:	Associate	**Sample Questions:**	View more
		Cut Score:	64%
		Duration:	180 mins
		Languages:	English, Japanese, Korean

Description

- The "SAP Certified Technology Associate - SAP HANA 2.0" certification exam verifies that the candidate possesses the required knowledge in the area of the SAP HANA 2.0 (SPS03) for the profile of an SAP HANA technology consultant. This certificate builds on the basic knowledge gained through related SAP HANA training and preferably refined by practical experience within an SAP HANA project team, whereby the consultant applies the acquired knowledge practically in projects. Furthermore, the "SAP Certified Technology Associate - SAP HANA 2.0" certification exam verifies, that the candidate has the knowledge of installing SAP HANA required by the profile of an SAP HANA technology consultant.

Notes

- To ensure success, SAP recommends combining education courses and hands-on experience to prepare for your certification exam as questions will test your ability to apply the knowledge you have gained in training
- You are not allowed to use any reference materials during the certification test (no access to online documentation or to any SAP system).

Book this product to consume within Certification Hub

See all certifications included in subscription

- CER006 - SAP Certification in the Cloud
- United States of America
- Certification Hub Subscription

🛒 Add to basket

Topic Areas

Please see below the list of topics that may be covered within this certification and the courses that cover them. Its accuracy does not constitute a legitimate claim; SAP reserves the right to update the exam content (topics, items, weighting) at any time.

SAP HANA Installation & Upgrade	8% - 12%	>
Users, Authorization and Security	8% - 12%	⌄

Explain the different SAP HANA security and authentication methods, and maintain users, roles and privileges.

- HA240 (SAP HANA 2.0 SPS03)
- HA200 (SAP HANA 2.0 SPS03)

...... OR ......

- SAP HANA Admin.& Installation LR

Database Migration to SAP HANA	8% - 12%	>
High Availability & Disaster Tolerance	8% - 12%	>
Backup & Recovery	8% - 12%	>
Multitenant Database Containers	8% - 12%	>
Monitoring and troubleshooting of SAP HANA	8% - 12%	>
Database Administration Tools and Tasks	8% - 12%	>
System Architecture	8% - 12%	>
Performance and System Tuning	8% - 12%	>

그림 10.4 C_HANATEC_15 Exam Information Page

표 10.2는 현재 지원할 수 있는 인증 시험을 보여준다. 이름의 xx는 시험 에디션을 나타내는데, 각 에디션이 특정 SAP HANA 릴리스와 일치한다는 것을 의미하며 두 가지 레벨의 인증이 제공된다.

- associate 인증은 초급단계 시험(시험 코드는 C)이고 핵심 개념을 알고 있다는 것을 인증한다. 이 시험은 80문제이고, 테스트에는 3시간이 걸린다.
- SME 또는 subject matter expert 시험(시험코드는 E)은 40문제이고 90분의 시간제한이 있으며, associate 인증의 상위 단계이다. 따라서 이미 ABAP에 대한 associate 인증이 있는 경우, SAP HANA SME 인증(예: E_HANAAW_xx)을 통해, 해당 인증을 강화해 ABAP기술을 SAP HANA에 성공적으로 적용할 수 있음을 증명할 수 있다.

현재 SAP HANA를 위한 professional 인증은 존재하지 않지만, 가끔 40개의 문항에 90분 시간제한이 있는 델타 시험(D로 시작함)이 제공된다.

코드	레벨	인증 이름
C_HANATEC_xx	Associate	SAP Certified Technology Associate −SAP HANA 2.0
C_HANAIMP_xx	Associate	SAP Certified Application Associate −SAP HANA 2.0
C_HANADEV_xx	Associate	SAP Certified Development Associate −SAP HANA 2.0
E_HANAAW_xx	SME	SAP Certified Development Specialist − ABAP for SAP HANA 2.0
E_HANABW_xx	SME	SAP Certified Application Specialist − SAP BW powered by HANA
E_BW4HANA_xx	SME	SAP Certified Application Specialist − SAP BW/4HANA

표 10.2 SAP HANA Certifications

모든 SAP 인증은 지난 두 버전에 대해서만 유효하다. 그동안 1년에 두 차례인 SAP HANA의 빠른 릴리스로 인해 SAP HANA 인증 수명은 매우 짧았다. 다행히 2018년 기준으로 1년에 한 번만 릴리스 발표를 하게 됐고, 인증 유효기간이 3년으로 늘어났다.

3rd 파티 조직의 Acclaim〈역자_주: 글로벌 open Badges 플랫폼〉을 통해 성과를 공유할 수 있다. Acclaim은 Open Badges 형식의 디지털 배지를 사용하므로, 이곳을 통해 SAP, IBM, 마이크로소프트, 오라클 등의 모든 인증을 자랑할 수 있다. 디지털 배지는 SAP 사용자 프로파일에서도 유용하다.

10.1.2 openHPI와 openSAP

2012년에 하버드, MIT, 스탠퍼드와 같이 잘 알려진 대학에서 분사 형태로 MOOC, edX, Coursera가 출범했다. MOOC는 수백만 명의 방문자를 끌어들였으며, Hasso Plattner Institute(HPI)와 SAP가 그 여세에 합류했다.

openHPI

1999년에 설립된 HPI는 포츠담 대학과 연계한 IT 시스템 엔지니어링에 중점을 둔 Hasso Plattner의 개인 자산 기관이다. openHPI는 Hasso Plattner가 직접 강의한 "인메모리 데이터 관리" 과정으로 시작됐다. 이 과정은 6주 동안 진행되며, 컬럼 기반 인메모리 데이터베이스의 엔터프라이즈 데이터 관리에 중점을 두었다.

엔터프라이즈 컴퓨팅의 역사와 엔터프라이즈 애플리케이션의 특징이 다루어지고, 이 책의 1단원과 2단원에서 간략히 논의한 하드웨어 등의 변화가 이 과정에서 자세히 설명된다. 이 과정에 등록하면 튜플 재구성, materialization 전략과 집계 함수와 같은 주제에 대해 견고히 이해하고 심층적으로 학습하게 된다. 그림 10.5는 Hasso Plattner가 강의하는 모습이다. SAP HANA를 명시적으로 언급하지는 않았지만, Hasso Plattner는 SanssouciDB의 청사진에 관해 이야기하고 있으며, SanssouciDB는 SAP HANA를 위한 대학의 비상업적 프로토타입이었다. 유튜브에서 오리지날 코스를 시청할 수 있다.

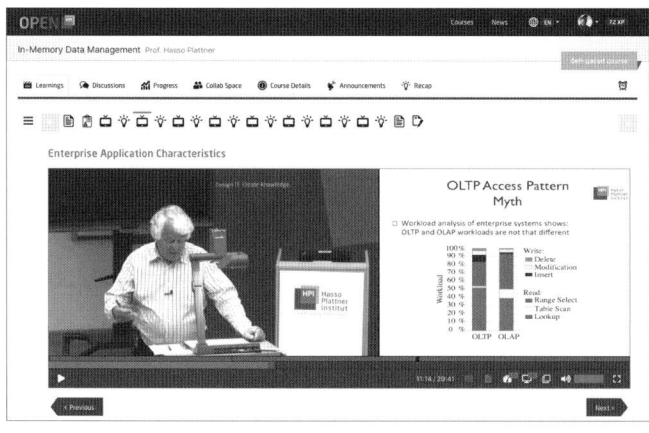

그림 10.5 openHPI: In-Memory Data Management, Prof. Hasso Plattner

더 알아보기

openHPI에 관한 자세한 내용은 openhpi.com을 방문하면 된다. "In-Memory Data Management" 과정 (2017년 에디션)은 http://s-prs.co/v488458을 참고하기 바란다.

openSAP

openHPI 과정의 성공에 이어, SAP는 무료 교육을 제공하고 SAP의 혁신을 촉진하기 위해, openSAP라는 자체 MOOC 플랫폼을 시작했다. 여기서는 SAP HANA 플랫폼용 소프트웨어 개발에 중점을 두었으며, 첫 번째 과정은 당시에 SAP HANA 제품 관리 수석인 Thomas Jung이 강의했다. 이 주제에 관심이 있다면, 오늘도 업데이트된 내용으로 이 과정을 계속 시청할 수 있다.

분석에서 사용자 경험에 이르기까지 다양한 과정을 찾을 수 있지만, 모든 openSAP 과정이 SAP HANA에 관한 것은 아니다. 그러나 많은 과정에서 SAP HANA를 주제로 다루고 있고, 그중 몇 가지를 강조하고자 한다. 초보자에게는 2단원에서 미리 언급했던 "An Introduction to SAP HANA by Vishal Sikka(Vishal Sikka 박사의 SAP HANA 입문)"을 적극 권장한다. 이 과정은 짧지만 SAP HANA의 기원에 대한 고유한 통찰력을 제공하며 주요 강점을 간략하게 요약하고 있다. 첫 번째 파트에서 Vishal Sikka는 하와이에서 휴가를 마치고 돌아온 직후, 팔로알토 사무실에서 집으로 운전하면서 "HAsso's New Architecture"의 줄임말로 HANA라는 이름을 생각해냈다고 이야기한다.

또 다른 짧고 흥미로운 과정으로는 "In-Memory Data Management in a Nutshell(인메모리 데이터 관리 요약)"이 있다. 이 과정은 앞에서 언급한 6주간의 openHPI 과정을 2시간 이내로 요약한 것으로 SAP HANA 개발 분야에서 추가 교육을 받고자 할 때, 필수적인 과정이다.

SAP HANA 관련된 다른 과정은 이 책에서 논의했던 다양한 역할을 더 구체적으로 설명하고 있으며, 표 10.3에 열거돼 있다.

페르소나	과정
All	"An Introduction to SAP HANA by Dr. Vishal Sikka" (2014).
All	"In-Memory Data Management in a Nutshell" by Jurgen Muller (2013).Summary of the openHPI course.

관리자	"Introduction to SAP HANA Administration" by Jose Ramos, et al. (2017). This 4-week course teaches you how to manage databases and database landscapes and conduct performance analysis using the SAP HANA cockpit.
관리자, 엔터프라이즈 설계자	"High Availability and Disaster Recovery with the SAP HANA Platform" by Prasad Illapani, et al. (2016). This course covers high availability and disaster recovery concepts and support, including backup and recovery (3 weeks).
개발자	"Software Development on SAP HANA (Update Q1/2019)" by Thomas Jung and Rich Heilman (2019). This course is updated every year and covers the new features for SAP HANA native development (3 weeks).
개발자	"Prepare for Your SAP HANA Certification – Development Associate" by Thomas Jung (2018).Short 1-hour course about the C_HANADEV_14 certification exam with tips and tricks for preparation.
개발자, 데이터 사이언티스트, 분석가	"Analyzing Connected Data with SAP HANA Graph" by Markus Fath (2018).Short 1-week course (4~5 hours) covering the technology and use cases, including GraphScript and hierarchies.
개발자, 데이터 사이언 티스트, 분석가	"Spatial Analysis with SAP HANA Platform" by Markus Fath (2017).3-week course about SAP HANA spatial services, special analysis and the development of spatial applications.
개발자, 데이터 사이언 티스트, 분석가	"Full-Text Search with SAP HANA Platform" by Markus Fath (2017). Short 1-week course (4~5 hours) covering the technology including fuzzy search, search models, and the query language.
개발자, 데이터 사이언 티스트, 분석가	"Text Analytics with SAP HANA Platform" by Anthony Waite, et al. (2016).This in-depth course covers both text analysis and text mining (4 weeks).
관리자,데이터 설계자	"Introduction to SAP HANA Dynamic Tiering" by Courtney Claussen and Robert Waywell (2018).In this course, you'll learn about the technology and how to implement and administer SAP HANA dynamic tiering (4 weeks).
비즈니스 설계자,데이 터 설계자,엔터프라이 즈 설계자	"Introduction to SAP Enterprise Architecture Designer" by Volker Saggau, et al. (2018).The course introduces and the tool and covers main usage scenarios (4 weeks).

표 10.3 openSAP Courses for SAP HANA

이러한 과정들의 대부분은 Thomas Jung이 가르치는 "Prepare for Your SAP HANA Certification -Development Associate" 과정(그림 10.6 참고)과 같이, 해당 과정의 특정 제품이나 기술을 담당하는 SAP HANA 제품 관리자가 직접 교육한다.

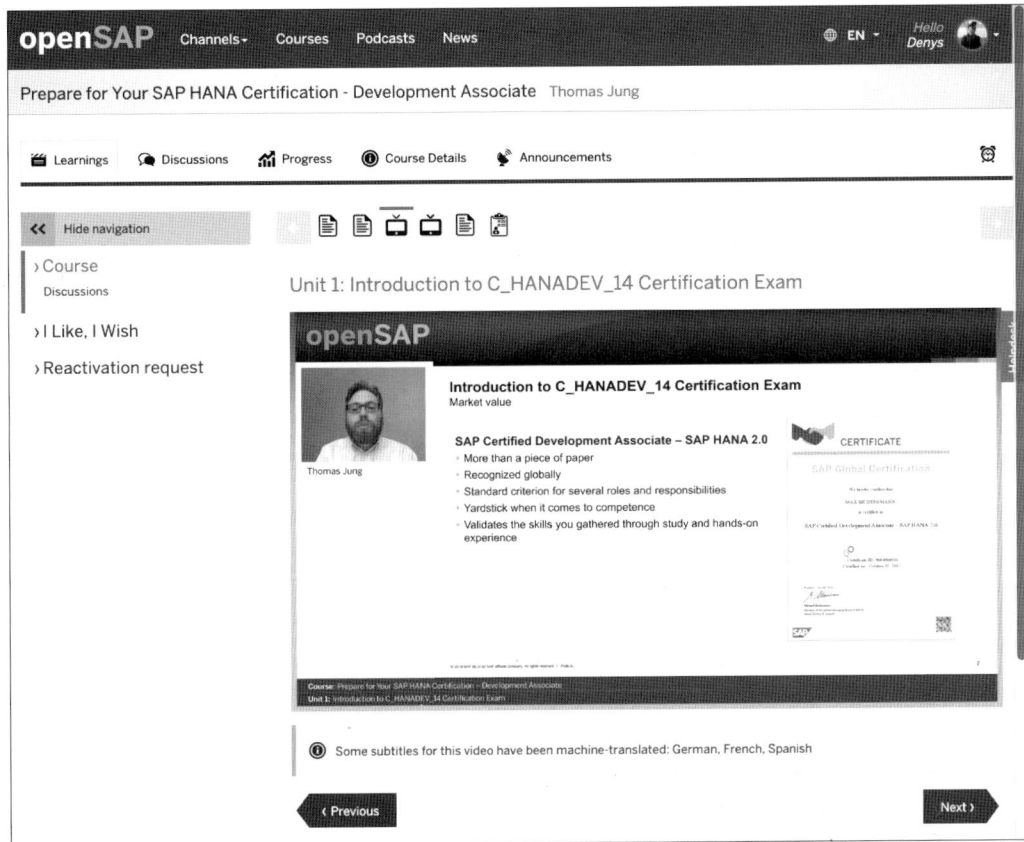

그림 10.6 openSAP: Prepare for Your SAP HANA Certification

전체 과정을 끝내거나 적어도 상당 부분을 완주하면, 참가 확인서와 디지털 배지(그림 10.7)를 받게 된다. 중간 테스트와 최종 시험에서 좋은 점수를 획득하면, 점수에 따른 성적 기록을 받고, SAP 프로파일, 링크드인 또는 다른 소셜 미디어 채널을 통해 공유할 수 있다.

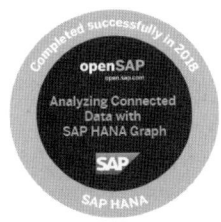

그림 10.7 openSAP Digital Badge

더 알아보기

openSAP에 관한 자세한 내용은 https://opensap.com/을 참고하면 된다.

10.1.3 SAP HANA Academy

SAP HANA와 관련 기술에 대해 SAP HANA Academy에서 무료로 배울 수 있다. SAP HANA Academy는 SAP 고객과 파트너를 위해서 기술 지원, 구현, 채택 지원을 제공하는 2,000개 이상의 교육 비디오가 있는 유튜브 채널이다. 그림 10.8은 채널의 홈페이지를 보여준다. 2012년(이전의 비디오는 SAP Technology 채널에 게재됨)에 시작됐고, 초기에는 SAP HANA 플랫폼에 중점을 두었지만, 현재 채널에서는 SAP 클라우드 플랫폼, SAP Leonardo, 기타 SAP 기술에 대한 비디오 튜토리얼을 제공한다.

채널 내의 몇 가지 주요 리소스를 살펴보겠다.

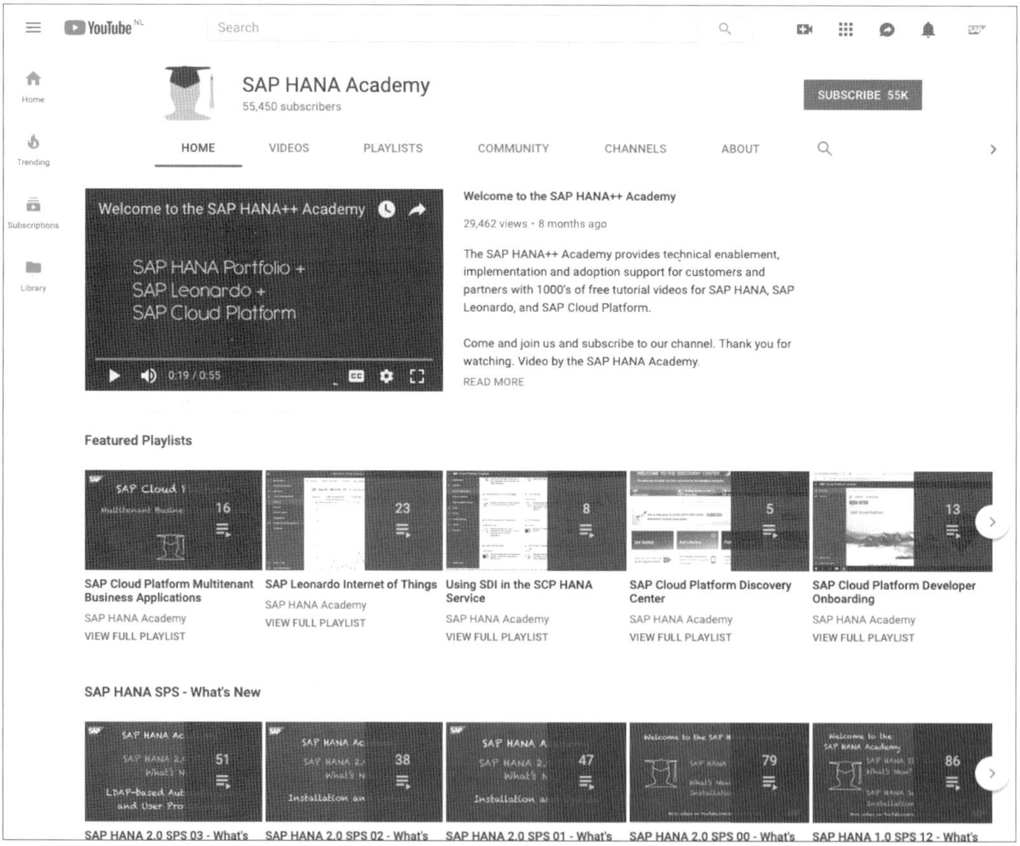

그림 10.8 SAP HANA Academy YouTube Channel

유튜브 재생목록

이 채널은 여러 섹션으로 구성돼 있고, Featured와 What's New 섹션은 SAP HANA 페르소나를 다음과 같이 매핑하고 있다. 예를 들면 Database Management(데이터베이스 관리자), Modeling and Analytics(데이터 분석가), Provisioning(데이터 설계자), Application Development and Delivery(애플리케이션 개발자), Predictive Analytics(데이터 사이언티스트) 등이다. 각 섹션마다 관련된 튜토리얼이 번들로 제공되는 재생목록 컬렉션을 찾을 수 있다. 어떤 재생목록은 조금 더 일반적인 주제(SAP HANA 보안)를 다루고, 다른 재생목록은 특정한 제품(SAP Data Hub)을 다룬다. 새로운 특징과 기능에 관한 재생목록(예: What's New 시리즈)이나 SAP HANA 모델링과 같은 특정 작업에 대한 재생목록도 찾을 수 있다.

대부분의 재생목록에 엄격한 선후 관계는 없다. 요리책이나 레퍼런스북을 다루는 것처럼 순서에 상관없이 선택하면 된다.

GitHub 리포지토리

코드 샘플은 그림 10.9와 같이 GitHub에 게시되어 있어서, 일부 상용구 코드를 직접 입력하는 번거로움을 덜 수 있다. 한두 개의 오타 발생이 있을 수 있지만, 그 대신에 중요한 코드에 더 집중할 수 있을 것이다.

그림 10.9 SAP HANA Academy on GitHub.com

10.1.4 SAP Developer Center

SAP Developer Center는 SAP HANA의 초기 단계부터 존재했었지만, 오늘날 범위가 크게 확장됐
으며 ABAP, SAP 클라우드 플랫폼, SAP S/4HANA, 모바일 개발, SAPUI5, SAP Fiori를 포함한 대
부분의 SAP 제품, 솔루션, 기술들에 대한 개발을 무료로 지원한다. SAP Developer Center는 평가
판이나 SDK, 클라이언트 도구, 드라이버, 초보자 키트 등과 같은 리소스를 다운로드할 수 있는 가장
중심이 되는 곳이다. 그리고 SAP Developer Center에서 4단원 4.12섹션에서 설명된 SAP HANA
익스프레스 에디션을 다운로드할 수 있다.

SAP Developer Center에서 제공하는 방대한 양의 튜토리얼 컬렉션은 특히 가치 있는 것이다. 이 거
대한 리소스를 탐색하기 위해, 그림 10.10과 같이 Tutorial Navigator를 사용할 수 있다.

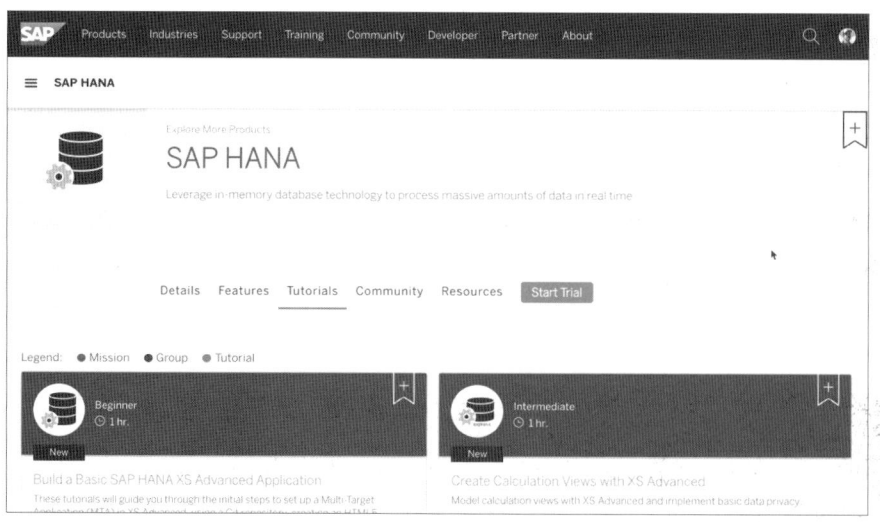

그림 10.10 SAP HANA on SAP Developer Center

튜토리얼은 레벨별(초보자, 중급, 고급)이나 제품별(SAP HANA), 주제별(SQL, OData)로도 분류할 수 있다. 대부분의 튜토리얼은 그룹으로 묶여 있는데, 한 예로, Build a Basic SAP HANA XS Advanced Applications (5개의 튜토리얼, 1시간)와 같은 형식이다. 또한 게임의 요소를 가미해서 튜토리얼 미션을 수행하고, SAP Developer Center에 진행률을 기록하여 미션 수행과 달성 여부를 추적할 수 있다(SAP 사용자 프로파일에도 게시됨). SAP Developer Center의 튜토리얼은 코드 예시, 명확한 사전 준비 사항, 다음 단계를 위한 지식, 추가 정보에 대한 링크 등 각 단계별 가이드를 제공한다.

더 알아보기

SAP Developer Center에 대한 자세한 내용은 http://s-prs.co/v488461을 방문하면 된다. 최신 정보를 얻으려면 월간 뉴스레터인 SAP Developer News를 구독하여 최신 개발 정보 또는 블로그, (무료) 교육, 예정된 이벤트, 새로운 튜토리얼, 사용 안내서, 최근 개발자 평가판, 도구 릴리스 정보 등을 찾아볼 수 있다. 조금 더 개인적인 차원에서 SAP TechED와 같은 글로벌 이벤트에서 SAP Developer Center의 전문가들과 함께 대화하고 만날 수 있다. 많은 CodeJams와 SAP Inside Track 이벤트에 관한 이야기도 나눌 수 있다(10.4.3섹션 참고).

10.2 SAP 서비스와 지원

SAP는 신흥 트렌드와 기술에 대한 최신 혁신부터 퇴역에 가까운 제품의 유지보수와 지원 연장까지, 제품의 전체 라이프사이클에 걸쳐 전문적인 서비스를 제공한다. SAP는 이런 서비스 포트폴리오로 SAP Digital Business Services를 시장에 내놓았다. 현재 62개국의 110개 이상 다양한 국적을 가진 19,000명의 비즈니스와 IT 전문가가 SAP Digital Business Services에서 일하고 있다. SAP의 서비스 조직은 광범위한 산업에 걸쳐 기업의 시스템을 구현하고 지원하는데 45년의 경험을 키워왔으며, 지금도 여러 나라에서 계속 다양성 강화를 위해 노력 중이다.

SAP Support는 약 4,000명의 엔지니어를 고용하고 있으며 그들 중 대부분은 브라질, 중국, 유럽, 인도, 북아메리카에 있는 글로벌 지원 센터(Global Support Centers: GSCs) 중 한 곳에서 일하고 있다. 어떤 경우는 로컬 지원이 더 적절하며, 이러한 예로는 고객이 살고 있는 지역에서 현장 근무하는 SAP ActiveEmbedded 서비스가 있다. 따라서 SAP 지사가 있는 거의 모든 곳에서 SAP 지원 엔지니어를 찾을 수 있다.

SAP가 제공하는 특정 서비스와 지원 옵션에 대해 자세히 살펴보겠다.

10.2.1 SAP Digital Business Services

SAP Leonardo Innovation Services, SAP Advisory Services, SAP Innovative Business Solutions은 디지털 변환, 클라우드 채택, 지속적인 혁신에 중점을 둔 SAP Digital Business Services의 상품이다. 음악 산업이 어떻게 레코드판에서 CD를 거쳐 디지털 스트리밍 방식으로 진화했는지를 생각해 본다면, 일반 업무에서도 이러한 디지털 변환을 생각해 볼 수 있을 것이다.

클라우드 채택은 이런 변환과 밀접한 관련이 있으며, 확장성과 유연성을 위해 필요하다. SAP는 핵심 비즈니스에 대한 모범 원칙과 턴키 솔루션을 활용해서, R&D/엔지니어링, 자동차, 공급망, 재고 최적화, 제조, 하이테크 산업에 대한 산업별 컨설팅과 end-to-end 시스템 구현 서비스를 제공한다.

> **더 알아보기**
>
> SAP Digital Business Services에 관한 자세한 내용은 http://s-prs.co/v488462를 참고하면 된다.

10.2.2. SAP Support

SAP Support의 미션은 차세대 지원을 제공하는 것이다. 미래에 일반화될 것으로 예상되는 지원 유형을 오늘날에 지원하겠다는 야망을 표현한 문구이다. 제품 지원에 대한 이런 새로운 접근법은 무엇인가? SAP Support 웹사이트에서 구체적인 내용을 찾을 수 있지만, 차세대 지원은 셀프서비스, 실시간 서비스, 사전 예방적 지원, 디지털화를 중심으로 진행된다.

모든 지원 조직에서의 핵심 활동은 인시던트 해결과 지식 관리를 중심으로 진행된다. 수년간 SAP Support는 방대한 기술 자료를 구축해왔다. 고객이 답을 찾기 위해 전화를 거는 대신, 인터넷의 셀프서비스 사례를 활용하고 고객이 기술 자료를 검색하도록 하면 어떨까? 물론 검색할 수 있으려면 간단한 도구가 필요하다. 그림 10.11과 같이 SAP One Support Launchpad에 방문하면 된다.

SAP One Support Launchpad에서 기술 자료를 검색하고, 소프트웨어를 다운로드하고, 인시던트를 작성하고, 라이선스 키를 가져오는 등 여러 작업을 수행할 수 있다. SAP One Support Launchpad는 직관적이고 사용하기 쉽다. 셀프서비스인 SAP One Support Launchpad는 연중무휴로 운영되며, 전화로 통화할 필요가 없다. 대기 시간이 최소화되고 오버헤드가 줄어들었으며 실시간 서비스의 경우 채팅을 사용하여 지원 전문가와 연결할 수 있다.

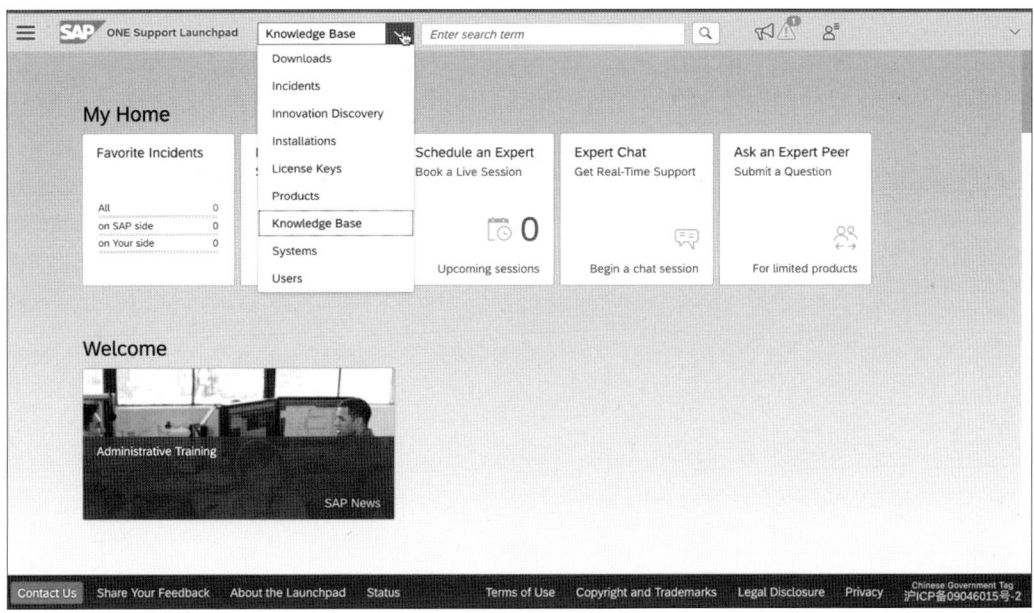

그림 10.11 SAP ONE Support Launchpad

차세대 지원을 위한 또 다른 원동력은 머신 러닝 알고리즘에서 나온다. 이 알고리즘은 고민과 해결책, 질문과 답변에 대한 많은 양의 지원 데이터베이스를 긁어모으고 있다. 목표는 사후 대응 지원에서 사전 대비 지원으로 전환하여, 문제가 발생하지 않도록 예측하고 방지하는 것이다. 물론 야심 찬목표이지만, SAP ONE Support Launchpad에서 자료를 주고받을 때나 인시던트를 작성하고 검색할 때, 현재 AI가 답변을 제공하고 있으므로 이런 목표는 이미 작동 중이다.

마지막으로, 지원 프로세스가 디지털화된다. 전통적인 시나리오에서 제품과 지원 서비스는 분리돼있으며, 다양한 환경과 다양한 장치들로 인해 복잡성은 증가하고 있다. 디지털화의 목표는 지원 경험을 제품에 도입하는 것이다. SAP CoPilot에서 이 원칙이 적용되는 것을 확인할 수 있다. SAP 제품 내에서 문제가 발생할 경우, 모든 상황별 정보를 자동으로 수집해 제품 지원팀과 직접 소통할 수 있다.

SAP Support Portal

SAP Support Portal에서 처리 과정, 서비스, 도구에 대한 최신 정보를 찾을 수 있다. SAP One Support Launchpad를 처음 사용하는 경우라면 데모용으로 등록하거나, SAP Passport에서 싱글사인온(SSO)을 사용하는 방법에 대해 알아보거나, 최근에 SAP에서 인수한 기업의 지원 채널이 SAP Support에서 어떻게 제공되고 있는지 등에 대해 알아볼 수 있다. 포털에서는 앞서 언급한 다양한 지원 서비스(전문가 예약, 전문가 채팅)에 대해 찾아볼 수 있고, 정기적 인시던트 제출 시기와 방법을 배울 수 있다. SAP 기술 자료 문서를 최대한 활용하는 방법과 관련 노트와 문서를 업데이트 받기 위해 WhatsApp 제품 지원 채널을 구독하는 방법을 보여주는 섹션도 있다. SAP 소프트웨어 다운로드에 대한 옵션은 무엇인지, 서포트 패키지 스택(SPS)이 정확히 무엇인지, 어떻게 시스템 데이터가 유지되는지, 어떻게 라이선스 키를 다운받는지 등을 알고 싶다면, SAP Support Portal을 방문해야 한다. SAP Support Portal에서는 다양한 제품과 프로그램(SAP Enterprise Support, SAP Preferred Success and SAP Preferred Care, SAP MaxAttention, SAP ActiveEmbedded)에 대한 정보와, SAP EarlyWatch Alert과 SAP Security Optimization 같은 다양한 지원 서비스를 찾을 수 있다. 프로그램에 일찍 참여하고 싶으면, 베타 프로그램에 등록하고 Early Adopter Care Service를 즐기길 바란다. 사내에 SAP 전문 지식이 풍부한 대기업은 Customer Center of Expertise(Customer COE)를 설치해 혜택을 받을 수 있다. SAP 서비스에서 이미 언급했듯이 제품명과 서비스명은 모두 수시로 변경되므로 최신 정보를 보려면 웹사이트를 방문해야 한다.

제품 지원

SAP Support Portal에서 SAP HANA를 포함하는 각 제품에 대해 찾아볼 수 있다(SAP HANA 페이지는 그림 10.12 참고). Featured Content는 상위 5개 기술 문서, 상위 5개 SAP Note, 추천된 문서, 관련 페이지를 보여준다. 탭을 이동하면 거의 1,000개에 달하는 모든 기술 문서의 전체 목록에 액세스할 수 있고, 최신 릴리스의 전체 문서, 안내 답변 목록, SAP Community에 포스팅된 최신 블로그와 질문에 대한 링크가 제공된다.

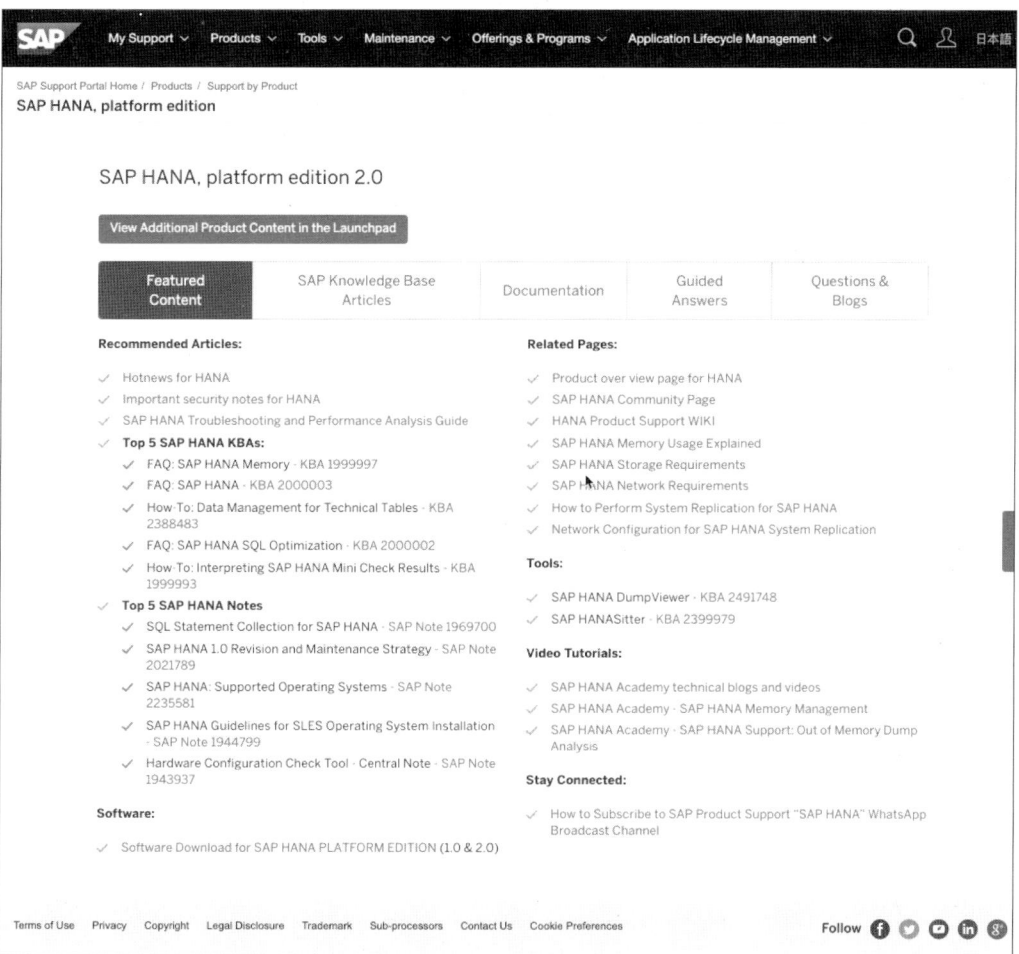

그림 10.12 SAP Support Portal: Product Support for SAP HANA

더 알아보기

SAP의 서비스와 지원에 대한 자세한 내용은 http://s-prs.co/v488463을 방문하고 SAP Support Portal 의 자세한 내용은 http://s-prs.co/v488464로 이동하길 바란다.

SAP HANA 플랫폼 에디션에 대한 제품 지원은 http://s-prs.co/v488465에서 찾을 수 있다.

10.2.3 SAP Help Portal

SAP Help Portal은 모든 SAP 제품 문서를 게재한다. SAP Help Portal에 포함된 수많은 제품(2019년 기준 890개)은 계층적으로 구성돼 있으며, SAP HANA에 대해서는 Technology Platform 섹션을 참조해야 한다. 여기에는 SAP 클라우드 플랫폼, SAP Leonardo, SAP NetWeaver와 200개 이

상의 제품 문서도 찾을 수 있다.

SAP HANA 배너 아래에는 이 책의 핵심인 SAP HANA 플랫폼뿐만 아니라 SAP HANA 스트리밍 애널리틱스, SAP ASE용 SAP HANA 액셀러레이터, SAP HANA 다이내믹 티어링 등 총 20여 개의 관련 제품을 찾을 수 있다. 이러한 관련 제품의 대부분은 SAP HANA 엔터프라이즈 에디션으로, 플랫폼에 번들로 제공된다. 각 에디션의 내용과 다양한 옵션은 1단원에서 다루었다. 때때로 이런 제품에는 나름의 다양한 배경이 있다(방금 언급한 관련 제품은 모두 사이베이스 기술이며, 현재 SAP HANA 스택에 통합돼 있지만, 여전히 약간 다르게 구성됨). SAP HANA에 대한 필요 정보를 제품 문서에서 찾을 수 없는 경우에는 다른 제품 카테고리를 선택해야 할 수도 있다. 그 카테고리는 직관적으로 이해하기 쉬울 때도 있지만 그렇지 않을 때도 있다. 예를 들면, SAP HANA 콕핏은 그 자체로 제품 카테고리이기도 하지만, 오직 SAP HANA를 관리하기 위해 사용되는 SAP HANA 시스템이기도 하다.

SAP Help Portal의 제품 페이지에는 그림 10.13과 같이 몇 가지 일반적인 섹션이 있다.

■ What's New

What's New 섹션에는 SAP Note 형식의 공식 릴리스 노트가 있다. SAP Help Portal이 공개적으로 액세스 가능한 반면에, SAP 노트를 읽으려면 SAP One Support Launchpad에 액세스가 가능해야 한다. 릴리스 후에 문서가 수정되므로, 릴리스 노트에서 문서 업데이트(정오표)를 찾을 수 있다. SAP HANA는 데이터베이스 엔진을 핵심으로 하는 플랫폼인 만큼, 데이터베이스 리비전의 릴리스 노트는 SAP Web IDE의 릴리스 노트와 SAP HANA 콕핏의 릴리스 노트, 기타 릴리스 노트와 나란히 게재될 것이다. 그리고 상세한 설명이 필요한 경우, 예를 들면, 기능 지원 중단에 대한 설명(예: SAP HANA XS), 새로운 기능으로 전환하는 방법 또는 기타 강력한 결정(멀티테넌트 데이터베이스 컨테이너[MDC]로 전환)에 대한 내용은 일반적으로 SAP Note에서 다룬다.

■ Installation and Upgrade

Installation and Upgrade 섹션에는, 플랫폼 라이프사이클 관리 작업에 대해 참고해야 할 가이드가 나와 있다. 항상, 설치 계획의 시작점인 SAP HANA Master Guide로 시작해야 한다. SAP HANA Master Guide는 1단원에서 다루었던 주제인 활용 사례, 아키텍처, 배포 옵션, 구현에 대한 선택 사항을 다루고 있으며, 무엇보다도 이런 각 주제에 대한 정보를 찾는 방법을 포함한다. 그런 다음 각 컴포넌트(서버, 클라이언트, 스튜디오)에 관한 전용 설치 가이드를 찾을 수 있다. 앞에서 언급했듯이, SAP HANA 콕핏이나 SAP HANA 다이내믹 티어링에 대한 설치가이드는 제공하지 않는데, 이런 기능은 별도의 제품 카테고리로 간주하며, 따라서 자체 제품 홈페이지를 가지고 있다.

■ Administration

Administration 섹션에는 모든 가이드의 어머니이자 1,000페이지가 넘는 SAP HANA Administration Guide와 한때 SAP HANA Administration Guide의 일부였으나 이제는 분리된 Troubleshooting and Performance Analysis Guide를 찾을 수 있다. 또한, 데이터베이스 관리를 위한 SAP HANA 콕핏 가이드와 테넌트 데이터베이스 전용 가이드도 찾을 수 있다. SAP HANA Administration Guide에는 이 가이드들과 일부 겹치는 부분이 존재한다.

■ Security

Security에 관한 주제로는 두 가지 가이드가 있다. 개념을 다룬 Security Guide와 간략한 Security Checklists and Recommendations Guide이다. 둘 다 보안 관리자뿐만 아니라 시스템 관리자와 개발자에게도 읽기를 권하는 가이드이다. 예를 들면 Security Guide는 SAP HANA에서 인증이 어떻게 설계되고 그 영향은 무엇인지 설명한다. 보안과 관련된 실제 작업 단계별 가이드를 보려면, SAP HANA Administration Guide로 돌아가야 한다.

■ Development

Development 섹션이 항상 많은 양을 차지하고 있으며, 초심자에게는 다소 벅찬 부분이 될 수 있다. 다행스럽게도 정보 맵은 가이드별(어떤 가이드가 무엇을 다루는지), 작업별(어떤 작업이 어디에서 문서화되어 있는지) 또는 시나리오별(데이터베이스 또는 애플리케이션 개발, 클라이언트 인터페이스, 보안) 정보를 제시함으로써 전체 문서를 탐색하는 데 도움이 된다. Getting Started Guide는 여러 가지 사용 지침을 제시하므로, 어떻게 작동하는지를 읽어보고 눈으로 그려볼 수 있다. 그러나 문제의 핵심을 파악하려면, 각 기술에 대한 전용 개발 가이드를 참조해야 한다.

■ Reference

별도의 섹션이지만, 대부분 개발과 관련된 부분은 Reference에 있다. 이 Reference 섹션에서는 처음부터 끝까지 읽고 끝나는 가이드가 아니라 참조용으로 사용할 가이드를 찾을 수 있다. SQL 명령(SAP HANA SQL과 System View Reference), SQLScript, JavaScript, 핵심 데이터 서비스(CDS), Predictive Analysis Library(PAL), 다양한 API 가이드 등을 찾을 수 있다.

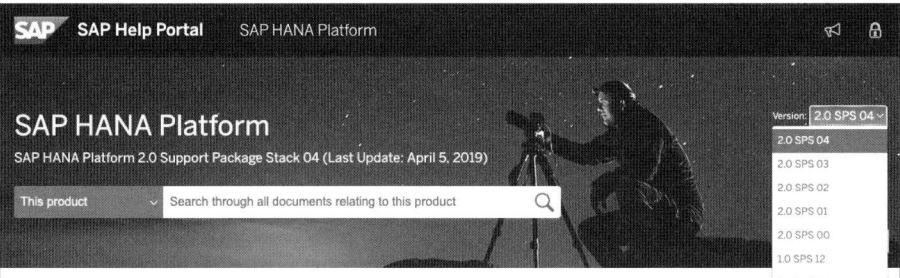

그림 10.13 SAP Help Portal for SAP HANA Platform

제품에 따라 다른 섹션에 있을 수도 있다. SAP HANA에 대해서는 옵션과 "추가 기능" 목록을 볼 수 있는데, 이 목록은 특정 에디션이나 옵션에 국한되지 않으며 번들로 묶이지 않는 기능들과 관련이 있다. 각 에디션이나 옵션에 포함되는 특징과 기능은 Feature Scope Description(http://s-prs.co/v488466에서 직접 제공)에 정확히 설명돼 있다. SAP Help Portal의 10.1.1섹션에서 언급한 학습 여정 목록도 보여준다.

<aside>
더 알아보기

SAP Help Portal에서 SAP HANA 플랫폼에 대한 제품 문서에 액세스하려면 http://s-prs.co/v488467 을 방문하면 된다. SAP Help Portal의 홈페이지에서 제품의 계층 구조를 탐색하고 관련 학습 여정을 찾아가면, SAP Community, SAP Developer Center, SAP Support, SAP Education에 연결된다.
</aside>

10.2.4 SAP One Support Launchpad

2015년에 SAP One Support Launchpad는 SAP Service Marketplace를 대체했으며, 지원 요청에 대한 중앙 진입점과 같은 역할(원스톱 상점)을 제공하고 있다. 지원 요청으로는 인시던트, SAP Note, 기술 자료 문서, 라이선스 키, 소프트웨어 다운로드가 있다. SAP One Support Launchpad는 온프레미스와 클라우드 기반 소프트웨어를 모두 제공한다.

기술 자료 문서 (knowledge base article)

관리자, 개발자 또는 데이터 설계자 등 SAP HANA와 작업하는 대부분의 사람은 제품 문서나 최소한 작업 분야와 관련된 매뉴얼을 어디서 찾아야(읽어야) 하는지 알고 있지만, 지원 담당자가 작성한 훌륭한 기술 자료 문서가 너무 많아서, 아쉽게도 다 읽을 수는 없다.

그림 10.14에 표시된 HAN-DB 컴포넌트를 검색하면 데이터베이스만으로도 1,000개가 넘는 문서가 조회된다. SAP HANA XS Advanced, SAP HANA 콕핏, 다른 SAP HANA 옵션은 모두 자체 컴포넌트 번호로 분류된다. 특히 읽어보기를 권장하는 것은 FAQ 문서로, 데이터베이스 관리와 모니터링(모범 원칙), 파라미터(전체 목록과 설명), 메모리 관리(정확한 작동방식), 매뉴얼을 요약한 기타 분야에 관한 것들이다. 각 FAQ는 추가 정보를 위해 다른 문서를 가리킬 수 있다.

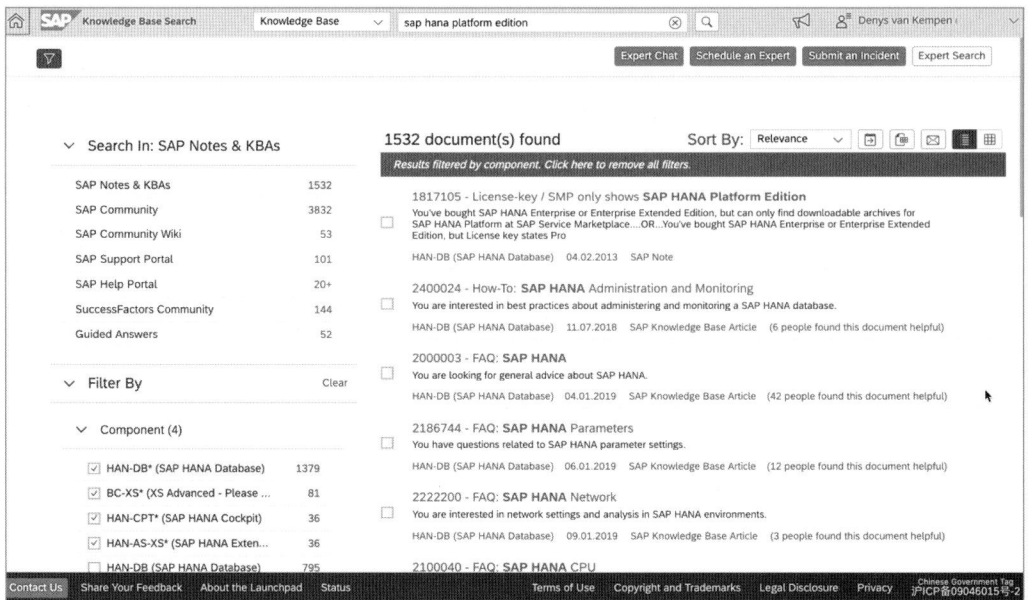

그림 10.14 SAP ONE Support Launchpad Knowledge Base Search

인시던트 (incident)

SAP Support에서는 제품에 문제가 발생하면, 인시던트를 제출하기 전에 먼저 기술 자료 문서를 검색하는 것을 추천하고 있다. 인시던트 지원 요청과 인시던트 위저드에 대한 모범 사례/사용법 안내서가 도움될 것이다. 심각한 비즈니스 업무의 장애가 발생할 때까지 기다리지 않고 이 작업을 미리 숙지하는 것이 당신의 시간을 아낄 수 있는 좋은 방법이다. 인시던트 관리는 매끄럽게 작동하는 시스템이며, 이 시스템의 혜택을 받기 위해서 가장 효과적으로 소통하는 법을 배우는 것이 좋다.

안내 답변 (guided answer)

최근의 혁신적인 지원 방식은 안내 답변이다. SAP 제품의 일반적 문제나 복잡한 문제는 의사 결정 트리에 저장되며, 주제에 관련된 간단한 문답을 거쳐, 가능한 해결책(일반적으로 자세한 정보가 수록된 기술 자료 문서나 SAP Note 형식)을 안내받을 수 있다. 예를 들어 SAP HANA에 대해 그림 10.15에서 보여주듯이, 다음과 같은 안내 답변이 제공된다.

- end-to-end 인증을 구성하고 트러블슈팅하는 방법
- HANA의 높은 메모리 사용량을 트러블슈팅하는 방법
- 스마트 데이터 액세스(SDA) 구성을 트러블슈팅하는 방법

안내 답변은 문제에 적합한 SAP HANA 컴포넌트를 찾는 데에도 도움이 된다.

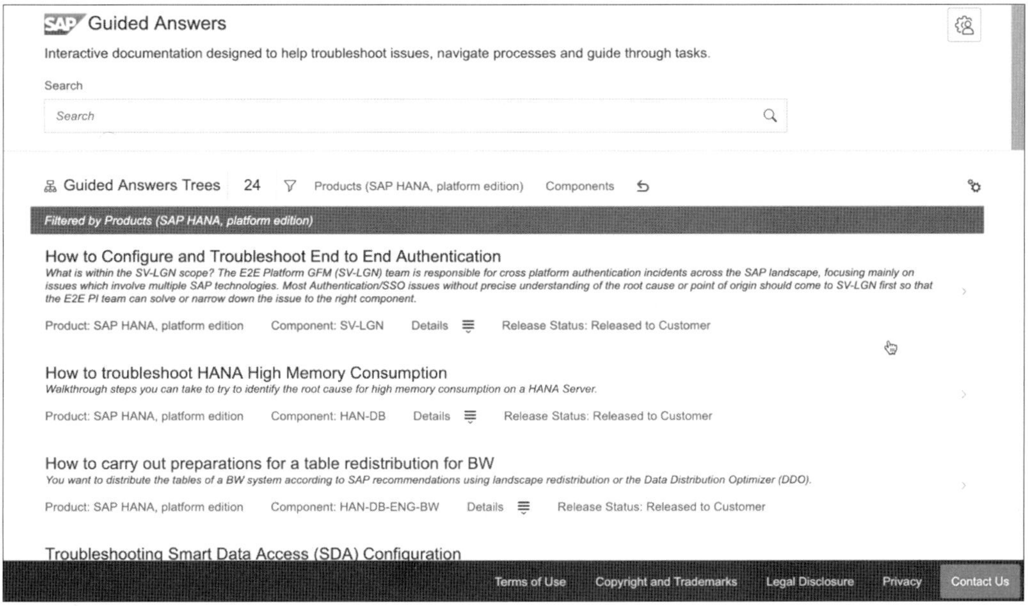

그림 10.15 Guided Answer

소프트웨어 다운로드

SAP One Support Launchpad에 있는 Software Downloads는 라이선스가 있는 SAP 소프트웨어를 다운로드할 수 있는 유일한 곳이다. 제품, 패키지, 패치 등 다양한 형태의 다운로드가 가능하므로, 정확한 다운로드를 찾는 것은 어려울 수 있지만, 절차는 의외로 간단하다. 일반적으로 SAP HANA를 예를 들면, 알파벳순 색인(HANA의 H), 카테고리별(SAP 인메모리) 또는 검색(HANA 플랫폼을 입력해보자)으로 정확한 다운로드에 액세스할 수 있다. 색인 검색이 약간 복잡할 수 있어서 직접 검색하는 것이 가장 편리할 것이다.

기업에서 라이선스를 취득한 소프트웨어만 표시되므로, 검색 결과가 빈 목록이면 SAP 관리자에게 문의하여야 한다. 사용자 계정(오른쪽 상단)아래 메뉴에는 시작하는 데 도움이 되는 My Important Contacts와 Authorization and Functions가 포함되어 있다. 3단원에서 SAP HANA 소프트웨어를 다운로드하는 방법에 대해 자세히 설명했다.

더 알아보기

SAP One Support Launchpad에 액세스하려면 지원 계정(S-user)이 필요한 http://s-prs.co/v488468

을 방문하면 된다. 안내 답변을 보려면 http://s-prs.co/v488469로 이동하길 바란다.

10.3 SAP Community

SAP Community는 업무 사용자, 컨설턴트, 소프트웨어 개발자 또는 학생 등 SAP 소프트웨어로 작업하는 모든 사람을 위한 훌륭한 리소스이다. SAP Community로 이동해서 정보를 검색하고 질문을 하고 답변을 찾고 지식을 공유하고 동료와 연락할 수도 있다. 현재까지 약 280만명의 이용자가 가입했으며, 사이트에 하루 287,000여 차례 방문한다.

그림 10.16과 같이 SAP Community의 주요 섹션은 Questions and Answers와 Blogs이다. 검색을 사용하면 정보를 쉽게 찾을 수 있고, 다른 주제 영역도 찾아볼 수 있다. 예를 들어 ABAP 개발과 같은 기술에 관한 주제도 있다. 다른 주제로는 SAP 클라우드 플랫폼이나 SAP S/4HANA와 같은 제품도 있지만, 정유와 가스 산업이나 공공 부문용 SAP 솔루션을 포함하는 산업 중심에 관한 주제를 찾을 수도 있다. 검색을 쉽게 하도록 모든 질문, 블로그, 기타 자료에는 태그가 지정된다. 태그되려면 주제 영역과 일치해야 하지만, 직접 태그를 만들 수도 있다. 그런 다음 이 태그를 차례로 따라갈 수 있다. 예를 들어 SAP HANA 태그를 따라갈 수 있다.

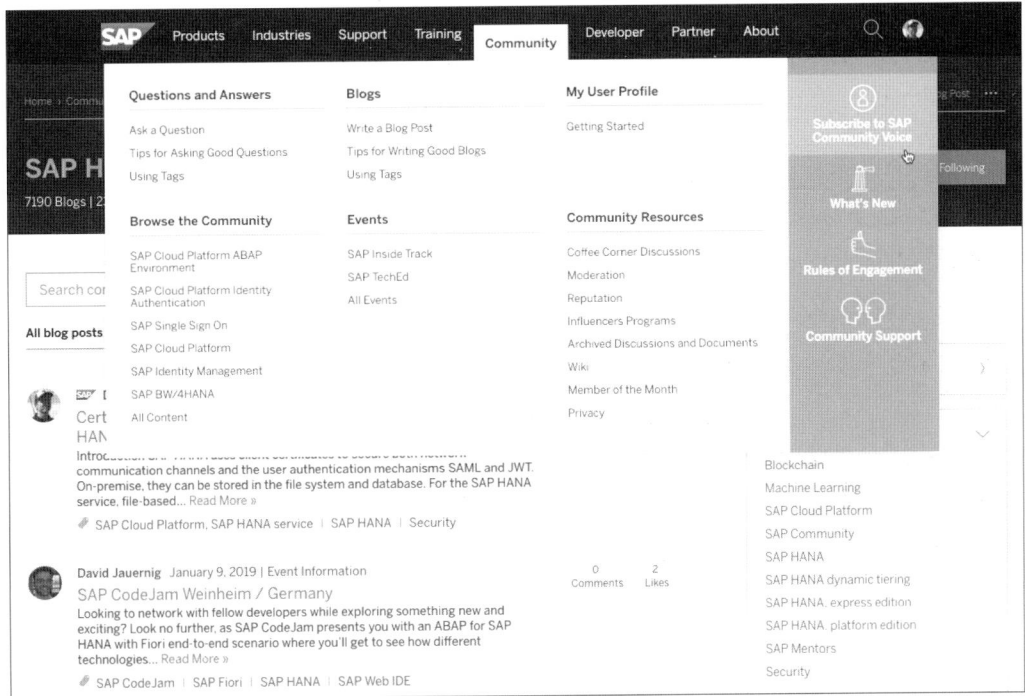

그림 10.16 SAP Community: Ask a Question, Write a Blog Post

> **더 알아보기**
>
> 최신 SAP HANA 개발에 대해 배우고 정보를 유지하기 위한 방법으로, SAP Community는 훌륭한 리소스
> 이다. 아직 계정이 없다면 가입해서 참여하자! SAP Community를 시작하는 방법에 대한 정보는 http://
> s-prs.co/v488470을 방문하면 된다. Community Voice 뉴스레터를 구독하는 것도 고려해야 한다.
> SAP Community 블로그는 http://s-prs.co/v488471에 포스팅되며, SAP (HANA) 제품 마케팅과 관리
> 팀에서도 SAP HANA 관련 블로그인 http://s-prs.co/v488472에 포스팅하고 있다.

10.4 SAP 이벤트

SAP는 매년 SAPPHIRE NOW와 SAP TechEd라는 2개의 큰 컨퍼런스를 개최한다. 비록 이런 컨
퍼런스가 어느 정도 내용이 중복되지만(두 이벤트 모두에서 SAP 로드맵에 대해 논의할 수 있음),
드레스 코드는 매우 뚜렷하다. 대체로 정장을 입고 SAPPHIRE NOW에 가고, 후드티를 입고 SAP
TechEd에 간다. SAP HANA Operation Expert and Developer Summits은 SAP HANA를 주제
로, 콘셉트 면에서 SAP TechEd와 비슷한 이벤트이며, 연 1회로 다양한 장소에서 열리지만, 보통

SAP 사옥에서 개최된다. CodeJams와 SAP Inside Track은 SAP TechEd의 축소판으로 훨씬 더 작은 규모이다. 이러한 이벤트는 SAP에 의해 개최될 때도 있으며, 가까운 곳에서 이런 이벤트를 찾을 수 있다. 이 섹션에서 이벤트에 대해 더 자세히 살펴볼 것이다.

10.4.1 SAPPHIRE NOW

SAPPHIRE NOW는 비즈니스에 중점을 두고 있으며 신제품과 전략적 방향에 대해서 중대한 발표를 하는 장소로 활용된다. 주요 네트워킹 이벤트(매년 봄 플로리다를 가고 싶지 않은 사람이 있는가?)인 SAPPHIRE NOW는 ASUG 연례 컨퍼런스와 SAP Global Partner Summit과 함께 개최된다.

SAP HANA에 초점을 맞춘다면, SAPPHIRE NOW에서 향후 계획에 대해 알아볼 수 있을 뿐만 아니라 구현, 투자 자본 수익률(Return on Investment: ROI) 실현, 마이그레이션 모범 사례, 이와 유사한 주제에 대한 경험을 공유할 수 있는 자리가 될 것이다.

> **더 알아보기**
>
> SAP SAPPHIRE NOW 컨퍼런스에 대한 정보와 최신 이벤트 동영상을 보려면 http://s-prs.co/v488473 을 방문하면 된다.

10.4.2 SAP TechEd

SAP TechEd는 짐작했을 수 있겠지만, 컨설턴트와 소프트웨어 개발자와 같은 조금 더 기술적인 대상을 위한 기술 교육 이벤트이다. 지난 몇 년간 SAP TechEd는 라스베이거스, 바르셀로나, 벵갈루루의 3곳에서 가을에 개최되었다. SAP TechEd에서는 IT 보안과 아키텍처, 시스템 관리와 데이터베이스 관리, 비즈니스 프로세스와 비즈니스 인텔리전스(BI), 소프트웨어 개발에 대해 배울 수 있다.

컨퍼런스는 사전 이벤트와 애프터 파티까지 합쳐서 1주일 내내 계속된다. 수백 개의 세션이 열려 모든 세션에 참여할 수는 없지만, 다행히 SAP TechEd 앱이 있어서 세션 일정을 관리하는 데 도움이 된다. SAP TechEd는 아바타 뒤에 있는 얼굴들 즉, 온라인 대화를 나눴던 사람들을 마침내 만날 수 있는 좋은 장소이기도 하다.

리뷰를 위해서 또는 너무 이른 시간에 열려 참석이 어려웠던 세션에 대해, 그리고 참석할 수 없었던 사람들을 위해 이벤트 웹사이트에서 세션을 재생해 볼 수 있다. 2018년에는 SAP HANA 관련 제품이니 기술에 중점을 둔 세션이 40여 개에 달했다. 그림 10.17은 몇 가지 하이라이트를 보여준다.

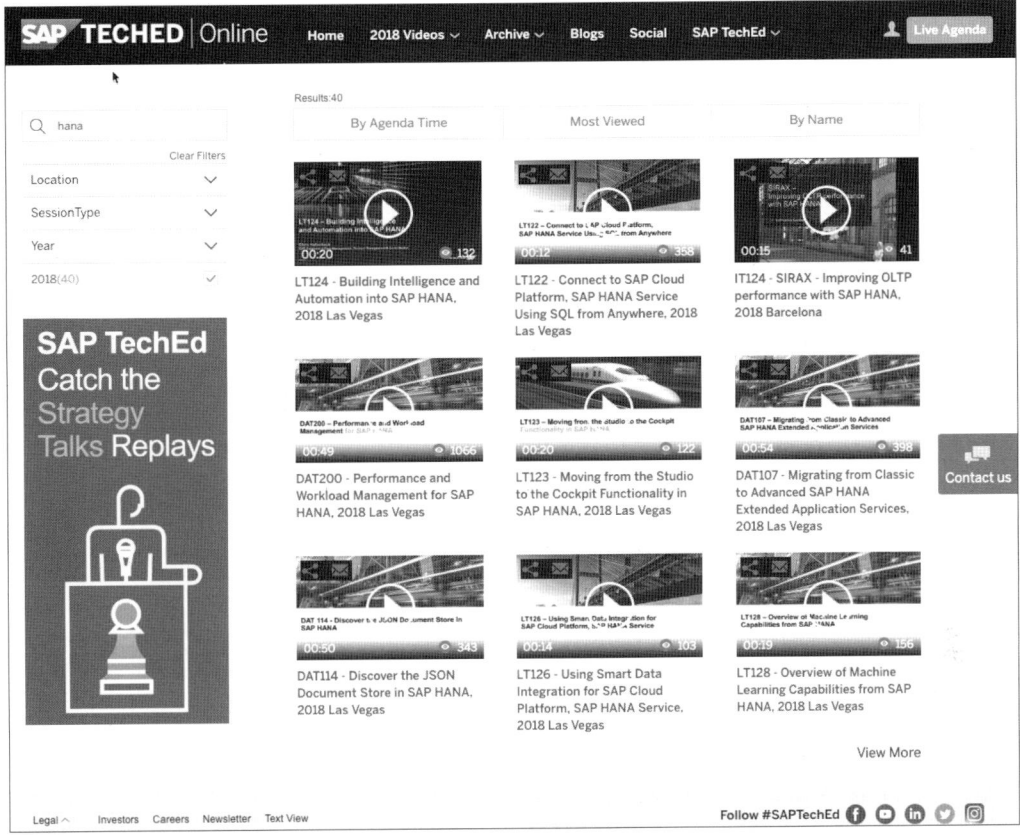

그림 10.17 SAP TechEd Online

더 알아보기

SAP TechEd 컨퍼런스에 대한 정보와 최신 에디션의 동영상을 보려면 http://s-prs.co/v488474를 방문하면 된다.

SAP TechEd 2018에서는 openSAP에서도 30여개 이상의 세션을 묶은 요약 과정을 만들었다. 향후 세션에 대한 웹사이트는 http://s-prs.co/v488475를 방문할 수 있다.

10.4.3 CodeJams와 SAP Inside Track

SAP는 글로벌 컨퍼런스와는 별도로, 많은 지역 이벤트를 조직하고 홍보한다. CodeJams가 하나의 예이다. 지역별 네트워킹 이벤트에서는 SAP/SAP HANA 소프트웨어 개발, 도구, 기술에 대한 지식을 부담 없이 공유할 수 있다.

TechEd Community의 날을 외부 행사로만 끝낼 수는 없다고 생각한 2명의 SAP 멘토가 2008년 런던에서 모임을 갖기로 결정하면서 SAP Inside Track이 시작되었다. 그때부터 수백 개의 SAP Inside Track 이벤트가 진행되었으며, 같은 생각을 가진 SAP 전문가를 만날 수 있는 또 다른 좋은 방법이다. CodeJams와 유사하게, 누구나 SAP Inside Track 이벤트를 구성할 수 있다.

> **더 알아보기**
>
> SAP Inside Track에 대한 자세한 내용은 SAP Community의 SAP Inside Track 영역인 http://s-prs. co/v488476을 방문하면 된다.
>
> CodeJams를 포함한 모든 최신 이벤트 목록은 http://s-prs.co/v488477을 확인하길 바란다.

10.4.4 SAP HANA Operation Expert and Developer Summit

SAP HANA Operation Expert and Developer Summit은 SAP HANA에 대한 경험이 많은 고객을 위한 독점행사로, 패널 토론과 브레이크아웃 세션으로 구성되어 있으며 SAP 개발 담당자, SAP 제품 관리 담당자들이 SAP HANA에 대한 다양한 경험과 새로운 아이디어를 공유할 수 있는 기회를 제공한다. SAP Community 웹사이트에서 공지사항이 제공된다.

10.5 유저 그룹, 연합체 등

SAP 기업 이벤트 외에도, 많은 다른 주도 업체들이 비즈니스 유저, 학생, 혁신가를 초대해 "차세대 빅 제품"을 제안하도록 요청한다.

10.5.1 SAP 유저 그룹

SAP 유저 그룹은 전 세계 35만 명의 고객을 대표하며, SUGEN(SAP User Group Executive Network)은 이들 모두를 하나로 모으는 허브 역할을 한다. SAP 유저 그룹은 경험을 공유하고 지식을 교환하여 SAP에 피드백을 제공하는 독립적인 비영리 단체이다. SAP 유저 그룹은 이미 언급한 글로벌 이벤트에 자주 참석하지만, 조금 더 지역적인 주도 업체로서도 참여하고 있다. SAP는 유저 그룹을 후원하고 워크숍과 웨비나를 조직한다. SAP 유저 그룹 웹사이트에서는 그룹을 지원하기 위한 다양한 가이드와 도구를 볼 수 있다(그림 10.18 참고).

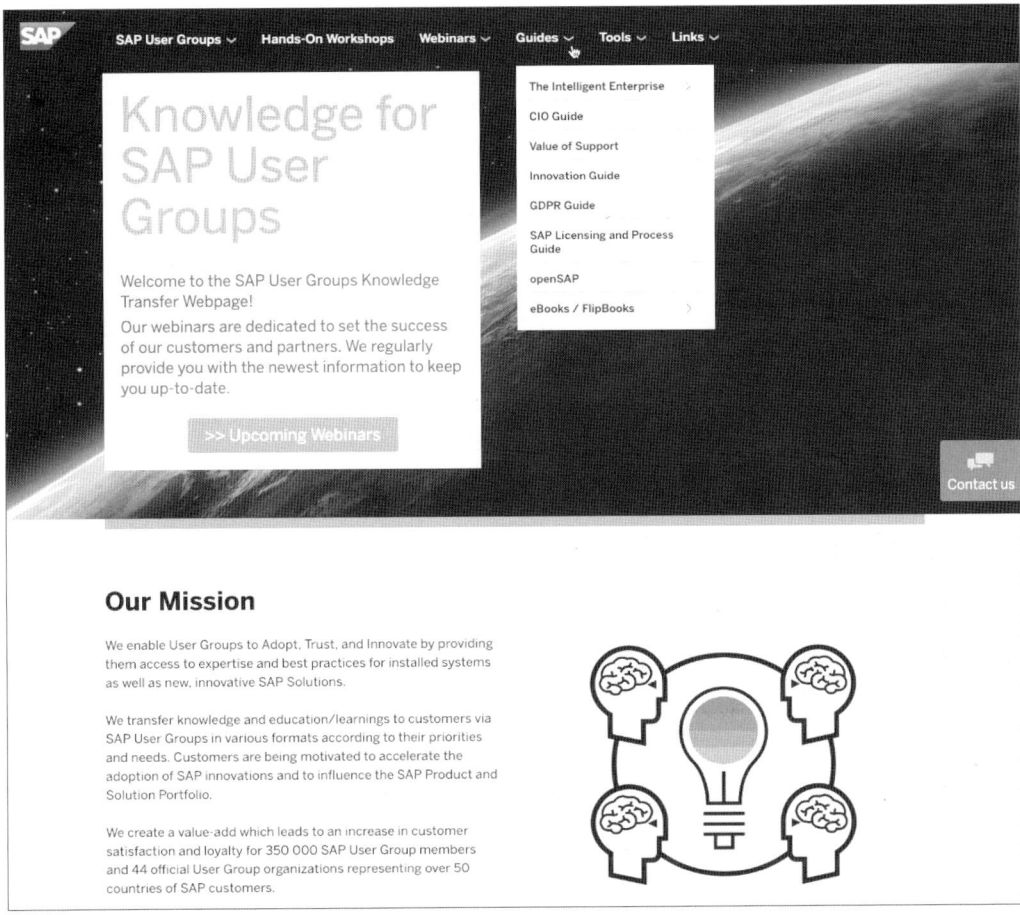

그림 10.18 SAP Support for SAP User Groups

미주 지역의 SAP 유저 그룹(Americas' SAP Users' Group: ASUG)은 10만 명이 넘는 회원을 보유한 최대 유저 그룹으로 특수이익단체(special interest groups: SIG)와 심지어 자체 대학(ASUG University)도 가지고 있다. 다음으로 규모가 큰 나라는 독일로 3,300개 이상의 기업에서 6만 명의 회원을 보유하고 있는 Deutschsprachige SAP-Anwendergruppe (DSAG)가 있다. 대부분의 유저 그룹은 자체 이벤트를 구성하며, SAP HANA를 포함한 SAP 제품과 기술에 대한 정보를 제공하는 훌륭한 대체 리소스가 될 수 있다. 로컬 유저 그룹과의 만남을 적극 권장한다.

> **더 알아보기**
>
> SAP 유저 그룹에 대한 일반적인 정보는 마이크로사이트 http://s-prs.co/v488478을 방문하면 된다.
> ASUG에 대해서는 http://s-prs.co/v488479를 참고하고, DSAG에 대해서는 http://s-prs.co/

v488480을 참고하면 된다.

10.5.2 Customer Engagement Initiatives (CEI)

제품에 영향력을 미치고 SAP의 전략을 보다 직접적으로 구체화하기를 원한다면, Customer Influence에 가입하거나 Blockchain and the Programmable Economy와 같은 CEI(Customer Engagement Initiatives) 중 하나에 참여할 수 있다. 최근 혁신 기술을 활용하기 위해 얼리어답터 역할에 익숙하다면 SAP 클라우드 플랫폼, ABAP 환경 또는 Continuous Influence Session(예전에는 Idea Place였음)과 같은 SAP Early Adopter Care에 등록할 수 있다. 디자인 측면에 중점을 두려면, SAP User Experience Community에도 관심을 가질 수 있다.

> **더 알아보기**
>
> Customer Influence, Customer Engagement Initiatives, Continuous Influence Session(Idea Place)에 대해서는 http://s-prs.co/v488481을 방문하면 된다.
>
> SAP User Experience Community에 대해서는 http://s-prs.co/v488482로 이동하길 바란다.

10.5.3 SAP 대학 연합체와 SAP HANA 데이터베이스 캠퍼스

SAP가 연구를 위해 보유한 학술 파트너십에 대해서도 언급해야 한다. SAP 대학 연합체는 웹사이트에 3,000개 이상의 연구소, 100개 국가, 1,000개의 연간 이벤트를 보여주고 있다. SAP HANA 데이터베이스 캠퍼스가 하나의 예이다.

SAP는 2019년 발도르프의 본부에 6번째 오픈 하우스를 조직해서, 데이터베이스 연구에 관심 있는 학생, 교수 등을 초청해 SAP 데이터베이스 연구에 참여시키고, SAP HANA, SAP Data Hub, 기술 플랫폼의 설계자를 만나볼 수 있도록 했다. 오픈 하우스는 SAP HANA 데이터베이스 부서에서 주관한다. 신기술 개발 외에도 인턴십, 특허, 출판, 논문, 연구 분야에서 학생들을 위한 컨설팅과 학업 지도가 포함된다. 연구는 독일과 스위스의 여러 대학과 협력해서 이루어진다.

> **더 알아보기**
>
> SAP 대학 연합체에 대한 자세한 정보는 http://s-prs.co/v488483을 방문하면 된다.

10.5.4 HanaHaus와 혁신 센터 네트워크

인메모리 데이터베이스와 직접적인 관련은 없지만, 이러한 이름과 배경을 가진 HanaHaus에 대해 이 책에서 언급해야 한다고 생각한다. HanaHaus는 Hasso Plattner 박사가 주도하는 단체로 사람들이 협력하고, 관계를 형성하고, 창의성을 고취할 수 있는 공간을 만들어 혁신을 촉진하는 것에 목표를 두고 있다. HanaHaus의 첫 번째 위치는 2015년 실리콘밸리의 심장부인 팔로알토였다. 2019년에는 LA와 샌디에고 사이의 뉴포트 비치에 새로운 장소를 추가해 HanaHaus로 사용하고 있다. 이곳은 SAP의 또 다른 혁신을 선도하는 SAP 혁신 센터 네트워크와 건물을 공유하고 있는 곳이다.

> **더 알아보기**
>
> HanaHaus에 대한 자세한 정보는 http://s-prs.co/v488484를 방문하면 된다.
>
> SAP 혁신 센터 네트워크에 대한 자세한 정보는 http://s-prs.co/v488485를 방문하면 된다.

10.5.5 SAPinsider 매거진과 컨퍼런스

SAPinsider는 Wellesley Information Services에서 발행하는 SAP와 파트너의 제품 및 서비스에 관한 매거진이다. SAPinsider 웹사이트에서 백서, 문서, 블로그, 웨비나, 팟캐스트 등을 볼 수 있으며 무료로 가입할 수 있다. SAP HANA에 대한 자료는 웹사이트의 전용 섹션을 참조하면 된다. 콘텐츠 외에도 SAPinsider는 미국과 유럽에서 컨퍼런스를 개최하는데, 이 컨퍼런스는 종종 SAP와 공동 기획되어 참석률이 높다. SAP HANA를 주제로 매년 개최되는 BI, Analytics & HANA 컨퍼런스를 확인할 수 있으며, 과거에는 SAP HANA Administration Bootcamp를 조직하기도 했었다.

> **더 알아보기**
>
> SAPinsider에 대한 자세한 정보는 http://s-prs.co/v488486을 방문하면 된다.

10.6 요약

이번 단원에서는 SAP HANA 교육에 대한 몇 가지 옵션을 살펴보았다. SAP Education에서 제공되는 과정과 인증을 설명하고, 저렴한 비용이나 무료로 교육받을 수 있는 여러 옵션도 강조했다. 예를 들어, openSAP에서 SAP HANA에 대한 MOOC를 팔로우하거나 유튜브의 SAP HANA Academy 실습비디오 튜토리얼을 볼 수 있다.

튜토리얼을 위한 또 다른 훌륭한 리소스는 SAP Developer Center이다. 초급에서 고급 레벨까지, 데이터 사이언스 주제, SAPUI5, OData 또는 SAP HANA XS Advanced까지 매일 새롭게 배울 점이 있을 것이다.

이 단원의 두 번째 부분에서는 SAP Support와 서비스에 중점을 두었다. SAP HANA 프로젝트에서 사용할 수 있는 다양한 서비스를 다루었고 소프트웨어 다운로드, 라이선스 취득, 기술 자료 검색이나 인시던트 생성에 사용할 수 있는 SAP Support 도구를 설명했다.

마지막으로 SAP TechEd와 같은 대규모 컨퍼런스에서 SAP Inside Track처럼 보다 친밀한 모임에 이르기까지, SAP Community와 SAP 이벤트 기간 동안 실제로 함께 할 수 있는 기회를 살펴보았다. SAP HANA에만 국한된 것은 아니지만, 또 다른 만남의 장소인 유저 그룹과 SAPinsider에서 주최하는 컨퍼런스와 같은 다른 이벤트도 소개했다.

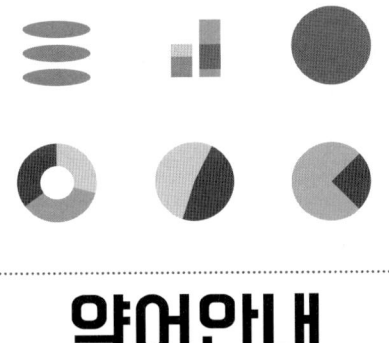

약어안내

약어 안내

ADO	ActiveX Data Objects (ADO)
ADSO	Advanced datastore objects (ADSO)
AFL	Application Function Library (AFL)
AFM	Application Function Modeler (AFM)
AMDP	ABAP Managed Database Procedures(AMDP)
APL	Automated Predictive Library (APL)
AWS	아마존 웹 서비스(AWS)
BFL	Business Function Library (BFL)
BYOL	사용자 라이선스 사용(bring your own license: BYOL)
CCL	Continuous Computation Language(CCL)
CDM	개념 데이터 모델(conceptual data model: CDM)
CDS	핵심 데이터 서비스(core data service: CDS)
CEP	복합 이벤트 프로세서(complex event processor: CEP)
CLI	명령줄 인터페이스(command Line interfaces: CLI)
CTS+	Change and Transport System (CTS+)
Customer COE	Customer Center of Expertise(Customer COE)
DBSCAN	밀도 기반 클러스터링 (DBSCAN)
DDL	DDL(data definition language)
DDO	Data Distribution Optimizer (DDO)
DLL	다이내믹 링크 라이브러리 (dynamic link library: DLL)
DML	DML(data manipulation language)
DMO	Database Migration Option (DMO)
DRAM	DRAM(dynamic random access memory)
DSN	데이터 소스 이름(data source name: DSN)
DTC	디자인 타임 컨테이너(design-time container: DTC)
EDA	이벤트 기반 아키텍처(event driven architecture: EDA)
EDW	엔터프라이즈 데이터 웨어하우스(EDW)
EIM	엔터프라이즈 정보 관리(enterprise information management: EIM)
EML	External Machine Learning Library (EML)
ESS	Enterprise Semantic Services (ESS)
GCP	구글 클라우드 플랫폼(GCP)
GIS	지리 정보 시스템(geographic information system: GIS)
GRC	거버넌스, 위험, 규정 준수(governance, risk, compliance: GRC)
HCI	Hyper-converged infrastructure (HCI)
HDI	SAP HANA Deployment Infrastructure (HDI)
HPI	Hasso Plattner Institute (HPI)

HTA	SAP HANA transport for ABAP (HTA)
IDC	International Data Corporation (IDC)
InA	Information Access (InA)
JAR	Java Archive (JAR) 파일
JDBC	JDBC(Java Database Connectivity)
JSON	JavaScript Object Notation (JSON)
JWT	JSON 웹 토큰(JWT)
LDAP	Lightweight Directory Access Protocol(LDAP)
MDC	Multitenant database container (MDC)
MDC system	Multicontainer database (MDC) system
ODBC	Open Database Connectivity (ODBC)
ODBO	OLE DB for OLAP (ODBO)
PAL	Predictive Analysis Library (PAL)
PSA	Persistent staging areas (PSA)
RDE	Rapid Development Environment (RDE)
RDL	River Definition Language (RDL)
REST	Representational State Transfer (REST)
RHEL	Red Hat Enterprise Linux (RHEL)
SAML	Security Assertion Markup Language (SAML)
SAP ASE	SAP Adaptive Server Enterprise (SAP ASE)
SAP BW	SAP Business Warehouse (SAP BW)
SAP MDG	SAP Master Data Governance (SAP MDG)
SAPS	SAP Application Performance Standard(SAPS)
SLES	SUSE Linux Enterprise Server (SLES)
SPS	서포트 패키지 스택(SPS)
SPS	support pack (SP)
SQL	Structured Query Language (SQL)
SQLDBC	SQL Database Connectivity (SQLDBC)
SSD	Solid-state drive (SSD)
SSH	Secure Shell (SSH)
SSL	Secure Sockets Layer (SSL)
SUM	Software Update Manager (SUM)
TLS	Transport Layer Security (TLS)
VLDB	Very large database (VLDB)
XMLA	XML for Analysis (XMLA)

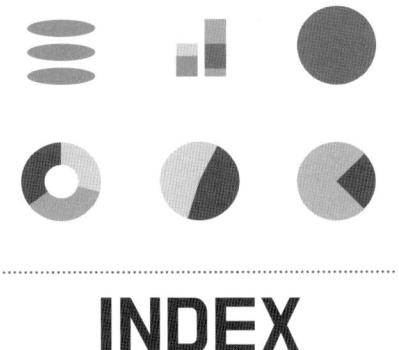

INDEX

오름차순 ㄱ~ㅎ/ A~Z

S~X